机械制造基础

（第2版）

主　编　京玉海　董永武
副主编　朱建渠　周国华

重庆大学出版社

内容提要

本书是根据教育部基础课程教学指导委员会颁发的“机械制造基础教学基本要求”，经结构优化、整合而成的一本强调应用基础知识的机械类专业基础课程教材，同时突出了高等职业教育注重实践能力和创业能力培养的特点，着重培养既能动脑又能动手的应用型技术人才。全书共分5篇18章，主要内容包括工程材料、铸造、锻压、焊接和金属切削加工等，每章后面都附有复习思考题，便于学生巩固所学内容。本书是以“基础—方法—结构”为课程主线，系统而简明地阐述了热处理的原理和方法、工程材料的种类及其选择、毛坯成形方法和零件加工方法的基本理论和基本工艺。

本书适用于高等工科院校机械类、近机械类各专业的“机械制造基础”课程的通用教材，还可供有关工程技术人员参考使用。

图书在版编目(CIP)数据

机械制造基础／京玉海，董永武主编. 2版. --重庆：重庆大学出版社，2018.7

ISBN 978-7-5689-0795-8

Ⅰ.①机… Ⅱ.①京…②董… Ⅲ.①机械制造—高等学校—教材 Ⅳ.①TH

中国版本图书馆CIP数据核字(2017)第217247号

机械制造基础

(第2版)

主　编　京玉海　董永武

副主编　朱建渠　周国华

策划编辑：周　立

责任编辑：李定群　　版式设计：周　立

责任校对：贾　梅　　责任印制：张　策

*

重庆大学出版社出版发行

出版人：饶帮华

社址：重庆市沙坪坝区大学城西路21号

邮编：401331

电话：(023) 88617190　88617185(中小学)

传真：(023) 88617186　88617166

网址：http://www.cqup.com.cn

邮箱：fxk@cqup.com.cn (营销中心)

全国新华书店经销

POD：重庆愚人科技有限公司

*

开本：787mm×1092mm　1/16　印张：21.75　字数：517千

2005年8月第1版　2018年7月第2版　2023年7月第15次印刷

印数：12 001—12 500

ISBN 978-7-5689-0795-8　定价：48.00元

第2版前言

本书是工程材料及机械制造基础课程教学用书，是高等工科院校机械类专业必修的技术基础课程教材。

本书自第1版问世以来，承蒙广大读者的支持和厚爱，提出了中肯的意见，同时为了进一步贯彻近年发布的国家新标准，特对原教材进行修改。本次修订主要有以下特点：

◆坚持“少而精”的原则，做到内容够用，重点突出。本次修订将原来的20章缩减为18章，尽量减少与其他教材内容的重复。

◆进一步完善了“基础—方法—结构设计”的主线，系统而简明地阐述了本课程所需要掌握的内容。

◆全面贯彻国家最新标准，如制图标准、名词术语、符号等。

本书可作为本科院校、高职高专院校机械类和近机械类专业教材，也可作为自学考试、函授大学等相关专业的教材，还可供相关工程技术人员参考。

本次修订由南昌大学京玉海(第1篇、第2篇)、董永武(第3篇)、宜春学院周国华(第5篇)、重庆科技学院朱建渠(第4篇)负责。

由于编者水平有限，书中难免出现疏漏与不妥之处，敬请读者批评指正。

编　者

2018年3月

第1版前言

本书是根据教育部基础课程教学指导委员会颁发的“机械制造基础教学基本要求”，经结构优化、整合而成的一本强调应用基础知识的机械类专业基础课程教材，同时注重实践能力和创业能力培养的特点，着重培养既能动脑又能动手的应用型技术人才。

全书共分5篇20章。第1篇为“工程材料”，主要阐述了工程材料的性能、金属的内部结构与结晶、热处理方法和常用工程材料的种类及其选择；第2、3、4篇分别为“铸造、锻压和焊接”，主要阐述毛坯成形方法的工艺基础、成形方法和结构设计；第5篇为“金属切削加工”，主要阐述零件加工方法的基础知识、常用加工方法综述和零件的结构设计。

本书的编写主要有以下特点：

◆本书以加工方法为主线，分别阐述了各自的基本理论和基本工艺，着重分析各种加工方法的原理、过程和结构工艺性。

◆坚持“少而精”的原则，做到内容够用，重点突出。

◆充实了新材料、新工艺和新方法的“三新”内容，试图培养学生“大材料、大机械、大制造”的观念。

◆全面贯彻国家最新标准，如材料的标准、名词术语、符号及单位等。

◆在各章的后面都附有复习思考题，以加强学生对基本概念的理解，培养学生分析问题和解决问题的能力。

◆鉴于各院校实习条件不同，本书在编写过程中，是以课堂教学为主，适当增加了部分实习内容，把讲课教材与实习教材融为一体。这样不仅有助于体系完整，又可以根据实习条件灵活组织教学。对实习过的内容，在课堂上便于分析对比，对缺乏实习条件的内容，也便于在课堂教学中加以弥补。

本书主要适用于高等工科院校机械类、近机械类各专业的《机械制造基础》课程的通用教材，也可供有关工程技术人员参考使用。

全书由南昌大学京玉海负责全书的统稿工作，并编写了绪论、第1篇、第2篇、第5篇；江西科技师范学院专科院杨文编写了第17章、第19章；江西应用技术职业学院宋志良编写了第4篇、第18章、第20章；南昌大学科技学院施冬秀编写了第3篇。

由于编者水平有限，书中难免出现错误与不妥之处，敬请读者批评指正。

编　者

2005年6月

目录

第1篇　工程材料

第2篇　铸　造

第 3 篇　金属压力加工

第 4 篇　焊　接

第1篇 工程材料

本篇主要介绍常用工程材料的性能以及为改善其性能所采用的热处理方法，使读者掌握工程材料的成分、组织和性能之间的关系，为合理选材和制订铸造、锻造和焊接等加工工艺打下基础。

第 1 章 材料的种类与性能

1.1 材料的种类

工程上所用的各种金属材料、非金属材料和复合材料,统称为工程材料。迄今为止,人类发现和使用的材料种类繁多。为了便于材料的生产、应用与管理,也为了便于材料的研究与开发,有必要对材料进行分类。

1.1.1 金属材料

金属材料是指金属元素或以金属元素为主构成的具有金属特性的材料的统称。它包括纯金属、合金、金属材料金属间化合物和特种金属材料等。金属材料因具有良好的力学性能、物理性能、化学性能及工艺性能,故成为机器零件最常用的材料。金属材料的分类如图 1.1 所示。

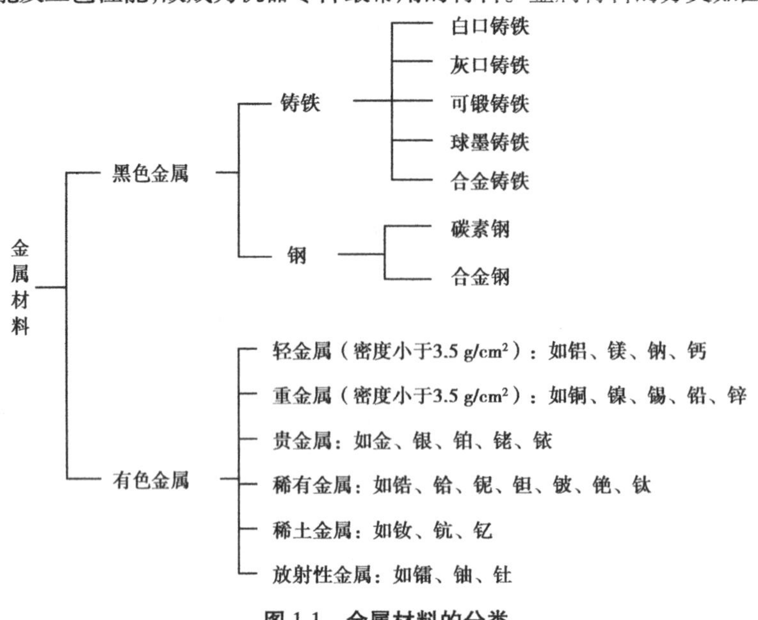

图 1.1 金属材料的分类

1.1.2　高分子材料

高分子材料是指分子量很大的化合物,它们的分子量可达几千甚至几百万以上。高分子材料因其原料丰富、成本低、加工方便等优点,发展极其迅速。目前,在工业上得到广泛应用,并将越来越多地被采用。高分子材料的分类如图 1.2 所示。

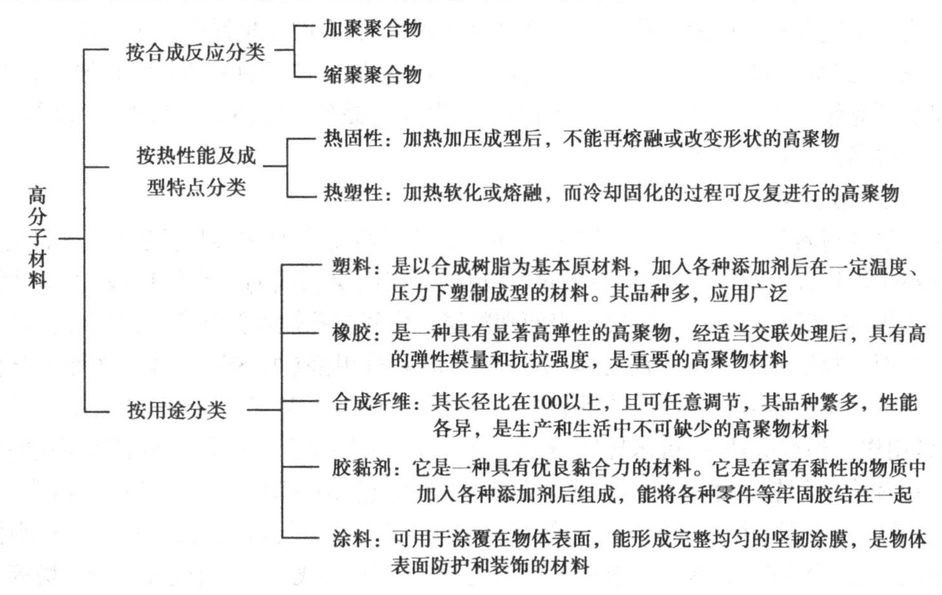

图 1.2　高分子材料分类

1.1.3　陶瓷材料

陶瓷是各种无机非金属材料的总称,是现代工业中很有发展前途的一类材料。今后将是陶瓷材料、高分子材料和金属材料三足鼎立的时代,构成固体材料的 3 大支柱。

陶瓷的种类繁多,工业陶瓷大致可分为普通陶瓷和特种陶瓷两大类。

(1)普通陶瓷(传统陶瓷)

除陶、瓷器之外,玻璃、水泥、石灰、砖瓦、搪瓷、耐火材料都属于陶瓷材料。一般人们所说陶瓷常指日用陶瓷、建筑瓷、卫生瓷、电工瓷、化工瓷等。普通陶瓷以天然硅酸盐矿物如黏土(多种含水的铝硅酸盐混合料)、长石(碱金属或碱土金属的铝硅酸盐)、石英、高岭土等为原料烧结而成的。

(2)特种陶瓷

它是以人工化合物为原料(如氧化物、氮化物、碳化物、硅化物、膨化无机氟化物等)制成的陶瓷,它具有独特的力学、物理、化学、电、磁、光学等性能,主要用于化工、冶金、机械、电子、能源和一些新技术中。

1.1.4　复合材料

由两种或两种以上化学成分不同或组织结构不同经人工合成获得的多相材料,称为复合材料。它不仅具有各组成材料的优点,而且还具有单一材料无法具备的优越的综合性能。因此,复合材料发展迅速,在各个领域都得到广泛应用。如先进的 B-2 隐形战斗轰炸机的机身和机翼大量使用了石墨和碳纤维复合材料，这种材料不仅比强度大，而且具有雷达反射波小的特点。

复合材料依照增强相的性质和形态，可分为纤维增强复合材料、层合复合材料和颗粒增强复合材料3类。

(1)纤维增强复合材料

纤维增强复合材料中承受载荷的主要是增强相纤维，而增强相纤维处于基体之中，彼此隔离，其表面受到基体的保护，因而不易遭受损伤；塑性和韧性较好的基体能阻止裂纹的扩展，并对纤维起到黏结作用，复合材料的强度因而得到很大的提高。常用的有玻璃纤维增强复合材料和碳纤维增强复合材料等。

(2)层合复合材料

层合复合材料是由两层或两层以上不同性质的材料复合而成，以达到增强的目的。3层复合材料是以钢板为基体，烧结铜为中间层，塑料为表面层制成的。它的物理、力学性能主要取决于基体，而摩擦、磨损性能取决于表面塑料层。中间多孔性青铜使3层之间获得可靠的结合力。表面塑料层通常为聚四氟乙烯(如SF-1型)和聚甲醛(如SF-2型)。这种复合材料比单一塑料提高承载能力20倍，导热系数提高50倍，热膨胀系数降低75%，从而改善了尺寸稳定性，常用作无油润滑轴承、机床导轨、衬套、垫片等。夹层复合材料是由两层薄而强的面板或蒙皮与中间夹一层轻而柔的材料构成。面板一般由强度高、弹性模量大的材料组成，如金属板、玻璃等。而心部结构有泡沫塑料和蜂窝格子两大类，这类材料的特点是密度小、刚性和抗压稳定性好、抗弯强度高，常用于航空、船舶、化工等工业，如飞机、船仓隔板和冷却塔等。

(3)颗粒增强复合材料

颗粒增强复合材料中承受载荷的主要是基体。颗粒增强的作用在于阻碍基体中位错或分子链的运动，从而达到增强的效果。增强效果与颗粒的体积含量、分布、粒径、粒间距有关，粒径为0.01~0.1 μm时的增强效果最好。粒径小于0.1 μm时，位错容易绕过，难以对位错运动起阻碍作用；粒径大于0.1 μm时，会造成附近基体中应力集中，或者使颗粒本身破碎，反而导致材料强度降低。常见的颗粒复合材料有两类：一类是颗粒增强树脂复合材料，如塑料中添加颗粒状填料，橡胶用炭黑增强等；另一类是颗粒增强金属复合材料，如陶瓷颗粒增强金属复合材料。

1.2 材料的性能

了解和熟悉材料的性能可为合理选材、充分发挥工程材料内在性能潜力提供主要依据。

金属材料的性能分为使用性能和工艺性能。使用性能是指金属材料在使用过程中反映出来的特性，包括力学性能、物理性能和化学性能等，它决定金属材料的应用范围、安全可靠性和使用寿命。工艺性能是指材料对各种加工工艺适应的能力，它包括铸造性能、锻造性能、焊接性能、切削加工性能及热处理工艺性能等。

在选用金属和制造机械零件时，主要考虑力学性能和工艺性能。在某些特定条件下工作的零件，还要考虑物理性能和化学性能。

1.2.1　金属材料的力学性能

金属材料的力学性能又称机械性能。它是金属材料在外力作用下所反映出来的性能。

机器零件或构件等在使用时都要受到载荷的作用,如果材料的力学性能不能满足要求,则会导致零件或构件在受载时失去应有的效能,即“失效”。载荷的基本形式有拉伸、压缩、扭转、剪切及弯曲等,实际载荷也可能是其中基本形式的组合。此外,根据载荷随时间的变化规律不同,又可分为静载荷、冲击载荷和交变载荷。金属材料在不同载荷作用下表现出来的力学性能是不一样的,因此,需用相应的试验方法来测定材料的各项力学性能指标。

(1)强度、弹性与塑性

金属材料的强度、弹性与塑性一般可通过材料拉伸试验来测定。

1)拉伸曲线

拉伸试验是测定零件在静载荷作用下力学性能指标的常用方法。它是将被测金属材料制成如图1.3所示的标准试样($d_0=10$ mm,$l_0=50$ mm或100 mm),然后在试样的两端逐渐施加轴向载荷,直到试样被拉断为止。根据试样在拉伸过程中承受的载荷和产生的变形量之间的关系,即可测出该金属的拉伸曲线,并由此测定该金属的强度、弹性与塑性等性能指标。

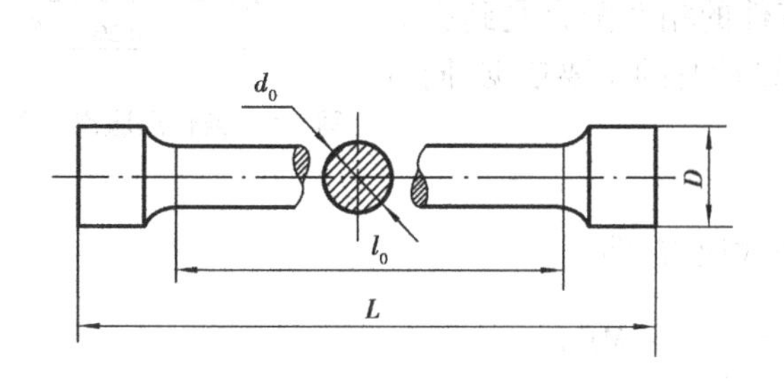

图1.3　拉伸试样

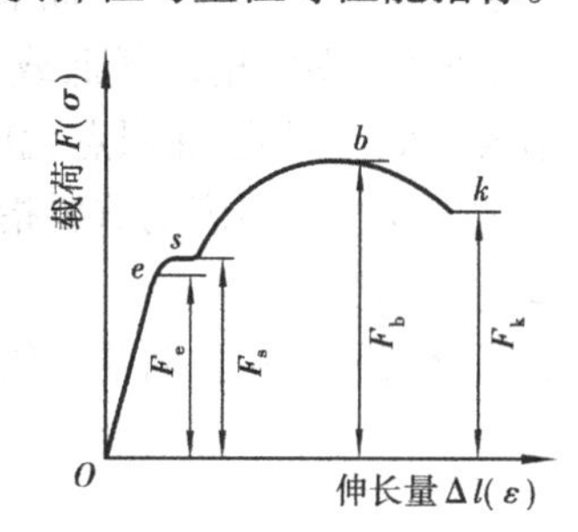

图1.4　低碳钢的拉伸曲线

如图1.4所示为低碳钢的拉伸曲线。它反映了金属材料在拉伸过程中经历了弹性变形、塑性变形和断裂3个阶段。

为使曲线能够直接反映出材料的力学性能,可用应力(试样单位横截面上的拉力,$4F/\pi d_0^2$)代替载荷F,以应变ε(试样单位长度上的伸长量,$\Delta l/l$)取代伸长量Δl。由此绘成的曲线,称作应力-应变曲线。σ-ε曲线和F-Δl曲线形状相同,仅是坐标的含义不同。

2)弹性极限

弹性极限是指金属材料在外力作用下不产生塑性变形时所能承受的最大应力值,即

$$\sigma_e = \frac{F_e}{A_0} \quad \text{MPa}$$

式中　F_e——试样在不产生塑性变形时的最大载荷,N;

A_0——试样的原始横截面积,mm^2。

在弹性变形范围内,应力与应变的比值称为材料的弹性模量E。弹性模量E是衡量材料产生弹性变形难易程度的指标,工程上常把它称为材料的刚度。E值越大,则材料的刚度越大,说明材料抵抗产生弹性变形的能力越强,越不容易产生弹性变形。

由于弹性极限是表示金属材料不产生塑性变形时所能承受的最大应力值,因此,它是工作

中不允许有微量塑性变形零件（如精密的弹性元件、炮筒等）在设计与选材时的重要依据。

3）强度

强度是指金属材料在静载荷作用下，抵抗塑性变形和断裂的能力。由于载荷的作用方式不同，因此，强度有抗拉强度、抗压强度、抗弯强度及抗剪强度等。工程上以屈服点和抗拉强度最为常用。

①屈服点

它是拉伸试样产生屈服现象时的应力，即

$$\sigma_s = \frac{F_s}{A_0} \qquad \text{MPa}$$

式中 F_s——试样产生屈服时所承受的最大载荷，N；

A_0——试样的原始横截面积，mm^2。

对于许多没有明显屈服现象的金属材料，工程上规定以试样产生 0.2%塑性变形时的应力，作为该材料的屈服点，称为条件屈服点，用 $\sigma_{r0.2}$ 表示，如图 1.5 所示。

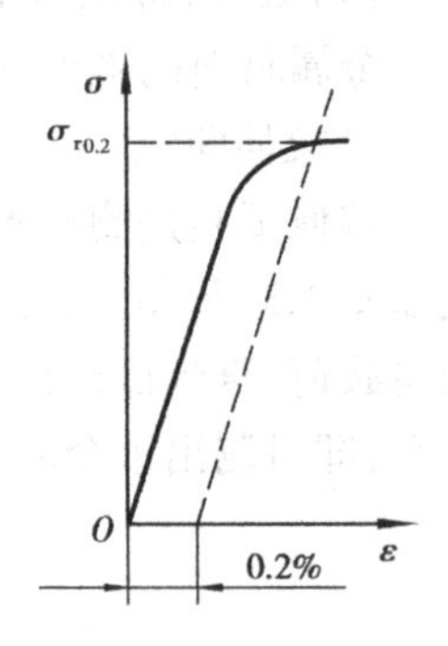

图 1.5 条件屈服点示意图

一般机器零件不仅是在断裂时形成失效，而往往是在发生少量塑性变形后，零件精度降低或与其他零件的相对配合受到影响时就形成失效。因此，屈服点就成为零件设计时的主要依据，同时也是评定金属材料强度的重要指标之一。

②抗拉强度

它是金属材料在拉断前所能承受的最大应力，即

$$\sigma_b = \frac{F_b}{A_0} \qquad \text{MPa}$$

式中 F_b——试样在拉断前所承受的最大载荷，N；

A_0——试样的原始横截面积，mm^2。

由图 1.4 可知，抗拉强度是表示塑性材料抵抗大量塑性变形的能力。脆性材料在拉伸过程中一般不产生颈缩现象，因此，抗拉强度就是材料的断裂强度。它是表示材料抵抗断裂的能力。抗拉强度是零件设计时的主要依据，同时它也是评定金属材料强度的重要指标之一。

4）塑性

塑性是指金属材料在静载荷作用下产生塑性变形而不被破坏的能力。通常用伸长率 δ 和断面收缩率 ψ 表示材料塑性的好坏。

①伸长率

伸长率是指试样拉断后标距增长量与原始标距之比，即

$$\delta = \frac{l_k - l_0}{l_0} \times 100\%$$

式中 l_k——试样断裂后的标距；

l_0——试样原始标距。

必须指出，伸长率的数值与试样尺寸有关，因此，用长试样（$l_0/d_0 = 10$ 的试样）和短试样（$l_0/d_0 = 5$ 的试样）求得的伸长率分别以 δ_{10}（或 δ）和 δ_5 表示。

②断面收缩率

断面收缩率是指试样拉断处横截面积的缩减量与原始横截面积之比，即

$$\psi = \frac{A_0 - A_k}{A_0} \times 100\%$$

式中　A_k——试样断裂处的最小横截面积；

　　A_0——试样的原始横截面积。

ψ 值的大小与试样尺寸无关，能更可靠地反映金属材料的塑性。

δ 和 ψ 值越大，材料的塑性越好。良好的塑性不仅是金属材料进行塑性变形的必要条件，而且可增加机器零件工作时的可靠性，因为材料具有一定的塑性，可在偶然过载时产生塑性变形，从而避免突然断裂。

(2)硬度

硬度是指金属材料抵抗更硬的物体压入其内的能力，也即金属材料在局部体积范围内抵抗塑性变形的一个综合物理量。它是衡量材料软硬的一个指标。

金属材料的硬度是在硬度计上测定的。常用的有布氏硬度法和洛氏硬度法，有时还用维氏硬度法。

1)布氏硬度

布氏硬度的测试原理如图1.6所示。用一定直径的淬火钢球或硬质合金球，在一定压力下压入试样表面，并保持压力至规定时间后卸载，然后测得压痕直径 d，计算出压痕表面积，进而得到所承受的平均应力值，即为布氏硬度值HB，则

$$HB = \frac{F}{A_{凹}} = \frac{2F}{\pi D(D - \sqrt{D^2 - d^2})}$$

具体试验时，HB的值一般不需计算，而用带有刻度的放大镜测出 d 按已知的 F,D 值查表求得。当压头为淬火钢球时用HBS表示；当压头为硬质合金球时用HBW表示。

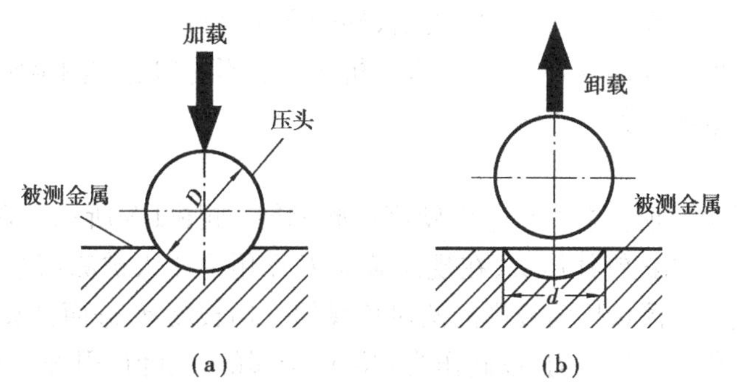

图1.6　布氏硬度试验原理

布氏硬度法的特点如下：

①因压痕面积大，故测试数据重复性好，且与强度之间有较好的对应关系。

②不适宜于测定成品及薄而小的零件。

③不能测太硬的零件，因为测试过硬的材料可能会导致压头变形。当选用淬火钢球时，适宜于布氏硬度低于450以下的零件；当选用硬质合金球时，适宜于布氏硬度为450~650的零件。

此外,还因测试过程相对较费时,故也不适合于大批量生产的零件检验。

2)洛氏硬度

洛氏硬度的测试原理如图 1.7 所示。用一个锥顶角为 120°的金刚石圆锥体或一定直径的钢球为压头,在规定载荷作用下压入被测金属表面,卸载后根据压痕深度来确定其硬度值,用符号 HR 表示,即

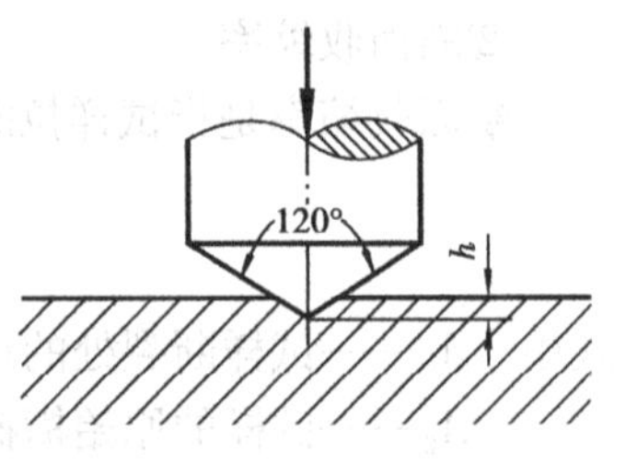

图 1.7 洛氏硬度试验原理

$$HR = \frac{k - h}{0.002}$$

为了能用同一硬度计测定从极软到极硬材料的硬度,可采用不同的压头和载荷,组成了不同的洛氏硬度标尺。其中,最常用的是 A,B,C 3 种标尺。表 1.1 为这 3 种标尺的试验条件和应用范围。

表 1.1 常用洛氏硬度标尺的试验条件和应用范围

洛氏硬度	压头类型	总载荷/N	测量范围	应用范围
HRA	120°金刚石圆锥体	588.4	70~85HRA	高硬度表面、硬质合金
HRB	ϕ1.588 mm 淬火钢球	980.7	20~100HRB	软钢、灰铸铁、有色金属
HRC	120°金刚石圆锥体	1 471	20~67HRC	一般淬火钢件

洛氏硬度的特点如下:

①测试过程简单、迅速,能直接从刻度盘上读出硬度值。

②因压痕小,可用于成品及薄件的硬度检验。

③测试的硬度值范围大,可测从极软到极硬的金属材料。

④测得的硬度值重复性较差,这对存有偏析或组织不均匀的被测金属尤为明显。因此,必须在不同部位测量数次取其平均值。

3)维氏硬度

维氏硬度的试验原理基本上和布氏硬度试验相同,如图 1.8 所示。它是用一个相对面夹角为 136°的金刚石正四棱锥体压头,在规定载荷 F 作用下压入被测试金属表面,保持一定时间后卸除载荷。然后再测量压痕投影的两对角线的平均长度 d,进而计算出压痕的表面积 A,最后求出压痕表面积上平均压力,以此作为被测试金属的硬度值,用符号 HV 表示,即

$$HV = \frac{F}{A} = \frac{F}{\dfrac{d^2}{2\sin 68^\circ}} = 0.189\ 1\frac{F}{d^2}$$

维氏硬度的特点如下:

①试验时所加载荷小,压入深度浅,故适用于测试零件表面淬硬层及化学热处理的表面层(如渗碳层、渗氮层等)。

②维氏硬度是一个连续一致的标尺,试验时可任意选择,而不影响其硬度值的大小。因

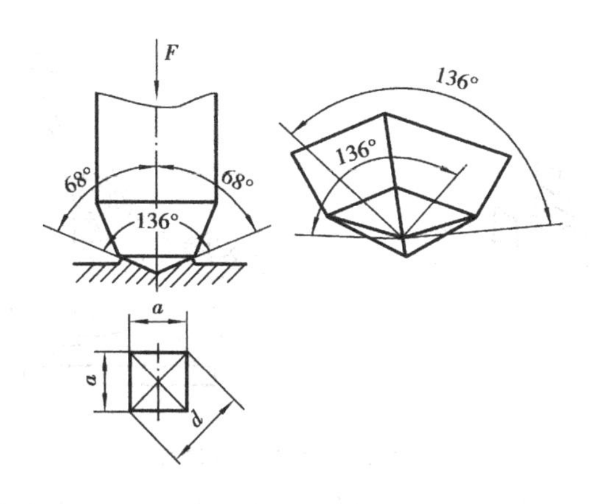

图 1.8　维氏硬度试验原理

此,可测定从极软到极硬的各种金属材料的硬度。

③其硬度值的测定较麻烦,工作效率不如测洛氏硬度高。

由于各种硬度的试验条件不同,故相互间无理论换算关系。但通过实践发现,在一定条件下存在着某种粗略的经验换算关系。如当为 200～600HBS(HBW)时,HRC≈1/10HBS(HBW);当小于 450HBS 时, HBS≈HV。

同时,硬度和强度之间有一定换算关系,由于硬度试验设备简单,操作迅速方便,又可直接在零件或工具上进行试验而不破坏工件,故可根据测得的硬度值近似估计材料的抗拉强度和耐磨性。例如:

轧制钢材或锻钢件　　$\sigma_b \approx (0.34\sim0.36)$HBS

铸钢件　　$\sigma_b \approx (0.3\sim0.4)$HBS

灰口铸铁件　　$\sigma_b \approx 0.1$HBS

铸铝件　　$\sigma_b \approx 0.26$HBS

(3)冲击韧性

强度和硬度等都是在静载荷作用下的力学性能指标。实际上,很多机器零件,如柴油机曲轴、锻锤和冲模等,都是在冲击载荷作用下工作的。瞬时的外力冲击所引起的变形和应力,比受静载时大得多。因此,设计受冲击载荷的零件时,必须考虑材料的冲击韧性。

金属材料在冲击载荷作用下,抵抗破坏的能力称为冲击韧性。

冲击韧性通常采用摆锤式冲击试验机测定,如图 1.9 所示。测定时,一般是将带缺口的标准冲击试样(参见 GB/T 229—1994)放在试验机上,然后用摆锤将其一次冲断,以试样缺口处单位截面积上所吸收的冲击功表示其冲击韧性,即

$$a_k = \frac{A_k}{A} \qquad \text{J/cm}^2$$

式中　a_k——冲击韧性值。根据试样缺口形状不同,有 a_{kV},a_{kU} 两种表示法;

A_k——冲断试样所消耗的冲击功,J;

A——试样缺口处的截面积,cm^2。

对于脆性材料(如铸铁等)的冲击试验,试样一般不开缺口,因为开缺口的试样冲击值过低,难以比较不同材料冲击性能的差异。

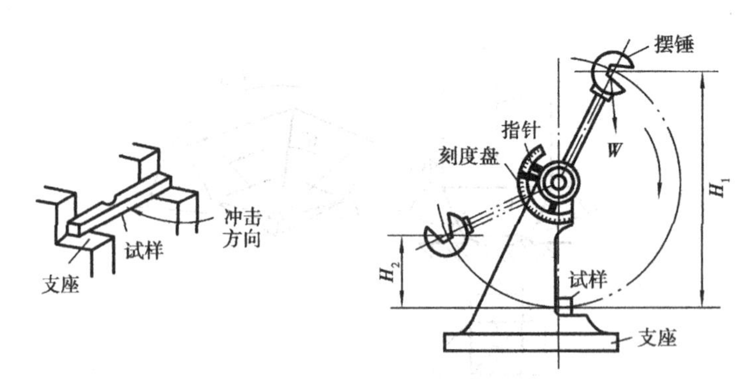

图 1.9　冲击试验原理

a_k值越低,表示材料的冲击韧性差。材料的冲击韧性与塑性之间有一定的联系,a_k值高的材料,一般都具有较高的塑性指标;但塑性好的材料其 a_k值不一定高。这是因为在静载荷作用下能充分变形的材料,在冲击载荷下不一定能迅速地进行塑性变形。

冲击值的大小与很多因素有关。它不仅受试样形状、表面粗糙度、内部组织的影响,还与试验时的环境温度有关。因此,冲击值一般作为选择材料的参考,不直接用于强度计算。

必须指出,在冲击载荷作用下工作的机器零件,很少是受大能量一次冲击而破坏的,往往是受小能量多次冲击而破坏的。实验研究表明,材料承受小能量的多次重复冲击的能力,主要取决于强度,而不是决定于冲击韧性值。例如,球墨铸铁的冲击韧性仅为 15 J/cm^2,只要强度足够,就能满意地用来制造柴油机曲轴。

(4)疲劳强度

工程中有许多零件,如发动机曲轴、齿轮、弹簧及滚动轴承等都是在交变载荷作用下工作的。

承受交变应力或重复应力的零件,在工作过程中,往往在工作应力远低于其强度极限时就发生断裂,这种现象称为疲劳断裂。疲劳断裂与在静载荷作用下的断裂不同,不管是脆性材料还是塑性材料,疲劳断裂都是突然发生的,事先均无明显的塑性变形的预兆,很难事先觉察到,故具有很大的危险性。

金属材料经无数次循环载荷作用下而不致引起断裂的最大应力,称为疲劳强度。当应力按正弦曲线对称循环时,疲劳强度以符号 σ_{-1}表示。

由于实际测试时不可能做到无数次应力循环,故规定各种金属材料应有一定的应力循环基数。如钢材以 10^7为基数,即钢材的应力循环次数达到 10^7仍不发生疲劳断裂,就认为不会再发生疲劳断裂了。对于非铁合金和某些超高强度钢,则常取 10^8为基数。

产生疲劳断裂的原因,一般认为是由于材料含有杂质、表面划痕及其他能引起应力集中的缺陷,导致产生微裂纹。这种微裂纹随应力循环次数的增加而逐渐扩展,致使零件有效截面逐步缩减,直至不能承受所加载荷而突然断裂。

为提高零件的疲劳强度,可采用的方法如下:

①设计上,尽量避免应力集中,如避免断面急剧变化。

②工艺上,降低零件表面粗糙度,并避免表面划痕;采用表面强化,如喷丸处理、表面淬火等。

③材料方面,保证冶金质量,减少夹杂、疏松等缺陷。

1.2.2　材料的物理、化学和工艺性能

(1)物理性能

物理性能是金属材料对自然界各种物理现象,如温度变化、地球引力等所引起的反应。

金属材料的物理性能主要有密度、熔点、热膨胀性、导热性、导电性及磁性等。由于机器零件的用途不同,对其物理性能的要求也有所不同。例如,飞机零件常选用密度小的铝、镁、钛合金来制造;设计电机、电器零件时,常要考虑金属材料的导电性等。

金属材料的物理性能有时对加工工艺也有一定的影响。例如,高速钢的导热性较差,锻造时应采用低的速度来加热升温,否则容易产生裂纹;而材料的导热性对切削刀具的温升有重大影响。又如,锡基轴承合金、铸铁和铸钢的熔点不同,故所选的熔炼设备、铸型材料等均有很大的不同。

(2)化学性能

金属材料的化学性能主要是指在常温或高温时,抵抗各种活泼介质的化学侵蚀的能力,如耐酸性、耐碱性、抗氧化性等。

对于在腐蚀介质中或在高温下工作的机器零件,由于比在空气中或室温时的腐蚀更为强烈,故在设计这类零件时应特别注意金属材料的化学性能,并采用化学稳定性良好的合金。如化工设备、医疗用具等常采用不锈钢来制造,而内燃机排气阀和电站设备的一些零件则常选用耐热钢制造。

(3)工艺性能

工艺性能是指金属对于零件制造工艺的适应性。它包括铸造性、锻造性、焊接性及切削加工性等。

在设计零件和选择工艺方法时,都要考虑金属材料的工艺性能。例如,灰铸铁的铸造性能优良,是其广泛用来制造铸件的重要原因,但它的可锻性极差,不能进行锻造,其焊接性也较差。又如,低碳钢的焊接性优良,而高碳钢则很差,因此,焊接结构广泛采用低碳钢。

各种加工方法的工艺性能将在以后有关章节中分别介绍。

复习思考题

1.简述工程材料的分类。

2.什么是材料的力学性能?力学性能主要包括哪些指标?

3.比较下列力学性能指标的异同:σ_s和 $\sigma_{r0.2}$,δ 和 δ_5,HBS 和 HBW,a_{kV}和 a_{kU}。

4.说明 HBS 和 HRC 两种硬度指标的测试原理及特点,并指出它们在应用范围上的区别。

5.下列各种工件应采用何种硬度试验方法来测定其硬度?

(1)锉刀;　　(2)黄铜轴套;

(3)供应状态的各种碳钢钢材;　　(4)硬质合金刀片;

(5)耐磨工件的表面硬化层。

6.为什么冲击韧性值不直接用于设计计算?冲击韧性与塑性有什么关系?

7.为什么金属的疲劳破坏具有很大的危险性?如何提高金属的疲劳强度?

8.某厂购进一批钢材，按国家标准规定，它的力学性能指标应不低于下列数值：σ_s = 340 MPa，σ_b = 540 MPa，δ_5 = 19%，ψ = 45%。验收时，将该钢制成 d_0 = 100 mm 的短试样作拉伸试验，测得 F_s = 28 260 N，F_b = 45 530 N，l_1 = 60.5 mm，d_1 = 7.3 mm。试判断这批钢材是否符合要求。

第 2 章 金属与合金的晶体结构和结晶

不同化学成分的金属材料具有不同的力学性能，即使是同一成分的材料，采用不同的加工工艺和热处理工艺，也可得到不同的力学性能。金属材料力学性能的这种差异，从本质上来说，是由其内部构造所决定的。因此，只有了解金属内部结构的变化规律，才能掌握金属材料性能的变化规律，对于选材和加工金属材料具有非常重要的意义。

2.1 金属的晶体构造

2.1.1 晶体与非晶体

一切物质都是由原子所组成的。根据原子在物质内部聚集状态的不同，可将物质分为晶体与非晶体两大类。在自然界中除了少数物质，如普通玻璃、松香等外，包括金属在内的绝大多数固体都是晶体。晶体的特点如下：

①组成晶体的原子、离子或分子作规则排列，如图 2.1 所示。

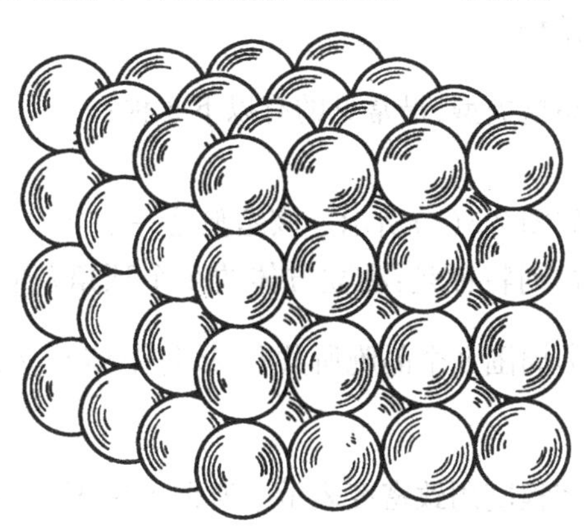

图 2.1 晶体中原子排列

②具有固定的熔点，如铁的熔点为 1 538 ℃，铜的熔点为 1 083 ℃，铝的熔点为 660 ℃。

③具有各向异性。应当指出,晶体和非晶体在一定条件下可互相转化。例如,玻璃经高温长时间加热能变为晶态玻璃;而通常是晶态的金属,如从液态急冷(冷却速度>10^7℃/s)也可获得非晶态金属。非晶态金属与晶态金属相比,具有高的强度与韧性等一系列突出性能,故近年来已为人们所重视。

2.1.2 晶格

为了便于表明晶体内部原子排列规律,把每个原子看成一个点,点与点之间用假想的线条连接起来而形成的空间格子称为晶格,如图 2.2(a)所示。由于晶体中原子排列规则具有周期性,故将晶格中能够完全反映晶格排列特征的最小几何单元,称为晶胞,如图 2.2(b)所示。为了研究晶体结构,规定以晶胞的棱边长度 a,b,c 和棱面夹角 α,β,γ 来表示晶胞的形状和大小,如图 2.2(b)所示。其中棱边长度称为晶格常数,单位为埃 Å(1 Å $=1\times10^{-8}$ cm)。

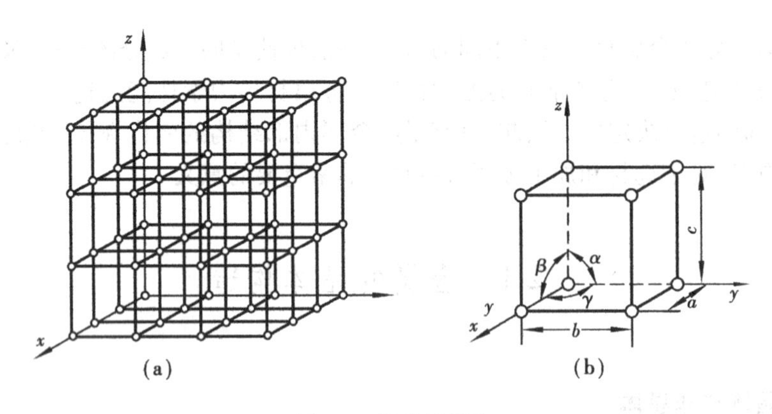

图 2.2 晶格及晶胞

晶格中原子所构成的平面,称为晶面;原子所构成的方向,称为晶向。各种晶体,由于其晶格类型、晶格常数,以及晶面、晶向上的原子排列情况不同,故会表现出不同的物理、化学和力学性能。

2.1.3 常见金属晶体结构

不同金属具有不同的晶格类型,最常见的有以下 3 种:

(1)体心立方晶格

体心立方晶格的晶胞如图 2.3(a)所示。该晶胞是一个立方体,故其晶格常数通常只用一个常数 a 表示即可。原子排列特征是:在立方体的 8 个顶角及立方体的中心各有一个原子。因每个顶角上的原子同时为周围 8 个晶胞所共有,故每个体心立方晶胞中实际原子数为:$\frac{1}{8}\times 8+1=2$ 个(见图 2.3(b))。

晶格中原子排列的紧密程度用致密度表示。所谓致密度,是指晶胞中原子所占体积与该晶胞体积之比。体心立方晶胞含有两个原子,原子半径 $r=\frac{\sqrt{3}}{4}a$(见图 2.3(c)),晶胞体积为 a^3,则其致密度为:$2\times(4/3\pi r^3)/a^3=0.68$。这表明,晶格中 68%的体积被原子所占据,其余

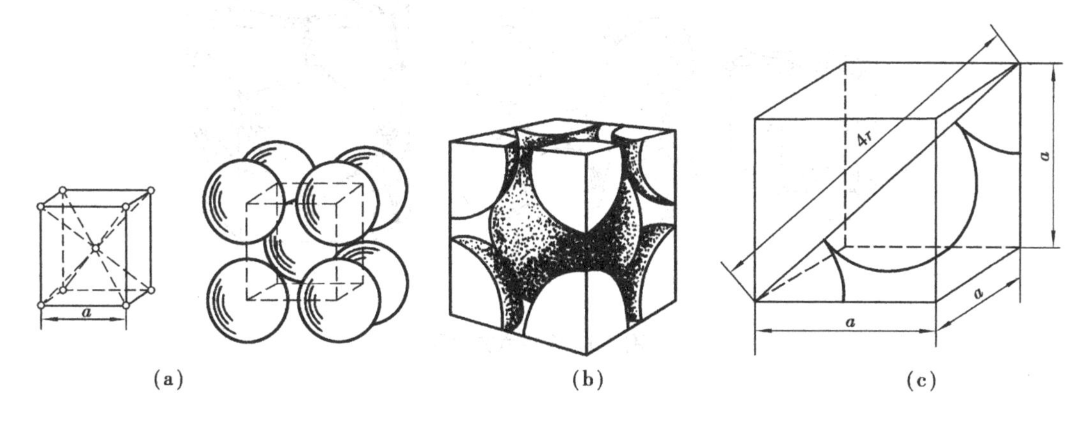

图2.3　体心立方晶胞

32%为空隙。致密度越高,则晶格中原子排列就越紧密。

属于体心立方晶格的金属有α-Fe,Cr,Mo,W,V等。

(2)面心立方晶格

面心立方晶格的晶胞如图2.4(a)所示。该晶胞也是一个立方体,但其原子排列特征是:在立方体的8个顶角及立方体各面的中心各有一个原子。因每个顶角上的原子同时为周围8个晶胞共有,6个表面中心的原子同时为两个晶胞所共有,故每个面心立方晶胞中实际原子数为:$\frac{1}{8}\times8+\frac{1}{2}\times6=4$个(见图2.4(b))。其原子半径为$\frac{\sqrt{2}}{4}a$,致密度为0.74。

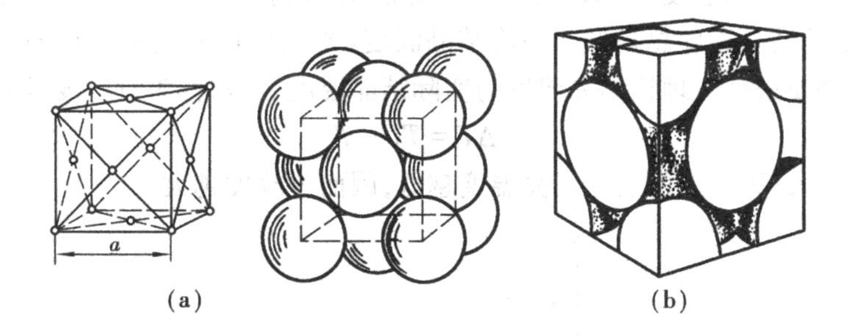

图2.4　面心立方晶胞

属于面心立方晶格的金属有γ-Fe,Al,Cu,Ni,Pb等。

(3)密排六方晶格

密排六方晶格的晶胞如图2.5(a)所示。该晶胞是一个六方柱体,其原子排列特征是:在六方柱体的12顶角及上下底面的中心各有一个原子,在晶胞的中间还有3个原子。由图2.5(b)可知,每个密排六方晶胞的原子数为:$12\times1/6+2\times1/2+3=6$个。这种晶胞的晶格常数通常用六方底面的边长$a$和上下底面的间距$c$来表示。其致密度为0.74。

属于密排六方晶格的金属有Mg,Zn,Be,Cd等。

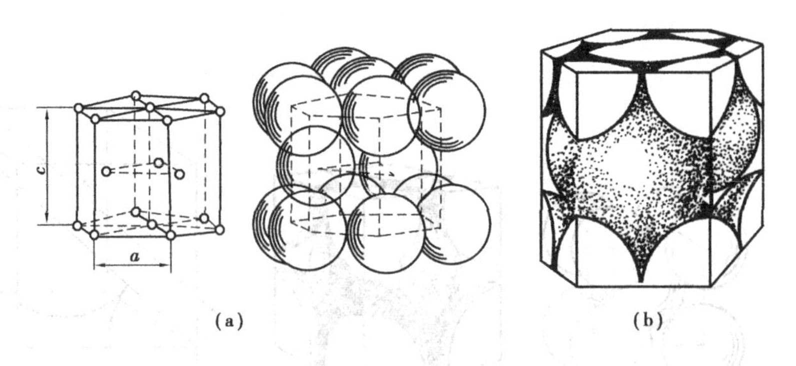

图 2.5　密排六方晶胞

2.2　金属的结晶过程

2.2.1　结晶的概念

物质从液态转变为固态的过程,称为凝固。如果通过凝固能形成晶体结构,则称为结晶,即结晶是指液体转变为晶体的过程。从内部结构来看,结晶就是原子从不规则排列(液态)过渡到按一定几何形状作有秩序排列(固态)的过程。

纯金属的结晶过程可用冷却曲线来表示,如图 2.6 所示。它是用热分析法测定出来的。图 2.6 中曲线上的水平线段为实际结晶温度,这是由于结晶时有结晶潜热释放出来,补偿了向周围空气散热所引起的温度下降,因此,说明金属的结晶在恒温下进行。从图 2.6 中还可看出,纯金属的实际结晶温度总是低于理论结晶温度(平衡温度),这种现象称为"过冷"。过冷是金属结晶的必要条件。理论结晶温度与实际结晶温度之差,称为过冷度,用 ΔT 表示,即

$$\Delta T = T_0 - T_n$$

冷却速度越大,则金属的实际结晶温度越低,因而过冷度越大。

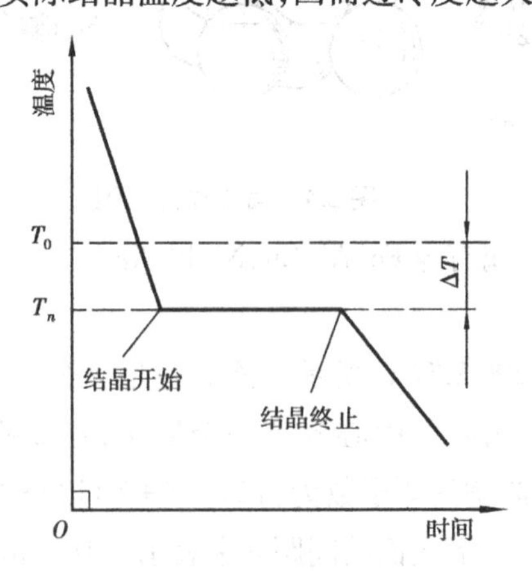

图 2.6　纯金属的冷却曲线

2.2.2 结晶过程

液态金属结晶时,不可能在一瞬间完成,它必须经历一个结晶体由小到大、由局部到整体的发展过程,即形核与长大。当液态金属冷却到理论结晶温度以下时,液态中的某些原子集团就自发地聚集在一起,并按金属晶体的固有规律排列起来成为结晶核心,称为晶核。以后这些晶核不断长大。与此同时,液体中新的晶核又会不断产生和长大,直到相邻的小晶体彼此相接触,液体完全消失,结晶过程也就完成了。晶核在长大过程中并不总是沿各个方向均匀一致地长大,而与液-固相界面前沿的过冷情况以及散热条件等因素有关。在一定的过冷条件下,晶核沿着有利于散热的方向按树枝状方式生长。一般晶体棱角处的散热条件优于其他部位,因而犹如树枝一样先长出枝干,再长出分枝,最后凝固的金属将填满枝间空隙。如图2.7所示为树枝状晶体生长示意图。如图2.8所示为液态金属结晶过程示意图。

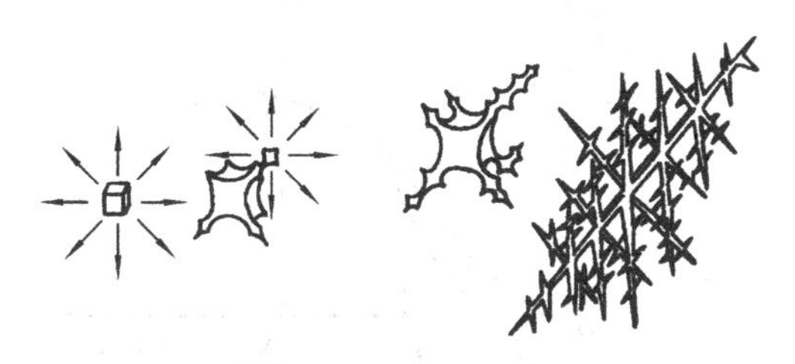

图2.7 树枝状晶体生长示意图

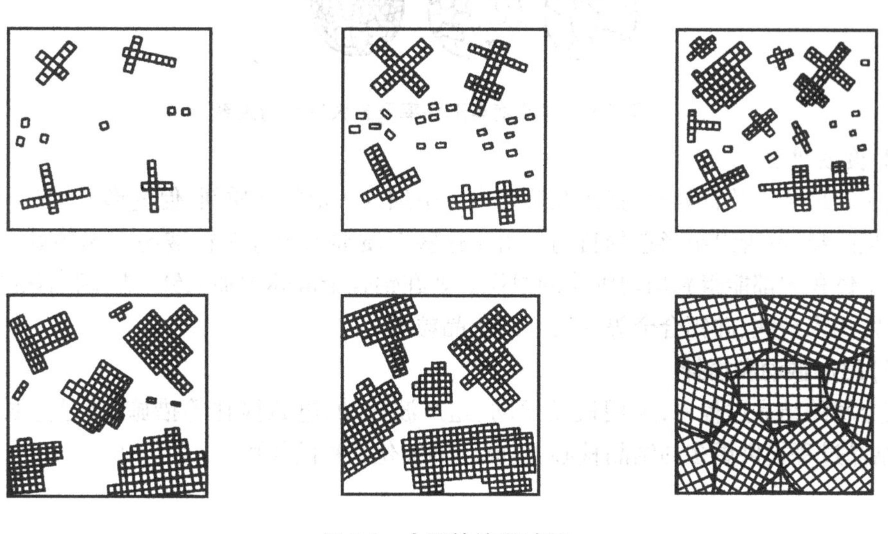

图2.8 金属的结晶过程

2.2.3 晶粒大小及其影响因素

晶粒大小对金属性能有重要的影响。在常温下,细晶粒金属晶界多,晶界处晶格扭曲畸变,提高了塑性变形的抗力,使其强度、硬度提高;细晶粒金属晶粒数目多,变形可均匀分布在许多晶粒上,使其塑性好。因此,在常温下晶粒越小,金属的强度、硬度越高,塑性、韧性越好。工程中,大多希望通过使金属材料的晶粒细化来提高金属的力学性能。这种用细化晶粒来提高材料强度的方法,称为细晶强化。

金属结晶过程既然是由形核与长大两个基本过程所组成,那么,结晶后的晶粒大小必然与形核速度及晶核长大速度有关。晶核的形核率 N 即单位时间内单位体积中所产生的晶粒数目。晶核长大速率 G 即单位时间内晶核长大的平均速度。

生产中采用控制晶粒大小的方法如下：

(1)增加过冷度

金属结晶时，形核率和长大速率都取决于过冷度。但是，随着过冷度的增大，两者的变化率并不相同，如图 2.9 所示。由图 2.9 可知，在一般液态金属的过冷范围内，随着过冷度的增大，晶核形核率 N 和晶核长大速率 G 增大，但前者更快，因而 N/G 也增大，因而晶粒细化。在铸造生产中，为了提高铸件的冷却速度，可用金属型代替砂型，同时也可采用降低浇注温度、进行慢速浇注等方法来细化晶粒。

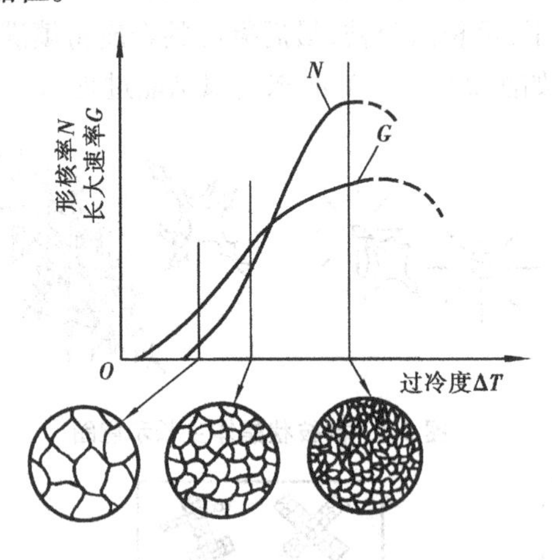

图 2.9　过冷度与形核率及长大速率的关系

(2)变质处理

变质处理又称孕育处理，就是在液态金属中加入一定的变质剂，促进形核，抑制长大，从而达到细化晶粒，改善组织形态的目的。由于这些变质剂均匀分布在液态金属各处，因此，在铸件的整个体积内都能得到均匀细化的组织。如在铝合金液体中加入钛、锆、硼细化晶粒。铸铁浇注前常加入硅铁、硅钙合金等变质剂细化晶粒等。

(3)附加振动和搅拌

在金属的结晶过程中，采用机械振动、超声波振动、电磁搅拌等措施，使已生长的晶粒破碎，为结晶过程提供更多的结晶核心，也能起到细化晶粒的作用。

2.3　金属的同素异晶转变

有些金属在固态只有一种晶体结构，如铝、铜、银、金等就是这样，但也有少数金属，如铁、钴、钛、锡等，在结晶后继续冷却时还会发生晶体结构变化。一种金属能以几种晶格类型存在的性质，称为同素异晶性。金属在固态下改变其晶格类型的过程，称为同素异晶转变。

在金属晶体中，铁的同素异晶转变最为典型。铁在凝固结晶后继续冷却至室温的过程中，先后发生两次晶格转变。

如图 2.10 所示为纯铁的冷却曲线及晶体结构的变化。其转变过程为

$$\underset{\text{体心立方晶格}}{\delta\text{-Fe}} \xrightleftharpoons{1\,394\ ℃} \underset{\text{面心立方晶格}}{\gamma\text{-Fe}} \xrightleftharpoons{912\ ℃} \underset{\text{体心立方晶格}}{\alpha\text{-Fe}}$$

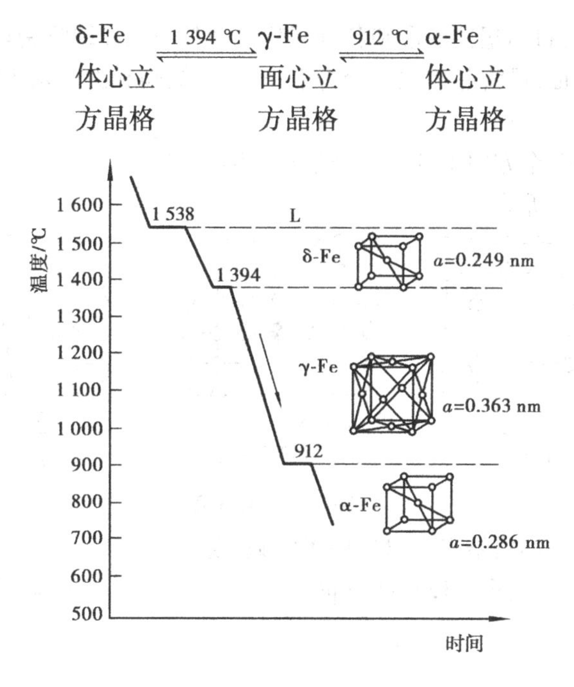

图 2.10　纯铁的冷却曲线

与液态金属结晶相比，金属的同素异晶转变也遵循结晶的一般规律，故又称重结晶或二次结晶。但金属的同素异晶转变往往伴随着体积的变化，因而容易在金属中引起较大的内应力，故易引起金属材料的变形。

2.4　实际晶体的构造

2.4.1　单晶体与多晶体

如果晶体内原子排列规则且具有周期性，即晶格排列位向完全一致，这样的晶体称为单晶体。理想的单晶体在自然界中几乎是不存在的。在工业生产中，只有经过特殊制作才能获得，如单晶硅、单晶锗等。单晶体具有各向异性的特征。

工程中，实际应用的金属材料大多是多晶体。它是由许多颗内部晶格位向相同而相互间位向不同的小晶体组成的，如图 2.11 所示。这些小晶体称为晶粒，晶粒与晶粒间的界面称为晶界。

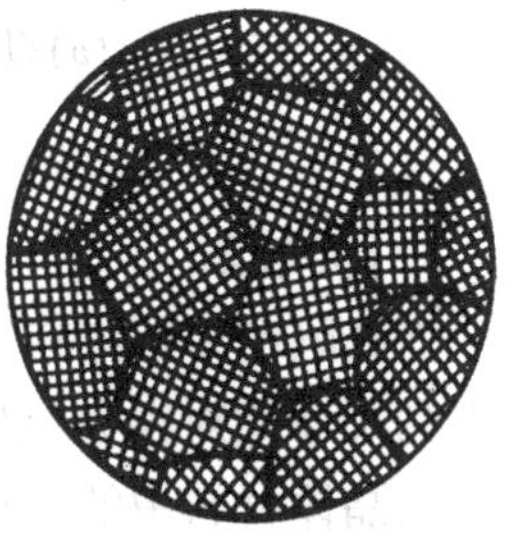

图 2.11　多晶体示意图

2.4.2　晶体缺陷

在实际晶体中，由于种种原因，在晶粒内部某些局部区域，原子的规则排列往往受到干扰而被破坏，不像理想晶体那样规则和完整。实际金属中原子排列得不完整性，称为晶体缺陷。这种局部存在的晶体缺陷，对金属的性能影响很大。例如，对理想、完整的金属晶体进行理论计算，求得的屈服点数字要比对实际晶体进行测量所得的数字高出千倍左右，故金属材料的塑性变形和各种强化机理都与晶体缺陷密切相关。

根据几何形状特征，可将晶体缺陷分为点缺陷、线缺陷和面缺陷 3 类。

(1)点缺陷

点缺陷的特征是 3 个方向上的尺寸都很小，相当于原子尺寸。主要有空位、置换原子、间隙原子 3 种，如图 2.12 所示。

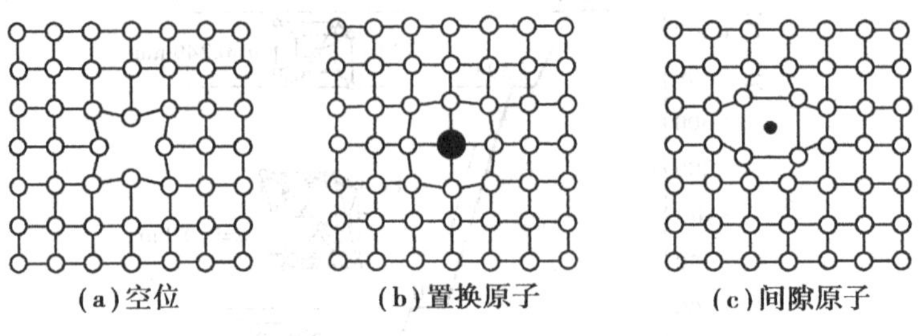

图 2.12 点缺陷

空位是指在正常的晶格结点上出现原子空缺(见图 2.12(a))；置换原子是指结点上的原子被异类原子所替换(见图 2.12(b))；间隙原子是在晶格的间隙中存在多余原子(见图 2.12(c))。

(2)线缺陷

线缺陷的特征是在两个方向的尺寸很小，在另一个方向的尺寸相对很大。晶体中的线缺陷实际上就是位错，也就是说在晶体中有一列或若干列原子发生了有规律的错排现象。

位错有各种类型，其中最简单也是最基本的有两种：刃型位错和螺型位错，如图 2.13 所示。

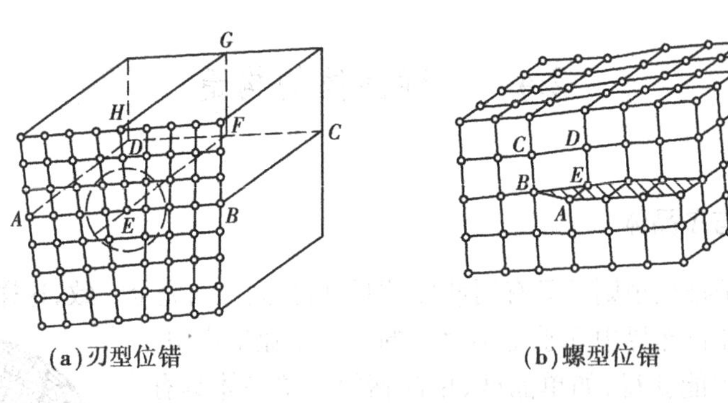

图 2.13 刃型位错和螺型位错

(3)面缺陷

面缺陷的特征是在一个方向上的尺寸很小，另外两个方向上的尺寸相对很大，呈面状分布。金属晶体中的面缺陷主要是指晶体材料中的各种界面，如晶界和亚晶界等。

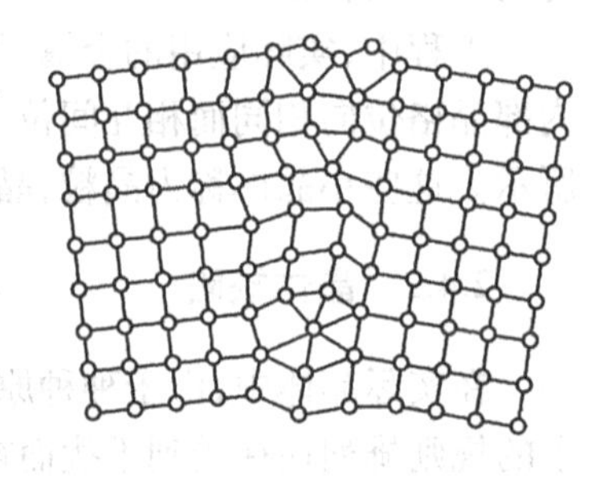

图 2.14 晶界的过渡结构

如前所述，一般金属材料都是多晶体。多晶体中两个相邻晶粒间的位向差大多在 30°~40°。故晶界处原子必须从一种位向逐步过渡到另一种位向，使晶界成为不同位向晶粒之间原子排列无规则的过渡层，如图 2.14 所示。

晶界处原子的不规则排列，即晶格处于畸变状态，使晶界处能量高出晶粒内部能量,因此,晶界与晶粒内部有着一系列不同的特性。例如,晶界在常温下的强度和硬度较高,在高温下则较低;晶界容易被腐蚀;晶界的熔点较低;晶界处原子扩散速度较快,等等。

亚晶界实际上是由一系列刃型位错所形成的小角晶界,如图2.15所示。由于亚晶界处原子排列同样要产生晶格畸变,因而亚晶界对金属性能有着与晶界相似的影响。例如,在晶粒大小一定时,亚组织越细,金属的屈服强度越高。如图2.16所示为亚晶粒组织图。

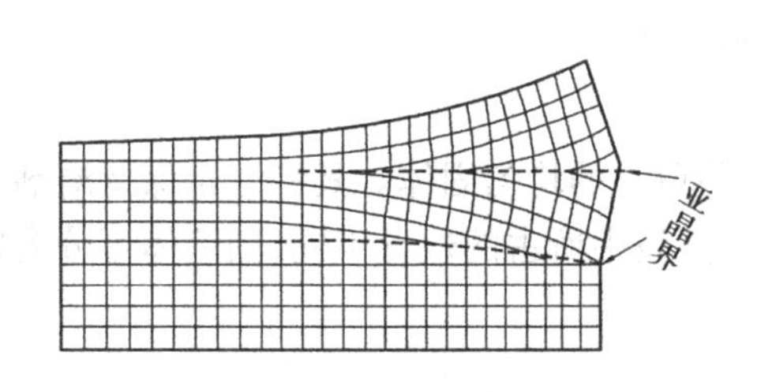

图2.15 亚晶界示意图

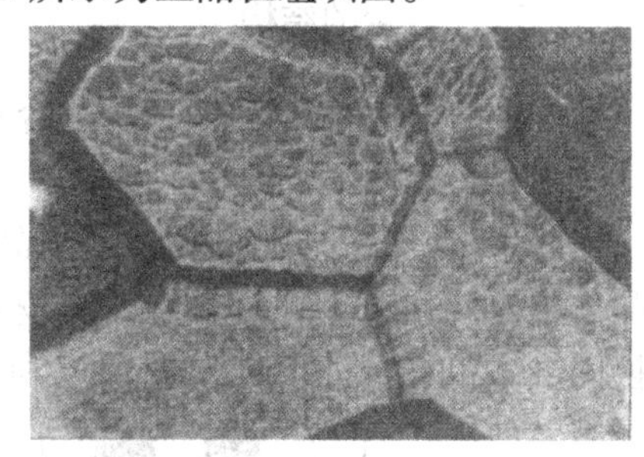

图2.16 亚晶粒组织图

上述晶体缺陷并不是静止不变的,而是随着一定温度和加工过程等各种条件的改变而变动的。它们可以产生、发展和运动,它们之间还可发生交互作用,能合并和消失。晶体缺陷对金属的许多性能有很大的影响,特别对金属的塑性变形、强化、固态相变等都有重要的影响。

2.5 合金的结构和相图

2.5.1 基本概念

(1)合金

由两种或两种以上的金属元素或金属元素与非金属元素组成的、具有金属特性的物质,称为“合金”。例如,黄铜是铜和锌组成的合金,碳钢和铸铁是铁和碳组成的合金。

(2)组元

组成合金的最基本、独立的物质,称为“组元”。组元可以是纯元素,也可以是稳定的化合物。由两个组元组成的合金,称为二元合金;由3个组元组成的合金,称为三元合金,由3个以上组元组成的合金,则称为多元合金。例如,碳钢是Fe-C二元合金;普通黄铜是Cu-Zn二元合金,硬铝是由Al-Cu-Mg三元合金。

(3)合金系

由给定组元可按不同比例配制出一系列不同成分的合金,这一系列合金就构成一个合金系统,简称合金系。两组元组成的为二元系,三组元组成的为三元系,等等。

(4)相

合金中具有相同化学成分、相同晶体结构的均匀部分,称为相。合金在固态下由一个固相组成的,称为单相合金;由两个以上的固相组成的,称为多相合金。相与相之间有明显的界面。

(5)组织

通常人眼看到或借助于显微镜观察到的材料内部的微观形貌(图像),称为组织。人眼

(或放大镜)看到的组织为宏观组织;用显微镜所观察到的组织为显微组织。组织是与相有紧密联系的概念。相是构成组织的最基本组成部分。但当相的大小、形态与分布不同时会构成不同的微观形貌(图像),各自成为独立的单相组织,或与别的相一起形成不同的复相组织。组织是材料性能的决定性因素。相同条件下,材料的性能随其组织的不同而变化。因此在工业生产中,控制和改变材料的组织具有相当重要的意义。

2.5.2 合金的结构

合金的结构有固溶体、金属化合物和机械混合物3类。

(1)固溶体

固溶体是指溶质原子溶入溶剂晶格中形成的一种单一的均匀固体。其特点是保持溶剂的晶体结构,不形成新的晶体结构。按溶质原子在溶剂晶格中所占的位置不同,固溶体可分为置换固溶体和间隙固溶体,如图2.17所示。

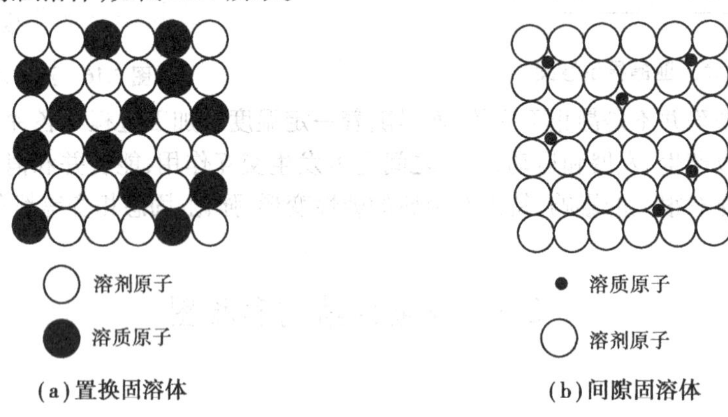

图2.17 固溶体分类

1)置换固溶体

溶剂晶格中某些原子被溶剂原子所取代而形成的固溶体,如图2.17(a)所示。

2)间隙固溶体

当溶剂原子直径较大而溶质原子直径较小时,溶质原子则进入溶剂晶格的空隙处而形成间隙固溶体,如图2.17(b)所示。形成间隙固溶体的溶质原子,通常是一些原子直径很小的非金属元素,如碳、氮、氢、硼、氧等,而溶剂原子一般都是过渡族的金属元素。

由于溶质原子与溶剂原子直径大小不同,化学性质也不尽相同,故当溶质原子溶解到溶剂晶格中以后,致使溶剂的晶格发生了畸变(见图2.18),导致晶体中位错运动的阻力增大,合金的塑性变形抗力增大,即合金材料得到了强化。这种因形成固溶体而使合金强度、硬度升高的

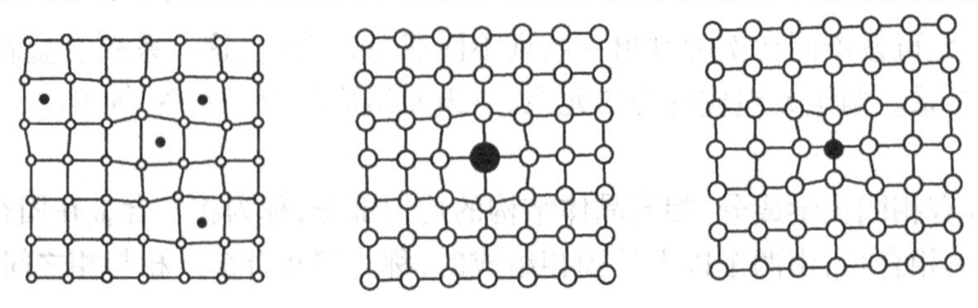

图2.18 固溶体的晶格畸变

现象，称为固溶强化。固溶强化是提高金属力学性能的重要途径之一。

(2)金属化合物

合金中各组元的原子按一定比例相互作用而生成的一种新的具有金属特性的物质，称为金属化合物。

金属化合物一般具有复杂的晶体结构，与构成化合物的各组元的晶格都不相同，如图2.19所示。另外，在性能上也有显著不同。通常金属化合物硬而脆，当合金中出现金属化合物时，能提高其强度、硬度和耐磨性，但会降低其塑性和韧性。

(3)机械混合物

两种或两种以上的相按一定质量分数组成的物质，称为机械混合物。混合物中的组成部分可以是纯金属、固溶体或化合物各自的混合，也可以是它们之间的混合。混合物中各相仍保持各自的晶格类型。在显微镜下可以明显辨别出各组成相的形貌。混合物的性能取决于各组成相的性能，以及它们分布的形态、数量及大小。

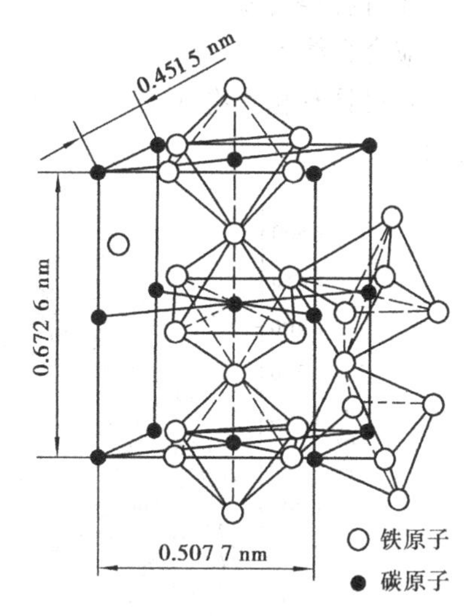

图2.19　渗碳体的晶体结构

应当指出，无论形成固溶体或是金属化合物，在大多数工业合金中，固溶体和金属化合物单独存在的情况都不多。这是因为单一的固溶体强度不高，而金属化合物虽有很高的硬度，但脆性又很大。如果两者适当组合，即固溶体加入少量金属化合物而形成机械混合物，则可获得良好的综合力学性能，从而满足各种不同性能的要求。

2.5.3　二元合金相图

合金的组织要比纯金属复杂，为了研究合金的组织与性能的关系，必须了解合金的结晶过程，了解合金中各种组织的形成及变化的规律。为此，必须应用合金相图这一重要工具。

合金相图是表示在平衡状态下，合金系中合金的状态与温度、成分间的关系的图解，是表示合金系在平衡条件下、在不同温度、成分下的各相的关系的图解，故又称状态图或平衡图。利用合金相图，可了解合金系中不同成分合金在不同温度时的组成相(或组织状态)以及相的成分和相的相对量，而且还可了解合金在缓慢加热和冷却过程中的相变规律，因此，合金相图是研制新材料，以及制订合金熔炼、铸造、压力加工和热处理工艺等的重要工具。

(1)二元合金相图的建立

合金相图都是通过实验方法建立起来的。目前测定相图的方法很多，如热分析法、金相分析法、膨胀法及X射线分析法等。其中，最常用的是热分析法。

现以Cu-Ni二元合金为例说明相图的建立过程。其建立步骤如下：

①配制不同成分的Cu-Ni合金，例如：

	Ⅰ	Ⅱ	Ⅲ	Ⅳ	Ⅴ	Ⅵ
Cu	100%	80%	60%	40%	20%	0%
Ni	0%	20%	40%	60%	80%	100%

配制的合金成分越多,则作出的相图越精确。

②用热分析法作出各种成分合金的冷却曲线。

③将各条冷却曲线上的相变点(即转折点和平台)的温度值,标在以温度-成分为坐标系的相应合金线上。

④将具有相同物理意义的各点用圆滑曲线连接起来,即可获得 Cu-Ni 合金相图,如图 2.20 所示。

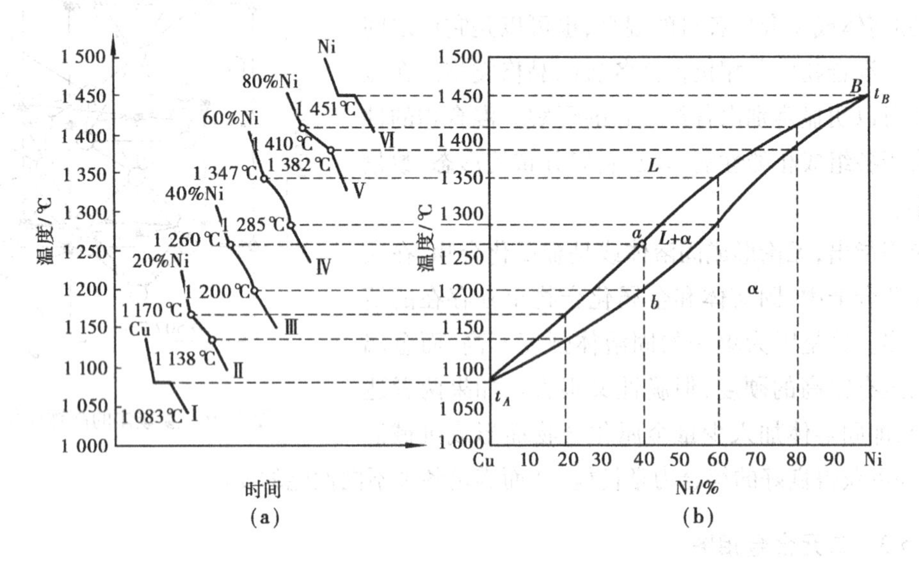

图 2.20 Cu-Ni 合金相图的建立

(2)匀晶相图

两组元在液态及固态下都能以任何比例相互溶解而构成的相图,称为匀晶相图。例如,Cu-Ni,Fe-Cr,Au-Ag 等合金系都属于这类相图。

如图 2.20 所示为 Cu-Ni 二元合金相图。其中,*A* 点(1 083 ℃)为纯铜的熔点,*B* 点(1 452 ℃)为纯镍的熔点。上面那条曲线(*AB*)为液相线,下面那条曲线(*AB*)为固相线。液相线与固相线把整个相图分为 3 个不同相区。在液相线以上是单相的液相区,所有成分合金均为液体,用“L”表示;固相线以下为合金处于固体状态的固相区,该区域内是 Cu 与 Ni 组成的单相无限固溶体,以“α”表示;在液相线与固相线之间是液相+固相的两相共存区(即结晶区),用“L+α”表示。

(3)共晶相图

凡是二元合金系中两组元在液态能完全互溶,而在固态互相有限溶解,并发生共晶转变的相图,称为共晶相图。例如,Pb-Sn,Pb-Sb,Ai-Si,Ag-Cu 等合金系都属于这类相图。

如图 2.21 所示为 Pb-Sn 二元合金相图。其中,*A* 点为纯铅的熔点(约 327 ℃),*B* 点为纯锡的熔点(232 ℃)。*AC*,*BC* 线为液相线,*AD*,*BE* 线为固相线。

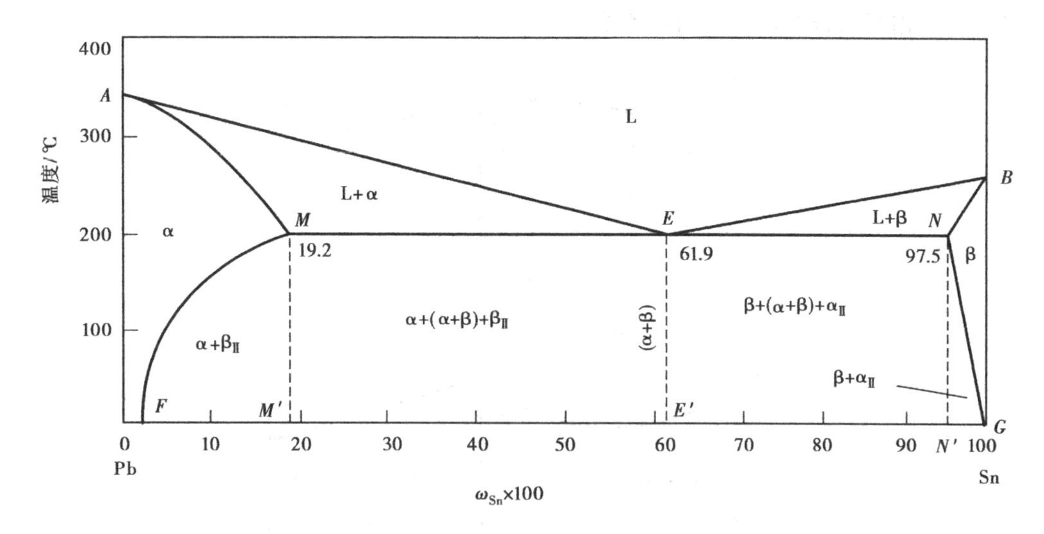

图 2.21　Pb-Sn 合金相图

共晶相图共包含3个单相区:L,α,β。α 相是锡溶解在铅中形成的固溶体。β 相是铅溶解在锡中形成的固溶体。铅与锡的相互溶解度随温度的降低而减小,故 *DE*,*EG* 分别为 Sn 在 α 中和 Pb 在 β 中的溶解度曲线。相图中3个两相区为:L+α,L+β,α+β。*DCE* 线为三相共存的水平线,称为共晶线。合金冷却到该线时将发生共晶反应。共晶反应是指在恒定温度下,由一定成分的液相同时析出两种固相的反应,转变反应式表示为

$$L_C \rightarrow \alpha_D + \beta_E$$

故 *C* 点为共晶点。

成分为 *C* 点的合金,称为共晶合金;成分在 *CD* 之间的合金,称为亚共晶合金;成分在 *CE* 之间的合金,称为过共晶合金。

(4)共析相图

在二元合金相图中,组元具有同素异构转变,使高温时由匀晶转变所形成的固溶体,再冷至较低温度时又发生固态相变。这种由某种单相固溶体中同时析出两种新的固相的转变,称为共析转变(共析反应)。发生这种转变的相图与共晶相图十分相似,区别在于转变前的母相不是液相而是固相,如图2.22所示。

图2.22中,*A* 和 *B* 代表两组元,*e* 为共析点,*ced* 为共析线,(α+β)为共析体或称共析组织。共析转变反应式为

$$\gamma_e \rightarrow \alpha_c + \beta_d$$

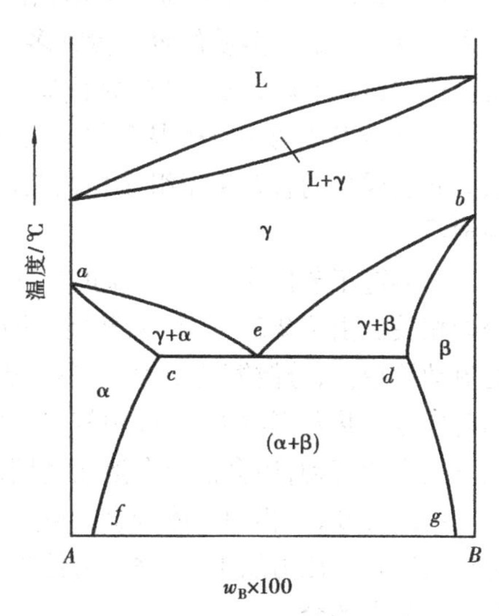

图 2.22　共析相图

2.5.4　相图与合金性能的关系

合金的性能取决于合金的成分及其内部组织,而相图却表明了合金的成分与其内部组织之间的相互关系。因此,利用相图可大致判断合金成分、组织与性能之间的关系。图2.23表

示各类合金相图与合金性能之间的关系。

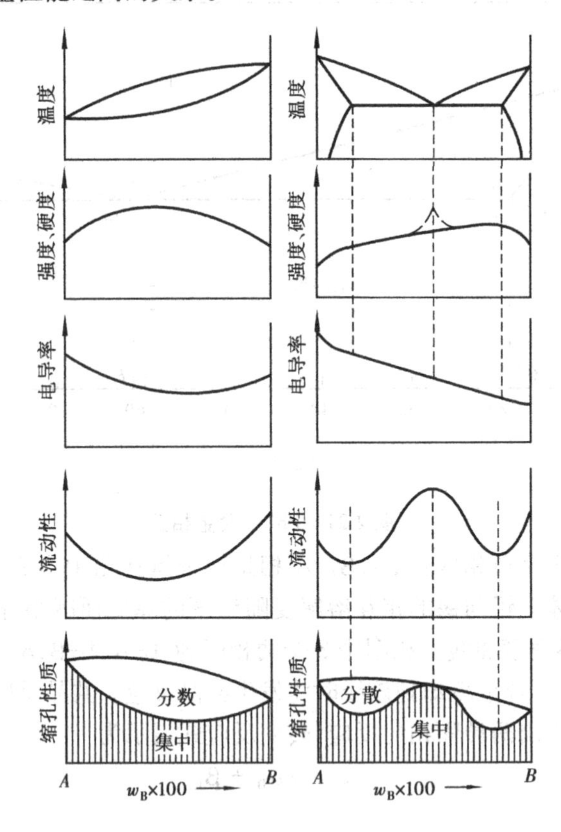

图 2.23　相图与合金性能的关系

由图 2.23 可知,当合金形成单相固溶体时,合金的性能与组成元素的性质及溶质元素的溶入量有关。通常溶质的溶入量越多,则合金的强度、硬度越高。由于严重的晶格畸变,使自由电子的运动受阻,电导率有所下降。

当合金形成两相机械混合物时,其性能是组成相性能的平均值,即性能与成分呈直线关系。共晶成分的合金由于组成相颗粒较细,分散度较高,故其强度、硬度提高(见图 2.23 所示的虚线)。

从铸造工艺性能来看,合金的流动性、缩孔性质均与相图中的液相线和固相线之间的间距密切相关。由图 2.23 可知,液相线和固相线之间的距离(垂直距离或水平距离)越宽,则合金的流动性越低,分散缩孔增大,枝晶偏析倾向增大。这主要是由于合金在结晶时的温度变化范围与成分变化范围越大,生成树枝状晶体的倾向也越大,而且晶体比较细长易断,阻碍了液体在型腔内的流动,还会使合金溶液变稠,导致流动性和补缩能力的下降所造成的。

由此可知,单相固溶体合金的铸造工艺性能不及纯金属和共晶合金,故在生产中不宜制作铸件而适宜于压力加工。同样,铸件为了获得优良的铸造工艺性能,应尽量在相图中选择成分接近共晶点的合金。

复习思考题

1.金属的常见晶格类型有哪几种？它们的晶体结构有哪些差异？

2.简述液态金属的结晶条件和结晶过程的基本规律。金属结晶与同素异晶转变有何异同？

3.晶体的各向异性是怎样产生的？实际晶体为何各向同性？

4.什么叫固溶强化？固溶强化是怎样形成的？

5.晶粒大小对金属的力学性能有何影响？如何细化晶粒？

6.下列情况是否有相变：

(1)液态金属结晶；

(2)同素异晶转变；

(3)晶粒粗细变化。

7.判断下列看法是否正确：

(1)凡是由液体凝固成固体的过程都是结晶；

(2)金属结晶时,冷却速度越快,则晶粒越细；

(3)铸造合金常选用接近共晶成分的合金,而压力加工的合金常选用单相固溶体成分的合金。

8.如果其他条件相同,比较下列铸造条件下铸件晶粒的大小：

(1)金属型铸造与砂型铸造；

(2)高温浇注与低温浇注；

(3)铸成薄片与铸成厚片；

(4)浇注时振动与不振动；

(5)厚大铸件的表面部分与中心部分。

第 3 章
铁碳合金相图

钢铁材料是工业中应用范围最广的合金,它们都是以铁和碳为基本组元的复杂合金。而铁碳合金相图是研究铁碳合金的基本工具。

3.1 铁碳合金的基本组织

Fe 和 Fe_3C 是组成 $Fe\text{-}Fe_3C$ 相图的两个基本组元。由于铁与碳之间相互作用不同,铁碳合金固态下的组织有铁素体、奥氏体、渗碳体、珠光体及莱氏体。现分别将它们介绍如下:

3.1.1 铁素体

碳溶解在 α-Fe 中形成的间隙固溶体,称为铁素体,用符号"F"表示。它仍保持 α-Fe 的体心立方晶格。

由于 α-Fe 的晶格间隙很小,因而溶碳能力极差,随温度的升高略有增加。在室温时仅有 0.000 8%,在 727 ℃时最大,为 0.021 8%。因此,它在室温下的力学性能几乎与纯铁相同,即强度、硬度不高(σ_b=25 MPa,约 80HBS),但塑性、韧性很好(δ=45%~50%)。

铁素体的显微组织与纯铁相同,在显微镜下观察为均匀明亮的多边形晶粒,但晶界曲折,如图 3.1 所示。

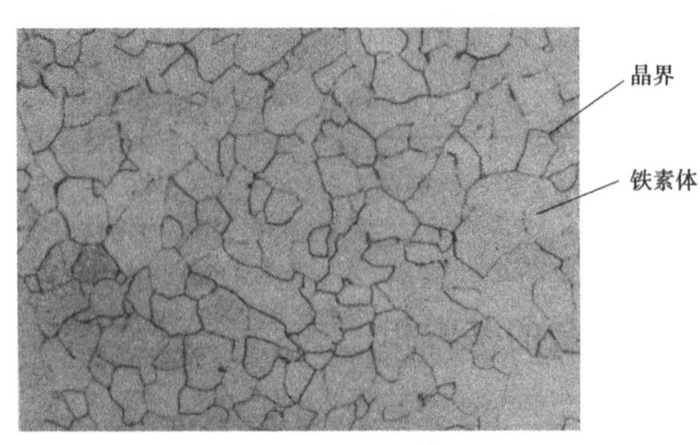

图 3.1 铁素体的显微组织(100×)

铁素体在 770 ℃以下具有铁磁性,在 770 ℃以上则失去铁磁性。

3.1.2　奥氏体

碳溶解在 γ-Fe 中形成的间隙固溶体,称为奥氏体,用符号“A”表示。它保持 γ-Fe 的面心立方晶格。

碳在 γ-Fe 中的溶解度比在 α-Fe 中大得多,在 1 148 ℃时溶碳能力最大,可达 2.11%。随着温度的下降,溶碳能力逐渐减小,在 727 ℃时为 0.77%。

奥氏体的力学性能与其溶碳量及晶粒大小有关。奥氏体的硬度不高(170~220HBS),塑性很好(δ=40%~50%),是绝大多数钢种在高温进行压力加工时所需的组织,也是钢进行某些热处理加热时所需组织。

奥氏体存在于 727 ℃以上的高温范围内。高温下的奥氏体的显微组织如图 3.2 所示。其晶粒也呈多边形,但晶界较铁素体平直。奥氏体为非铁磁性相。

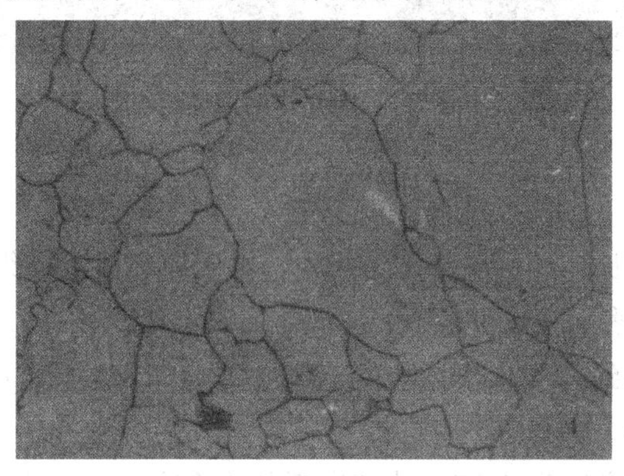

图 3.2　奥氏体的显微组织(800×)

3.1.3　渗碳体

铁与碳形成的稳定化合物称为渗碳体,其分子式为 Fe_3C,碳的质量分数为 6.69%。

渗碳体的晶体结构为复杂斜方晶格(见图 2.19),与铁的晶格截然不同,故其性能与铁素体相差悬殊。渗碳体具有很高的硬度(950~1 050 HV),而塑性和韧性几乎等于零,是一个硬而脆的组织。

碳钢在室温平衡状态下,除极微量的碳溶解于 α-Fe 中形成铁素体外,其余部分都与铁形成渗碳体存在于碳钢组织中。渗碳体是碳钢中的主要强化相,在钢中与其他相共存时呈片状、球状、网状或板条状。渗碳体的形状、数量、分布等对钢的性能有很大的影响。

渗碳体是一种介稳定相,在一定条件下可分解,形成石墨状的自由碳:$Fe_3C \rightarrow 3Fe+G$(石墨)。石墨的出现在铸铁材料中有着重要的意义。

3.1.4　珠光体

铁素体与渗碳体所形成的机械混合物,称为珠光体,用符号“P”表示。

珠光体的碳的质量分数为 0.77%。由于珠光体是由硬的渗碳体片和软的铁素体片相间组成的混合物,故其力学性能介于渗碳体与铁素体之间。它的强度高($\sigma_b \approx 750$ MPa),硬度也较高(180HBS),并且仍具有一定的塑性和韧性($\delta = 20\% \sim 25\%$,$\alpha_k = 30 \sim 40$ J/cm^2)。珠光体是钢中的重要组织。其显微组织如图 3.3 所示。

图 3.3 珠光体的显微组织

3.1.5 莱氏体

莱氏体分为高温莱氏体和低温莱氏体两种。奥氏体和渗碳体组成的机械混合物,称为高温莱氏体,用符号"Ld"表示。由于其中的奥氏体属高温组织,因此,高温莱氏体仅存于 727 ℃以上。高温莱氏体冷却到 727 ℃以下时,将转变为珠光体和渗碳体的机械混合物,称为低温莱氏体,用符号"Ld′"表示。

莱氏体的碳的质量分数为 4.3%。由于莱氏体中含有的渗碳体较多,故其性能与渗碳体相近,即为硬而脆的组织,它是白口铁的基本组织。

综上所述,在铁碳合金的五种基本组织中,F,A,Fe_3C 都是单相组织,是基本相,而 P,Ld(Ld′)则是由基本相混合组成的两相组织。

3.2 铁碳合金相图分析

铁碳合金相图是研究钢和铸铁及其加工处理的主要理论基础,它反映了在平衡条件(极其缓慢冷却)下铁碳合金的成分、温度和组织之间的关系,显示了某些性能的变化规律。

铁碳合金相图是由实验得到的。图中左上角部分实际应用较少,故常将该图简化为如图 3.4 所示。

3.2.1 相图中各特性点、线和区域

(1)主要特性点

铁碳合金相图中各点的温度、碳的质量分数及其含义见表 3.1。

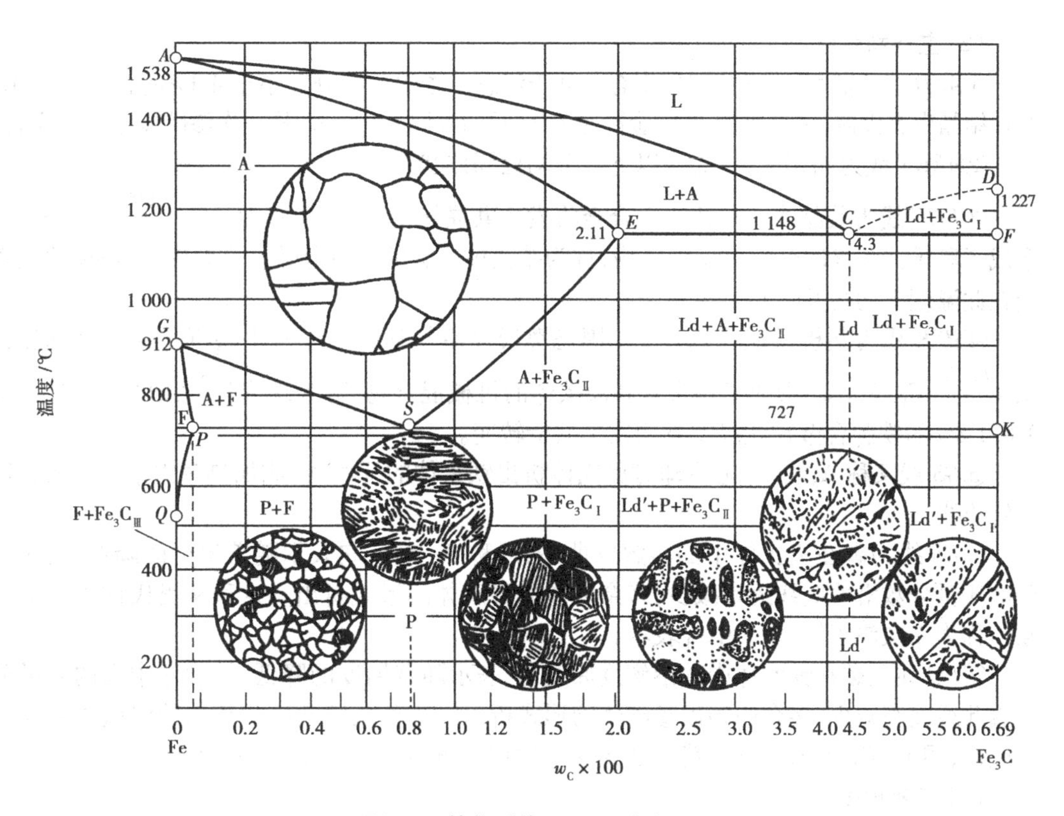

图3.4　简化后的 $Fe\text{-}Fe_3C$ 相图

表3.1　$Fe\text{-}Fe_3C$ 相图中的特性点

符　号	温度/℃	碳的质量分数/%	说　明
A	1 538	0	纯铁的熔点
C	1 148	4.3	共晶点，$L_C \rightleftharpoons A_E+Fe_3C_F$
D	1 227	6.69	渗碳体的熔点
E	1 148	2.11	碳在γ-Fe中的最大溶解度点
F	1 148	6.69	渗碳体的成分点
G	912	0	α-Fe⇌γ-Fe同素异晶转变点
K	727	6.69	渗碳体的成分点
P	727	0.021 8	碳在α-Fe中的最大溶解度点
S	727	0.77	共析点，$A_S \rightleftharpoons F_P+Fe_3C_K$
Q	600	0.005 7	600 ℃时碳在α-Fe中的溶解度点

注：因实验条件和方法的不同及杂质的影响，可能使相图中各主要点的温度和碳的质量分数略有出入。

(2)主要特性线

①*ACD* 线为液相线,在此线以上合金处于液态。碳的质量分数小于4.3%的合金冷至 *AC* 线开始结晶出奥氏体;大于4.3%的合金冷至 *CD* 线开始结晶出 Fe_3C,称一次渗碳体,用 $Fe_3C_Ⅰ$表示。

②*AECF* 线为固相线,在此线以下合金均处固体状态。

③*ECF* 线为共晶线。在此线上合金将发生共晶转变,其反应式为:$L_C \xrightleftharpoons{1\,148\ ℃} A_C+Fe_3C_F$,形成了奥氏体和渗碳体的机械混合物,称为莱氏体。碳的质量分数在2.11%~6.69%的铁碳合金在此温度下均会发生共晶转变。

④*PSK* 线为共析线,通称 A_1线。固态奥氏体冷却到此线将发生共析转变,其反应式为:$A_S \xrightleftharpoons{727\ ℃} F_P+Fe_3C_K$,形成了铁素体和渗碳体的机械混合物,称为珠光体。碳的质量分数大于0.021 8%的铁碳合金在此温度下均发生共析转变。

⑤*GS* 线又称 A_3线,它是冷却时奥氏体析出铁素体的开始线,或加热时铁素体溶入奥氏体的终止线。

⑥*ES* 线为碳在奥氏体中的溶解度曲线,通称 A_{cm}线。它表示随着温度的降低,奥氏体中碳的质量分数沿着此线逐渐减少,多余的碳以渗碳体的形式析出。这种从奥氏体中析出的渗碳体称为二次渗碳体,用 $Fe_3C_Ⅱ$表示。

⑦*PQ* 线是碳在铁素体中的溶解度曲线,它表示随着温度的降低,铁素体中碳的质量分数沿着此线逐渐减少,多余的碳以渗碳体的形式析出。这种从铁素体中析出的渗碳体称为三次渗碳体,用 $Fe_3C_Ⅲ$表示。由于其数量极少,在钢中一般影响不大,故可忽略不计。

(3)主要相区

铁碳合金相图中各区域的组织如图3.4所示。主要相区见表3.2。

表3.2 铁碳合金相图中主要相区

相　区	区　域	存在的相	相　区	区　域	存在的相
单相区	*ACD* 线以上	L	双相区	*DCFD*	$L+Fe_3C$
单相区	*AESGA*	A	双相区	*GSPG*	A+F
单相区	*GPQG*	F	双相区	*ESKF*	$A+Fe_3C$
双相区	*AECA*	L+A	双相区	*PSK* 线以下	$F+Fe_3C$

3.2.2 铁碳合金分类及结晶过程分析

铁碳合金相图中的各种合金,按其碳的质量分数及组织、性能的不同,通常可分为以下3大类:

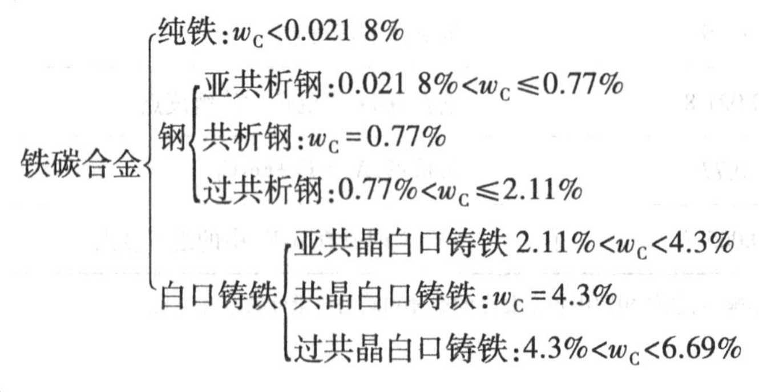

铁碳合金
- 纯铁:$w_C<0.021\,8\%$
- 钢
  - 亚共析钢:$0.021\,8\%<w_C\leqslant 0.77\%$
  - 共析钢:$w_C=0.77\%$
  - 过共析钢:$0.77\%<w_C\leqslant 2.11\%$
- 白口铸铁
  - 亚共晶白口铸铁 $2.11\%<w_C<4.3\%$
  - 共晶白口铸铁:$w_C=4.3\%$
  - 过共晶白口铸铁:$4.3\%<w_C<6.69\%$

(1)共析钢

共析钢的结晶过程如图3.5所示。当高温液态合金冷却到与液相线AC温度(1点)时,从液相中开始结晶出奥氏体。随着温度下降,奥氏体量不断地增加,其成分沿固相线AE变化,而剩余液相就逐渐减少,其成分沿液相线AC改变。到2点温度时,液相全部结晶成与原合金成分相同的奥氏体。从2点到3点温度范围内,合金的组织不变,待冷却到3点(727 ℃)时,将发生共析转变,即$A_S \xrightleftharpoons{727\ ℃} F_P + Fe_3C_K$,形成珠光体。当温度继续下降时,铁素体的溶碳量沿固溶线PQ变化,因此析出三次渗碳体($Fe_3C_{Ⅲ}$)。3次渗碳体常与共析渗碳体(共析转变时形成的渗碳体)连在一起,不易分辨,而且数量极少,可忽略不计,故共析钢缓冷到室温时的最终组织为珠光体(见图3.3)。

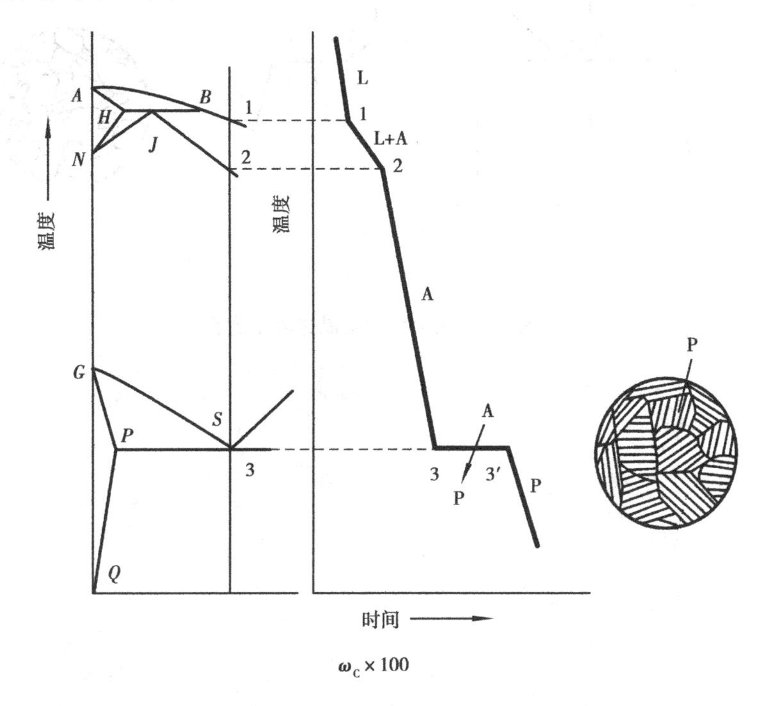

图3.5　共析钢结晶过程示意图

(2)亚共析钢

亚共析钢的结晶过程如图3.6所示。亚共析钢在1点到3点温度间的结晶过程与共析钢相同。待合金缓冷却到3点温度时,奥氏体开始析出铁素体,称为先析铁素体。随着温度的下降,铁素体量不断地增加,其成分沿GP线改变,而奥氏体量就逐渐减少,其成分沿GS线改变。待冷却到4点温度时,剩余奥氏体的碳的质量分数正好为共析成分($w_C = 0.77\%$),因此,剩余奥氏体发生共析转变而形成珠光体。当温度继续下降时,铁素体中析出三次渗碳体,同样可以忽略不计。故共析钢的室温组织为铁素体和珠光体。如图3.7所示为亚共析钢的显微组织(图中,黑色为珠光体,白色为铁素体)。

碳的质量分数不同的亚共析钢,室温组织中珠光体和铁素体的相对量会有所变化。亚共析钢中碳的质量分数越高,则珠光体量也越多,而铁素体量越少。

在显微分析中,可根据珠光体所占的面积百分数估算出亚共析钢碳的质量分数为$w_C = P \times 0.77\%$(P为珠光体所占面积百分数)。

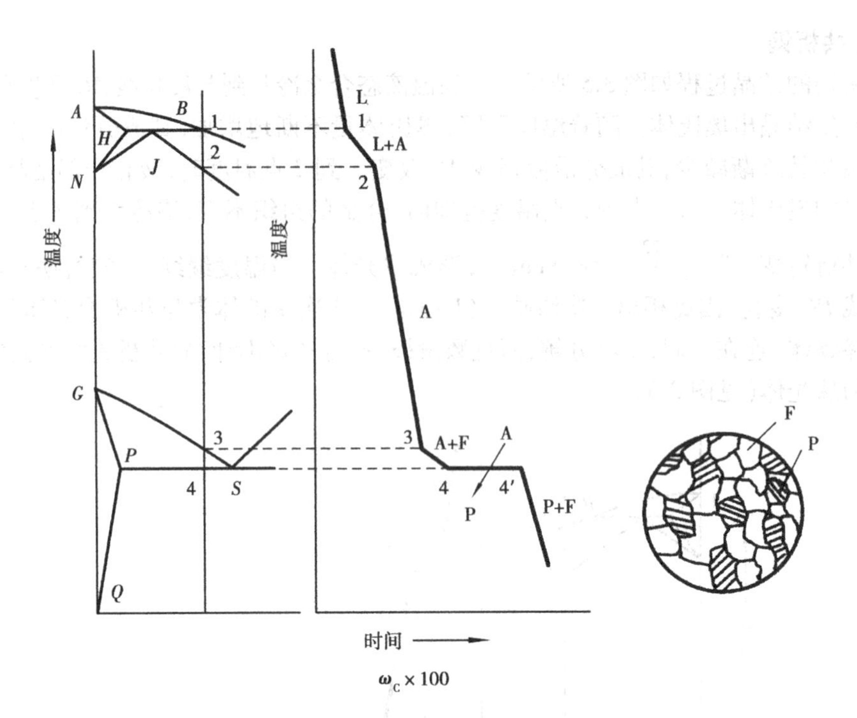

图 3.6 亚共析钢结晶过程示意图

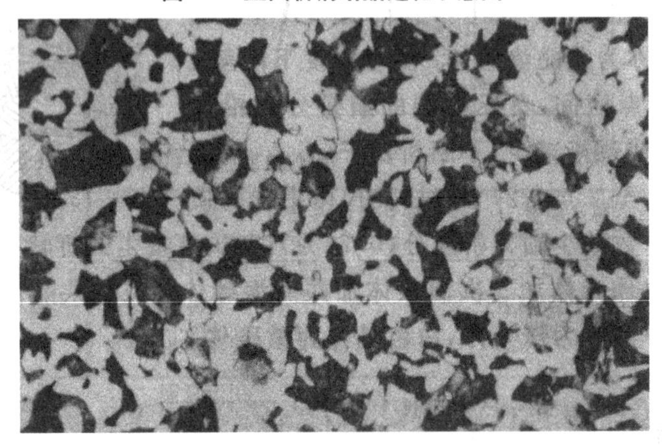

图 3.7 亚共析钢的显微组织

(3)过共析钢

过共析钢的结晶过程如图 3.8 所示。过共析钢在 1 点到 3 点温度间的结晶过程与共析钢相同。待合金缓冷却到 3 点温度时,由于温度的降低,碳在奥氏体中的溶解度下降,Fe_3C_{II} 从奥氏体的晶界处析出并呈网状分布。随着温度的下降,Fe_3C_{II} 不断增多,剩余奥氏体的碳的质量分数正好为 0.77%,因此发生共析转变而形成珠光体。温度再继续下降时,合金组织基本不变。所以过共析钢室温组织为珠光体和二次渗碳体。如图 3.9 所示为过共析钢的显微组织(图中,黑色为层片状的珠光体,白色为网状的二次渗碳体)。

除了钢之外,铸铁也是重要的铁碳合金。但依照如图 3.4 所示的 $Fe\text{-}Fe_3C$ 相图结晶出的铸铁,由于存在相当比例的莱氏体,性能硬而脆,难以切削加工。这种铸铁因断口呈银白色,故称白口铸铁。白口铸铁在机械制造中极少用来制造零件,因此,对其结晶过程不作进一步分

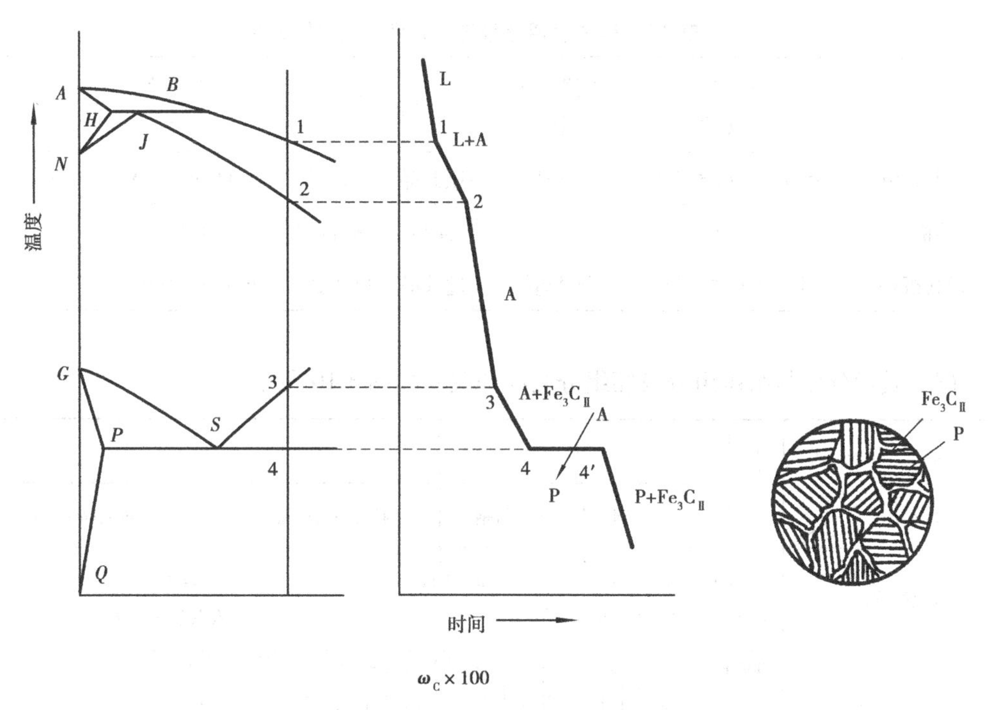

图 3.8　过共析钢结晶过程示意图

图 3.9　过共析钢的显微组织

析。机械制造广泛应用的是灰铸铁。其中，碳主要以石墨形式存在（参见本书第 2 篇的有关内容）。

3.3　钢的成分、组织与性能之间的关系

3.3.1　碳的质量分数与平衡组织的关系

碳的质量分数是决定钢铁材料组织的最主要的元素之一。不同碳的质量分数的铁碳合金在缓冷的条件下，其结晶过程及最终得到的室温组织也不相同。碳的质量分数与室温平衡组织的关系见表 3.3。

表 3.3　碳的质量分数与室温平衡组织的关系

名　称	碳的质量分数/%	室温平衡组织	名　称	碳的质量分数/%	室温平衡组织
亚共析钢	$0.0218<w_C\leq0.77$	P+F	亚共晶白口铸铁	$2.11<w_C<4.3$	$P+Ld'+Fe_3C_{II}$
共析钢	0.77	P	共晶白口铸铁	4.3	Ld′
过共析钢	$0.77<w_C\leq2.11$	$P+Fe_3C_{II}$	过共晶白口铸铁	$4.3<w_C<6.69$	$Ld'+Fe_3C_I$

碳的质量分数与组织组分及相组分之间的关系如图 3.10 所示。

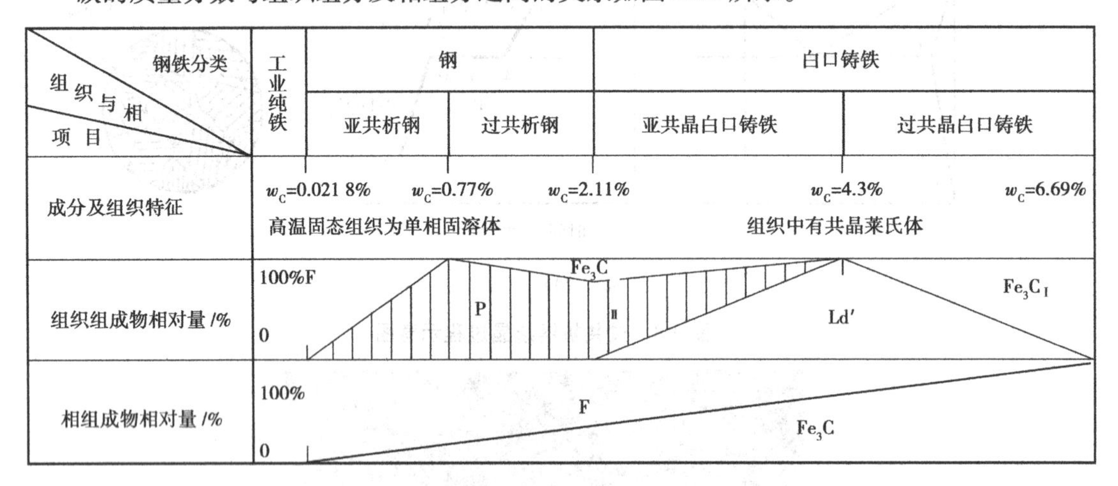

图 3.10　铁碳合金中碳的质量分数与组织组分及相组分之间的关系

由图 3.11 可知,铁碳合金的平衡组织是由铁素体和渗碳体两相组成。当铁碳合金中碳的质量分数增高时,平衡组织中的铁素体量不断减少而渗碳体量不断增多,且大小、形状、分布也发生变化。随着碳的质量分数的增加,渗碳体由层状分布在铁素体基体内(如珠光体),变为网状分布在原奥氏体晶界上(二次渗碳体),最后在莱氏体中又作为基体出现。因此,铁碳合金的力学性能也将随其碳的质量分数及组织的改变而发生明显的变化。

3.3.2　碳的质量分数与力学性能间的关系

碳的质量分数对钢的力学性能的影响如图 3.11 所示。

铁碳合金中,渗碳体为强化相。当它与铁素体形成层状珠光体时,可提高合金的强度、硬度。在亚共析钢中,随着碳的质量分数的增加,钢中的珠光体增多,铁素体减少,故强度、硬度提高,塑性、韧性下降。但在过共析钢中,渗碳体沿原奥氏体晶界呈网状分布,削弱了各晶粒间的结合力,从而降低了钢的强度并增加了脆性。因此,碳的质量分数超过 0.9%的钢,其硬度虽然继续增加,但强度却明显下降。特别在白口铸铁中渗碳体作为基体存在时,其塑性和韧性大大下降。因此,白口铸铁具有很高的脆性,故工业中除了作炼钢原料外,一般不直接使用。

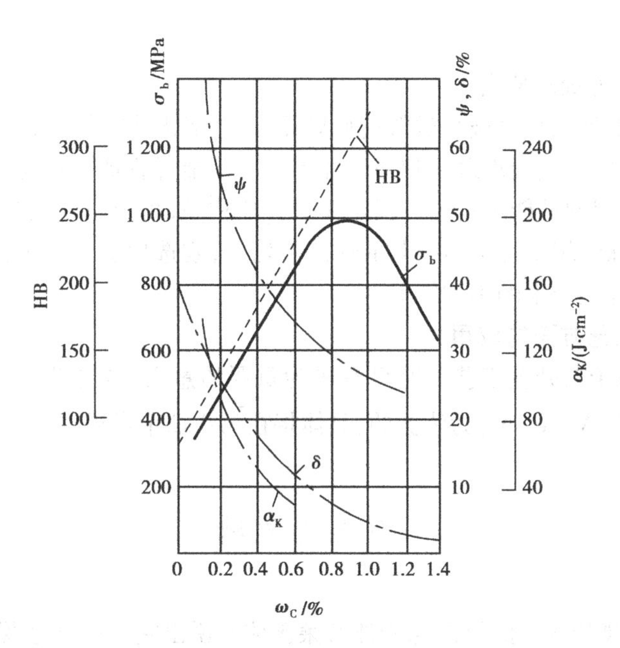

图3.11　碳对钢的力学性能的影响

3.4　铁碳合金相图应用简介

$Fe\text{-}Fe_3C$ 相图在钢铁材料的选用和热加工工艺的制订方面具有重要的应用价值。

(1) $Fe\text{-}Fe_3C$ 相图在选材方面的应用

相图所表明的合金成分、组织、性能之间的变化规律，为零件按力学性能要求进行选材提供了依据。对于要求塑性、韧性好的建筑结构和各种型钢等应选碳的质量分数较低的钢材；对强度、塑性、韧性都有较高要求的机械零件，应选用碳的质量分数适中的中碳钢；对要求高硬度、高耐磨性的各种工具，则应选用碳的质量分数高的钢种；白口铸铁硬度高、脆性大，不能进行切削加工及锻造成形，应用很少，但其耐磨性优良，可用于少数需耐磨而不受冲击的零件，如拔丝模、轧辊、球磨机的磨球等。

(2) $Fe\text{-}Fe_3C$ 相图在铸造工艺方面的应用

相图标明了不同成分钢或铸铁的熔点，根据相图可合理地确定合金的浇注温度。浇注温度一般在液相线以上50～100 ℃ 。从相图上还可以看出，纯铁和共晶合金的铸造性能最好，能获得优质铸件，所以铸造合金成分常选在共晶成分附近。在铸钢生产中，当 $w_C = 0.15\% \sim 0.60\%$时，结晶温度区间较小，铸造性能相对较好，故常被选用。

(3)在锻轧工艺方面的应用

由于奥氏体具有良好的塑性变形能力，因此，钢的锻造或轧制选在单相奥氏体区适当的温度范围内进行。一般始锻温度控制在固相线以下100～200 ℃，不能过高，否则易引起钢材氧化严重、过热或过烧。终锻温度也不能过高或过低，以免奥氏体晶粒粗大或钢材塑性变差而导致裂纹。一般对亚共析钢的终锻(轧)温度控制在稍高于 *GS* 线，即 A_3线；过共析钢控制在稍高于 *PSK* 线，即 A_1线。实际生产上，各种碳钢的始锻(轧)温度为1 150～1 250 ℃，终锻(轧)温度为 750~850 ℃。

(4)在焊接工艺方面的应用

由于焊接工艺的特点是对被焊材料进行局部加热、熔化并冷却结晶，使焊件上不同的部位处于不同的温度条件下，整个焊缝区相当于经受一次冶金过程或不同加热规范的热处理过程而出现不同的组织，引起性能不均匀。根据 $Fe\text{-}Fe_3C$ 相图，可分析碳钢焊缝组织，并用适当的热处理来减轻或消除组织不均匀而引起的性能不均匀，或选用适当成分的钢材来减轻焊接过程对焊缝区组织和性能产生的不利影响。

(5)在热处理工艺方面的应用

$Fe\text{-}Fe_3C$ 相图对于热处理工艺的制订有极为重要的意义，各种热处理工艺的加热温度都是以相图上的临界点 A_1，A_3，A_{cm}为依据的，具体将在第 4 章中详述。

复习思考题

1.何谓铁素体、奥氏体、渗碳体、珠光体及莱氏体？说出它们的符号及力学性能特点。

2.分析一次渗碳体、二次渗碳体、三次渗碳体、共晶渗碳体及共析渗碳体的异同之处。

3.试分析碳的质量分数为 0.4%，0.77%，1.2%的铁碳合金从液态冷却到室温时的结晶过程和室温组织（要求绘出它们的冷却曲线，并作分析）。

4.一批优质碳素结构钢退火后进行显微分析，发现其组织组分的相对质量分数如下：

(1)珠光体为 40%，铁素体为 60%；

(2)珠光体为 65%，铁素体为 35%。

试问它们的碳的质量分数各为多少？

5.试计算 45 钢的硬度和伸长率，其中珠光体硬度为 200HBS，$\delta=20\%$，铁素体的硬度为 80HBS，$\delta=50\%$。

6.简述碳钢和白口铸铁的成分、组织、性能上的差别。

7.根据铁碳合金相图，说明产生下列现象的原因：

(1)含碳量为 1.0%的钢比含碳量为 0.5%的钢的硬度高；

(2)在室温下，含碳 0.8%的钢其强度比含碳 1.2%的钢高；

(3)在 1 100 ℃，含碳 0.4%的钢能进行锻造，含碳 4.0%的生铁不能锻造；

(4)一般要把钢材加热到高温（1 000~1 250 ℃）下进行热轧或锻造；

(5)钢铆钉一般用低碳钢制成；

(6)绑扎物件一般用铁丝（镀锌低碳钢丝），而起重机吊重物却用钢丝绳（用 60，65，70，75 等钢制成）；

(7)钳工锯 T8，T10，T12 等钢材时比锯 10，20 钢费力，锯条容易磨钝；

(8)钢适宜于通过压力加工成形，而铸铁适宜于通过铸造成型。

8.现有形状、尺寸完全相同的 4 块平衡状态的铁碳合金，其碳的质量分数分别为 $w_C=0.2\%$，$w_C=0.4\%$，$w_C=1.2\%$和 $w_C=3.5\%$，根据所学过的理论知识，问可用哪些方法来区分它们？

第 4 章 钢的热处理

改善钢的性能有两个主要途径：一是通过调整钢的化学成分，加入合金元素，即"合金化"；二是通过钢的热处理。这两者之间有着极为密切、相辅相成的关系。"合金化"将在下一章介绍，本章主要讨论钢的热处理。

钢的热处理是指钢在固态下采用适当的方式进行加热、保温和冷却以获得所需组织结构与性能的工艺。

钢的热处理目的是显著提高钢的力学性能，发挥钢材的潜力，提高工件的使用性能和寿命。它还可作为消除毛坯（如铸件、锻件等）中缺陷，改善其工艺性能，为后续工序作组织准备。随着工业和科学技术的发展，热处理还将为改善和强化金属材料、提高产品质量、节省材料和提高经济效益等方面发挥更大的作用。

热处理与其他加工方法（铸造、锻压、焊接、切削加工等）的区别是：它只改变金属材料的组织和性能，而不改变其形状和大小。

根据加热和冷却方法不同，常用热处理方法的分类如图 4.1 所示。

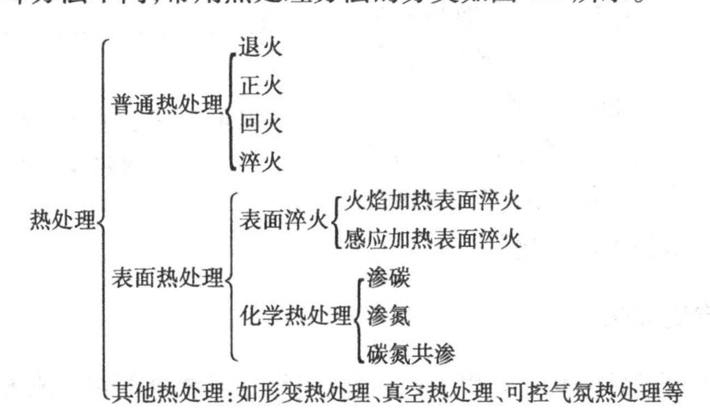

图 4.1 常用热处理方法的分类

热处理方法虽然很多，但任何一种热处理工艺都是由加热、保温和冷却 3 个阶段所组成。如图 4.2 所示为热处理最基本的热处理工艺曲线。因此，要了解各种热处理方法对钢的组织与性能的改变情况，必须首先研究钢在加热（包括保温）和冷却过程中的相变规律。

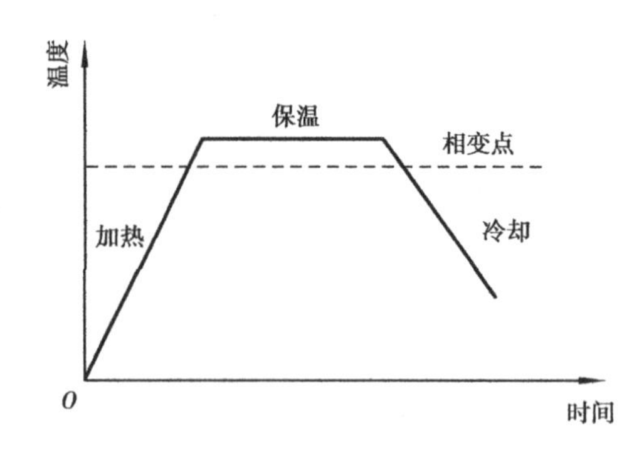

图 4.2　热处理工艺曲线

4.1　钢在加热时的组织转变

在铁碳相图中，共析钢加热超过 *PSK* 线 (A_1) 时，其组织完全转变为奥氏体。亚共析钢和过共析钢必须加热到 *GS* 线 (A_3) 和 *ES* 线 (A_{cm}) 以上才能全部转变为奥氏体。相图中的平衡临界点 A_1, A_3, A_{cm} 是碳钢在极其缓慢地加热或冷却情况下测定的。但在实际生产中，加热和冷却各临界点的位置不是极其缓慢的。加热转变在平衡临界点以上进行，冷却转变在平衡临界点以下进行。加热和冷却速度越大，其偏离平衡临界点也越大。为了区别于平衡临界点，通常将实际加热时各临界点标为 A_{c1}, A_{c3}, A_{ccm}；实际冷却时，各临界点标为 A_{r1}, A_{r3}, A_{rcm}，如图 4.3 所示。

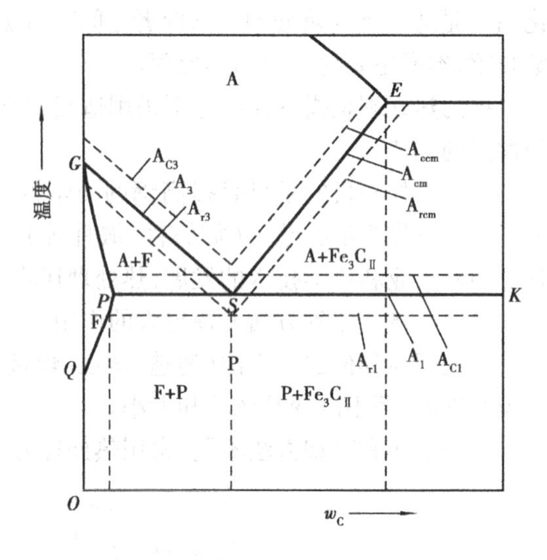

图 4.3　加热和冷却时 $Fe\text{-}Fe_3C$ 相图上各相变点的位置

钢进行热处理时，首先要加热，其目的是使钢获得均匀的奥氏体组织。通常将这种加热转变过程，称为“钢的奥氏体化”。

4.1.1　钢的奥氏体化

以共析钢为例，当加热到 A_{c1} 点以上时，室温组织珠光体全部转变成奥氏体，即

$$\underset{\text{体心立方}\quad\text{复杂斜方}}{P_{0.77\%}(F_{0.0218\%}+Fe_3C_{6.69\%})} \xrightarrow{Ac_1} \underset{\text{面心立方}}{A_{0.77\%}}$$

由上述表达式可见，珠光体向奥氏体的转变，是由成分相差悬殊、晶格类型截然不同的两相 ($F+Fe_3C$) 转变成为另一种晶格类型的单相奥氏体 (A)。因此，在奥氏体化过程中必然进行晶格的改组和铁、碳原子的扩散，并遵循形核和长大的基本规律。该过程可归纳为以下 3 个阶段（见图 4.4）：奥氏体晶核的形成和长大；残余渗碳体的溶解；奥氏体成分均匀化。

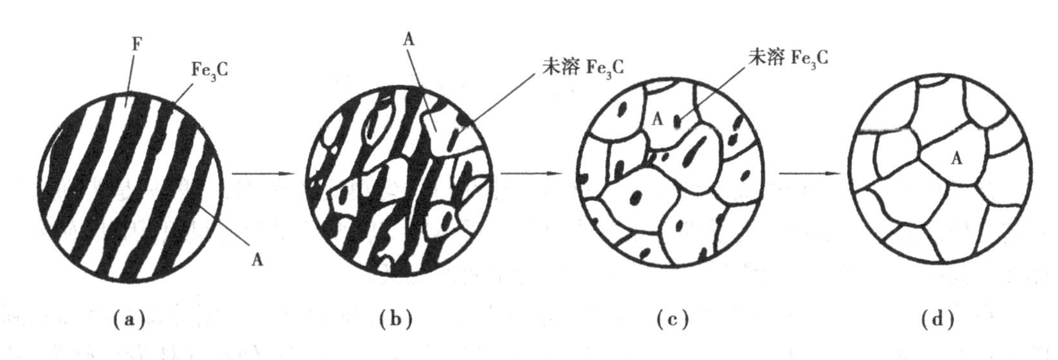

图4.4　共析碳钢的奥氏体化示意图

钢在热处理过程中需要有一定的保温时间，这主要是为使工件表面与心部的温暖度趋于一致，并获得均匀的奥氏体组织，以便在冷却转变时得到良好的组织和性能。

亚共析钢和过共析钢的奥氏体形成过程与共析钢基本相同，不同处在于亚共析钢、过共析钢在 A_{c1} 稍上温度时，还分别有铁素体、二次渗碳体未变化。因此，它们的完全奥氏体化温度应分别为 A_{c3}，A_{ccm} 以上。

4.1.2　奥氏体的晶粒度

钢在加热时，得到的奥氏体晶粒大小对冷却转变后钢的性能有很大影响。加热时，奥氏体晶粒细小，冷却后组织也细小；反之，组织则粗大。钢材晶粒细化，既能有效地提高强度，又能明显提高塑性和韧性，这是其他强化方法所不及的。因此，在选用材料和热处理工艺上，如何获得细的奥氏体晶粒，对工件使用性能和质量都具有重要意义。

金属组织中晶粒的大小用晶粒度级别指数来表示。奥氏体晶粒度可通过与标准级图对比来评定。根据《金属平均晶粒度测定法》（GB 6394—2002）规定，奥氏体的标准晶粒度通常分为00，0~10共12级。

在生产中，人们常采用以下措施来控制奥氏体晶粒的长大：

(1)控制加热温度和保温时间

奥氏体化温度越高，保温时间越长，则奥氏体晶粒越粗大，特别是加热温度对奥氏体晶粒度影响更大。热处理加热时，必须严格控制加热温度和保温时间。

(2)化学成分

随着钢中奥氏体碳的质量分数增加，晶粒长大倾向增加。

钢中加入合金元素，也影响奥氏体晶粒长大。一般认为，凡是能形成稳定碳化物、氮化物、氧化物的元素如钛、钒、铝等，均能阻止奥氏体晶粒的长大。而锰、磷则有加速奥氏体晶粒长大的倾向。

(3)控制钢的原始组织

钢的原始组织越细小，则可供形成奥氏体晶核的相界面越多，因而有利于获得细小的奥氏体晶粒。如果珠光体组织中的渗碳体以颗粒状形式存在，则钢在加热时的奥氏体化过程中晶粒不易长大，也有利于获得细小的奥氏体晶粒。

4.2 钢在冷却时的组织转变

冷却往往是热处理的关键性工序。钢经加热获得均匀奥氏体组织，一般只是为随后的冷却转变作准备。钢的最终力学性能主要取决于奥氏体冷却转变后得到的组织，因此，研究奥氏体在不同冷却条件下的组织转变规律具有极为重要的意义。

在热处理生产中，常用的冷却方式有等温冷却和连续冷却两种。等温冷却是将加热到奥氏体状态的钢，快速冷却到 A_{r1} 以下某一温度，并等温停留一段时间，使奥氏体发生转变，然后再冷却到室温(见图 4.5 的①)。连续冷却是将加热到奥氏体状态的钢，以不同的冷却速度(如炉冷、空冷、油冷、水冷等)连续冷却到室温(见图 4.5 的②)。

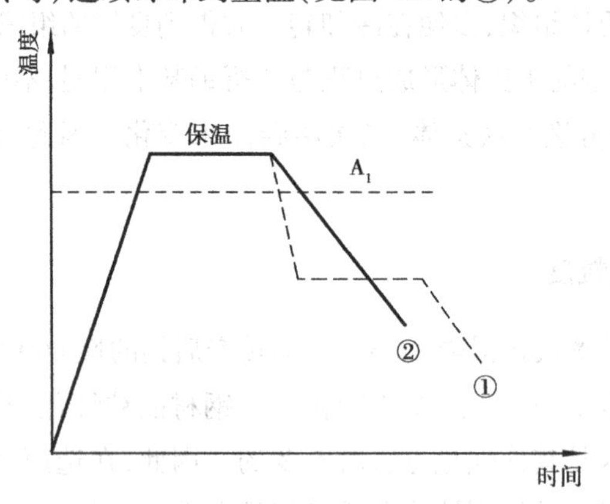

图 4.5　两种冷却方式示意图

下面以共析碳钢为例，介绍奥氏体在等温冷却时的组织转变。

4.2.1　过冷奥氏体的等温转变

奥氏体在临界温度以上是一稳定相，能够长期存在而不转变。一旦冷却到临界温度以下，则处于热力学的不稳定状态，称为“过冷奥氏体”。它总是要转变为稳定的新相。过冷奥氏体等温转变反映了过冷奥氏体在等温冷却时组织转变的规律。

过冷奥氏体在不同温度下的等温转变，将使钢的组织与性能发生明显的变化。而奥氏体等温转变曲线是研究过冷奥氏体等温转变的重要工具。

(1) 过冷奥氏体的等温转变曲线

如图 4.6 所示为以金相法测定的共析碳钢过冷奥氏体等温转变曲线。

由图 4.6 可知，A_1线以下由过冷奥氏体开始转变点连接的线，称为转变开始线；由转变终了线点连接的线，称为转变终了线。由于曲线形状颇似字母“C”，故也称“C 曲线图”。转变开始线左边为过冷奥氏体区，即奥氏体处于尚未转变的准备阶段，这段时间称为孕育期。孕育期越长，表示过冷奥氏体越稳定。转变终了线右边为转变产物区，在这两条曲线之间是转变过程区(奥氏体+转变产物)。在 C 曲线的下方还有两条水平线，其中，M_s线为马氏体转变开始线，M_f线为马氏体转变终了线，在两线之间为马氏体转变过程区(A+M)。

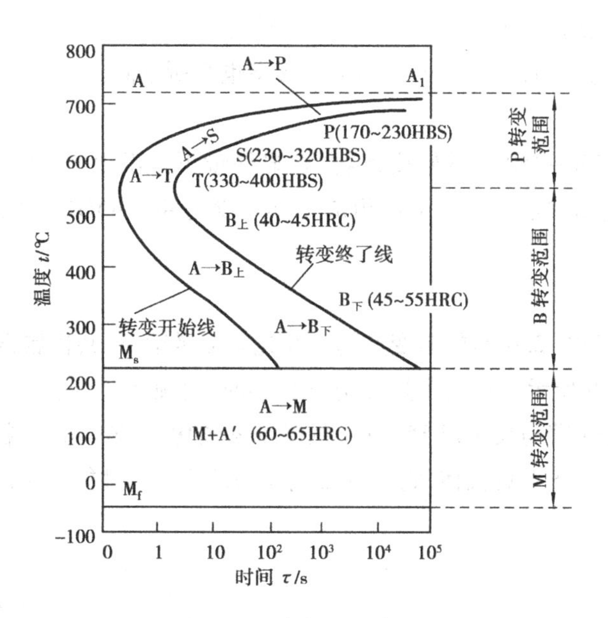

图4.6　共析钢过冷奥氏体等温转变曲线

(2)过冷奥氏体等温转变产物的组织与性能

根据共析钢的C曲线,过冷奥氏体在A_1线以下不同过冷度的温度区间等温,进行着以下3种不同类型的组织转变:

1)珠光体转变

过冷奥氏体在A_{r1}~550 ℃,等温转变得到的产物为由铁素体和渗碳体组成的珠光体型组织。由于转变前后各相晶格类型不同、成分相差悬殊,因此,必须要进行晶格重组和铁、碳原子的扩散。故过冷奥氏体向珠光体的转变过程属于扩散型相变。

过冷奥氏体转变成珠光体的过程,同样也包括形核和长大的过程。由于在等温转变温度上的差异,导致珠光体中相邻两渗碳体的片间距有所不同。转变温度越低,即过冷度越大,片间距越小,其塑性变形抗力越大,强度、硬度越高。根据片间距的大小,将珠光体分为3种。表4.1为珠光体型转变产物的特性比较。

表4.1　珠光体型转变产物的特性比较

组织名称	符　号	形成温度/℃	层片间距/μm	硬　度
珠光体	P	A_{r1}~650	>0.3	170~230HBS
细珠光体(索氏体)	S	650~600	0.1~0.3	25~35HRC
极细珠光体(托氏体)	T	600~550	<0.1	35~40HRC

2)贝氏体转变

在550~230 ℃(M_s点),由于过冷奥氏体等温转变温度较低,原子扩散能力较弱,因此,得到是由含碳过饱和的铁素体与弥散分布的渗碳体(或碳化物)组成的非层片状两相组织,称为贝氏体,用符号“B”表示。这种转变属半扩散型转变。

等温转变温度的不同,得到的贝氏体组织形态也有所不同。

①上贝氏体

过冷奥氏体在550~350 ℃的转变产物,在显微镜下呈羽毛状(见图4.7),称为上贝氏体($B_{上}$)。它是由过饱和铁素体和渗碳体组成。其硬度为40~45HRC,但强度低、塑性差、脆性大,生产上很少采用。

②下贝氏体

过冷奥氏体在350~230 ℃的转变产物。在光学显微镜下,共析碳钢的下贝氏体呈暗黑色针片状形态,如图4.8所示。在电子显微镜下观察时,可见下贝氏体中,含过饱和碳的铁素体呈针片状,在其上分布着与长轴成55°~60°的微细ε碳化物($Fe_{2.4}C$)颗粒或薄片。下贝氏体的强度、韧性和塑性均高于上贝氏体,它具有较优良的综合力学性能。生产中常采用等温淬火来获得下贝氏体组织。

图4.7 上贝氏体显微组织(600×)

图4.8 下贝氏体显微组织(500×)

3)马氏体转变

当奥氏体的冷却速度大于该钢的马氏体临界冷却速度,并过冷到M_S以下时就开始发生马氏体转变。由于该转变温度很低,只有γ-Fe向α-Fe晶格的改组,碳原子也不能进行扩散,它被迫全部固溶在α-Fe晶格中。这种碳在α-Fe中的过饱和固溶体组织称为马氏体,用符号“M”表示。这个转变属于非扩散转变。

马氏体转变的主要特点如下:

①转变速度极快,内应力较大。

②晶格发生严重畸变,塑性变形阻力增大。

③奥氏体中的碳的质量分数越高,则M_s与M_f越低。

④马氏体转变不能完全进行到底,会有少量的残余奥氏体被保留下来,奥氏体的碳的质量分数越高,淬火后残余奥氏体的量越多。

马氏体组织形态主要有板条状和片状两种。当碳的质量分数小于0.2%时,马氏体的形态为板条状,故又称低碳马氏体或板条状马氏体(见图4.9)。当碳的质量分数大于1.0%时,马氏体的形态为片状,故又称高碳马氏体或片状马氏体(见图4.10)。当碳的质量分数介于两者之间时，则为板条状和片状马氏体的混合物。

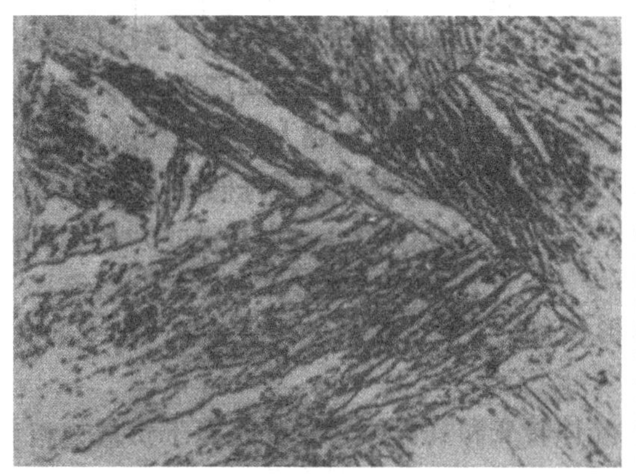

图4.9　低碳马氏体组织(400×)

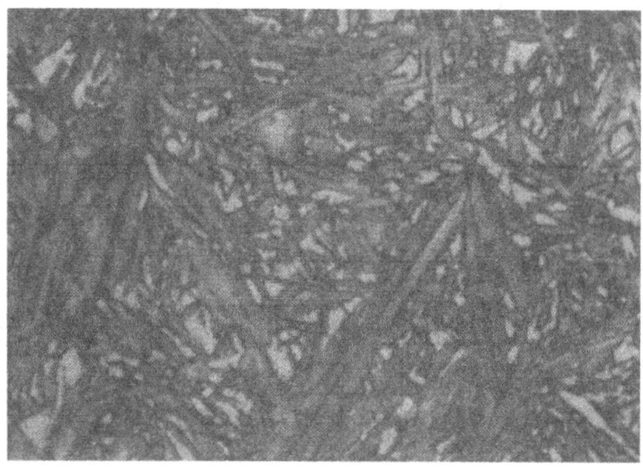

图4.10　高碳马氏体组织(1 000×)

马氏体的硬度主要取决于马氏体中碳的质量分数，如图4.11所示。随着马氏体中的碳的质量分数的增加，马氏体的硬度增加，但当碳的质量分数大于0.6%时，硬度的增加趋于平缓。

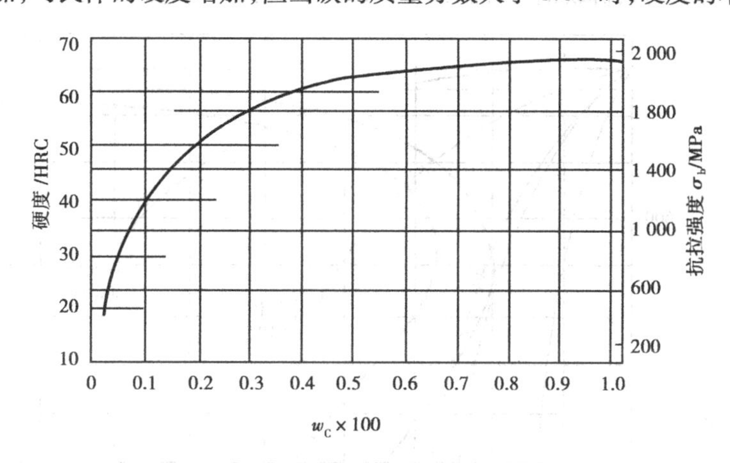

图4.11　碳的质量分数对马氏体性能影响

马氏体的塑性与韧性也受碳的质量分数的影响，低碳的板条状马氏体具有良好的塑性和韧性，生产中常采用低碳钢和低碳合金钢淬火加低温回火工艺获得低碳回火马氏体，以提高材料的强韧性。

应当指出，亚共析碳钢和过共析碳钢过冷奥氏体等温转变曲线与共析碳钢的不同。在相同加热条件下，亚共析碳钢的C曲线随着碳的质量分数的增加而右移；过共析碳钢的C曲线随着碳的质量分数的增加而左移。因此，共析碳钢的C曲线最靠右，过冷奥氏体最稳定，孕育期最长。此外，在亚共析碳钢和过共析碳钢的C曲线上部分别多出一条先析铁素体析出线和二次渗碳体析出线(见图4.12)。

4.2.2　过冷奥氏体的连续冷却转变

在热处理生产中，钢经奥氏体化后大多采用连续冷却。由于连续冷却转变曲线比较难以测定，故在实际生产中常用相应的C曲线来近似地分析连续冷却转变所得到的产物和性能。

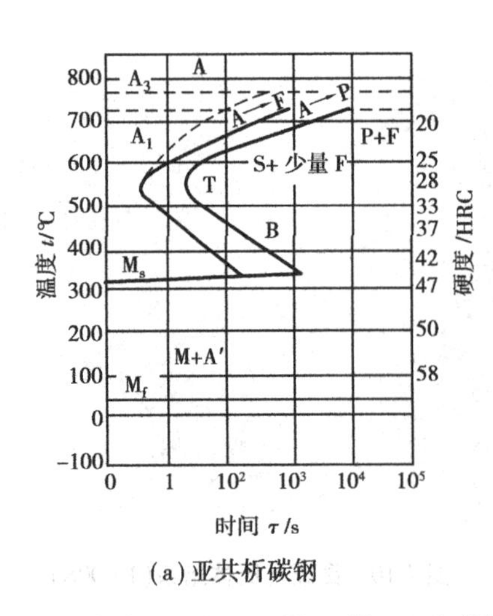

(a)亚共析碳钢

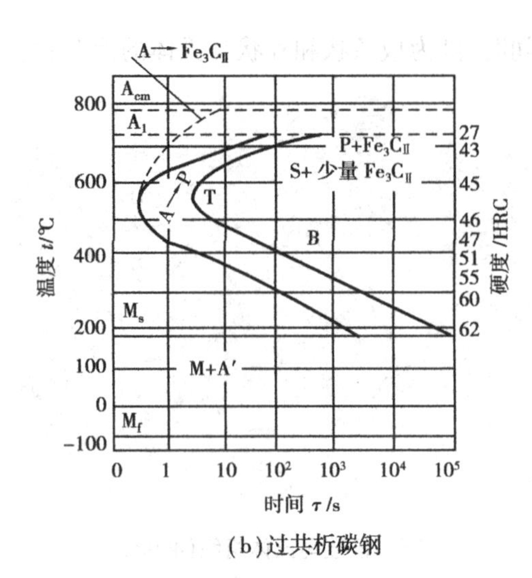

(b)过共析碳钢

图 4.12　碳的质量分数对 C 曲线的影响

如图 4.13 所示为应用共析碳钢的等温转变曲线分析奥氏体的连续冷却转变过程。

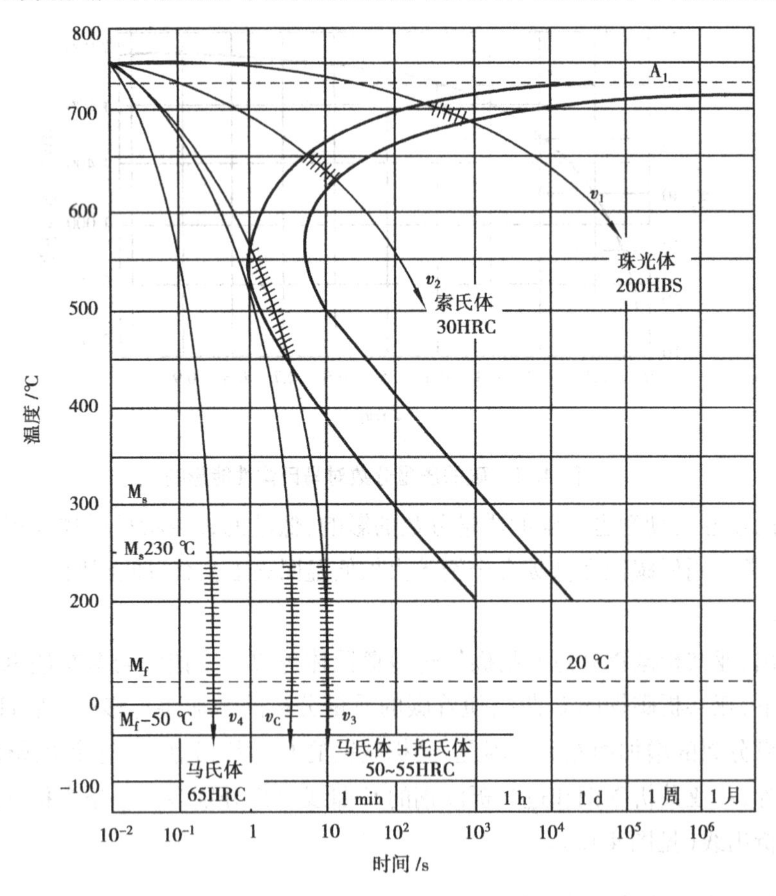

图 4.13　等温转变曲线在连续冷却转变中的应用

图 4.13 中，v_1，v_2，v_3，v_4分别表示不同冷却速度的冷却曲线。根据它们与 C 曲线相交的温度区间，可定性地确定它们连续冷却转变后的产物与性能。

v_1相当于炉冷(退火),它与 C 曲线相交于 700~650 ℃,故转变后的产物为珠光体,硬度为 170~220HBS。

v_2相当于空冷(正火),它与 C 曲线相交于 650~600 ℃,故转变后的产物为索氏体,硬度为 25~35HRC。

v_3相当于油冷(淬火),它与 C 曲线转变开始线相交于 600~550 ℃,部分奥氏体转变为托氏体,但未与转变终了线相交,故剩余奥氏体在与 M_S线相交后继续转变为马氏体。而转变后的产物为马氏体+托氏体+残余奥氏体的混合组织,硬度为 45~55HRC。

v_4相当于水冷(淬火),它与 C 曲线不相交于而直接过冷到 M_S线以下转变为马氏体,故转变后的产物为马氏体+少量残余奥氏体,硬度为 60~65HRC。

由上述可知,奥氏体连续冷却时的转变产物及其性能,决定于冷却速度。随着冷却速度增大,过冷度增大,转变温度降低,形成的珠光体弥散度增大,因而应度增高。当冷却速度达到一定值后,奥氏体转变为马氏体,硬度剧增。

由图 4.13 还可看出,要获得马氏体,奥氏体的冷却速度必须大于 v_C(与 C 曲线的“鼻尖”相切),称为临界冷却速度。临界冷却速度在热处理实际操作中有重要意义。临界冷却速度越小,钢的淬火能力越大。

综上所述,钢的 C 曲线反映了过冷奥氏体在等温冷却或连续冷却条件下组织转变的规律。它对正确制订热处理工艺,分析热处理后的组织与性能,以及合理选材都具有重要的指导意义。

4.3　钢的热处理工艺

钢的热处理工艺是指通过加热、保温和冷却来改变材料组织,以获得所需性能的方法。根据钢在加热和冷却时的组织与性能变化规律不同,热处理工艺包括退火、正火、淬火、回火和表面淬火、化学热处理等。

4.3.1　退火与正火

退火或正火一般作为预先热处理工序,对一些普通铸件、焊接件以及一些性能要求的工件,也可作为最终热处理工序,通常安排在粗加工之前进行。它们的主要目的如下:

①调整钢件硬度,改善切削加工性能。

②消除残余应力,稳定工件尺寸,并防止其变形和开裂。

③细化晶粒,改善组织,提高钢的力学性能和工艺性能。

④为最终热处理(淬火、回火)作好组织上的准备。

(1)退火

退火是将钢件加热到适当温度,保持一定时间后缓慢冷却的热处理工艺。退火态的组织基本上接近平衡组织。常见的退火工艺有完全退火、等温退火、球化退火及去应力退火等。

1)完全退火

完全退火又称重结晶退火,主要用于亚共析成分的碳钢和合金钢的铸件、锻件及热轧型材,有时也用于焊接结构件。一般它常作为一些不重要工件的最终热处理,或作为某些重要件的预先热处理。

完全退火工艺是将亚共析碳钢工件加热到 A_{c_3} 以上 30~50 ℃，保温一定时间后，随炉缓冷却到 600 ℃以下，再出炉在空气中冷却的退火工艺。退火后可获得晶粒细小的铁素体和珠光体组织。

完全退火的过程所需时间较长，生产率较低，而且这种工艺不能用于过共析钢，因为加热到 A_{ccm} 以上在缓慢冷却时会析出网状渗碳体，反而使钢的力学性能变坏。

2）球化退火

球化退火主要用于共析或过共析成分的碳钢和合金钢。其目的是球化渗碳体（或其他结构碳化物），以降低硬度，以改善切削加工，并为淬火作好组织准备。

球化退火是将钢件加热到 A_{c_1} 以上 10~20 ℃，保温一定时间后，再冷至 A_{r_1} 以下 20 ℃左右，等温一定时间，然后炉冷至 600 ℃左右出炉空冷。

过共析碳钢经热轧、锻造后，组织中会出现层状珠光体和二次渗碳体网，这不仅使钢的硬度增加，切削加工性变坏，而且淬火时，易产生变形和开裂。为了克服这一缺点，可采用球化退火，使珠光体中的层状渗碳体和二次渗碳体网都能球化，变成球状（粒状）的渗碳体。这种在铁素体基体上均匀分布着球状渗碳体的组织，称为球化体（球状珠光体）。

3）去应力退火

去应力退火又称低温退火，主要用于消除铸件、锻件、焊接件、冷冲压件以及机加工工件的残余应力。如果这些残余应力不予消除，工件在随后的机械加工或长期使用过程中，将引起变形或开裂。

去应力退火工艺是将工件缓慢加热到 A_{c_1} 以下 100~200 ℃（一般为 500~600 ℃），保温一定时间，然后随炉缓冷到 200 ℃再出炉空冷。由于去应力退火的加热温度低于 A_1 线，故钢在去应力退火过程中不发生相变，主要是在保温时消除残余应力。

一些大型焊接结构件，由于体积庞大，无法装炉退火，可用火焰加热或感应加热等局部加热方法，对焊缝及热影响区进行局部去应力退火。

（2）正火

正火是将钢加热到相变点 A_{c_3} 或 A_{ccm} 以上 30~50 ℃完全奥氏体化后，保温后在空气中冷却的热处理工艺。

正火和完全退火的作用相似。它也是将钢加热奥氏体区，使钢进行重结晶，从而解决铸钢件、锻件的粗大晶粒和组织不均等问题。但正火比退火的冷却速度稍快，所形成的组织为索氏体，因而强度、硬度更高，但韧性并未下降。

正火与退火相比，不但力学性能高，而且操作简便，生产周期短，能量耗费少，故在可能条件下，应优先考虑采用正火处理。正火主要用于：

①对于要求不高的结构零件，可作最终热处理。正火可细化晶粒，正火后组织的力学性能较高。而大型或复杂零件淬火时，可能有开裂危险，故正火可作为普通结构零件或大型、复杂零件的最终热处理。

②改善低碳钢和低碳合金钢的切削加工性。一般认为硬度在 160~230HBS，金属的切削加工性好。硬度过高时，不但加工困难，刀具还易磨损；而硬度过低时切削容易“黏刀”，也使刀具发热和磨损，且加工零件表面粗糙度值大。低碳钢和低碳合金钢退火后的硬度一般都在 160H135 以下，因而切削加工性不良。正火可提高其硬度，改善切削加工性。

③消除过共析钢中二次渗碳体,为球化退火作好组织准备。因为正火冷却速度较快,二次渗碳体来不及沿奥氏体晶界呈网状析出。

如图 4.14 所示为几种退火和正火的加热温度范围示意图。

4.3.2　淬火

将钢加热到 A_{c_3}或 A_{c_1}点以上某一温度,保温一定时间后快速冷却以获得马氏体或贝氏体的热处理工艺,称为淬火。

(1)淬火工艺

1)淬火加热温度

钢的化学成分是决定其淬火温度的最主要因素。因此,碳钢的淬火加热温度可根据 $Fe\text{-}Fe_3C$ 相图来选择,如图 4.15 所示。其淬火加热温度如下:

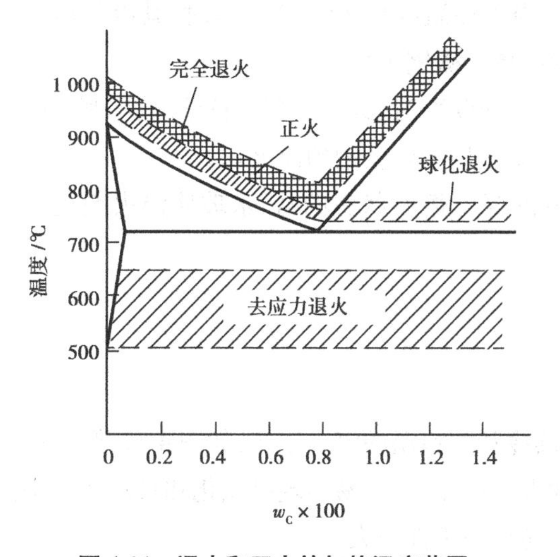

图 4.14　退火和正火的加热温度范围

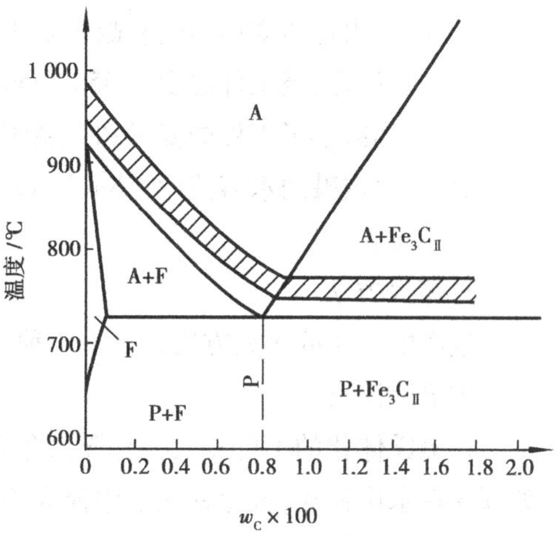

图 4.15　碳钢的淬火加热温度范围

亚共析钢

$$t = A_{c_3} + 30 \sim 70\ ℃$$

共析钢
过共析钢

$$t = A_{c_1} + 30 \sim 70\ ℃$$

亚共析钢如果加热到 $A_{c_1} \sim A_{c_3}$,则淬火后的组织中将出现铁素体,造成硬度不匀或不足。过共析钢如果加热到 A_{ccm}以上,不仅使原有的碳化物全部溶入奥氏体而消失,还因加热温度过高而导致晶粒粗大,其结果将使淬火钢的硬度降低、脆性增大,并加剧了淬火开裂倾向。而在 A_{c_1}+30~70 ℃加热淬火,可获得马氏体+细粒状渗碳体组织,由于渗碳体的硬度较高,可提高淬火钢的耐磨性。

合金钢的淬火加热温度,同样可根据其相变点来确定。但大多数合金元素都有细化晶粒的作用,故其淬火温度可高于前述公式的值。

淬火的加热时间通常可根据加热设备及工件的有效厚度来确定。

2)淬火冷却介质

淬火时,既要获得马氏体组织,又不使钢件发生变形与开裂,这是淬火工艺中的主要矛盾。要解决这个矛盾,可从两方面考虑:一方面是从冷却方法上着手;另一方面是选用较理想的冷却介质。

从C曲线上可知,为了获得马氏体,钢在淬火时的冷却速度必须大于钢的临界冷却速度。但是,冷却速度越快,冷却后工件的内应力越大,变形、开裂倾向越大。故理想的淬火介质应为:在C曲线鼻尖附近(500~650 ℃)应快冷,避免过冷奥氏体发生转变;而在此温度以上或以下应缓冷,以降低工件的热应力和组织应力,如图4.16所示。可是,目前还未找到具有这样理想能力的淬火介质。

常用的淬火介质是水和油。水是应用最为广泛的淬火介质,这是因为水价廉易得,而且具有较强的冷却能力。但它的冷却特性并不理想,当工件温度在200~300 ℃时,其冷却能力较大,易引起淬火件的变形、开裂,故主要用于形状简单的碳钢工件。

油与水相比,当工件温度在550~650 ℃和200~300 ℃时,其冷却能力较差,故不利于碳钢的淬火,但却减小了工件的变形和开裂倾向,故主要适用于合金钢的淬火。

此外,盐或碱的水溶液(如NaCl,NaOH水溶液等)、熔融状态的盐、水玻璃淬火剂也可用作淬火介质。

3)淬火方法

生产中常用的淬火方法有以下4种:

①单液淬火

将奥氏体化的工件浸入一种淬火介质中连续冷却到室温的淬火工艺,如图4.17所示的*a*。如碳钢在水中淬火,合金钢在油中淬火等。这种方法操作简单,易实现机械化和自动化。但由于水和油的冷却特性都不理想,故它常用于形状简单的工件淬火。

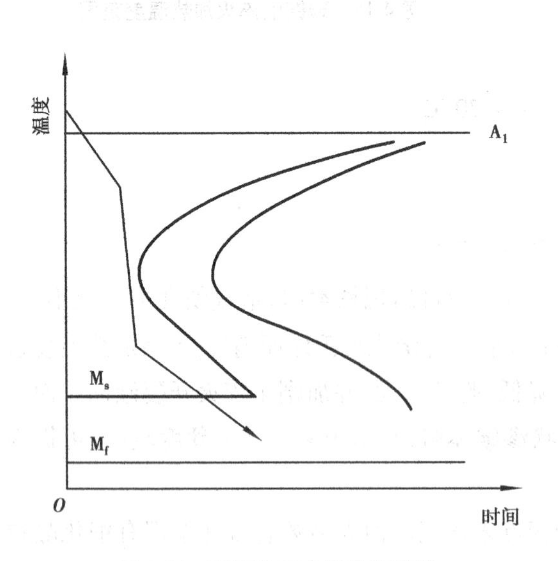

图4.16 理想冷却介质冷却特性

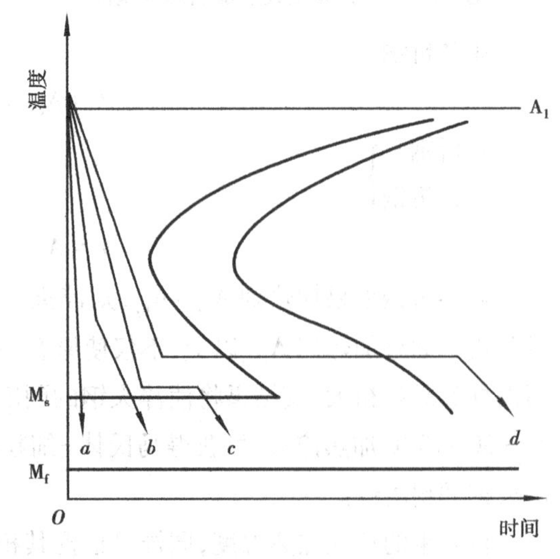

图4.17 常用淬火方法

②双液淬火

将奥氏体化的工件先浸入冷却能力较强的介质中，冷却到稍高于 M_s 温度，再立即转入另一种冷却能力较弱的介质中，使之发生马氏体转变的淬火工艺，如图 4.17 所示的 *b*。如碳钢常用先水淬后油淬，而合金则采用先油淬后空冷。双液淬火法充分利用了两种冷却介质的优点，使冷却条件接近理想状态，但操作较难控制，要求操作者有一定的实践经验。它主要用于中等形状复杂的高碳钢和尺寸较大的合金钢工件。

③分级淬火

将奥氏体化的工件浸入温度在 M_s 点附近的盐浴和碱浴中，保持适当时间，待工件内外层都达到介质温度后取出空冷，以获得马氏体组织的淬火工艺，如图 4.17 所示的 *c*。分级淬火法显著减小了淬火应力，降低了工件变形、开裂倾向。由于受盐浴和碱浴冷却能力的限制，故只适用于形状复杂、小型的碳钢及合金钢的工件。

④等温淬火

将奥氏体化的工件浸入温度稍高于 M_s 的盐浴或碱浴中，保持足够时间，使其发生下贝氏体转变后取出空冷的淬火工艺，如图 4.17 所示的 *d*。等温淬火不仅淬火应力小，能有效防止变形和开裂，而且能获得具有高强度和良好韧性相配合的下贝氏体组织。但由于盐浴或碱浴的冷却能力较小，故适用于形状复杂、尺寸精度要求高的小型工件。

(2)淬透性

钢的淬透性是指钢在淬火时能获得淬硬深度的能力。它是钢材本身固有的属性。淬硬深度一般为从钢的表面到半马氏体区（即 50%马氏体+50%非马氏体）的垂直距离。相同形状和尺寸的工件，在相同热处理条件下，淬硬深度大的材料淬透性好，淬硬深度小的材料淬透性差。

钢的淬透性主要取决于钢的化学成分和奥氏体化条件。大多数合金元素溶入奥氏体后使 C 曲线右移，降低了钢的临界冷却速度，从而提高了钢的淬透性。奥氏体化温度越高，保温时间越长，则奥氏体晶粒越粗大，成分越均匀，钢的淬透性提高。

钢的淬透性对其淬火后的力学性能影响很大。如同样经调质处理的钢，若完全淬透，其表面与心部的组织、性能一致，具有良好的综合力学性能；若未淬透，则表面虽具有一定的硬度，但其心部的力学性能不足，尤其是韧性。

淬透性的测定方法很多，结构钢末端淬透性试验（端淬试验）法是最常用的方法，如图4.18所示。而临界直径是一种直观衡量淬透性的方法。它是指钢在某种淬火介质中冷却后，心部能得到半马氏体组织的最大直径，用 D_c 表示。显然，同一钢种在冷却能力大的介质中，比冷却能力小的介质中所得的临界直径要大。但在同一冷却介质中，钢的临界直径越大，则其淬透性越好。

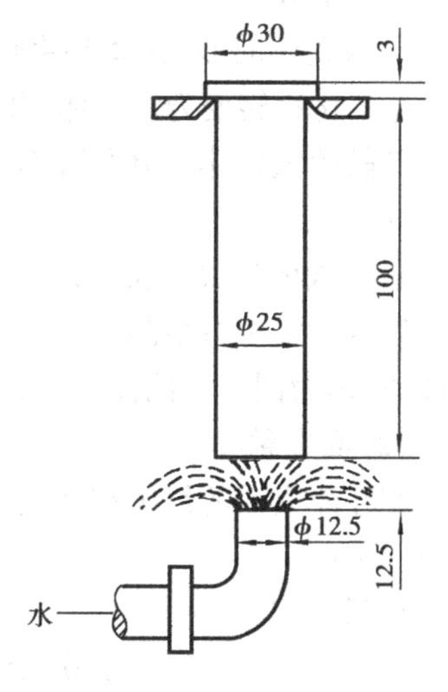

图 4.18　端淬试验装置示意图

因此，钢的淬透性是合理选材和确定热处理工艺的一项重要指标。

必须指出，钢的淬透性与淬硬性是两种完全不同的概念。钢的淬硬性是指钢在淬火后能达到的最高硬度，它主要取决于钢中碳的质量分数，更确切地说是取决于马氏体中碳的质量分数。淬透性好的钢，它的淬硬性不一定高。如低碳合金钢的淬透性相当好，但它的淬硬性却不高；而高碳工具钢的淬透性较差，但它的淬硬性很高。

4.3.3 回火

回火是指将淬火钢重新加热到 A_1 以下某一温度，保温一定时间，然后冷却到室温的热处理工艺称为回火。钢在淬火后一般都要进行回火处理。回火的主要目的如下：

①获得工件所需的组织和性能。在通常情况下，钢淬火组织为淬火马氏体和少量残余奥氏体，它具有高的强度和硬度，但塑性与韧性较低。为了满足各种工件的不同性能的要求，就必须配以适当回火来改变淬火组织，以调整和改善钢的性能。

②稳定工件尺寸。淬火马氏体和残余奥氏体都是不稳定的组织，它们具有自发的向稳定组织转变的趋势，因而将引起工件的形状和尺寸的改变，通过回火是淬火组织转变为稳定组织，从而保证工件在使用过程中，不再发生形状和尺寸的改变。

③消除或减小淬火应力。工件在淬火后存在很大内应力，如不及时通过回火消除，会引起工件进一步变形甚至开裂。

(1)回火时的组织转变

回火时的加热将有利于淬火马氏体和残余奥氏体向稳定的组织转变。随着回火温度的提高，淬火钢的组织变化可归纳为以下 4 个阶段：

1)马氏体的分解(<200 ℃)

当回火温度大于 100 ℃ 时，马氏体中开始析出与之共格的 η-碳化物，该组织称为回火马氏体。此时，内应力下降，硬度基本不变。

2)残余奥氏体的转变(200~300 ℃)

马氏体继续转变为回火马氏体，少量残余奥氏体转变为下贝氏体，内应力继续下降，硬度并不明显下降。

3)渗碳体的形成(250~400 ℃)

η-碳化物转变为渗碳体，并与母相脱离共格关系，α 固溶体的过饱和度消失。组织为未发生再结晶的铁素体上分布着细颗粒状的渗碳体，称为回火托氏体。此时，内应力完全消失，硬度下降。

4)渗碳体的聚集长大，铁素体再结晶(>400 ℃)

铁素体发生再结晶，变为等轴状晶粒，渗碳体聚集长大。组织为等轴状的铁素体上分布着渗碳体，称为回火索氏体。此时，硬度进一步下降，而塑性、韧性提高。

(2)回火种类

钢经淬火后的组织和性能主要取决于回火温度。根据回火温度的不同，回火方法主要有以下 3 种：

1)低温回火

其回火温度范围为 150~250 ℃，回火后的组织为回火马氏体。它基本上保持了淬火后的高硬度(一般为 58~64HRC)和高耐磨性。其主要目的是降低淬火内应力和脆性，大多用于处理各种工具(刃具、模具、量具)、滚动轴承、渗碳件及表面淬火的工件等。

为了提高精密零件与量具的尺寸稳定性,可在100~150 ℃下进行长时间(可达数十小时)的低温回火,这种处理方法称为稳定化处理。

2)中温回火

其回火温度范围为350~500 ℃,回火后的组织为回火托氏体。它的硬度为35~45HRC,且具有较高的屈服强度和弹性极限,并具有一定的塑性和韧性。大多用于处理各种弹簧、发条及锻模等。

3)高温回火

其回火温度范围为500~650 ℃,回火后的组织为回火索氏体。它的硬度为25~35HRC,同时具有较高的强度和良好的塑性、韧性,即具有良好的综合力学性能。它广泛用于处理各种重要的零件,如轴、连杆、齿轮等,也可作为某些精密零件(如量具、模具等)的预先热处理。生产中,常将淬火+高温回火的热处理,称为调质处理。它主要用于中碳钢和中碳合金钢工件的热处理。

(3)回火脆性

淬火钢回火时,随着回火温度的升高,通常强度、硬度降低,而塑性、韧性提高。但在某些温度范围内回火时,钢的韧性不仅没有提高,反而显著降低,这种现象称为回火脆性,如图4.19所示。

淬火钢在250~350 ℃范围内回火时所发生的回火脆性称为第一类回火脆性或低温回火脆性。由于它是不可逆的,故工件应尽量避免在此温度范围内回火。

某些合金钢在450~650 ℃进行回火时也会产生回火脆性,称为第二类回火脆性或高温回火脆性。生产中常采用回火后快冷或在合金钢中加入钼、钨等合金元素来有效抑制这类回火脆性。

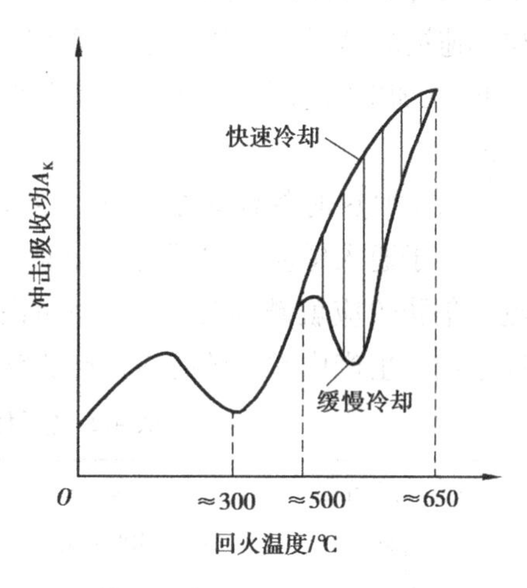

图4.19　钢的冲击韧度与回火温度的关系

4.3.4　表面淬火

在各种机器中,齿轮、轴和活塞销等许多零件都在动载荷和摩擦条件工作。它们在性能上不仅要求齿部和轴颈等处表面硬而耐磨,还要求心部有足够的强度和韧性,以传递很大的扭矩和承受相当大的冲击载荷,即要求零件"表硬里韧"。很显然,采用普通热处理工艺是难以达到这两方面的要求,为此在生产中广泛采用表面热处理。

所谓表面热处理,是指只对零件表面进行热处理,以改变其组织(化学热处理还改变表层的化学成分)和性能的工艺。它可分为表面淬火和化学热处理两大类。

表面淬火是一种不改变钢的表层化学成分,但改变表层组织的局部热处理方法。它是通过快速加热,使钢的表层奥氏体化,在热量尚未充分传至中心时立即予以淬火冷却,使表层获得硬而耐磨的马氏体组织,而心部仍保持着原有塑性、韧性较好的退火、正火或调质状态的组织。

根据加热方法的不同,表面淬火可分为感应加热表面淬火、火焰加热表面淬火、电解液加热表面淬火、激光加热表面淬火及电子束加热表面淬火等。

(1)感应加热表面淬火

感应加热的主要依据是电磁感应、"集肤效应"和热传导3项基本原理。如图4.20所示,感应线圈中通入一定频率的交流电时,在其内部和周围即产生与电流频率相同的交变磁场,将工件置于感应线圈内时,工件内就会产生频率相同、方向相反的感应电流,这种电流在工件内自成回路,称为"涡流"。涡流在工件截面上的分布是不均匀的,表面密度大而心部几乎为零,这种现象称为"集肤效应"。由于钢本身具有电阻,因而集中于工件表层的涡流,可使表层迅速被加热到淬火温度,而心部温度仍接近室温,因此,在随即喷水快速冷却后,就达到了表面淬火的目的。

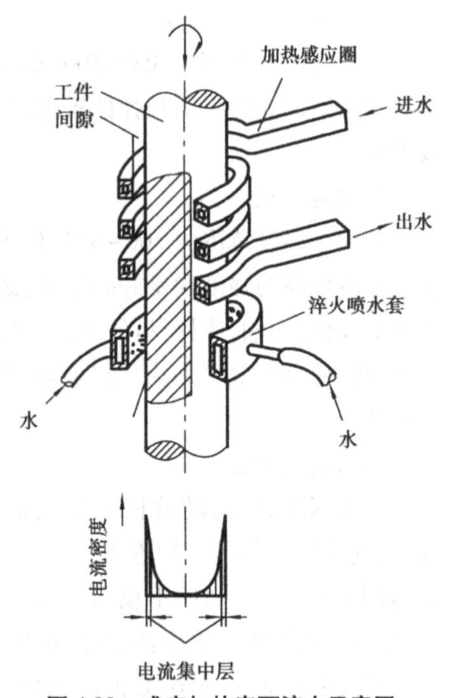

图4.20　感应加热表面淬火示意图

感应加热时的淬硬层深度主要取决于电流频率。由于通入感应加热器的电流频率越高,感应涡流的集肤效应就越强烈,故频率越高,则淬硬层深度越浅。生产中常用的感应加热方法见表4.2。

表4.2　常用感应加热方法的种类、特性及应用

感应加热名称	常用频率	淬硬层深度/mm	应　用
高频	200~300 kHz	<2	小模数齿轮,中小型零件
中频	2 500~8 000 Hz	2~10	大、中模数齿轮,直径较大的轴
工频	50 Hz	>10~15	轧辊等大型零件,用作穿透加热

与普通加热淬火相比,感应加热表面淬火有以下特点:

①加热速度快。零件有室温加热到淬火温度仅需几秒到几十秒的时间。

②淬火质量好。由于加热迅速,奥氏体晶粒来不及长大,淬火后表层获得针状马氏体,硬度比普通淬火高2~3HRC。

③淬硬层深度易于控制,淬火操作也易实现机械化和自动化,但设备较昂贵,主要用于大批量生产。

(2)火焰加热表面淬火

火焰加热表面淬火就是利用氧-乙炔(或其他可燃气)火焰对零件表面进行加热,随之淬火冷却的工艺。

火焰加热表面淬火淬硬层深度可达2~6 mm,且设备简单、使用方便、不受工件大小和淬火部位的限制、灵活性大。但由于其加热温度不易控制、容易过热、硬度不匀,故主要用于单件小批生产及大型工件的表面淬火。

4.3.5 化学热处理

化学热处理是指将工件放在一定的活性介质中加热，使某些元素渗入工件表层，以改变表层化学成分和组织，从而改善表层性能的热处理工艺。它与其他热处理比较，其特点使表层不仅有组织变化，而且化学成分也发生了变化。

化学热处理的种类很多，一般都以渗入元素来命名。渗入元素不同，工件表层所具有的性能也不同。如渗碳、渗氮、碳氮共渗能提高工件表层的硬度和耐磨性；渗铬、渗铝、渗硅大多是为了使工件表层获得某些特殊的物理化学性能（如抗氧化性、耐高温性、耐酸性等）。

各种化学热处理都是将工件加热到一定温度后，并经历以下3个基本过程：

①分解。由介质中分解出渗入元素的活性原子。

②吸收。工件表面吸收活性原子，也就是活性原子由钢的表面进入铁的晶格而形成固溶体或特殊化合物。

③扩散。被工件吸收的原子，在一定温度下，由表面向内部扩散，形成一定厚度的扩散层。

目前在机械制造业中，最常用的化学热处理有渗碳、渗氮和碳氮共渗。

(1)渗碳

渗碳是一种为了增加钢件表层碳的质量分数和一定的碳浓度梯度，将钢件在渗碳介质中加热并保温使碳原子渗入表层的化学热处理工艺。

1)渗碳目的及用钢

在机器制造工业中，有许多重要零件（如汽车、拖拉机变速箱齿轮、活塞销、摩擦片及轴类等），它们都是在变动载荷、冲击载荷、很大接触应力和严重磨损条件下工作的，因此要求零件表面具有高的硬度、耐磨性及疲劳极限，而心部具有较高的强度和韧性。生产中一般采用w_C=0.1%~0.25%的低碳钢或低合金钢进行渗碳处理来达到其性能要求。

2)渗碳方法

渗碳方法由气体渗碳法、固体渗碳法和液体渗碳法3种。生产中常用气体渗碳法。它是将工件放在密闭的加热炉中（通常采用井式炉，如图4.21所示），通入渗碳剂，并加热到900~930 ℃进行保温。常用的渗碳剂有煤油、甲醇、丙酮等。渗碳剂在高温下分解成含有活性原子的渗碳气氛，如 $2CO \rightarrow [C] + CO_2$，$CH4 \rightarrow [C] + H_2$。活性原子被工件表面吸收，从而获得一定深度的渗碳层。渗碳层的深度主要取决于保温时间，保温时间越长，渗碳层越厚。

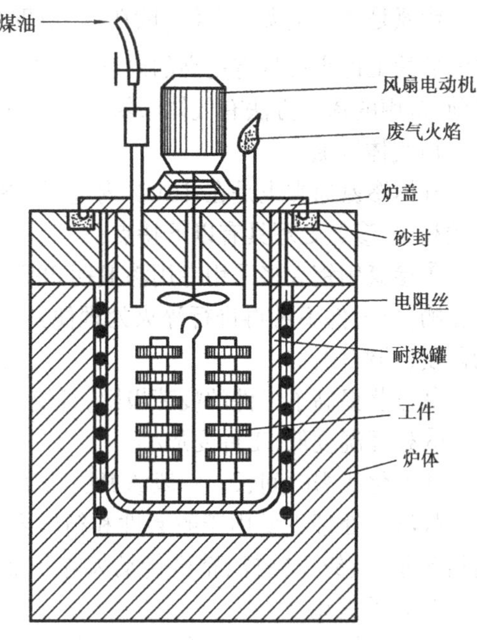

图4.21 气体渗碳示意图

3)渗碳后的组织及热处理

工件经渗碳后表层为过共析组织(P+少量的 Fe_3C_{II}),心部为原来的亚共析组织(P+F),中间为过渡层。渗碳缓冷后的显微组织如图 4.22 所示。

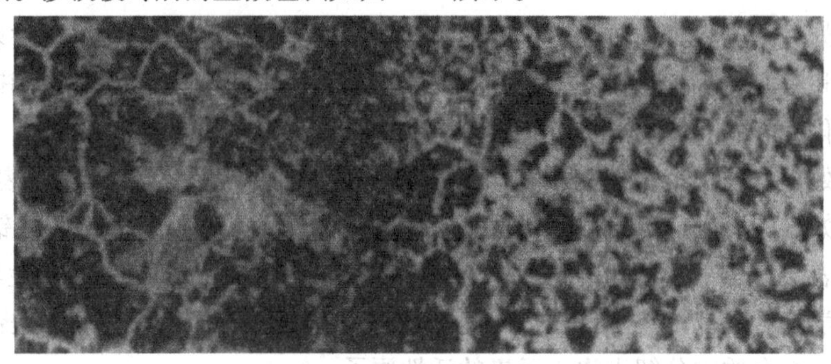

图 4.22 低碳钢经渗碳缓冷后的显微组织

为了提高工件表层的硬度和耐磨性,渗碳后的工件必须进行淬火+低温回火处理。常用的淬火方法有直接淬火法和一次淬火法两种。直接淬火法是指从渗碳炉取出后直接淬硬,由于加热温度较高,晶粒易粗大,故主要用于细晶粒钢或性能要求不高的工件。一次淬火法是指从渗碳炉取出后空冷年,在加热到奥氏体化温度淬火,这样可使工件心部组织细化,从而获得较好的性能。

渗碳工件经淬火+低温回火后的渗层组织为针状回火马氏体+碳化物+少量残余奥氏体,其硬度为 58~64HRC,而心部则随钢的淬透性而定。对于低碳钢如 15,20 钢,其心部组织为铁素体+珠光体,硬度相当于 10~15HRC,对于低碳合金钢如 20CrMnTi,心部组织为低碳回火马氏体+铁素体,硬度为 35~45HRC。

(2)渗氮

渗氮是在一定温度下(一般在 A_{c_1} 温度下)使活性原子渗入工件表面的化学热处理工艺。渗氮后的工件表层具有更高的硬度(相当于 68~72HRC)和耐磨性,高的疲劳强度和耐蚀性。目前,常用的渗氮方法有气体渗氮和离子渗氮两种。

1)气体渗氮

气体渗氮通常也是在井式炉内进行,渗氮介质为氨气,渗氮温度一般为 500~560 ℃。与渗碳相比,渗氮处理具有以下特点:

①渗氮用钢大多采用专用渗氮钢 38CrMoAlA,渗氮后钢的表面可形成一层高硬度的合金氮化物,故工件不需再进行淬火处理便具有高的硬度和耐磨性,且在 500~600 ℃时仍保持高的硬度(即红硬性)。

②显著提高了工件的疲劳极限,且使工件具有良好的耐蚀性。

③处理温度低,工件变形小。

④氮化所需时间长。一般渗氮层深度为 0.4~0.6 mm,其渗氮时间需 40~70 h。

故渗氮处理主要用于耐磨性和精度要求很高的零件或要求耐热、耐蚀的耐磨件,如高精度机床丝杠、镗床镗杆、精密传动齿轮和轴、汽轮机阀门和阀杆、发动机汽缸和排气阀等。

2)离子氮化

离子渗氮是用来加速渗氮过程的一种工艺。离子渗氮是在真空室内高压直流电场作用下进行的。工件为阴极,炉壁为阳极,当炉内真空度抽之 13.33~1.333 Pa 后,向炉内通入氮气,并在阴阳极之间加上高压(500~800 V)直流电。在高压电场的作用下,工件周围氮气被电离氮和氢的正离子和电子,工件表面形成一层紫色辉光,高能量的氮离子高速轰击工件的表面,使其表层温度升高(500~700 ℃),同时,氮离子在阴极上夺取电子后还原成氮原子渗入工件表层,经扩散形成渗氮层。这种方法大大缩短了渗氮时间,一般仅为气体渗氮的1/4~1/2,并且还能降低工件表面渗氮层的脆性,明显地提高韧性和疲劳极限。但目前离子氮化还存在投资高,温度分布不均,测温困难和操作要求严格等局限,使适用性受到限制。

(3)碳氮共渗

碳氮共渗是向钢的表面同时渗碳和氮原子的过程。其主要目的是提高工件的表面硬度、耐磨性和疲劳极限。

目前,生产中应用较广有低温碳氮共渗和中温碳氮共渗两种方法。

1)中温气体碳氮共渗

中温气体碳氮共渗所用的钢为低碳或中碳的碳钢和合金钢,处理方法与渗碳相似,即在井式炉中通入渗碳和渗氮用的混合气体(如同时滴入煤油和通入氮气),加热温度为820~860 ℃保温一定时间,在此温度下以渗碳为主,故共渗后还需进行淬火+低温回火。与渗碳相比,在渗层含碳量相同的情况下,共渗层的耐磨性及疲劳强度都比渗碳层高,且有一定的抗蚀能力;又因加热温度较低,工件变形小,生产周期也短,因此有取代气体渗碳的趋势。它广泛用于处理汽车、拖拉机上的各种齿轮、轴类零件。

2)低温碳氮共渗

低温碳氮共渗又称气体软氮化,常用处理温度为560~570 ℃,时间为2~3 h,常用的共渗剂为尿素或甲酰胺。由于处理温度低,故在此温度下的共渗以渗氮为主。各种碳钢、合金钢、介质为铸铁等材料均可进行软氮化处理。经软氮化处理后的工件不仅耐磨、耐疲劳、抗咬合、抗擦伤等性能度有了较大的提高,并且软氮化层还有一定的韧性,不易剥落。目前,已在模具、量具及耐磨件处理方面得到了广泛的应用。但软氮化的渗层太薄,不适宜在重载条件下工作。

4.3.6 热处理新技术简介

随着工业及科学技术的发展,热处理工艺在不断改进,近20多年发展了一些新的热处理工艺,如真空热处理、可控气氛热处理、形变热处理和新的表面热处理(如激光热处理、电子束表面淬火等)。

(1)可控气氛热处理

在炉气成分可控制在预定范围内的热处理炉中进行的热处理,称为可控气氛热处理。其目的是为了有效地控制表面碳浓度的渗碳、碳氮共渗等化学热处理,或防止工件在加热时的氧化和脱碳,还可用于实现低碳钢的光亮退火及中、高碳钢的光亮淬火。按炉气可分渗碳性、还原性和中性气氛等。目前,我国常用的可控气氛有吸热式气氛、放热式气氛、放热-吸热式气氛及有机液滴注式气氛等。其中,以放热式气氛的制备最便宜。

(2)真空热处理

在真空中进行的热处理称为真空热处理。它包括真空淬火、真空退火、真空回火及真空化学热处理(真空渗碳、渗铬等)。真空热处理是在1.33~0.0133 Pa真空度的真空介质中加热工件。真空热处理可减少工件变形,使钢脱氧、脱氢和净化表面,使工件表面无氧化、不脱碳、表面光洁,可显著提高耐磨性和疲劳极限。真空热处理的工艺操作条件好,有利于实现机械化和自动化,而且节约能源,减少污染,因而真空热处理目前发展较快。

(3)形变热处理

形变热处理是将塑性变形同热处理有机结合在一起,获得形变强化和相变强化综合效果的工艺方法。这种工艺方法不仅可提高钢的强韧性,还可大大简化金属材料或工件的生产流程。形变热处理的方法很多,有低温形变热处理、高温形变热处理、等温形变热处理、形变时效和形变化学热处理等。

(4)激光热处理

激光热处理是利用专门的激光器发出能量密度极高的激光,以极快的速度加热工件表面、自冷淬火后是工件表面强化的热处理。

目前,工业用激光器大多为CO_2激光器。因为它较易获得大功率,转换效率高,根据需要可采用连续或脉冲工作方式。激光热处理的主要特点和用途如下:

①无须使用外加材料,仅改变被处理材料表面的组织结构。处理后的改性层具有足够的厚度,可根据需要调整深浅一般可达0.1~0.8 mm。

②处理层和基体结合强度高。激光表面处理的改性层和基体材料之间是致密的冶金结合,而且处理层表面是致密的冶金组织,具有较高的硬度和耐磨性。

③被处理件变形极小,由于激光功率密度高,与零件的作用时间很短(10^{-2}~1 s),故零件的热变形区和整体变化都很小。故适合于高精度零件处理,作为材料和零件的最后处理工序。

④加工柔性好,适用面广。利用灵活的导光系统可随意将激光导向处理部分,从而可方便地处理深孔、内孔、盲孔及凹槽等,可进行选择性的局部处理。

激光热处理能显著提高生产率和改善零件性能,但激光装置价格昂贵,目前主要用于不能或很难进行普通热处理的小尺寸和形状复杂的零件。

4.3.7 热处理工序位置安排

热处理工序一般安排在铸、锻、焊等热加工和切削加工的各个工序之间。根据热处理的目的和工序位置的不同,可将其分为预先热处理和最终热处理两大类。

预先热处理包括退火、正火和调质等。

正火和退火的作用是消除热加工毛坯的内应力、细化晶粒、调整组织、改善切削加工性,为后续热处理工序作好组织准备。其工序位置均安排在毛坯生产之后,切削加工之前。对于精密零件,为了消除切削加工的残余应力,在切削加工之间还应安排去应力退火。

调质主要是提高零件的综合力学性能,或为以后表面淬火和为易变形的精密零件的整体淬火作好组织准备。调质工序一般安排在粗加工之后、半精加工之前。若粗加工之前调质,对于淬透性差的碳钢零件,表面调质层的优良组织很可能在粗加工中大部分被切除掉,失去调质作用。

有些零件性能要求不高,在铸、锻后经退火、正火调质后即可满足要求,则它们也可作为最终热处理。

最终热处理包括各种淬火+回火及表面热处理等。零件经这类热处理后硬度较高,除磨削外,不适宜其他切削加工,故其工序位置应尽量靠后,一般均安排在半精加工之后、精加工之前。

生产过程中,由于零件选用的毛坯与工艺过程的需要不同,在制订具体加工路线时,热处理工序还可能有所增减。因此,工序位置的安排必须根据具体情况灵活运用。

复习思考题

1.比较下列名词：

(1)奥氏体、过冷奥氏体、残余奥氏体；

(2)马氏体与回火马氏体、索氏体与回火索氏体、托氏体与回火托氏体；

(3)淬透性与淬硬性。

2.画出T8钢的过冷奥氏体等温转变曲线。为了获得以下组织，应采用什么冷却方式？并在等温转变曲线上画出冷却曲线示意图。

珠光体、索氏体、托氏体+马氏体+残余奥氏体、下贝氏体、马氏体+残余奥氏体

3.判断下列说法是否正确：

(1)过冷奥氏体的冷却速度越快，钢冷却后的硬度越高；

(2)过冷奥氏体向马氏体转变的M_s与M_f温度，主要取决于钢的冷却速度，即冷却速度越快，则M_s与M_f温度越低；

(3)钢中合金元素越多，则淬火后硬度越高；

(4)同一钢材在相同加热条件下，水淬比油淬的淬透性好，小件比大件的淬透性好；

(5)淬火钢回火后的性能主要取决于回火后的冷却速度。

4.指出下列工件正火的主要目的及正火后的组织：

(1)20钢齿轮；

(2)45钢小轴；

(3)T12钢锉刀。

5.分别比较45钢、T12钢经不同热处理后硬度值的高低，并说明原因。

(1)45钢加热到700 ℃后水冷；

(2)45钢加热到750 ℃后水冷；

(3)45钢加热到840 ℃后水冷；

(4)T12钢加热到700 ℃后水冷；

(5)T12钢加热到750 ℃后水冷；

(6)T12钢加热到900 ℃后水冷。

6.用T12钢制成锉刀，其加工工艺路线为：下料→锻造→热处理→机加工→热处理→精加工。试问：

(1)两次热处理的具体工艺名称及其作用；

(2)确定最终热处理的工艺参数，并指出获得的显微组织及大致硬度。

7.45钢经调质处理后的硬度为220HBS，再经220 ℃低温回火硬度能否提高？45钢经淬火+200 ℃低温回火后硬度偏高，再经560 ℃高温回火硬度能否降低？为何？

8.现有3个形状、尺寸、材质(低碳钢)完全相同的齿轮，分别进行整体淬火、渗碳淬火和高

频感应加热淬火,试用最简单的办法把它们区分出来。

9.某一用45钢制造的零件,其加工工艺路线为:备料→锻造→正火→粗加工→调质→半精加工→高频感应加热淬火+低温回火→磨削。请说明各热处理工序的目的及热处理后的组织。

10.现有低碳钢和中碳钢齿轮各一个,为了使齿面具有高硬度和高耐磨性,试问应进行何种热处理?并比较它们经热处理后在组织和性能上的差别。

第 5 章 常用金属材料

材料是人类生产和社会发展的重要物质基础。其中,金属材料曾经而且仍在发挥非常重要的作用,尤其是对机械类行业更是如此。

金属材料主要包括钢、铸铁和有色金属 3 大类。

钢是一种非常重要的工程材料。按化学成分,可分为碳钢和合金钢两大类。其中,碳钢是以铁、碳为主要成分,还含有硅、锰、硫、磷等常存杂质元素。碳钢以其熔炼容易、价格低廉、工艺性能好、力学性能能满足一般工程和机械制造的使用要求而得到了广泛的应用。但工业生产不断对钢提出了更高的要求,为了提高钢的力学性能,改善钢的工艺性能和得到某些特殊的物理化学性能,有目的地向钢中加入某些合金元素,得到合金钢。与碳钢相比,合金钢的性能有显著的提高,有的还具有耐热、耐酸、抗蚀性等特殊物理化学性能,故其应用已日益广泛。

铸铁是碳的质量分数 w_C>2.11%的铁碳合金。有时,为了提高力学性能或物理化学性能,还可加入一定量的合金元素,得到合金铸铁。由于铸铁具有优良的铸造性能、切削加工性能、减振性及耐磨性,同时铸铁生产简便、成本低廉,因此,铸铁在机械制造中应用很广。按质量计算,汽车、拖拉机中铸铁零件占 50%~70%,机床中占 60%~90%。常见的机床床身、工作台、箱体、底座等形状复杂或受压应力及摩擦作用的零件,大多用铸铁制成。随着球墨铸铁的发展,它已能部分取代钢制造如曲轴、连杆、齿轮等重要零件。

除以铁、碳为主要成分的黑色金属以外的金属材料,工业上一般称为有色金属材料。与钢铁相比,有色金属材料的产量低、价格高,但由于其具有许多优良特性,因而在科技和工程中也占有重要的地位,是一种不可缺少的工程材料。

5.1 钢

5.1.1 概述

(1)钢的分类

钢的种类很多,为了便于管理、选用及研究,从不同角度把它们分成若干类别。常用的分类方法如下:

①按化学成分,可分为

- 碳素钢
  - 低碳钢:w_C<0.25%
  - 中碳钢:w_C=0.25%~0.6%
  - 高碳钢:w_C>0.6%
- 合金钢
  - 低合金钢:合金元素总含量 w_{Me}<5%
  - 中合金钢:合金元素总含量 w_{Me}=5%~10%
  - 高合金钢:合金元素总含量 w_{Me}>10%

②按质量,可分为

- 普通质量钢 w_S≤0.035%~0.05%,w_P≤0.035%~0.045%
- 优质钢 $w_{S,P}$≤0.035%
- 高级优质钢 $w_{S,P}$≤0.025%

③按用途,可分为

- 结构钢:用于制造各种机器零件(如齿轮、轴、连杆等)和工程构件(如桥梁、船舶、建筑上的构件等)用钢
- 工具钢:用于制造各类刃具、量具、模具等工具用钢
- 特殊性能钢:是指具有某种特殊物理化学性能的钢,如不锈钢、耐热钢

(2)钢中常存元素对性能的影响

碳钢中除碳外,还含有少量的锰、硅、硫、磷等常存元素。这些元素是由矿石及冶炼等原因进入钢中的。它们的存在对钢的性能有较大的影响。

1)锰

锰是炼钢时用锰铁脱氧而残留在钢中的,在碳钢中的质量分数一般为0.25%~0.8%。锰能溶解于铁素体和渗碳体中,形成合金固溶体和合金渗碳体,提高了钢的强度和硬度。锰还能增加钢基体组织中的珠光体数量并使之细化,从而进一步提高钢的强度和硬度;同时,锰还能与钢中有害元素硫化合形成MnS,从而减轻硫的有害作用。因此,锰是一种有益元素。当锰作为少量常存元素存在时(w_S<0.8%)对钢的性能影响不显著。

2)硅

硅也是一种有益元素,也是在炼钢时作为脱氧剂而残留于钢中的,在碳钢中的质量分数一般为0.1%~0.4%。硅的脱氧能力比锰强,此外,它也能溶于铁素体中,产生固溶强化,使铁素体的强度和硬度得以提高。硅在钢中作为少量常存元素存在时(w_S<0.5%)对钢的性能影响不显著。

3)硫

硫是在炼钢时由矿石和燃料中带入钢中的。硫在一般钢中是有害杂质元素,它在铁素体中几乎不能溶解,而是以FeS的形态存在于钢中。FeS与铁则形成低熔点(950 ℃)的共晶体,分布于奥氏体的晶界上。当钢材在1 000~1 200 ℃进行锻造成型时,由于共晶体的熔化,使钢材沿奥氏体晶界开裂,这种现象称为热脆性。为了消除硫的有害作用,必须在钢中加入锰。锰与硫形成高熔点(1 620 ℃)的MnS,以减轻硫的有害作用,改善钢的热加工性能。

4)磷

磷也是钢中的有害元素,磷在钢中可全部溶解于铁素体,使钢的强度、硬度有所提高,但塑性、韧性急剧降低。这种脆化现象在低温时尤其严重,故称为冷脆性。磷在钢的结晶过程中容

易发生偏析，导致局部范围冷脆转变温度升高，从而产生冷脆。此外，磷的存在还使钢的焊接工艺性能变差。

(3)合金元素在钢中的作用

为了改善钢的力学性能或获得某些特殊性能，有目的地在冶炼钢的过程中加入一些元素，这些元素称为合金元素。由于合金元素于钢中的铁、碳两个组元的作用，以及它们彼此间的作用，促使钢中晶体结构和显微组织发生有利的变化。因此，通过合金化，可提高和改善钢的性能。

1)合金元素在钢中的存在形式

①形成合金铁素体

几乎所有合金元素都可或多或少地溶入铁素体中，形成合金铁素体。其中，原子直径很小的合金元素（如氮、硼等）与铁形成间隙固溶体；原子直径较大的合金元素（如锰、镍、钴等）与铁形成置换固溶体。

合金元素溶入铁素体后，由于它与铁的晶格类型和原子半径有差异，必然引起铁素体晶格畸变，产生固溶强化，使铁素体的强度、硬度提高，但塑性、韧性却有所下降。如图5.1所示为几种合金元素对铁素体硬度和韧性的影响。

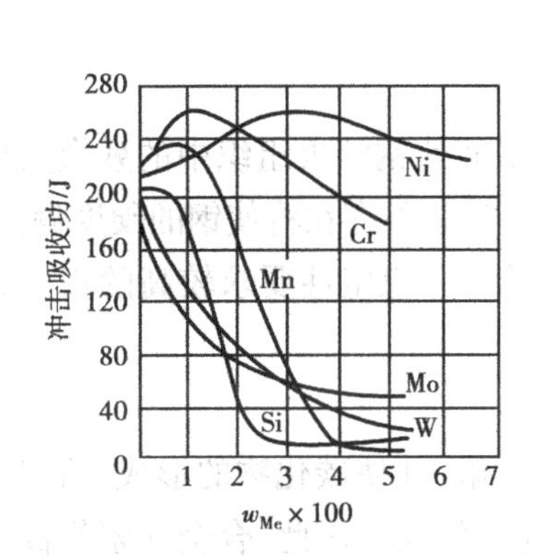

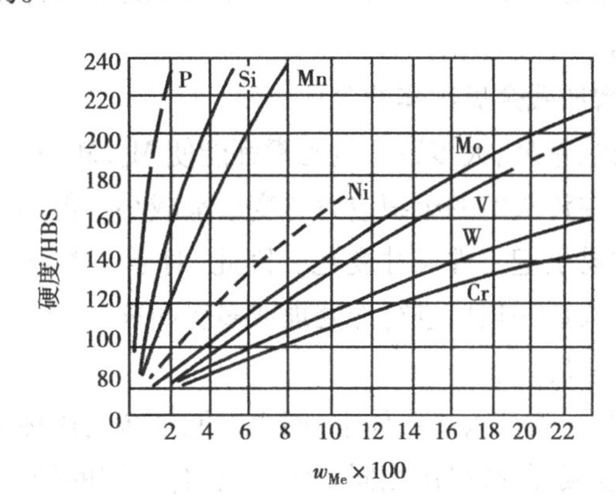

图5.1 合金元素对铁素体性能的影响

由图5.1可知，硅、锰能显著提高铁素体的强度和硬度，但当$w_{Si}>0.6\%$，$w_{Mn}>0.6\%$时，将降低其韧性。而铬与镍比较特殊，在铁素体中的含量适当时（$w_{Si}\leqslant2\%$，$w_{Ni}\leqslant2\%$），在强化铁素体同时，仍能提高韧性。

②形成合金碳化物

钢中能形成碳化物的元素有铁、锰、铬、钼、钨、钒、铌、锆、钛（与碳的亲和力由弱到强）。合金钢中碳化物存在形式为合金渗碳体和特殊碳化物。

锰是弱碳化物形成元素，易溶入渗碳体中，形成合金渗碳体，合金渗碳体的稳定性、硬度比渗碳体略高，是一般低合金钢中碳化物的主要存在形式。

铬、钼、钨是中等碳化物形成元素，在钢中既能形成合金渗碳体，又能形成特殊碳化物，如Cr_2C_3，Mo_2C，WC等。特殊碳化物比合金渗碳体具有更高的熔点、硬度、耐磨性及稳定性。

钒、铌、锆、钛是强碳化物形成元素，在钢中一般形成特殊碳化物。如NbC，VC，TiC等，故常在工具钢中加入这类合金元素，以提高工具的强度、硬度和耐磨性，而不降低韧性。

2)合金元素对钢热处理的影响

①细化晶粒

除锰、磷以外，大多数合金元素均在不同程度上有细化晶粒作用，其中尤以强碳化物形成元素钒、铌、锆、钛的影响最为显著。这类合金碳化物(如 TiC，VC 等)的熔点高、硬度高，且很稳定，不易分解，加热时难以溶入奥氏体中，它们的存在对奥氏体晶粒长大有强烈的阻碍作用，故能细化晶粒。

②提高淬透性

除钴以外，大多数合金元素溶入奥氏体后均能增加过冷奥氏体的稳定性，使 C 曲线右移，降低了马氏体转变的临界冷却速度，从而提高钢的淬透性。有些合金元素甚至使 C 曲线的形状发生变化，出现两个鼻尖，曲线分解成珠光体和贝氏体两个转变区，而两区之间，过冷奥氏体有很大的稳定性。

提高钢的淬透性的元素主要有铬、锰、镍、硼。由于淬透性的提高，采用合金钢制造的大截面零件，经热处理后可保证整个截面具有比较均匀的组织和性能。形状复杂的合金钢零件，可采用冷却能力较弱的淬火介质(如油等)及分级淬火、等温淬火等工艺，从而降低了变形和开裂倾向。

③增加残余奥氏体的含量

除铝、钴外，大多数合金元素都能使 M_s，M_f 下降，从而使钢淬火组织中的残余奥氏体量增加，故钢在淬火时的组织应力与变形量减小。但残余奥氏体的存在将使钢的硬度偏低，组织不稳定，并易引起工件尺寸变化。因此，对于一些硬度及尺寸稳定性要求较高的刃具、模具、量具，在淬火后一般要进行冷处理或多次回火处理。

④提高红硬性

合金元素溶入马氏体中，回火时能延缓马氏体的分解，并使碳化物的形成、析出和聚集长大的速度减缓，故采用相同温度回火，合金钢的硬度比碳钢高。因此，合金元素提高了钢回火过程中抵抗软化的能力，即回火稳定性。

含有强碳化物形成元素的合金钢，在高温回火时，将从马氏体中析出弥散分布的特殊碳化物，并且在回火后部分残余奥氏体转变为马氏体，进一步提高了钢的硬度，从而使钢在高温下保持高的硬度，即红硬性(耐热性)，这对工具钢具有十分重要的意义。

5.1.2 碳素钢

(1)碳素结构钢

碳素结构钢的平均 w_C 为 0.06%~0.38%，钢中含有害元素和非金属夹杂物较多，但性能上能满足一般工程结构及普通零件的要求，因而应用较广。它通常轧制成钢板或各种型材(圆钢、方钢、工字钢、钢筋等)供应，一般不经过热处理，在热轧状态下直接使用。

表 5.1、表 5.2 为碳素结构钢的牌号、成分及力学性能。

表 5.1　碳素结构钢牌号及化学成分(摘自 GB/T 700—2006)

牌号	等级	化学成分/%(不大于)					脱氧方法
		w_C	w_{Mn}	w_{Si}	w_S	w_P	
Q195	—	0.12	0.50	0.30	0.040	0.035	F,Z
Q215	A	0.15	1.20	0.35	0.050	0.045	F,Z
	B				0.045		
Q235	A	0.22	1.40	0.35	0.050	0.045	F,Z
	B	0.20			0.045		
	C	0.17			0.040	0.040	Z
	D				0.035	0.035	TZ
Q275	A	0.24	1.50	0.35	0.050	0.045	F,Z
	B	0.22			0.045		Z
	C	0.20			0.040	0.040	Z
	D				0.035	0.035	TZ

表 5.2　碳素结构钢力学性能(摘自 GB/T 700—2006)

牌号	等级	拉伸试验													冲击试验	
		屈服强度 σ_s/MPa						抗拉强度 σ_b /MPa	断后伸长率 δ_5/%					温度 /℃	V 形冲击吸收功(纵向) A_k/J
		钢材厚度(直径)/mm							钢材厚度(直径)/mm						
		≤16	>16~20	>40~60	>60~100	>100~150	>150~200		≤40	>40~60	>60~100	>100~150	>150~200		
		不小于							不小于						不小于
Q195	—	195	185	—	—	—	—	315~430	33	—	—	—	—	—	—
Q215	A	215	205	195	185	175	165	335~450	31	30	29	27	26	—	—
	B													20	27
Q235	A	235	225	215	215	195	185	370~500	26	25	24	22	21	—	—
	B													20	27
	C													0	
	D													-20	
Q275	A	275	265	255	245	225	215	410~540	22	21	20	18	17	—	—
	B													+20	27
	C													0	
	D													-20	

碳素结构钢牌号表示方法为

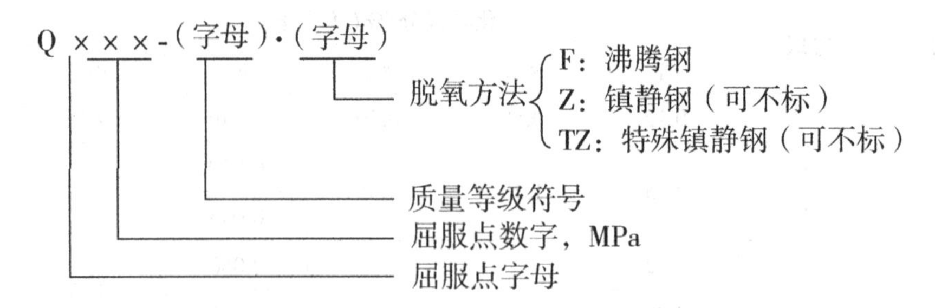

说明:“×”表示该处为数字,打括号表示这项可能在牌号中不出现,下同。

如 Q235-A · F 表示屈服点数字为 235 MPa 的 A 级沸腾钢。质量等级符号反映了碳素结构钢中有害元素(磷、硫)含量的多少,从 A 级到 D 级,钢中磷、硫含量依次减少。C,D 级的碳素结构钢由于磷、硫含量低,质量好,可作重要焊接结构件。

(2)优质碳素结构钢

优质碳素结构钢牌号表示方法为

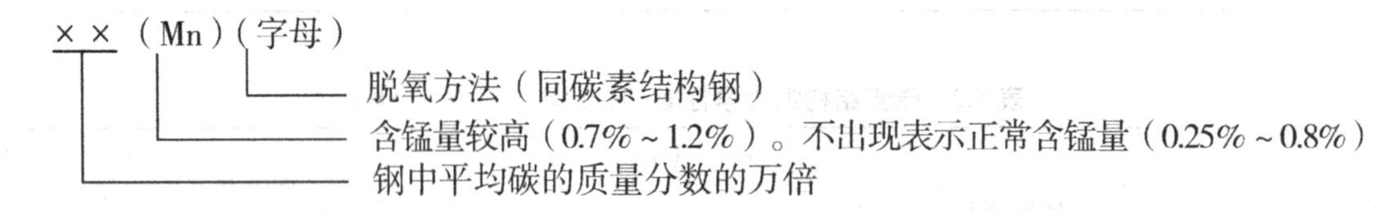

例如,65Mn 表示 $w_{Mn}=0.7\%\sim1.2\%$,$w_C=0.65\%$的优质碳素结构钢。

优质碳素结构的化学成分、力学性能见表 5.3。

表 5.3　优质碳素结构的化学成分、力学性能(摘自 GB/T 699—1999)

钢号	化学成分/%			力学性能						
	w_C	w_{Mn}	w_{Si}	σ_b /MPa	σ_s /MPa	δ_5 /%	Ψ /%	A_{KU} /J	硬度/HBS 未热处理	硬度/HBS 退火钢
				不小于					不大于	
08F	0.05～0.11	0.25～0.50	≤0.03	295	175	35	60		131	
10	0.07～0.14	0.35～0.65	0.17～0.37	335	205	31	55		137	
15	0.12～0.19	0.35～0.65	0.17～0.37	375	225	27	55		143	
20	0.17～0.24	0.35～0.65	0.17～0.37	410	245	25	55		156	
25	0.22～0.30	0.50～0.80	0.17～0.37	450	275	23	50	71	170	
30	0.27～0.35	0.50～0.80	0.17～0.37	490	292	21	50	63	179	
35	0.32～0.40	0.50～0.80	0.17～0.37	530	315	20	45	55	197	
40	0.37～0.45	0.50～0.80	0.17～0.37	570	335	19	45	47	217	187
45	0.42～0.50	0.50～0.80	0.17～0.37	600	355	16	40	39	229	197

续表

钢号	化学成分/%			力学性能						
	w_C	w_{Mn}	w_{Si}	σ_b /MPa	σ_s /MPa	δ_5 /%	Ψ /%	A_{KU} /J	硬度/HBS	
									未热处理	退火钢
				不小于					不大于	
50	0.47~0.55	0.50~0.80	0.17~0.37	630	375	14	40	31	241	207
55	0.52~0.60	0.50~0.80	0.17~0.37	645	380	13	35		255	217
60	0.57~0.65	0.50~0.80	0.17~0.37	675	400	12	35		255	229
65	0.62~0.70	0.50~0.80	0.17~0.37	695	410	10	30		255	229
70	0.67~0.75	0.50~0.80	0.17~0.37	715	420	9	30		269	229
65Mn	0.62~0.70	0.90~1.2	0.17~0.37	735	430	9	30		285	229
70Mn	0.67~0.75	0.90~1.2	0.17~0.37	785	450	8	30		285	229

08F钢强度低、塑性好，大多用作薄板、冲压件等。

10—25钢由于碳的平均质量分数较低，因此具有良好的冲压性能，常用作受力不大，而塑性、韧性要求较高的机械零件。10~25钢也常作为渗碳用钢，这类钢经渗碳、淬火及低温回火后，能使零件表面硬度达到60HRC，而心部仍保持一定的韧性，故可用作表面要求耐磨并承受一定冲击载荷的机械零件。

35—50钢常用作调质钢。这类钢经调质处理后具有较高的强韧性，即综合力学性能。常用作承受较大交变载荷与冲击载荷的机械零件，如齿轮、连杆、主轴等。

55—70钢主要用作弹簧钢。这类钢经淬火及中温回火后，弹性极限明显提高，并且具有较高的强度及一定的韧性，常用作各种尺寸较小的弹性零件(如弹簧)、车轮以及受力不大的耐磨件。

(3)碳素工具钢

碳素工具钢牌号表示方法为

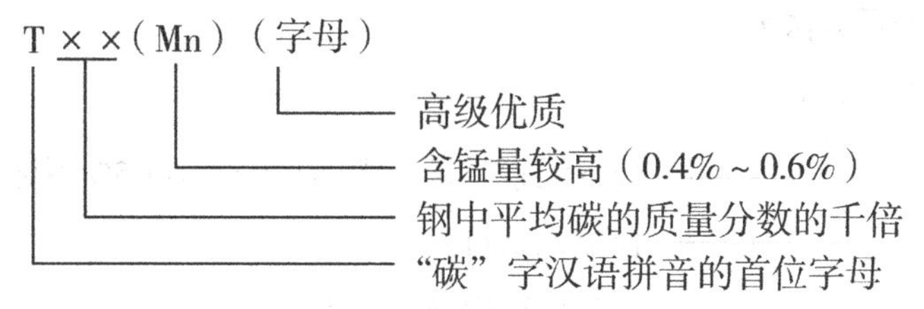

例如，T8MnA表示$w_C=0.8\%$，$w_{Mn}=0.4\%\sim0.6\%$的高级优质碳素工具钢。

碳素工具钢的碳的平均质量分数为0.65%~1.35%，从而保证淬火后有足够高的硬度和耐磨性。它主要用于制造各种刃具、量具和模具。

碳素工具钢的牌号、成分及用途见表5.4。

表 5.4 碳素工具钢的牌号、成分及用途(摘自 GB 1298—86)

牌 号	化学成分/%			退火状态/HBS	试样淬火/HRC	用途举例
	w_C	w_{Si}	w_{Mn}	不小于	不小于	
T7 T7A	0.65~0.74	≤0.35	≤0.40	187	800~820 ℃水 62	承受冲击,韧性较好、硬度适当的工具,如扁铲、手钳、大锤、改锥、木工工具
T8 T8A	0.75~0.84	≤0.35	≤0.40	187	780~800 ℃水 62	承受冲击,要求较高硬度的工具,如冲头、压缩空气工具、木工工具
T8Mn T8MnA	0.8~0.90	≤0.35	0.40~0.60	187	780~800 ℃水 62	同上,但淬透性较大,可制断面较大的工具
T9 T9A	0.85~0.94	≤0.35	≤0.40	192	760~780 ℃水 62	韧性中等、硬度高的工具,如冲头、木工工具、凿岩工具
T10 T10A	0.95~1.04	≤0.35	≤0.40	197	760~780 ℃水 62	不受剧烈冲击、高硬度耐磨的工具,如车刀、刨刀、冲头、丝锥、钻头、手锯条
T11 T11A	1.05~1.14	≤0.35	≤0.40	207	760~780 ℃水 62	
T12 T12A	1.15~1.24	≤0.35	≤0.40	207	760~780 ℃水 62	不受冲击、要求高硬度高耐磨的工具,如锉刀、刮刀、精车刀、丝锥、量具
T13 T13A	1.25~1.35	≤0.35	≤0.40	217	760~780 ℃水 62	同上,要求更耐磨的工具,如刮刀、剃刀

5.1.3 合金钢

(1)合金钢的编号方法

合金钢牌号表示方法为

数字+化学元素 + 数字

- 数字(后):合金元素质量分数的百倍,≤1.5%不标
- 化学元素:合金元素符号
- 数字(前):钢中平均碳的质量分数
  - 合金结构钢:万倍
  - 合金工具钢:千倍,≥1.0%不标
  - 不锈钢和耐热钢:万倍,当w_C≤0.08%,w_C≤0.03%时,则在牌号前面分别冠以“0”及“00”

例如,9SiCr 表示 $w_C=0.9\%$,$w_{Si,Cr}\leq1.5\%$的合金工具钢。

60Si2Mn 表示 $w_C=0.6\%$,$w_{Si}=2\%$,$w_{Mn}\leq1.5\%$的合金结构钢。

06Cr19Ni10 表示 $w_C=0.06\%$,$w_{Cr}\approx19\%$,$w_{Ni}\approx10\%$的不锈钢。

如果合金结构钢是高级优质钢,则在牌号的末尾加“A”。例如,38CrMoAlA 钢,则属于高级优质合金结构钢。而合金工具钢都是高级优质钢,所以它的牌号后面也不必再标“A”。另外,低合金高强度结构钢、滚动轴承钢和耐磨钢的牌号表示与上述表示方法不同,在以后章节中再作介绍。

(2)低合金高强度结构钢

低合金高强度结构钢是结合我国资源条件发展起来的钢种。它是在碳素结构钢的基础上加入少量锰、硅等(w_{Me}<3%)合金元素而制成的。通常在热轧、正火状态下使用,其组织为铁素体+珠光体。产品同时保证力学性能和化学成分。

低合金高强度结构钢的牌号与碳素结构钢相似,区别是质量等级符号为五级(A,B,C,D,E),屈服点数字≥295 MPa,如 Q390E。

低合金高强度结构钢屈服点较碳素结构钢提高 30%以上,并具有良好的塑性、韧性、焊接性及较好的耐蚀性。列入国家标准的低合金高强度结构钢有 5 个级别,其牌号、成分及性能见表 5.5。

表 5.4　低合金高强度结构钢牌号及化学成分(摘自 GB/T 1591—94)

牌号	质量等级	化学成分 w_{Me}/%				σ_s/MPa	$\delta_5\times100$	A_{KV}/J(20 ℃)	σ_b/MPa
						钢材厚度(直径)≤16 mm			
		$w_C\leq$	w_{Mn}	$w_{Si}\leq$	w_V	不小于			
Q295	A	0.16	0.80~1.50	0.55	0.02~0.15	295	23	34	390~570
	B	0.16	0.80~1.50	0.55	0.02~0.15	295	23		
Q345	A	0.20	1.00~1.60	0.55	0.02~0.15	345	21	34	470~630
	B	0.20	1.00~1.60	0.55	0.02~0.15	345	21		
	C	0.20	1.00~1.60	0.55	0.02~0.15	345	22		
	D	0.18	1.00~1.60	0.55	0.02~0.15	345	22		
	E	0.18	1.00~1.60	0.55	0.02~0.15	345	22		
Q390	A	0.20	1.00~1.60	0.55	0.02~0.20	390	19	34	490~650
	B	0.20	1.00~1.60	0.55	0.02~0.20	390	19		
	C	0.20	1.00~1.60	0.55	0.02~0.20	390	20		
	D	0.20	1.00~1.60	0.55	0.02~0.20	390	20		
	E	0.20	1.00~1.60	0.55	0.02~0.20	390	20		
Q420	A	0.20	1.00~1.70	0.55	0.02~0.20	420	18	34	520~680
	B	0.20	1.00~1.70	0.55	0.02~0.20	420	18		
	C	0.20	1.00~1.70	0.55	0.02~0.20	420	18		
	D	0.20	1.00~1.70	0.55	0.02~0.20	420	18		
	E	0.20	1.00~1.70	0.55	0.02~0.20	420	18		
Q460	C	0.20	1.00~1.70	0.55	0.02~0.20	460	17		550~720
	D	0.20	1.00~1.70	0.55	0.02~0.20	460	17		
	E	0.20	1.00~1.70	0.55	0.02~0.20	460	17		

低合金高强度结构钢成本与碳素结构钢相近，故推广使用低合金高强度结构钢在经济上具有重大意义，特别在桥梁、船舶、高压容器、车辆、石油化工设备、农业机械中应用更为广泛。

为保证有良好的塑性与韧性，良好的焊接性能和冷成形性能，低合金高强度结构钢中碳的质量分数一般均较低，大多数为 $w_C=0.16\%\sim0.20\%$。

合金元素的主要有加入锰（为主加元素）、硅、铬、镍元素为强化铁素体；加入钒、铌、钛、铝等元素为细化铁素体晶粒；合金元素使 S 点左移，增加珠光体数量；加入碳化物形成元素（钒、铌、钛）及氮化物形成元素（铝），使细小化合物从固溶体中析出，产生弥散强化作用。

（3）合金结构钢

合金结构钢是在优质碳素结构钢的基础上加入一些合金元素而形成的。合金元素一般加入不多，属低、中合金钢。

1）渗碳钢

合金渗碳钢主要用来制造工作中承受较强烈的冲击作用和磨损条件下的渗碳零件。例如，制作承受动载荷和重载荷的汽车变速箱齿轮、汽车后桥齿轮和内燃机里的凸轮轴、活塞销等。

一般渗碳钢的 $w_C=0.10\%\sim0.20\%$，以保证心部有足够的韧性；主加元素有铬（$w_{Cr}<3\%$）、锰（$w_{Mn}<2\%$）、硼（$w_B<0.003\ 5\%$）、镍（$w_{Ni}<4.5\%$）等，主要用于提高钢的淬透性；辅加元素为钛、钒、钼等强碳化物形成元素，以细化晶粒，提高钢的耐磨性。

为了保证渗碳零件表面得到高硬度和高耐磨性，大多数合金渗碳钢采用渗碳后淬火+低温回火。

渗碳后的钢种，表层碳的质量分数为 0.85%～1.05%，经淬火和低温回火后，表层组织由合金渗碳体+回火马氏体+少量残余奥氏体组成，硬度可达 58～64HRC，而心部的组织与钢的淬透性及零件的截面有关：当全部淬透时是低碳回火马氏体，硬度可达 40～48HRC，未淬透的情况下是珠光体+铁素体或低碳回火马氏体加少量铁素体的混合组织，硬度为 25～40HRC。

合金渗碳钢的主要牌号有 20Cr，20CrMnTi，20MnVB，18Cr2Ni4WA 等。

2）调质钢

调质钢主要用于要求高强度和良好塑性与韧性相配合的重要零件，即要求具有良好的综合力学性能，如机床主轴、曲轴、连杆及齿轮等。

一般调质钢的 $w_C=0.25\%\sim0.50\%$，碳的质量分数过低不易淬硬，回火后强度不足，过高则韧性不足。主加元素为铬（$w_{Cr}<2\%$）、锰（$w_{Mn}<2\%$）、硼（$w_B<0.0035\%$）、镍（$w_{Ni}<4.5\%$）等，主要用于提高钢的淬透性；辅加元素与渗碳钢一样，用少量的钨、钛、钒、钼等碳化物形成元素，以细化晶粒和提高回火稳定性。其中，钨、钼尚有防止调质钢的第二类回火脆性的作用。

调质钢的主要牌号有 40Cr，40MnB，35CrMo，38CrMoAlA，40CrMnMo，25Cr2Ni4A 等。

调质钢经调质处理后得到回火索氏体组织，以提高其综合力学性能。对于表面要求高硬度及耐磨性的零件，在调质处理后可进行表面淬火或氮化处理。

3)弹簧钢

弹簧是机器、车辆和仪表及生活中的重要零件,主要在冲击、振动、周期性扭转和弯曲等交变应力下工作,弹簧工作时不允许产生塑性变形,因此,要求制造弹簧的材料具有较高的强度。为了达到上述性能,合金弹簧刚的碳的质量分数一般为0.45%~0.7%。主加元素为锰、硅、铬、钒、钼等。其目的是增加钢的淬透性和回火稳定性,使淬火和中温回火后,整个截面上获得均匀的回火托氏体,同时又使托氏体中铁素体强化,因而有效地提高了钢的力学性能。硅的加入可使屈强比提高到接近1,但硅的加入,促使钢加热时表面脱碳,使疲劳强度降低。辅加元素为少量的钒、钼,可减少硅、锰弹簧钢的脱碳和过热倾向,同时也可进一步提高弹性极限、屈强比与耐热性,钒还能细化晶粒,提高强韧性。

根据弹簧的尺寸不同,可将其分为热成型弹簧(线径或厚度大于10 mm)和冷成型弹簧(线径或厚度小于8~10 mm)两大类。

热成型弹簧由于尺寸较大,通常在淬火加热时成型,利用余热进行淬火加中温回火后使用。弹簧热处理后,可采用喷丸处理进行表面强化,以进一步提高弹簧的疲劳极限及使用寿命。冷成型弹簧尺寸较小,常用冷拉弹簧钢丝冷卷成型,由于产生加工硬化,屈服强度大大提高,故不必再进行淬火,只要在200~300 ℃进行一次去应力及稳定尺寸的处理即可使用。

弹簧钢的主要牌号有55Si2Mn,60Si2Mn,50CrVA,55SiMnB等。

4)滚动轴承钢

滚动轴承钢是制造各种滚动轴承的滚珠、滚柱、滚针的专用钢,也可作其他用途,如形状复杂的工具、冷冲模具、精密量具以及要求硬度高、耐磨性高的结构零件。

根据滚动轴承钢的工作条件,它应具有高的硬度和耐磨性、高的解除疲劳强度、好的淬透性和足够的韧性,同时对大气和润滑介质有一定的耐蚀能力。为此,滚动轴承钢的碳的质量分数较高(w_C=0.95%~1.15%),以保证淬火后有足够的硬度及耐磨性;主加元素为铬(w_{Cr}=0.5%~1.65%),作用是提高钢的淬透性,并形成碳化物,提高钢的耐磨性;在大型轴承中,还需加入硅、锰,以进一步提高淬透性。

滚动轴承钢锻造后均需经过球化退火处理,以改善切削加工性能。最终热处理为淬火+低温回火,得到马氏体+细粒状碳化物+少量残余奥氏体,硬度为62~64HRC。对于精密零件应进行-80~-60 ℃的冷处理,以减少残余奥氏体量,稳定尺寸。

滚动轴承钢的牌号前冠以"G",其后以铬(Cr)加数字表示。数字表示平均铬质量分数的千倍(w_{Cr}×1 000),碳的质量分数不予标出。若再含其他元素时,表示方法同合金结构钢。例如,GCr15钢表示铬的平均质量分数w_{Cr}=1.5%的滚动轴承钢;GCr15SiMn钢表示除铬的平均质量分数w_{Cr}=1.5%外,还含有硅、锰合金元素的滚动轴承钢。

目前,我国以高碳铬轴承钢应用最广(占90%)。在高碳铬轴承钢中,又以GCr15,GCr15SiMn钢应用最多。前者主要用于制造中小型轴承的内外套圈及滚动体,后者应用于较大型的滚动轴承。

对于承受很大冲击或特大型的轴承,常用合金渗碳钢制造。目前,最常用的渗碳轴承钢有20Cr2Ni4等。对于要求耐腐蚀的不锈轴承,可采用马氏体型不锈钢制造。常用的不锈轴承钢有 8Cr17 等。

(4)合金工具钢

合金工具钢按其用途不同,可分为以下 4 种:

1)量具刃具钢

量具刃具钢主要用于制造各种形状较为复杂的低速切削工具(如丝锥、板牙、铰刀等)和精密量具,因此,要求具有高的硬度、耐磨性、红硬性及一定的韧性。

量具刃具钢的碳的质量分数较高(w_C=0.75%~1.50%),以保证获得高硬度及足够的碳化物,从而提高钢的耐磨性;主加元素 Cr,Si,Mn 可提高钢的淬透性和回火稳定性,W,V 可形成碳化物,提高钢的耐磨性及红硬性。

常用量具刃具钢的牌号、成分及用途见表 5.6。

表 5.6　常用量具刃具钢的牌号、成分、热处理(摘自 GB 1299—85)及用途

牌　号	化学成分/%					试样淬火		退火状态/HBS ≥	用途举例
	w_C	w_{Mn}	w_{Si}	w_{Cr}	w_{Me}	淬火温度/℃	HRC ≥		
Cr06	1.30~1.45	≤0.40	≤0.40	0.50~0.70		780~810 水	64	241~187	锉刀、刮刀、刻刀、刀片、剃刀
Cr2	0.95~1.10	≤0.40	≤0.40	1.30~1.75		830~860 油	62	229~179	车刀、插刀、铰刀、冷轧辊等
9SiCr	0.85~0.95	0.3~0.6	1.2~1.6	0.95~1.25		830~860 油	62	241~197	丝锥、板牙、钻头、铰刀、冷冲模等
8MnSi	0.75~0.85	0.8~1.1	0.3~0.6	—		800~820 油	60	≤229	长丝锥、长铰刀
9Cr2	0.85~0.95	≤0.40	≤0.40	1.30~1.70		820~850 油	62	217~179	尺寸较大的铰刀、车刀等刃具
W	1.05~1.25	≤0.40	≤0.40	0.10~0.30	W0.8~1.2	800~830 水	62	229~187	低速切削硬金属刃具,如麻花钻、车刀和特殊切削工具

量具刃具钢锻造后需进行球化退火,最终热处理为淬火+低温回火,组织为回火马氏体+碳化物+残余奥氏体,硬度为 60HRC 以上。

2)高速钢

高速钢是一种红硬性、耐磨性较高的高合金工具钢。它的红硬性高达 600 ℃,可进行高速切削,故称为高速钢。高速钢具有高的强度、硬度、耐磨性及淬透性。因此,它主要用来制作各种高速切削刃具,如齿轮铣刀、钻头、拉刀等。

高速钢的 w_C=0.75%~1.50%,并含有 10%以上的钨、钼、铬、钒等碳化物形成元素及钴。常用高速钢的牌号见表 5.7。

表5.7 常用高速工具钢的牌号、成分、硬度及红硬性(摘自GB/T 9943—2008)

种类	牌号	化学成分/%						硬度		红硬性/HRC
		w_C	w_{Cr}	w_W	w_{Mo}	w_V	w_{Me}	退火/HBW	淬火+回火/HRC ≥	
钨系	W18Cr4V (18-4-1)	0.73~0.83	3.80~4.50	17.20~18.70	—	1.00~1.20	—	≤255	63	61.5~62
钨钼系	CW6Mo5Cr4V2	0.86~0.94	3.80~4.50	5.90~6.70	4.70~5.20	1.75~2.10	—	≤255	64	—
	(6-5-4-2)	0.80~0.90	3.80~4.40	5.50~6.75	4.50~5.50	1.75~2.20	—	≤255	64	60~61
	W6Mo5Cr4V3 (6-5-4-3)	1.15~1.25	3.80~4.50	5.90~6.70	4.70~5.20	2.70~3.20	—	≤262	64	64
	W6Mo5Cr4V2Al	1.05~1.15	3.80~4.40	5.50~6.75	4.50~5.50	1.75~2.20	Al0.80~1.20	≤269	65	65

高速工具钢铸态下碳化物分布不均匀,故必须反复进行锻造。锻后应进行退火处理以改善其切削加工性能。由于淬火后有较多的残余奥氏体(20%~25%),为了减少残余奥氏体量,其最终热处理为淬火+多次高温回火(第一次回火1 h降到10%左右,第二次回火后降到3%~5%,第3次回火后降到最低量1%~2%),组织为回火马氏体+碳化物+少量残余奥氏体,硬度高达62HRC以上。

3)热作模具钢

热作模具钢是用来制造使加热的固态或液态金属在压力下成型的模具。前者称为热锻模(包括热挤压模),后者称为压铸模。故要求热作模具钢有良好的抗热疲劳损坏的能力、高的强度和较好的韧性。

热锻模钢 w_C=0.5%~0.6%,压铸模钢 w_C=0.3%~0.5%,以保证淬火后既有较高的硬度,又有较好的韧性,并含有铬、锰、镍、硅等合金元素,以强化铁素体,提高钢的淬透性等。常用的热作模具钢见表5.8。

表5.8 常用热作模具钢的牌号、成分及用途(摘自GB/1299—2000)

牌号	化学成分/%								用途举例
	w_C	w_{Mn}	w_{Si}	w_{Cr}	w_W	w_V	w_{Mo}	w_{Ni}	
5CrMnMo	0.50~0.60	1.20~1.60	0.25~0.60	0.60~0.90	—	—	0.15~0.3	—	中小型锻模
4Cr5W2SiV	0.32~0.42	≤0.40	0.80~1.20	4.50~5.50	1.60~2.40	0.80~1.00	—	—	热挤压模(挤压铝、镁)、高速锤锻模

续表

牌号	化学成分/%								用途举例
	w_C	w_{Mn}	w_{Si}	w_{Cr}	w_W	w_V	w_{Mo}	w_{Ni}	
5CrNiMo	0.50~0.60	0.50~0.80	≤0.40	0.50~0.80	—	—	0.15~0.30	1.40~1.80	形状复杂、重载荷的大型锻模
4Cr5MoSiV	0.33~0.43	0.20~0.50	0.80~1.20	4.75~5.50	—	0.30~0.60	1.10~1.60	—	同4Cr5W2SiV
3Cr2W8V	0.30~0.40	≤0.40	≤0.40	2.20~2.70	7.50~9.00	0.20~0.5	—	—	热挤压模(挤压铜、钢)、压铸模

热作模具钢铸态碳化物分布不均匀,必须反复锻造。锻后应进行球化退火处理,以降低内应力、改善切削加工性能。最终热处理为淬火+中温(高温)回火,组织为回火托氏体(回火索氏体)。

4)冷作模具钢

冷作模具钢用于制造在室温下使金属变形的模具,如冷冲模、冷镦模、拉丝模、冷挤压模等。它们在工作时承受高的压力、摩擦与冲击,因此,冷作模具要求具有高的硬度和耐磨性、较高强度、足够韧性和良好的工艺性。

目前,常用的冷作模具钢如下:

①碳素工具钢

常用牌号有T10A。这类钢的主要优点是加工性能好、成本低,突出的缺点是淬透性差、耐磨性欠佳、淬火变形大、使用寿命低,故一般只适合制造尺寸小、形状简单、精度低的轻负荷模具。

②低合金工具钢

常用牌号有9SiCr,CrWMn和滚动轴承钢GCr15。这类钢具有较高的淬透性、较好的耐磨性和较小的淬火变形,因其回火稳定性较好而在稍高的温度下回火,故综合力学性能较好。常用来制造尺寸较大、形状较复杂、精度较高的低负荷模具。

③高铬和中铬冷作模具钢

常用牌号有Cr12,Cr12MoV。这类钢具有更高的淬透性、耐磨性和承载强度,且淬火变形小,广泛用于尺寸大、形状复杂、精度高的重载冷作模具。

④高速钢类冷作模具钢

也可用于制造大尺寸、复杂形状、高精度的重载冷作模具,其耐磨性、承载能力更优,故特别适合于工作条件极为恶劣的黑色金属冷挤压模。

5.1.4 特殊性能钢

特殊性能钢具有特殊物理或化学性能,用来制造除要求具有一定的力学性能外,还要求具有特殊性能的零件。其种类很多,机械制造行业主要使用不锈钢、耐热钢和耐磨钢。一般不锈钢不一定耐酸,而耐酸钢则一般都具有良好的耐腐蚀性能。

(1)不锈钢

不锈钢是不锈钢与耐酸钢的统称。能抵抗大气腐蚀的钢,称为不锈钢;而在一些化学介质(如酸类等)中能抵抗腐蚀的钢,称为耐酸钢。

金属的腐蚀通常可分为化学腐蚀和电化学腐蚀两种类型。大多数金属的腐蚀属于电化学腐蚀。故提高钢耐蚀性的主要方法如下:

1)形成钝化膜

在钢中加入合金元素(常用铬),使金属表面形成一层致密的、牢固的氧化膜(又称钝化膜,如 Cr_2O_3等),使钢与外界隔绝而阻止进一步氧化。

2)提高电极电位

在钢中加入合金元素(如铬等),使钢基体(铁素体、奥氏体、马氏体)的电极电位提高,从而提高其抵抗电化学腐蚀的能力。如铁素体中溶解 $w_{Cr}=11.7\%$的铬时,其电极电位将由-0.56 V跃升为+0.20 V。

3)形成单相组织

钢中加入铬或铬镍合金元素,使钢能形成单相的铁素体或奥氏体组织,以阻止形成微电池,从而显著提高耐蚀性。

碳易与钢中的铬等合金元素形成碳化物,同时出现贫铬区,从而降低钢的耐蚀性,故不锈钢中碳的质量分数越低,其耐蚀性越好。

根据不锈钢室温下显微组织的不同,常用的不锈钢可分为以下3种:

4)马氏体型不锈钢

马氏体型不锈钢 $w_C=0.1\%\sim0.4\%$,$w_{Cr}=12\%\sim14\%$。这类钢的淬透性高,油淬+空冷即能得到马氏体组织,具有较高的强度、硬度及耐磨性。含碳量较低的12Cr13、20Cr13等钢类似调质钢,可用来制造力学性能要求较高、又要有一定耐蚀性的零件,如汽轮机叶片及医疗器械等。30Cr13、32Cr13Mo等类似工具钢,用于制造医用手术工具、工具及轴承等耐磨工件。

5)铁素体型不锈钢

铁素体型不锈钢 $w_C<0.15\%$,主加元素 $w_{Cr}=12\%\sim30\%$,空冷后的组织为单相铁素体。铁素体型不锈钢具有高的耐蚀性以及良好的塑性、切削加工性和焊接,经济性较佳,但强度较低,故主要用于对力学要求不高而对耐蚀性要求较高的零件,如化工设备中的容器、管道等。其常用牌号有06Cr13Al,10Cr17,008Cr30Mo2等。

6)奥氏体型不锈钢

这类钢是应用最广的不锈钢。它具有低碳(绝大多数钢 $w_C<0.12\%$)、高铬($w_{Cr}=17\%\sim19\%$)和较高的镍($w_{Ni}=8\%\sim11\%$)的成分特点。这类钢在退火后的组织为奥氏体+碳化物,为了获得单相奥氏体,提高钢的耐蚀性,使钢软化,应采用固溶处理,即将钢加热到1 100 ℃,使碳化物溶入奥氏体中,水淬快冷到室温。奥氏体型不锈钢具有最佳的耐蚀性。此外,它还具有良好的塑性、韧性和冷变形性、焊接性,但切削加工性较差。主要用于耐蚀性要求较高及冷变形成形后需焊接的轻载的零件。这类钢不能热处理强化,主要通过冷加工硬化来提高强度。常用的牌号有06Cr19Ni10,06Cr18Ni11Ti等。

7)铁素体-奥氏体型不锈钢(双相不锈钢)

双相不锈钢是近年发展起来的新型不锈钢。它的成分是在 $w_{Cr}=18\%\sim26\%$,$w_{Ni}=4\%\sim$

7%的基础上,再根据不同用途加入锰、钼、硅等元素组合而成,如 022Cr19Ni5Mo3Si2N 等。双相不锈钢通常采用1 000~1 100 ℃淬火,可获得铁素体(60%左右)及奥氏体组织。由于奥氏体的存在,降低了高铬铁素体型钢的脆性,提高了焊接性、韧性,降低了晶粒长大的倾向;而铁素体的存在则提高了奥氏体型钢的屈服强度、抗晶间腐蚀能力等。例如,022Cr19Ni5Mo3Si2N 双相不锈钢,室温屈服强度比镍铬奥氏体型钢高1倍左右,而其塑形、韧性仍较高,冷热加工性能及焊接性也较好。但需注意的是,双相不锈钢的优越性只有在正确的加工条件和合适的环境中才能保证。

(2)耐热钢

耐热钢是抗氧化钢和热强钢的总称。

钢的耐热性包括高温抗氧化性和高温强度两方面的综合性能。高温抗氧化性是指钢在高温下对氧化作用的抗力;而高温强度是指钢在高温下承受机械载荷的能力,即热强性。因此,耐热钢既要求高温抗氧化性能好,又要求高温强度高。

在钢中加入铬、硅、铝等合金元素,它们与氧亲和力大,优先被氧化,形成一层致密、完整、高熔点的氧化膜(Cr_2O_3,Fe_2SiO_4,Al_2O_3),牢固覆盖于钢的表面,可将金属与外界的高温氧化性气体隔绝,从而避免进一步被氧化。

钢铁材料在高温下除氧化外其强度也大大下降,这是由于随温度升高,金属原子间结合力减弱,特别当工作温度接近材料再结晶温度时,也会缓慢地发生塑性变形,且变形量随时间的延长而增大,最后导致金属破坏,这种现象称为蠕变。

为了提高钢的高温强度,在钢中加入铬、钼、锰、铌等元素,可提高钢的再结晶温度。在钢中加入钛、铌、钒、钨、钼以及铝、硼、氮等元素,形成弥散相来提高高温强度。

常用耐热钢有3类:

1)珠光体型耐热钢

这类钢工作温度为450~600 ℃。按含碳量及应用特点,可分为低碳耐热钢和中碳耐热钢。前者主要用于制作锅炉钢管等,常用牌号有 12CrMo,15CrMo,12CrMoV 等;后者则用来制造耐热紧固件、汽轮机转子、叶轮等,常用牌号有 25Cr2MoV,35CrMoV 等。

2)马氏体型耐热钢

这类钢工作温度为450~620 ℃,主要用于要求有更高的蠕变强度、耐蚀性和耐腐蚀磨损性的汽轮机叶片等零件。常用牌号有 13Cr13Mo,14Cr11MoV,42Cr9Si2 等。

3)奥氏体型耐热钢

奥氏体型钢可加工性差,但由于其耐热性、焊接性、冷作成形性较好,故得到广泛应用。常用的牌号有 06Cr18Ni11Ti。它是奥氏体型不锈钢,同时又有高的抗氧化性(400~900 ℃),并在600 ℃还有足够的强度,常用作小于900 ℃腐蚀条件下的部件、高温用焊接结构件等。45Cr14Ni14W2Mo 钢(14-14-2 型钢)是另一种应用最多的奥氏体型耐热钢,它的热强性、组织稳定性及抗氧化性均高于马氏体型气阀钢,故常用于制造工作温度不小于650 ℃的内燃机重负荷排气阀。

如工作温度超过700 ℃,则应考虑选用镍基(Ni-Cr 合金)、铁基(Fe-Ni-Cr 合金)等耐热合金;如工作温度超过900 ℃,则应选用钼基、陶瓷合金等;对于350 ℃以下工作的零件,则用一般的合金结构钢即可。

(3)耐磨钢

高锰钢铸件的牌号,前面的"ZG"是代表"铸钢"两字汉语拼音的首位字母,其后是化学元素符号"Mn",随后数字"13"表示平均锰的质量分数的百倍(即平均 $w_{Mn}=13\%$),最后的一位数字 1,2,3,4 表示品种代号,适用范围分别为低冲击件、普通件、复杂件、高冲击件。

高锰钢的化学成分特点是高碳($w_C=0.9\% \sim 1.5\%$)、高锰($w_{Mn}=11\% \sim 14\%$)。其铸态组织为粗大的奥氏体+晶界析出碳化物,此时脆性很大,耐磨性也不高,不能直接使用。

高锰钢需经固溶处理(1 060~1 100 ℃高温加热、快速水冷)得到单相奥氏体组织,此时韧性很高,故又称"水韧处理"。

高锰钢固溶状态硬度虽然不高(~200HBS),但当其受到高的冲击载荷和高应力摩擦时,表面发生塑性变形而迅速产生加工硬化并诱发产生马氏体,从而形成硬(>500HBW)而耐磨的表面层(深度 10~20 mm),心部仍为高韧性的奥氏体。

高锰钢不能采用压力加工和切削加工成形,通常都是直接铸造成零件,经淬火后使用。主要用于严重摩擦和强烈撞击条件下工作的零件,如用作坦克及拖拉机的履带、挖掘机铲齿、推土机挡板和铁路道岔等。

5.2 铸 铁

铸铁是另一种应用广泛的铁碳合金。它是以铁、碳、硅为主要组成元素,并比碳钢含有较多的硫、磷等杂质元素的多元合金。

5.2.1 铸铁生产概述

(1)铸铁的石墨化

由碳转变为石墨的过程,称为石墨化。

铸铁中的碳除少量溶于铁素体外,大部分碳以两种形式存在:一是碳化物状态,如渗碳体(Fe_3C)及合金铸铁中的其他碳化物;二是游离状态,即石墨(G)。石墨的晶格类型为简单六方晶格,如图 5.2 所示。其基面中的原子间距为 0.142 nm,结合力较强;而两基面之间的面间距为 0.340 mm,结合力弱,故石墨的基面很容易滑动,结晶形态易发展成片状,且强度、硬度、塑性和韧性极低。

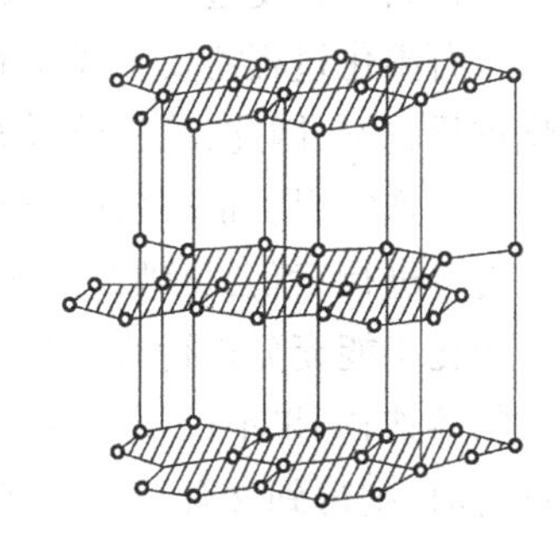

图 5.2 石墨的晶体结构

实践证明,渗碳体若加热到高温且长时间保温,则可分解为铁素体和石墨。由此可知,石墨是稳定相,而渗碳体仅是亚稳定相。前面所述 $Fe\text{-}Fe_3C$ 相图说明了亚稳定相 Fe_3C 的析出规律,而要说明稳定相石墨的析出规律,必须应用 Fe-G 相图。为了便于比较和应用,习惯上把这两个相图合并在一起,称为铁-碳合金双重相图,如图 5.3 所示。其中,实线表示 $Fe\text{-}Fe_3C$ 相图,虚线表示 Fe-G 相图,凡实线与虚线重合的线条都用实线表示。

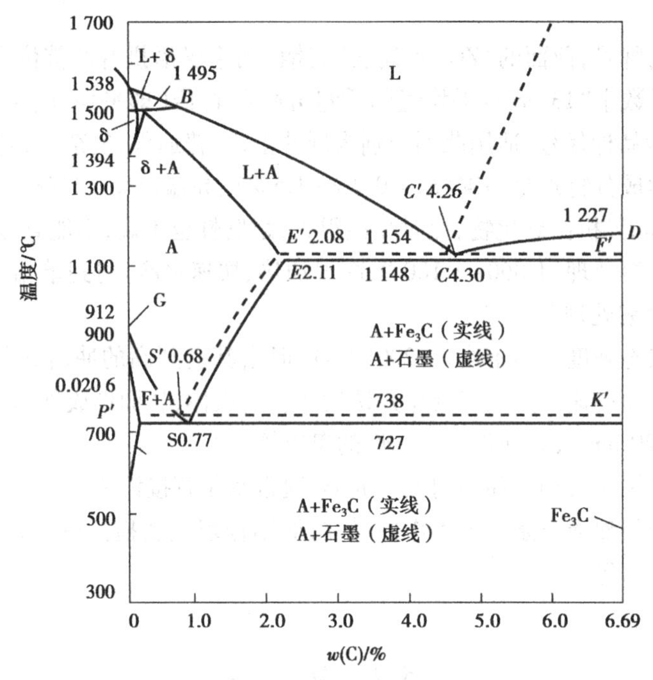

图 5.3　铁碳合金双重相图

按照 Fe-G 相图，可将铸铁的石墨化过程分为以下 3 个阶段：

1)第一阶段石墨化

包括从过共晶液相中析出的一次石墨以及通过共晶转变时形成的共晶石墨。

2)第二阶段石墨化

从过饱和奥氏体中直接析出的二次石墨。

3)第三阶段石墨化

在共析转变过程中由奥氏体分解为铁素体和石墨。

石墨化过程需要碳原子和铁原子的扩散，进行石墨化的温度越低，原子扩散越困难，石墨化进程越慢，因此，第三阶段石墨化常常不能完全进行。

铸铁的组织根据各阶段石墨化程度不同而不同。如果第一、第二和第三阶段石墨化都得以充分进行，就会得到铁素体基体的铸铁；如果第一和第二阶段石墨化充分进行，但第三阶段石墨化未能充分进行或完全没有进行，则得到珠光体+铁素体基体的铸铁或全部为珠光体基体的铸铁；如果不仅第三阶段石墨化没有进行，而且第二阶段甚至第一阶段石墨化也仅有部分进行时，则得到含有二次渗碳体甚至莱氏体的麻口铸铁；如果各阶段完全没有进行石墨化，那就会得到白口铸铁。

(2)铸铁分类

碳在铸铁中既可形成化合状态的渗碳体(Fe_3C)，也可形成游离状态的石墨(G)。根据碳在铸铁中存在形式的不同，铸铁可分为以下 3 大类：

1)白口铸铁

碳除微量溶于铁素体外，其余全部以渗碳体的形式存在，其断口呈银白色，故称白口铸铁。这种铸铁组织中因存有大量莱氏体，性能硬而脆，难以切削加工，故很少用来制造机器零件。

2)灰口铸铁

碳全部或大部分以游离状态的石墨存在于铸铁中,其断口呈灰色,故称灰口铸铁。它是工业中应用最广的铸铁。

3)麻口铸铁

这种铸铁组织中既有石墨,又有莱氏体,属于白口和灰口间的过渡组织。断口呈黑白相间的麻点,故称麻口铸铁。这类铸铁也具有较大的硬脆性,故工业上很少使用。

根据铸铁中石墨形态的不同,灰口铸铁又可分为灰铸铁(石墨呈片状)、可锻铸铁(石墨呈团絮状)、球墨铸铁(石墨呈球状)及蠕墨铸铁(石墨呈蠕虫状)4种。铸铁中不同形态的石墨组织如图5.4所示。

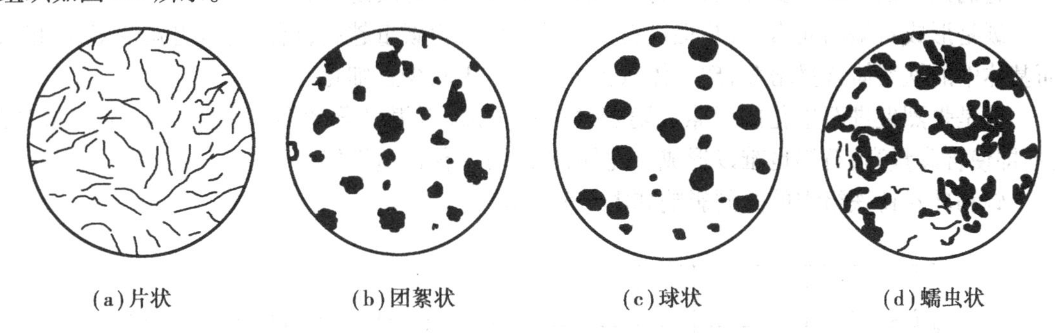

(a)片状　(b)团絮状　(c)球状　(d)蠕虫状

图5.4　铸铁中不同石墨形态

(3)石墨对铸铁性能的影响

1)力学性能

灰口铸铁的显微组织由金属基体和石墨组成,相当于在纯铁或钢的基体上嵌入了大量石墨。石墨的强度、硬度、塑性极低,因此可将灰口铸铁视为布满细小裂纹的纯铁或钢。由于石墨的存在,减少了有效承载面积,石墨的尖角处还会引起应力集中,因此,灰口铸铁的强度、硬度低,塑性、韧性差,但抗压强度受石墨的影响较小,仍与钢接近。

2)工艺性能

灰口铸铁属于脆性材料,不能锻造和冲压。同时,焊接时产生裂纹的倾向大,焊接区常出现白口组织,使焊后难以切削加工,故可焊性较差。但灰口铸铁的铸造性能优良,铸件产生缺陷的倾向小。此外,由于石墨的存在,切削加工时呈崩碎切屑,通常不需切削液,故切削加工性好。

3)减振性好

由于石墨对机械振动起缓冲作用,阻止了振动能量的传播,故铸铁的减振能力为钢的5~10倍,是制造机床床身、机座的好材料。

4)耐磨性好

石墨本身是一种良好的润滑剂,同时当它从铸铁表面掉落后,摩擦面上形成了大量显微凹坑,能起储存润滑油作用,使摩擦副内容易保持油膜的连续性,因此耐磨性好,适于制造导轨、衬套、活塞销等。

5)缺口敏感性低

由于石墨已使基体上形成了大量缺口,因此外来缺口(如键槽、刀痕等)对灰口铸铁的疲劳强度影响甚微,故缺口敏感性低。

从以上分析可知,灰口铸铁的性能来源于基体,但很大程度取决于石墨的数量、大小、形状及分布。石墨化不充分,易产生白口组织;石墨化太充分,则形成的石墨粗大,致使力学性能变差。因此,在生产中就要控制石墨的形成过程。

(4)影响石墨化的因素

影响铸铁石墨化的主要因素是化学成分和冷却速度。

1)化学成分

灰口铸铁除含碳外,还有硅、锰、硫、磷等。它们对铸铁石墨化影响如下:

①碳和硅

它们是铸铁中最主要元素,对铸铁的组织和性能有着决定性影响。

碳是形成石墨的元素,也是促进石墨化的元素。含碳量越高,析出的石墨就越多、越粗大,而基体中的铁素体含量增多,珠光体减少;反之,石墨减少且细化。

硅是强烈促进石墨化的元素。随着含硅量增加,石墨显著增多。实践证明,若含硅量过少,即使含碳量高,石墨也难以形成。此外,硅还可改善铸造性能。

碳和硅对铸铁组织的共同影响如图 5.5 所示。

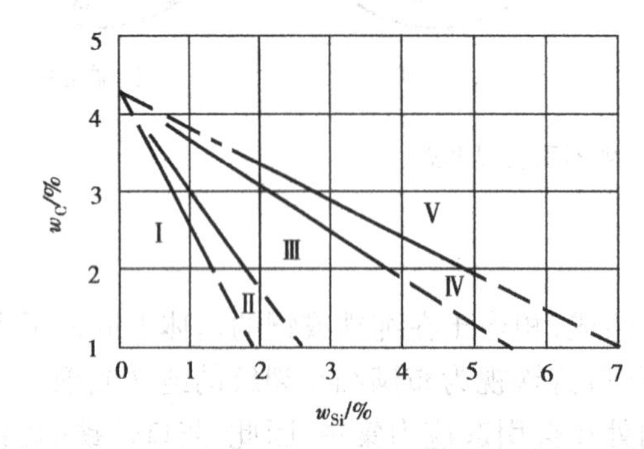

(铸件壁厚 50 mm,砂型铸造)

图 5.5 铸铁组织图

由图 5.5 可知,碳硅含量改变,铸铁的组织和性能也随之而变。碳、硅含量过高,将形成强度甚低的铁素体灰口铸铁,且石墨粗大;反之,容易出现硬脆的白口组织,并给熔化和铸造增加困难。在工业生产中,灰口铸铁的碳、硅含量控制为 $w_C = 2.7\% \sim 3.9\%$, $w_{Si} = 1.1\% \sim 2.6\%$。

②硫和锰

这两个元素在铸铁中是密切相关的。

硫是强烈阻碍石墨化的元素。同时,硫在铸铁中形成低熔点(985 ℃)的 FeS-Fe 共晶体,分布于晶界上,使铸铁具有热脆性。此外,硫还会使铸铁的流动性降低,凝固收缩率增加。因此,硫是铸铁中非常有害的元素,必须严格控制其含量,一般控制在 0.15%以下。

锰本身也是阻碍石墨化的元素,但它和硫有很大的亲和力,从而消除硫的有害作用。此外,还有利于基体中珠光体量增多,所以锰属于有益元素。通常,在铸铁中锰的含量控制为 0.6%~1.2%。

③磷

磷是微弱促进石墨化的元素,同时还能提高铸铁的流动性,但形成的 Fe_3P 常以共晶体的形式分布在晶界上，增加铸铁的脆性，使铸铁在冷却过程中易于开裂，所以一般铸铁中含磷量也应严格控制。

从以上讨论可以看出，C，Si，Mn是调节组织的元素，P是控制使用元素，S是限制使用元素。

2）冷却速度

在生产中可以见到，相同化学成分的铸铁，若铸件的壁厚不同，其组织往往不同，厚壁处呈灰口组织，而薄壁处常出现白口组织。这表明，在化学成分不变的条件下，通过改变冷却速度，可改变石墨化程度而得到不同的组织。冷却速度的大小主要取决于浇注温度、铸件壁厚和铸型导热能力等因素。

①浇注温度

在其他条件相同时，浇注温度越高，铸件的冷却速度越小。这是因为浇注温度越高，在铁水凝固前铸型所吸收的热量越多，延缓了铸型中金属的冷却速度。

②铸件壁厚

铸件壁厚是影响冷却速度的一个重要因素。铸件越薄其冷却速度越快，铸件越厚其冷却速度越慢。但在生产中，不能通过改变铸件壁厚来调整铸铁的组织，而应选择适当的化学成分，采取必要的工艺措施，来改善铸铁的组织获得所需要的性能。

③铸型材料

各种造型材料的导热能力不同。如金属型的导热性大于砂型，所以铸件在金属型中的冷却速度要比在砂型中快。同是砂型，湿型的冷却速度大于干型和预热的铸型。因此借助于调节铸型的冷却速度也可控制铸件的组织。

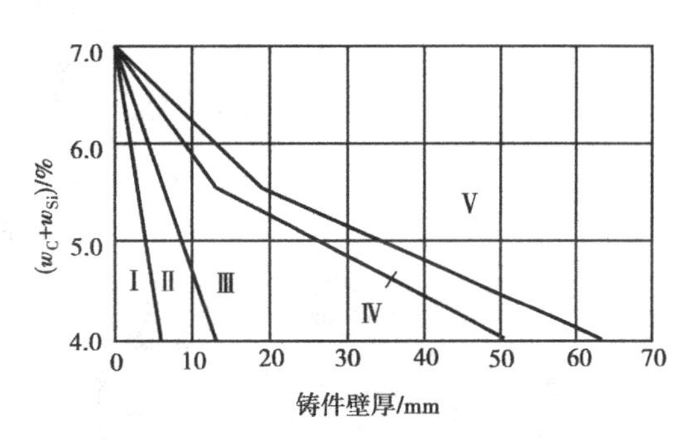

图5.6 铸件壁厚和碳、硅质量分数对铸铁组织的影响

通过上述分析可知，要获得某种所要求的组织，必须根据铸件的尺寸（壁厚），来选择合适的铸铁成分（主要是碳和硅）。图5.6为砂型铸造时，铸件壁厚和碳、硅质量分数对铸铁组织的影响，各区域组织同铸铁组织图。

5.2.2 灰口铸铁

灰口铸铁是应用最广的一种铸铁。在各种铸铁件的总产量中，灰口铸铁件占80%以上。机床床身、箱体、内燃机的缸体、缸盖、缸套、活塞环、汽车、拖拉机的变速箱、油缸及阀体等都是用灰口铸铁制造的。

（1）灰口铸铁的化学成分、组织和性能

灰口铸铁的化学成分一般为 $w_C=2.5\%\sim3.6\%$，$w_{Si}=1.1\%\sim2.5\%$，$w_{Mn}=0.6\%\sim1.2\%$，$w_P\leqslant0.50\%$，$w_S\leqslant0.15\%$。

灰口铸铁的组织是由钢的基体与片状石墨组成。按基体结构不同,其组织可分为以下3种:

1)珠光体灰口铸铁

其组织是在珠光体基体上分布着细小而均匀的石墨片(见图5.7(a))。此种铸铁有较高的强度和硬度,可用来制造重要的机件。

2)珠光体-铁素体灰口铸铁

其组织是在珠光体和铁素体基体上分布着较为粗大的石墨片(见图5.7(b))。此种铸铁虽然强度较低,但仍可满足一般机件的要求,其铸造性能、切削加工性和减振性等均优于前者,故用途最广。

3)铁素体灰口铸铁

其组织是在铁素体基体上分布着粗大的石墨片(见图5.7(c))。此种铸铁的强度、硬度最低,很少用来制造机械零件。

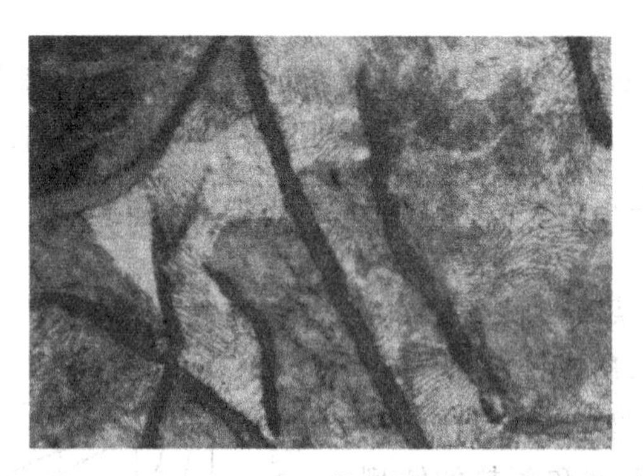

(a)珠光体灰铸铁

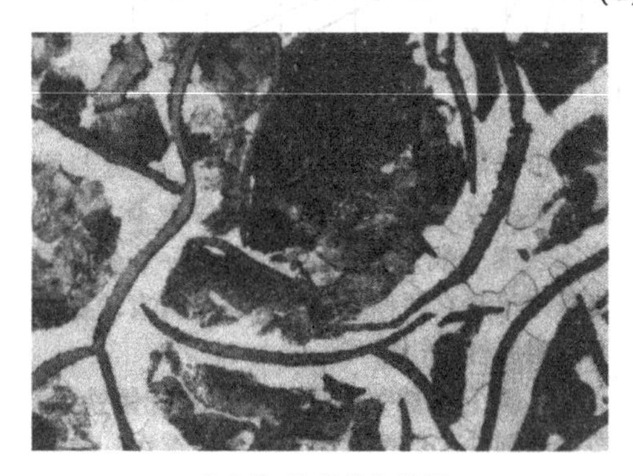

(b)珠光体-铁素体灰铸铁

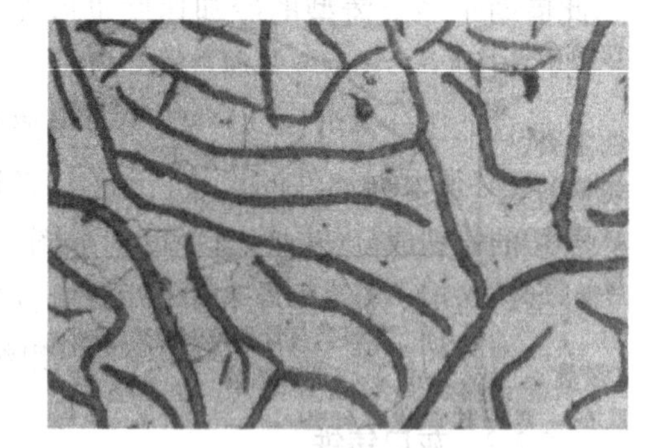

(c)铁素体灰铸铁

图5.7　灰铸铁的显微组织(200×)

灰口铸铁的力学性能主要取决于基体的强度和石墨的数量、大小、形状及分布。同碳钢相比,灰口铸铁的强度、硬度低,塑性、韧性几乎等零,但抗压强度仍接近钢。此外,灰口铸铁的减振性、耐磨性好,缺口敏感性低,故灰口铸铁被广泛用于铸造机床床身和各类机器的机件等零件。

(2)灰口铸铁的孕育处理

提高灰口铸铁力学性能的有效方法是向铁水中冲入孕育剂(常用 $w_{Si}=75\%$ 的硅铁合金)进行孕育处理,然后浇注,以获得细晶粒的珠光体基体和细片状的石墨,这种方法称为孕育处理。用这种方法得到的铸铁,称为孕育铸铁。

经孕育处理的铸铁,其强度、硬度比普通灰口铸铁明显提高(如 $\sigma_b=250\sim400$ MPa,170~270HBS),并在厚大截面上具有均匀的组织和性能,故常用作力学性能要求较高的厚大铸件。

(3)灰口的牌号及用途

灰口铸铁的牌号是用“灰铁”的汉语拼音首位字母“HT”加3位数字表示,数字表示铸铁的最低抗拉强度。例如,HT150表示最低抗拉强度为150 MPa的灰口铸铁。

灰口铸铁的牌号、力学性能及用途见表5.9。

表5.9 灰口铸铁的牌号、力学性能及用途(摘自GB/T 5675—1988)

<table>
<tr><th>类别</th><th>牌 号</th><th>铸件壁厚
/mm</th><th>抗拉强度
σ_b/MPa</th><th>硬度
/HBS</th><th>应用举例</th></tr>
<tr><td rowspan="3">普通灰口铸铁</td><td>HT100</td><td>2.5~10
10~20
20~30
30~50</td><td>130
100
90
80</td><td>110~167
93~140
87~131
82~122</td><td>负荷很小的不重要件或薄件,如重锤、防护罩、盖板等</td></tr>
<tr><td>HT150</td><td>2.5~10
10~20
20~30
30~50</td><td>175
145
130
120</td><td>136~205
119~179
110~167
105~157</td><td>承受中等载荷件,如机座、支架、箱体、法兰、泵体、缝纫机件、阀体等</td></tr>
<tr><td>HT200</td><td>2.5~10
10~20
20~30
30~50</td><td>220
195
170
160</td><td>157~236
148~222
134~220
129~192</td><td>承受中等负荷重要件,如汽缸、齿轮、机床床身、飞轮、底架、衬套、中等压力阀阀体等</td></tr>
<tr><td rowspan="3">孕育铸铁</td><td>HT250</td><td>4~10
10~20
20~30
30~50</td><td>270
240
220
200</td><td>174~262
164~247
157~236
150~225</td><td>机体、阀体、油缸、床身、凸轮、衬套等</td></tr>
<tr><td>HT300</td><td>10~20
20~30
30~50</td><td>290
250
230</td><td>182~272
168~251
161~241</td><td rowspan="2">齿轮、凸轮、剪床、压力机床身、重型机械床身、液压件等</td></tr>
<tr><td>HT350</td><td>10~20
20~30
30~50</td><td>340
290
260</td><td>199~298
182~272
171~257</td></tr>
</table>

5.2.3 可锻铸铁简介

可锻铸铁又称马铁，是将白口铸铁经石墨化退火而成的一种铸铁。由于其石墨成团絮状，大大减轻了对基体的割裂，故抗拉强度显著提高（抗拉强度 σ_b 一般可达 300~400 MPa，最高可达 700 MPa），且具有相当高的塑性和韧性（$\delta \leqslant 12\%$，$\alpha_k \leqslant 30\ J/cm^2$），可锻铸铁就是因此而得名，其实它并不是真的可以锻造。

按照退火方法的不同，可锻铸铁可分为黑心可锻铸铁、珠光体可锻铸铁和白心可锻铸铁 3 种。其中，白心可锻铸铁在我国应用较少。

可锻铸铁的生产分为两步：首先浇注白口铸铁件，然后进行高温石墨化退火。白口铸铁内必须没有片状石墨，否则在退火时从渗碳体片中分解出来的石墨将沿着原来的石墨结晶而得不到团絮状石墨。因此，必须控制铸件化学成分，使之具有较低的碳、硅质量分数。通常可锻铸铁的化学成分为 $w_C = 2.2\% \sim 2.8\%$，$w_{Si} = 1.0\% \sim 1.8\%$，$w_{Mn} = 0.5\% \sim 0.7\%$，$w_P \leqslant 0.1\%$，$w_S \leqslant 0.2\%$。

可锻铸铁的牌号由 3 个字母加两组数字表示。其中，"KT"为"可铁"两字汉语拼音的首位字母，H，Z，B 分别表示黑心、珠光体、白心可锻铸铁，两组数字分别表示材料的最低抗拉强度和最低伸长率。例如，KTZ450-06 是指最低延伸率为 6%、最低抗拉强度为 450 MPa 的珠光体可锻铸铁。

可锻铸铁生产过程较为复杂，退火时间长，因而生产率低、能耗大、成本较高，故近年来几乎不用。

5.2.4 球墨铸铁

球墨铸铁是 20 世纪 40 年代研究成的一种新型结构材料。它是向出炉的铁水中加入球化剂和孕育剂而得到的。

(1) 球墨铸铁的化学成分、组织和性能

球墨铸铁的碳、硅含量较高，一般 $w_C = 3.6\% \sim 4.0\%$，$w_{Si} = 20\% \sim 3.2\%$，以降低白口倾向，保证球化效果。硫、磷含量较低，一般原铁水中 $w_S < 0.07\%$，$w_P < 0.1\%$，以降低其有害作用。

球墨铸铁的组织是由钢的基体与球状石墨组成的。其常见的基体有铁素体、珠光体和铁素体+珠光体等。其显微组织如图 5.8 所示。

由于球墨铸铁中的石墨呈球状，它对基体的割裂程度大大减轻，因此，球墨铸铁的力学性能比其他铸铁高，并可与钢媲美。抗拉强度与钢大体相同，屈服强度甚至高于 45 钢，塑性、韧性低于钢，但高于其他铸铁。此外，还具有灰铸铁许多优良性能，如耐磨性好、减振性好、缺口敏感性低等，这是钢所不及的。

(2) 球墨铸铁的生产

1) 铁水

制造球墨铸铁所用的铁水含碳量要高（3.6%~4.0%），但硫、磷量要低。为防止浇注温度过低，出炉的铁水温度必须达 1 400 ℃以上。

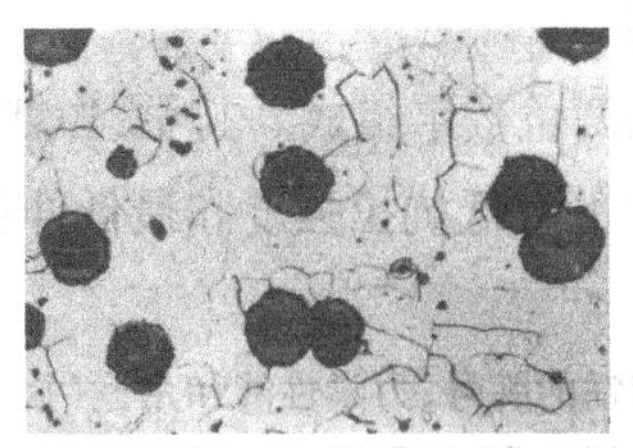
(a)铁素体球体(100×)

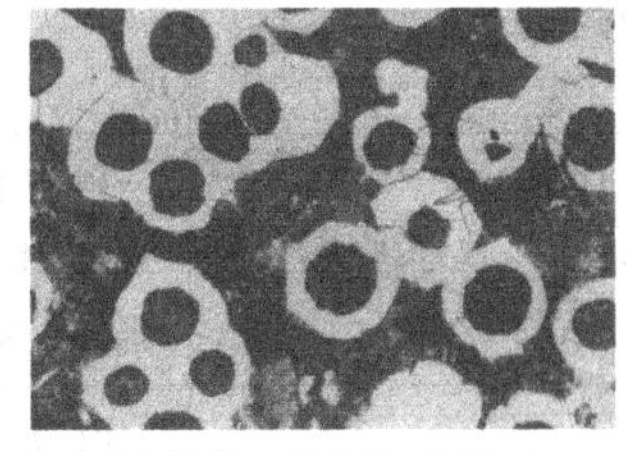
(b)铁素体+珠光体球铁(100×)

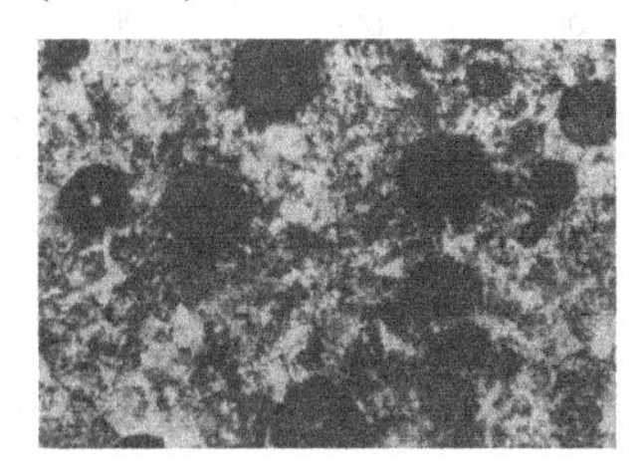
(c)珠光体球铁(100×)

图5.8 球墨铸铁的显微组织

2)球化处理和孕育处理

它们是制造球铁的关键,必须严格操作。

图5.9 冲入法球化处理

球化剂的作用是使石墨呈球状析出,我国广泛采用的球化剂是稀土硅铁镁合金。它是由稀土、镁、硅铁和回炉料按一定比例熔制而成的。以稀土镁合金作球化剂,结合了我国的资源特点,其作用平稳,减少了镁的用量,还能改善球墨铸铁的质量。球化剂的加入量一般为铁水质量的1.0%~1.6%(视铸铁的化学成分和铸件大小而定)。

孕育剂的主要作用是:促进石墨化,防止产生白口。此外,还有细化石墨、圆整石墨球的作用。常用的孕育剂为含硅75%的硅铁,加入量为铁水质量的0.4%~1.0%。

炉前处理的工艺方法有多种,其中以冲入法最为常用,如图5.9所示。冲入法是将球化剂放在铁水包中的堤坝内,上面覆盖上硅铁粉和稻草灰,并压紧,以延缓铁水与球化剂的作用,防止球化剂迅速上浮,提高吸收率。处理时,先冲入容量为1/2~2/3的铁水,待反应完毕后,在出铁槽中放上孕育剂,再冲入余下的铁水,搅拌扒渣后,即可进行浇注。

3)热处理

铸铁的热处理只能改变基体组织,而不能改变石墨的形态、大小及其分布。球墨铸铁的石墨呈球状后,对金属基体割裂作用很小,故其力学性能主要取决于金属基体。通过热处理改变金属基体组织,可显著提高球墨铸铁的力学性能。因此,大部分球墨铸铁都要进行热处理。球墨铸铁常用的热处理方法有退火(获得铁素体基体)、正火(获得珠光体基体)、调质处理(获得回火索氏体基体)、等温淬火(获得下贝氏体基体)等。

(3)球墨铸铁的牌号及用途

球墨铸铁的牌号有“QT”和两位数字组成。其中,“QT”是“球铁”两字汉语拼音的首位字母,后面两位数字分别表示材料的最低抗拉强度和最低伸长率。球墨铸铁的牌号、力学性能和用途见表5.10。

表5.10　球墨铸铁的牌号、力学性能和用途(摘自GB/T 1348—1988)

牌　号	σ_b /MPa	$\sigma_{r0.2}$ /MPa	δ /%	HB	基体组织	用途举例
QT400-18 QT400-15 QT450-10	400 400 450	250 250 310	18 15 10	130~180 130~180 160~210	铁素体	汽车和拖拉机底盘零件、轮毂、电动机壳、闸瓦、联轴器、泵、阀体、法兰等
QT500-7 QT600-3	500 600	320 370	7 3	170~230 190~270	珠光体+铁素体	电动机架、传动轴、直齿轮、链轮、罩壳、托架、连杆、摇臂、曲柄、离合器片等
QT700-2 QT800-2	700 800	420 480	2 2	225~305 245~335	珠光体	汽车和拖拉机传动齿轮、曲轴、凸轮轴、缸体、缸套、转向节等
QT900-2	900	600	2	280~360	贝氏体	高强度齿轮(如汽车后桥螺旋锥齿轮、大减速器齿轮)、内燃机曲轴、凸轮轴等

5.2.5　蠕墨铸铁

蠕墨铸铁的石墨呈短片状,片端钝而圆,类似蠕虫,故得名。

蠕墨铸铁的力学性能介于基体相同的灰铸铁和球墨铸铁之间,如抗拉强度优于灰铸铁,且具有一定的塑性和韧性(σ_b=360~440 MPa,δ=1.5%~4.5%),但因石墨是相互连接的,故强度和韧性都不如球铁。但它的导热性优于球铁,而抗生长和抗氧化性较其他铸铁均高。同时,其断面敏感性较灰铸铁小,故厚大截面上的性能较为均匀。此外,蠕墨铸铁的耐磨性优于孕育铸铁及高磷耐磨铸铁。

制造蠕墨铸铁的原铁水和炉前处理与球墨铸铁类似。蠕化剂一般采用稀土镁钛、稀土镁钙合金或镁钛合金,加入量为铁水质量的1%~2%。蠕墨铸铁的铸造性能接近灰铸铁,缩孔、缩松倾向比球墨铸铁小,故铸造工艺较简便。

蠕墨铸铁牌号表示方法为

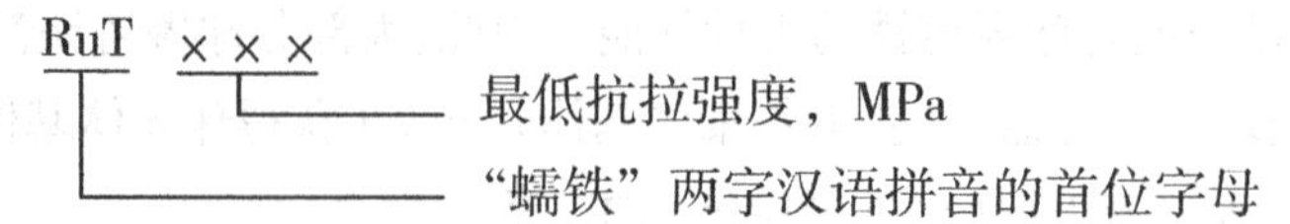

例如,RuT400的最低抗拉强度为400 MPa的蠕墨铸铁。

由于蠕墨铸铁力学性能高,导热性和耐热性优良,因而适于制造工作温度较高或具有较高温度梯度的零件,如大型柴油机汽缸盖、制动盘、钢锭模、金属模等。由于其断面敏感性小、铸造性能好,故可用于制造形状复杂的大铸件,如重型机床和大型柴油机机体等。

5.2.6　合金铸铁简介

为了使铸铁获得耐磨、耐热、耐酸等特殊性能,可向铸铁中加入一定量的合金元素制成合金铸铁。合金铸铁的铸造性能一般比灰口铸铁差。

向孕育铸铁中加入0.4%~0.6%的磷,或同时加入少量的Cu,Ti等元素,可使铸铁的耐磨性提高1倍以上,这种高磷耐磨铸铁是制造机床导轨的好材料。其中,磷形成共晶体,构成基体中坚硬的骨架,是这种耐磨铸铁的主要合金元素;铜可细化珠光体和石墨;钛可形成高硬度TiC质点。它们都能使高磷铸铁的耐磨性提高。耐磨铸铁还有许多种,如中锰耐磨球墨铸铁和铬、钼、铜耐磨铸铁等。

铸铁中加入一定量的Al,Si或Cr等元素,使铸件表面形成致密的保护性氧化膜(Al_2O_3,SiO_2,Cr_2O_3等),由于这种铸铁在高温(700~1 000 ℃)下,具有抗氧化、不起皮的能力,常称为耐热铸铁。耐热铸铁可用于制造炉门、炉栅等耐热件。上述氧化膜还可使铸铁的耐腐蚀性大大提高,能抵抗多种酸、碱的腐蚀作用。因此,耐酸铸铁也多以Al,Si,Cr为主要合金元素。

合金铸铁种类繁多,必须根据零件工作条件的具体要求来选用。

5.3　有色金属

与黑色金属相比,有色金属具有比密度小、比强度高等特点。因此,在许多工业部门,尤其是在空间技术、原子能、计算机等新兴工业部门中有色金属应用均很广泛。

有色金属品种繁多,本章仅介绍机械工业中广泛使用的铝及其合金、铜及其合金、轴承合金及粉末冶金材料。

5.3.1　铝及铝合金

(1)工业纯铝

铝在工业中是仅次于钢铁的一种重要金属材料,这是由于铝具有以下特点:

①纯铝具有银白色金属光泽,密度为2.72 g/cm^2,熔点为660 ℃。具有面心立方结构,无同素异晶转变,无磁性。

②具有良好的导电性和导热性,其导电性仅次于银和铜。室温时,铝的导电能力约为铜的62%;若按单位质量材料的导电能力计算,铝的导电能力约为铜的200%。

③纯铝在空气中易氧化,表面形成一层能阻止内层金属继续被氧化的致密的氧化膜,因此具有良好的抗大气腐蚀性能,但不能耐酸、碱、盐的腐蚀。

④纯铝具有极好的塑性和较低的强度（纯度为99.99%时，$\sigma_b = 45$ MPa，$\delta = 50\%$），良好的低温性能（到-235 ℃时，塑性和韧性也不降低）。冷变形加工可提高其强度，但塑性降低。

因此，纯铝的主要用途是：代替贵重的铜合金制作导线；配制铝合金以及制作要求质轻、导热或耐大气腐蚀但强度要求不高的器皿。

工业纯铝可分为铸造纯铝和变形纯铝两种。

按GB/T 8063—1994规定，铸造纯铝牌号的表示方法为

ZAl+××
└── 纯铝的百分含量

例如，ZAl99.5表示$w_{Al} = 99.5\%$的铸造纯铝。

按GB/T 16474—1996规定，变形纯铝的牌号表示方法为

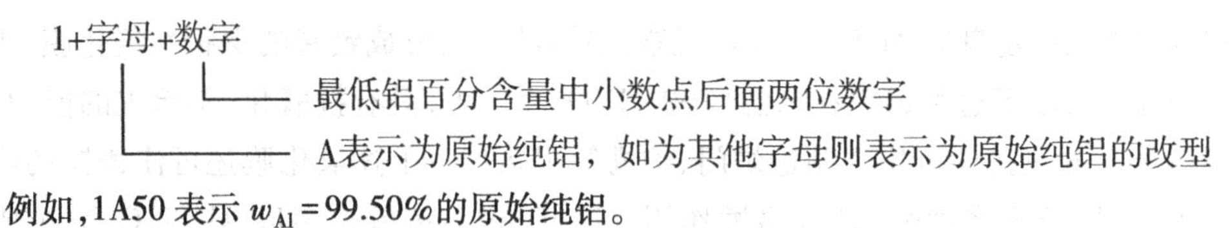

例如，1A50表示$w_{Al} = 99.50\%$的原始纯铝。

(2)铝合金

纯铝的强度和硬度很低，不适宜作为工程结构材料使用。向铝中加入适量的Si,Cu,Mg,Zn,Mn等主加元素和Cr,Ti,Zr,B,Ni等附加元素，组成铝合金，可提高强度，并保持纯铝的特性。

1)铝合金的分类

根据铝合金的成分和生产工艺特点，可将铝合金分为变形铝合金和铸造铝合金两大类。铝合金一般都具有如图5.10所示的相图，在此图上可直接划分变形铝合金和铸造铝合金的成分范围。成分在D点以左的合金，加热至固溶线（DF线）以上温度可得到均匀的单相α固溶体，塑性好，适于进行锻造、轧制等压力加工，称为变形铝合金。成分在D点以右的合金，存在共晶组织，塑性较差，不宜压力加工，但流动性好，适宜铸造，称为铸造铝合金。

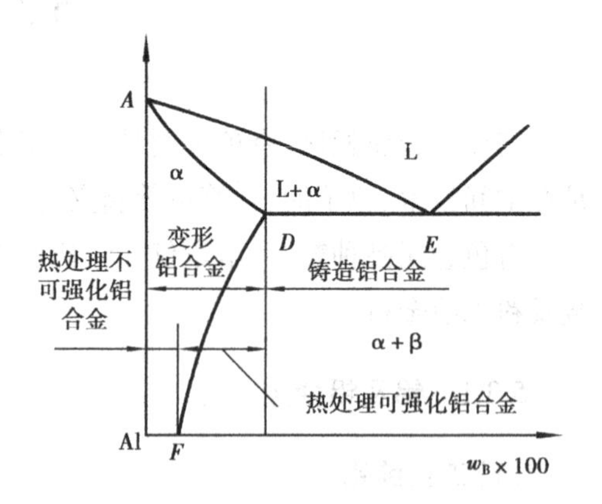

图5.10 铝合金分类示意图

在变形铝合金中，成分在F点以左的合金，固溶体成分不随温度而变化，不能通过热处理方法强化，称为不可热处理强化的铝合金；成分在F、D点之间的合金，固溶体成分随温度而变化，可通过热处理方法强化，称为可热处理强化的铝合金。

2)变形铝合金

按GB/T 16474—1996规定，变形铝合金的牌号表示方法为

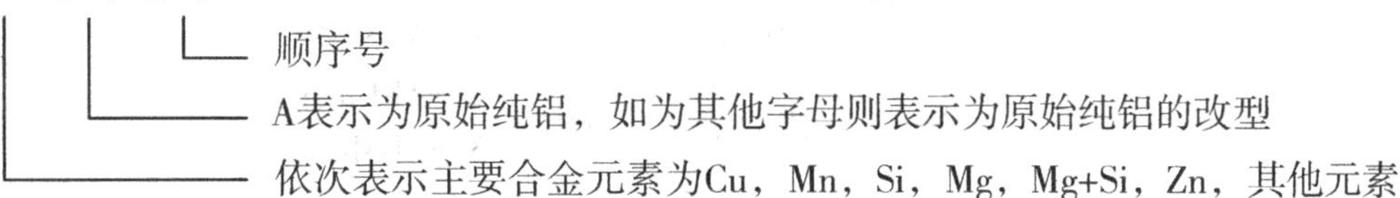

例如,2A11 表示以铜为主要合金元素的变形铝合金。

变形铝合金热处理与钢不同,铝合金淬火后硬度并不高,必须放置一段时间后,其强度、硬度才显著提高,这种现象称为时效硬化。在室温下进行的时效,称为自然时效;在加热条件下(100~200 ℃)进行的时效,称为人工时效。由于铝合金淬火硬度较低,故可在淬火后、时效前进行冷加工。淬火+时效处理是这类铝合金强化的主要途径。

变形铝合金按性能和用途不同可分为以下 4 种:

①防锈铝

主要为 Al-Mn,Al-Mg 合金。防锈铝不能用热处理强化,但可通过冷变形产生的加工硬化来提高强度。防锈铝具有良好的塑性、耐蚀性及焊接性,主要用于受力不大、经冲压或焊接制成的结构件,如各种容器、油箱、导管、线材等。常用牌号有 5A05 等。

②硬铝

主要为 Al-Cu-Mg 合金。硬铝经淬火+时效处理后具有较高的强度和硬度,在航空工业中获得了广泛的应用,如作飞机构架、螺旋桨、叶片等。但硬铝的耐蚀性差,通常可在硬铝板表面包覆一层纯铝,以增加其耐蚀性。常用牌号有 2A01,2A10 等。

③超硬铝

主要为 Al-Cu-Mg-Zn 合金。超硬铝经淬火+人工时效后具有高的强度,但其耐热性较低,耐蚀性较差,可通过提高时效温度或包铝的方法解决。常作飞机上主要受力部件,如大梁、桁架、翼肋、起落架及活塞等。常用牌号有 7A04 等。

④锻铝

主要为 Al-Cu-Mg-Si 合金。锻铝经淬火+时效处理后强度可与硬铝媲美,并具有良好的锻造性能。生产中常用作棒料或模锻件。常用牌号为 2A50,2A70 等。

3)铸造铝合金

铸造铝合金应具有良好的铸造性能,其成分接近共晶点。此外,为了提高其综合力学性能,常采用变质处理。对于承受较大载荷的铝合金可再加入 Cu,Mg,Zn 等元素,以形成 $CuAl_2$,Mg_2Si 等强化相,经淬火与时效处理后取得更为明显的强化效果。

铸造铝合金主要有 Al-Si 系、Al-Cu 系、Al-Mg 系、Al-Zn 系 4 种。其中,以 Al-Si 系合金应用最广。

铸造铝合金的牌号由“ZAl+主要合金化学元素符号以及表明合金化学元素名义质量分数的数字”组成,牌号后加“A”表示优质。例如,ZAlSi12 表示 $w_{Si}=12\%$ 的 Al-Si 系铸造铝合金。

铸造铝合金的代号表示方法为

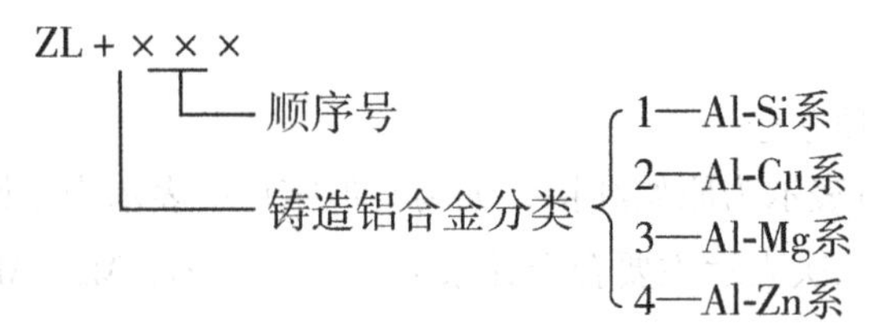

例如,ZL102 表示 2 号 Al-Si 系铸造铝合金。

常见铸造铝合金的代号(牌号)、化学成分、力学性能及用途见表 5.11。

表 5.11 常见铸造铝合金的代号(牌号)、化学成分、力学性能及用途(摘自 GB/T 1173—1995)

合金类别	合金代号(牌号)	铸造方法及热处理状态	力学性能			用途
			σ_b /MPa	δ_5 /%	硬度 /HBW	
铝硅合金	ZL102 (ZAlSi12)	金属型,铸态	153	2	50	形状复杂的零件,如仪表、抽水机壳体等
铝铜合金	ZL201 (ZAlCu5Mn)	砂型、金属型,淬火+不完全人工时效	330	4	90	汽缸头、活塞、挂架梁、支臂等
铝镁合金	ZL301 (ZAlMg10)	砂型、金属型,淬火+自然时效	280	9	60	在大气或海水中工作的零件,能承受较大振动载荷
铝锌合金	ZAl401 (ZAlZn11Si7)	砂型、金属型,人工时效	241	1.5	90	压力铸造的零件,工作温度不超过200,结构形状复杂的汽车、飞机零件

5.3.2 铜及铜合金

(1)工业纯铜

铜是重有色金属,其全世界产量仅次于铁和铝。工业上使用的纯铜,其铜含量为 99.7%~99.95%,它是玫瑰红色的金属,表面形成氧化亚铜 Cu_2O 膜层后呈紫色,故又称紫铜。其特点如下:

①密度为 8.96 g/cm^3,熔点为 1 083 ℃。具有面心立方结构,无同素异晶转变,无磁性。

②具有优良的导电性和导热性,其导电性仅次于银。

③纯铜在大气、淡水中具有良好的耐蚀性,但在海水中较差。

④纯铜的强度不高(σ_b = 200~250 MPa),硬度较低(40~50HBS),塑性很好(δ = 45%~50%)。冷变形后,其强度可达 400~500 MPa,硬度提高到 100~200HBS,但伸长率下降到 5%以下,采用退火可消除铜的加工硬化。

因此,工业纯铜的主要用途是配制铜合金,制作导电、导热材料及耐蚀器件等。

工业纯铜可分为未加工产品和加工产品两种。未加工产品代号有 Cu-1,Cu-2 两种。加工产品代号有 T1,T2,T3 这 3 种。代号中数字越大,纯度越低。

(2)铜合金

铜合金是在纯铜中加入 Zn,Sn,Al,Mn,Ni,Fe,Be,Ti,Zr 等合金元素所制成的。铜合金既保持了纯铜优良的特性,又有较高的强度。按化学成分分,铜合金可分为黄铜、青铜、白铜 3 大类。黄铜是以锌为主要合金元素的铜合金,白铜是以镍为主要合金元素的铜合金,青铜是以除锌、镍外的其他元素为主要合金元素的铜合金。按生产加工方式分,铜合金可分为加工铜合金和铸造铜合金两大类。除用于导电、装饰和建筑外,铜合金主要在耐磨和耐蚀条件下使用。

1)黄铜

黄铜是以锌为主要合金元素的铜锌合金。按化学成分分为普通黄铜和特殊黄铜两类。

普通黄铜是由铜与锌组成的二元合金。它的色泽美观,对海水和大气腐蚀有很好的抗力。其加工产品代号表示方法为:H+铜的平均质量分数。例如,H68 表示 $w_{Cu}=68\%$的普通加工黄铜。普通黄铜中,$w_{Zn}<32\%$的称为单相黄铜,它强度低,塑性好,一般冷塑性加工成板材、线材、管材等,常用代号有 H68,H70,H80,主要用作弹壳和精密仪器;$w_{Zn}=32\%\sim45\%$的称为两相黄铜,它的热塑性好,一般热轧成棒材、板材等,常用代号有 H59,H62 等,主要用作水管、油管、散热器、螺钉等。普通黄铜具有良好的耐蚀性,但冷加工后的黄铜在海水、湿气、氨的环境中容易产生应力腐蚀开裂(季裂),故需进行去应力退火。

特殊黄铜是在普通黄铜的基础上加入 Al,Si,Pb,Sn,Mn,Fe,Ni 等合金元素形成特殊黄铜,相应称为铝黄铜、硅黄铜、铅黄铜等。这些合金元素的加入均能提高合金的强度,另外 Al,Sn,Mn,Ni 能提高耐蚀性和耐磨性,Mn 能提高耐热性,Si 能改善铸造性能,Pb 能改善切削性能。特殊黄铜加工产品代号表示方法为:H+主加元素的化学符号及铜的平均质量分数+各合金元素的平均质量分数。例如,HPb59-1 表示 $w_{Cu}=59\%$,$w_{Pb}=1\%$的加工铅黄铜。特殊黄铜常用代号有 HPb59-1,HSn90-1 等,主要用于制造冷凝管、齿轮、螺旋桨、钟表零件等。

铸造黄铜的牌号表示方法为:ZCu+主加元素的化学符号及平均质量分数+其他元素的化学符号及平均质量分数。例如,ZCuZn38 表示 $w_{Zn}=38\%$、余量为铜的铸造普通黄铜。

常用黄铜的代号、成分、力学性能及用途见表 5.12。

表 5.12　常用黄铜的代号、成分、力学性能及用途(摘自 GB/T 2040—2002,GB/T 5231—2001)

合金类别	合金代号(牌号)	化学成分/%		力学性能			用　途
		w_{Cu}	$w_{其他}$	σ_b /MPa	δ_5 /%	硬度 /HBW	
普通黄铜	H90	88.0~91.0	余量 Zn	$\frac{245}{392}$	$\frac{35}{3}$	—	双金属片、供水和排水管、艺术品
	H68	67.0~70.0	余量 Zn	$\frac{294}{392}$	$\frac{40}{13}$	—	冷冲压件、热变换器、弹壳、波纹管
	H62	60.5~63.5	余量 Zn	$\frac{294}{412}$	$\frac{40}{10}$	—	散热器、垫圈、弹簧、螺栓、螺钉
	ZCuZn38	60.0~63.0	余量 Zn	$\frac{295}{295}$	$\frac{30}{30}$	$\frac{59}{68.5}$	一般结构件,如散热器、螺钉、支架等

续表

合金类别	合金代号（牌号）	化学成分/%		力学性能			用　途
		w_{Cu}	$w_{其他}$	σ_b /MPa	δ_5 /%	硬度 /HBW	
特殊黄铜	HPb59-1	57.0~60.0	0.8~1.9Pb 余量 Zn	$\frac{343}{441}$	$\frac{25}{5}$	—	热冲压件及切削加工零件，如销、轴套、螺栓、螺钉、轴套
	HSn62-1	61.0~63.0	0.7~1.1Sn 余量 Zn	$\frac{249}{392}$	$\frac{35}{5}$	—	与海水和汽油接触的船舶零件（又称海军黄铜）
	HSi80-3	79.0~81.0	2.5~4.5Si 余量 Zn	$\frac{300}{350}$	$\frac{15}{20}$	—	船舶零件，在海水、淡水和蒸汽（<265 ℃）条件下工作的零件
	ZCuZn40Mn3Fe1	53.0~58.0	3.0~4.0Mn 0.5~1.5Fe 余量 Zn	$\frac{400}{490}$	$\frac{18}{15}$	$\frac{98}{108}$	轮廓不太复杂的重要零件，海轮上在 300 ℃以下工作的管配件，螺旋桨等大型铸件

注：1.力学性能中分母的数值，对压力加工黄铜来说是指硬化状态（变形程度 50%）的数值，对铸造黄铜来说是指金属型铸造时的数值；分子数值，对压力加工黄铜为退火状态（600 ℃）时的数值，对铸造黄铜为砂型铸造时的数值。

2.主要用途在国家标准中未作规定。

2）青铜

青铜原指人类历史上应用最早的一种 Cu-Sn 合金。但逐渐地把除锌以外的其他元素的铜基合金，也称青铜。根据所加合金元素不同，青铜可分为锡青铜和特殊青铜两种。

加工青铜的代号表示方法为：Q+主加元素符号及平均质量分数+其他元素平均质量分数。例如，QSn4-3 表示 $w_{Sn}=4\%$，$w_{Zn}=3\%$的锡青铜。铸造青铜的牌号表示方法与铸造黄铜相同。

①锡青铜

以 Sn 为主加入元素的铜合金，我国古代遗留下来的钟、鼎、镜、剑等就是用这种合金制成的，至今已有几千年的历史，仍完好无损。锡青铜铸造时，流动性差，易产生分散缩孔及铸件致密性不高等缺陷，但它在凝固时体积收缩小，不会在铸件某处形成集中缩孔，故适用于铸造对外形尺寸要求较严格的零件。锡青铜的性能主要取决于锡的含量。$w_{Sn}<5\%$的锡青铜塑性好，适于进行冷变形加工；$w_{Sn}=5\%\sim7\%$的锡青铜热塑性好，适于进行热加工；$w_{Sn}=10\%\sim14\%$的锡青铜塑性较低，适于作铸造合金。锡青铜的铸造流动性差，易形成分散缩孔，铸件致密度低，但合金体收缩率小，适于铸造外形及尺寸要求精确的铸件。锡青铜具有良好的耐蚀性、减摩性、抗磁性和低温韧性，在大气、海水、蒸汽、淡水及无机盐溶液中的耐蚀性比纯铜和黄铜好，但在亚硫酸钠、酸和氨水中的耐蚀性较差。常用锡青铜有 QSn4-3，QSn6.5-0.4，ZCuSn10Pb1 等。它主要用于制造弹性元件、耐磨零件、抗磁及耐蚀零件，如弹簧、轴承、齿

轮、蜗轮、垫圈等。

②特殊青铜

为了进一步提高青铜的力学性能和工艺性能，常在铜中加入铝、硅、铅、铍等元素组成硅青铜、铅青铜、铍青铜等不含锡的青铜。铝青铜的强度、硬度、耐蚀性高于锡青铜，并具有较高的耐热性；铍青铜不仅具有高的强度、硬度与弹性极限，同时还具有抗磁与受冲击时不产生火花等特性。

常用锡青铜的代号、成分、力学性能及用途见表5.13。

表5.13　常用锡青铜的代号、成分、力学性能及用途

（摘自GB/T 2040—2002，GB/T 5231—2001，GB/T 4423—2007）

合金类别	合金代号（牌号）	化学成分/%		力学性能			用　途
		第一主加元素 w_{Me}	$w_{其他}$	σ_b /MPa	δ_5 /%	硬度 /HBW	
锡青铜	QSn4-3	Sn3.5~4.5	Zn2.7~3.3 余量Cu	294/490~687	40/3	—	弹性元件、管配件、化工机械中耐磨零件及抗磁零件
	ZCuSn10P1	Sn9.0~11.5	P0.5~1.0 余量Cu	220/310	3/2	78/88	重要的减摩零件，如轴承、轴套、蜗轮、摩擦轮、机床丝杠螺母
特殊青铜	QAl7	Al 6.0~8.0	余量Cu	—/637	—/5	—	重要用途的弹簧和弹性元件
	ZCuAl10Fe3	Al 8.5~11.0	Fe2.0~4.0 余量Cu	490/540	13/15	98/108	耐磨零件（压下螺母、轴承、蜗轮、齿圈）及在蒸汽、海水中工作的高强度耐蚀件
	ZCuPb30	Pb27.0~33.0	余量Cu	—	—	—/24.5	大功率航空发动机、柴油机曲轴及连杆的轴承、齿轮、轴套
	QBe2	Be1.8~2.1	Ni0.2~0.5 余量Cu	—	—	—	重要的弹簧与弹性元件，耐磨零件以及在高速、高压和高温下工作的轴承

注：1.力学性能表示意义同表5.11。

2.主要用途在国家标准中未作规定。

5.3.3　轴承合金

轴承合金是用来制造滑动轴承中的轴瓦及内衬的合金。当轴承支承轴进行工作时，轴瓦表面要承受一定的交变载荷，并与轴之间发生强烈的摩擦。为了确保机器正常、平稳、无噪声运行，减少轴瓦对轴颈的磨损，轴承合金应具备以下一系列性能要求：

①一定的强度和疲劳抗力，以承受较高的交变载荷。

②足够的塑性和韧性，以抵抗冲击和振动并保证与轴的良好配合。

③较小的摩擦系数和良好的磨合能力，并能储油。

④良好的导热性、抗蚀性和低的膨胀系数，以防温升和轴的咬合。

⑤具有良好的工艺性，容易制造且价格低廉。

为了满足以上性能要求，轴承合金的组织特点应该是软硬兼有；或者是在软基体上均匀分布着硬质点；或者是在硬基体上均匀分布着软质点。当轴承工作时，软组织很快被磨凹，凸出的硬组织便起支承轴的作用。这样，既减小了轴与轴瓦的接触面，凹下的空间又可储存润滑油，保证轴承有良好的润滑条件和低的摩擦系数，减轻轴的磨损。此外，偶然进入的外来硬物也能被压入软组织内，不致擦伤轴颈。

铸造轴承合金的牌号用“铸”字汉语拼音字首“Z”+基体金属元素与主要合金元素的化学符号+主要合金元素名义质量分数表示。例如，ZSnSb11Cu6 表示铸造锡基轴承合金，主加元素锑为 11%，铜为 6%，余量为锡。

(1)锡基轴承合金

锡基轴承合金又称锡基巴氏合金，是 Sn-Sb-Cu 系合金。合金组织为 $\alpha+\beta$。其中，软基体是 Sb 溶于 Sn 中的 α 固溶体，硬质点是以为 SnSb 基的 β 固溶体。

锡基轴承合金摩擦系数小，并具有良好的塑性、耐蚀性及导热性，但价格较高，适用于制造重要轴承，如汽轮机、内燃机、涡轮机等高速轴承。

(2)铅基轴承合金

铅基轴承合金又称铅基巴氏合金，是 Pb-Sb-Sn-Cu 系合金。合金组织为$(\alpha+\beta)+\beta$。其中，$(\alpha+\beta)$共晶体为软基体，β 相方块状物 SnSb 和针状物 Cu_2Sb 构成硬质点。合金中加入 Sn，Cu，能强化基体，形成硬质点，Cu 还能防止比重偏析。

铅基轴承合金的性能略低于锡基轴承合金，但由于价格便宜，故常用作低速、低载荷的轴瓦材料，工作温度不超过 120 ℃。

(3)其他轴承合金

除了巴氏合金以外，还有铜基、铝基轴承合金。它们的特点是承载能力高、密度较小、导热性和疲劳强度好，工作温度较高，价格便宜。因此，也广泛用作汽车、拖拉机、内燃机车等一般工业轴承。

5.3.4 粉末冶金

粉末冶金是用金属粉末或金属与非金属粉末的混合物作原料，经压制成形后烧结，以获得金属零件和金属材料的方法。粉末冶金是一种不经熔炼生产材料或零件的方法。其零件的生产是一种精密的无切屑或少切屑的加工方法。粉末冶金可生产其他工艺方法无法制造或难以制造的零件和材料，如高熔点材料、复合材料、多孔材料等。

(1)粉末冶金法

粉末冶金法和金属的熔炼法与铸造方法有根本的不同。它不用熔炼和浇注，而用金属粉末(包括纯金属、合金和金属化合物粉末)作原料，经混匀压制成形和烧结制成合金材料或制品。这种生产过程称为粉末冶金。

粉末冶金法既是制取具有特殊性能金属材料的方法，也是一种精密的无切屑或少切屑的加工方法。它可使压制品达到或极接近于零件要求的形状、尺寸精度与表面粗糙度,使生产率和材料利用率大为提高,并可节省切削加工用的机床和生产占地面积。

(2)常用粉末冶金材料

1)硬质合金

硬质合金是以碳化钨或碳化钨与碳化钛等高熔点、高硬度的碳化物为基,并加入钴作为黏结剂所形成的一种粉末冶金材料。

硬质合金不能进行锻造及切削加工,也不需要进行热处理,其硬度很高(可达86~93HRC),且具有很高的耐热性,故用硬质合金制成的刀具比高速钢刀具具有更高的切削速度。常用的硬质合金详见第5篇。

2)烧结减摩材料

常用的烧结减摩材料为多孔轴承材料,主要用于制造滑动轴承。多孔轴承具有较高减摩性。这种材料压制成轴承后再浸入润滑油中,因组分中含有石墨,它本身具有一定的孔隙度,在毛细现象作用下可吸附大量润滑油,故称为多孔轴承。多孔轴承有自动润滑作用。多孔轴承一般用作中速、轻载荷的轴承,特别适宜不经常加油的轴承,在家用电器、精密机械及仪表工业中得到广泛应用。另外,多孔轴承使用时还能消除因润滑油的漏落而造成产品的污染。

除此以外,粉末冶金法常用于制造特殊性能金属材料,如结构材料、摩擦材料和电磁性能材料等。

由于压制设备吨位及模具制造的限制,粉末冶金法还只能生产尺寸有限与形状不很复杂的工件。此外,粉末冶金制品的力学性能仍低于铸件与锻件。

复习思考题

1.指出下列各种钢的类别,以及大致碳的质量分数、质量及用途举例:

Q255-B　　45　　T7　　T12A

2.合金钢中经常加入的元素有哪些?它们在钢中的作用如何?

3.指出下列每个牌号的类别、碳的质量分数、热处理工艺和主要用途:

Q345　　20Cr　　20CrMnTi　　20Cr13　　GCr15　　60Si2Mn　　9SiCr　　Cr12　　CrWMn　　0Cr18Ni9Ti　　4Cr9Si2　　W18Cr4V　　ZGMn13-1

4.有一ϕ10 mm的杆类零件受中等交变拉压载荷作用,要求零件沿截面性能均匀一致,供选材料有Q345,45,60Si2Mn,T12。要求:

(1)选择合适的材料;

(2)编制简明工艺路线;

(3)说明各热处理工序的主要作用;

(4)指出最终组织。

5.白口铸铁、灰铸铁和钢这三者的成分、组织和性能有何主要作用?

6.灰口铸铁、球墨铸铁、蠕墨铸铁、可锻铸铁在组织上的根本区别是什么?试述石墨对铸铁性能特点的影响。

7.灰铸铁为什么不能进行改变基体的热处理,而球墨铸铁可以进行这种热处理?

8.识别下列牌号的名称,并说出字母和数字所表示的含义:

QT800-2　　KTH350-10　　HT200　　RuT300

9.铝合金分为哪几类?各类铝合金各有何强化方法?铝合金淬火与钢的淬火有何异同?

10.铜合金分为哪几类?举例说明各类铜合金的牌号、性能特点和用途。

11.轴承合金必须具备哪些特性?其组织有何特点?常用滑动轴承合金有哪些?

12.指出下列代号(牌号)的类别:

3A21　　2B50　　ZL203　　H68　　HPb59-1　　ZcuZn16Si4　　QSn4-3　　QBe4　　ZCuSn10Pb1　　ZSnSb11Cu6

第2篇 铸造

铸造是将液态合金浇注到具有与零件形状相适应的铸型空腔中，待其冷却凝固后，获得零件或毛坯的方法。

铸造是历史最为悠久的金属成形方法，在现代各种类型的机器设备中铸件所占的比重很大，如在机床、内燃机中，铸件占机器总重的60%～80%，农业机械占40%～60%，拖拉机占50%～60%。铸造所以获得如此广泛的应用，是由于它具有以下优点：

(1)适应性广

工业中常用的金属材料，如铸铁、钢、有色金属等均可铸造；形状复杂，特别是具有复杂内腔形状的毛坯与零件，铸造更是唯一廉价的制造方法；铸造适应性还表现在铸件尺寸、质量几乎不受限制，小至几毫米、几克，大到十几米、几百吨的铸件均可铸造。

(2)成本低

这主要是由于铸造所用的原材料比较便宜，来源广泛，并可直接利用报废的机加工件、废钢和切屑；同时，铸件的形状和尺寸与零件非常相近，因而节约金属，减少了切削加工量。

然而，铸造生产工序繁多，且一些工艺过程难以精确控制，这就使铸件质量不稳定，造成废品率高；由于铸造组织粗大，内部常有缩孔、缩松、气孔及砂眼等缺陷，因而和同样形状尺寸的锻件相比，其力学性能不如锻件高；此外，在铸造生产中，特别是单件小批生产，工人的劳动条件较差，劳动强度大，这些都使铸造的应用受到限制。

第6章 铸造工艺基础

一个合格的铸件应该是轮廓清晰,形状尺寸准确,没有不允许的缺陷,并能满足使用要求,等等。铸造缺陷的产生不仅与铸型工艺有关,还与铸型材料、铸造合金、熔炼、浇注等密切相关。现从与合金铸造性能相关的主要缺陷的形成与防止加以论述,为合理选择铸造合金和铸造方法打好基础。

6.1 液态合金的充型能力

液态合金充满铸型型腔,获得形状完整、轮廓清晰的铸件的能力,称为液态合金充填铸型的能力,简称液态合金的充型能力。

液态合金的充型能力的好坏对铸件质量有着很大影响。充型能力强,易得到形状完整、轮廓清晰、尺寸准确、薄而复杂的铸件;还有利于金属液中的气体、非金属夹杂物的上浮与排除有利于补充铸件凝固过程中的收缩;反之,铸件容易产生浇不足、冷隔、气孔、夹渣以及缩孔、缩松等缺陷。浇不足是指液态金属未充满铸型而产生缺肉的现象。冷隔是指充型金属流股汇合时熔合不良而在接头处产生缝隙或凹坑的现象。

影响充型能力的主要因素如下:

6.1.1 合金流动性

液态合金本身的流动能力,称为合金的流动性。它是合金主要铸造性能之一。

合金的流动性通常用螺旋形试样来测定,如图6.1所示。可以看出,它是一个特定条件的铸型铸出的。螺旋截面为等截面的梯形或半圆形,面积为50~100 mm²,长度为1.5 mm,每50 mm长度有一个凸点,数出凸点数目即可得试样的全长。显然,在相同的浇注条件下,铸出来的试样越长,表示合金的流动性越好。

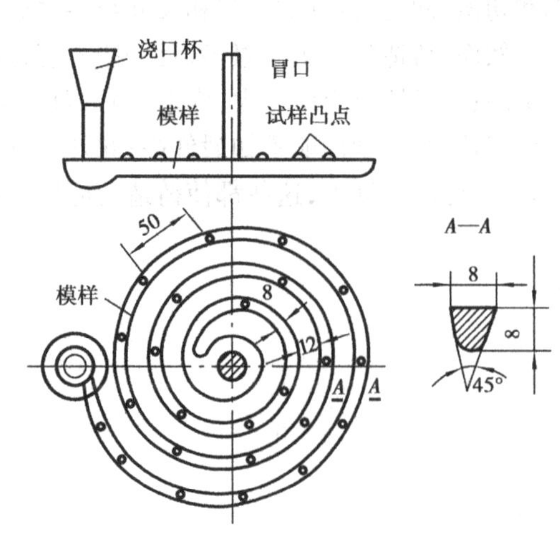

图6.1 螺旋形试样

影响合金流动性的因素很多,其中主要是合金的化学成分。共晶成分的合金是在恒温下凝固的,已凝固的固体层从铸件表面逐层向中心推进,与尚未凝固的液体之间界面分明,且固体层内表面比较光滑,对液体阻力小。同时,共晶成分合金的凝固温度最低,相对来说,合金的过热度大,推迟了合金的凝固,故流动性最好。除纯金属外,其他成分合金都是在一定温度范围内结晶的,即这些成分的合金在铸件断面上既存在着发达的树枝晶,又有未凝固的液体相混杂的两相区,越靠近液流前端,枝晶数量越多,金属液的黏度增加,流速下降,所以合金的流动性变差。

如图6.2所示为铁-碳合金的流动性与碳的质量分数的关系。由此可见,共晶成分流动性最好。离共晶成分越远,结晶温度范围越宽,流动性越差。

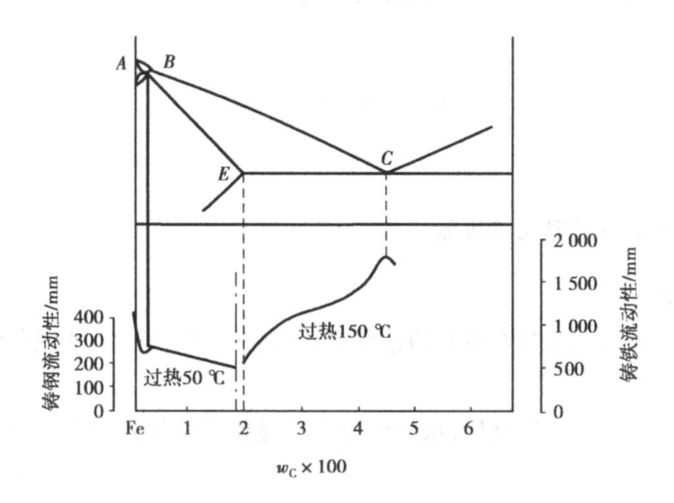

图6.2　铁碳合金流动性与碳的质量分数的关系

6.1.2　浇注条件

(1)浇注温度

浇注温度对合金的充型能力有着决定性影响。浇注温度越高,液态合金的黏度越小,又因过热度大,合金液在铸型中保持液态的时间也长,故充型能力强;反之,充型能力差。因此,对薄壁铸件或流动性较差的合金可适当提高浇注温度,以防止产生浇不足和冷隔等缺陷。

但浇注温度过高,会使液态合金的吸气量和总收缩量增大,反而会增加铸件产生其他缺陷(如气孔、缩孔等)的可能性。因此,在保证充型能力足够的条件,浇注温度应尽可能低些,做到“高温出炉,低温浇注”。

(2)充型压力

液态合金在流动方向所受的压力越大,充型能力越好。例如,增加直浇道高度,利用人工加压方法像压力铸造、低压铸造等。

(3)浇注系统的结构

浇注系统的结构越复杂,流动的阻力就越大,流动性就越差。故在设计浇注系统时,要合理布置内浇口在铸件上的位置,选择恰当的浇注系统结构和各部分的断面积。

6.1.3 铸型的充填条件

铸型中凡能增加金属液流动阻力、降低流速和增加冷却速度的因素，均能降低合金的充型能力。例如，型腔过窄、型砂含水分或透气性不足、铸型排气不畅和铸型材料导热性过大等，均能降低充型能力，使铸件易于产生浇不足、冷隔等缺陷。因此，为了改善铸型的充填条件，在设计铸件时，必须保证其壁厚不小于规定的"最小壁厚"；在铸型工艺上要采取相应的措施，如采用烘干型等。

以上影响因素错综复杂，在实际生产中必须根据具体情况具体分析，找出其中的主要矛盾，采取措施，才能有效地提高液态金属的充型能力。

6.2 合金的收缩

6.2.1 合金的收缩及其影响因素

(1)基本概念

合金从浇注温度凝固冷却至室温的过程中，其体积和尺寸减小的现象称为收缩。收缩是铸造合金本身的物理性质。

任何一种液态合金浇入铸型后，从浇注温度冷凝到室温都要经历以下 3 个互相联系的收缩阶段：

1)液态收缩

从浇注温度冷却到凝固开始温度(即液相线温度)的收缩。

2)凝固收缩

从凝固开始温度冷却到凝固终止温度(即固相线温度)的收缩。

3)固态收缩

从凝固终止温度冷却到室温的收缩。

合金的液态收缩和凝固收缩表现为合金体积的缩减，常用单位体积收缩量(即体收缩率)来表示，它们是铸件产生缩孔或缩松的基本原因。合金的固态收缩虽然也是体积上的缩减，但它只引起铸件在尺寸上缩减，因此常用单位长度上的收缩量(即线收缩率)来表示，它导致铸件形状、尺寸变化，产生应力和变形，甚至使铸件产生裂纹。

(2)影响因素

1)化学成分

由于石墨的比容较大，在结晶过程中，因石墨析出所产生的体积膨胀，抵消了部分凝固收缩，故在灰口铸铁中凡是促进石墨形成的元素增加，收缩减少；阻碍石墨形成的元素增加，收缩增大。碳素钢随含碳量的增加，凝固收缩增加，而固态收缩略减。

2)浇注温度

合金的浇注温度越高，过热度越大，液态收缩量增加，故总的收缩量增大。通常浇注温度每下降 100 ℃,可减少体积收缩量约为 1.6%。

3)铸件结构与铸型条件

铸件在铸型中冷却时,会受到铸型和型芯的阻碍,故铸件的实际收缩量小于自由收缩量。

此外,铸件的形状、尺寸和工艺条件不同,实际收缩量也有所不同。因此,在设计模型时,必须根据合金的生产工艺,以及铸件的形状、尺寸等因素,选取合适的模型收缩放尺。

6.2.2　缩孔与缩松的形成与防止

液态合金在冷凝过程中,若其液态收缩和凝固收缩所缩减的体积得不到补充,则在铸件最后凝固的部位形成孔洞。按照孔洞的大小和分布,可分为缩孔和缩松两种。

(1)缩孔的形成

缩孔是集中在铸件上部或最后凝固部位容积大的孔洞。缩孔多呈倒圆锥形,内表面粗糙,可看到发达的树枝晶末梢,通常隐藏在铸件的内层,但在某些情况下,可暴露在铸件的上表面,呈明显的凹坑。

为便于分析缩孔的形成,假设铸件呈逐层凝固,其形成过程如图 6.3 所示。

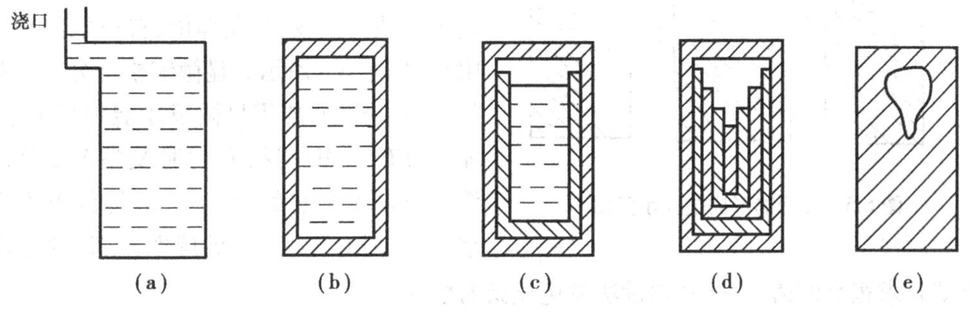

图 6.3　缩孔形成过程示意图

液态合金注满铸型型腔后,由于铸型的吸热,液态合金温度下降,发生液态收缩,但它将从浇注系统中得到补充,因此,在此期间型腔总是充满金属液,如图 6.3(a)所示。但铸件外表的温度下降到凝固温度时,铸件表面凝固一层薄壳,并将内浇口堵塞,使尚未凝固的合金被封闭在薄壳内,如图 6.3(b)所示。温度继续下降,薄壳产生固态收缩;液态合金产生液态收缩和凝固收缩,而且远大于薄壳的固态收缩,致使合金液面下降,并脱离壳顶形成真空孔洞,在负压及重力作用下,壳顶向内凹陷,如图 6.3(c)所示。依次进行下去,薄壳不断加厚,液面将不断下降,待合金全部凝固后,在铸件上部就形成一个倒锥形孔,如图 6.3(d)所示。整个铸件的体积因温度下降至常温而不断缩小,使缩孔的绝对体积有所减小,但其值变化不大,如图 6.3(e)所示。如果铸件顶部设置冒口,缩孔将移至冒口中。

综上所述,在铸件中产生缩孔的基本原因是合金的液态收缩和凝固收缩大于固态收缩。产生缩孔的条件是铸件由表及里地逐层凝固,即纯金属或共晶成分的合金易产生缩孔。

正确地估计铸件上缩孔或缩松可能产生的部位是合理安设冒口和冷铁的重要依据。在实际生产中,常以“等固相线法”(见图 6.3,图中等固相线未曾通过的心部即为出线缩孔的地方)和“内切圆法”近似地找出缩孔的部位,如图 6.4 所示。内切圆直径最大处,即为容易出现缩孔的热节。

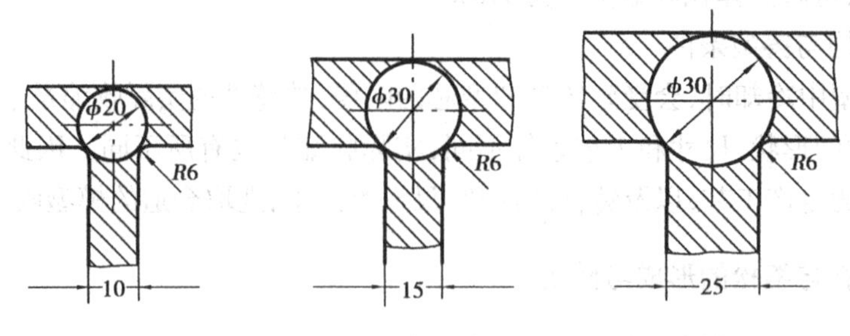

图 6.4　用画内切圆法确定缩孔位置

(2) 缩松

分散在铸件某区域内的细小缩孔，称为缩松。缩松的形成原因也是由于铸件最后凝固区域的收缩未能得到补足，或者因合金呈糊状凝固，被树枝状晶体分隔开的小液体区难以得到补缩所致。缩松的形成过程如图 6.5 所示。

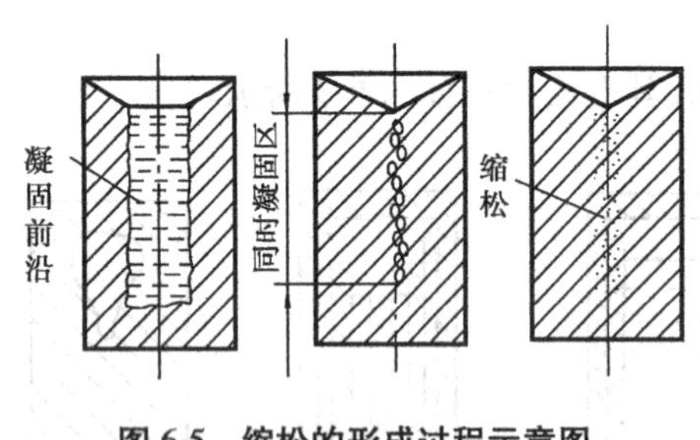

图 6.5　缩松的形成过程示意图

缩松分为宏观缩松和显微缩松两种。宏观缩松是用肉眼或放大镜可以看出的小孔洞，常出现在轴线区域、厚大部位、冒口根部和内浇口附近，如图 6.5 所示。显微缩松是分布在晶粒之间的微小孔洞，要用显微镜才能观察出来，这种缩松分布面积广泛，有时遍及整个截面。显微缩松难以完全避免，对于一般铸件可不作为缺陷对待，但对气密性、机械性能、物理性能或化学性能要求很高的铸件，则必须设法避免显微缩松的产生。

结晶温度间隔大的合金，其树枝状晶体易将未凝固的金属液分离，因此，它的缩松倾向大。

(3) 缩孔和缩松的防止

缩孔和缩松都使铸件的力学性能下降，缩松还可使铸件因渗漏而报废。因此，缩孔和缩松属铸件的重要缺陷，必须根据技术要求，采取适当的措施予以防止。

防止缩孔和缩松的基本原则是针对合金的收缩和凝固特点制订合理的铸造工艺，使铸件在凝固过程中建立良好的补缩条件，尽可能使缩松转化为缩孔，并使缩孔出现在铸件最后凝固的部位。这样，在最后凝固部位设置冒口补缩，使缩孔移入冒口内，或者将内浇口开设在铸件最后凝固的部位直接进行补缩，就可以获得致密的铸件。

要使铸件在凝固收缩过程中建立良好的补缩条件，主要通过控制整个铸件的凝固原则来实现。依铸件种类与要求，分别采取顺序凝固和同时凝固两种凝固顺序，达到防止缩孔或缩松的目的。

1) 顺序凝固

它是采用各种措施保证铸件结构上各部分，按照远离冒口的部位最先凝固，然后朝冒口方向凝固，最后才是冒口本身凝固的凝固原则，如图 6.6 所示。这样，先凝固的收缩由后凝固部位的液体金属补缩；后凝固部位的收缩由冒口中的金属液补缩，使铸件各部位的收缩均得到金属液补缩，而缩孔则移至冒口，然后将冒口切除，即可得到致密的铸件。

2)同时凝固

它是采取一定的工艺措施,尽量减少铸件结构上各部分之间的温差,使铸件的各部分在同一时间进行凝固,如图6.7所示。同时,凝固可减轻铸件热应力,防止铸件变形和开裂,但容易在铸件心部出现缩松,故适于收缩小的合金铸件,如碳硅含量较高的灰口铸铁件。

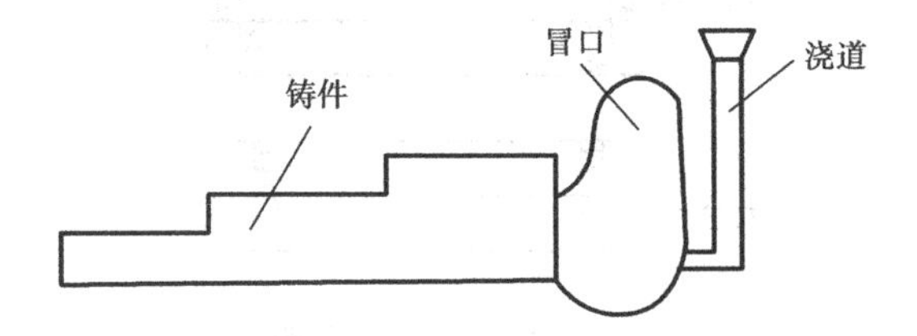

图6.6　顺序凝固示意图

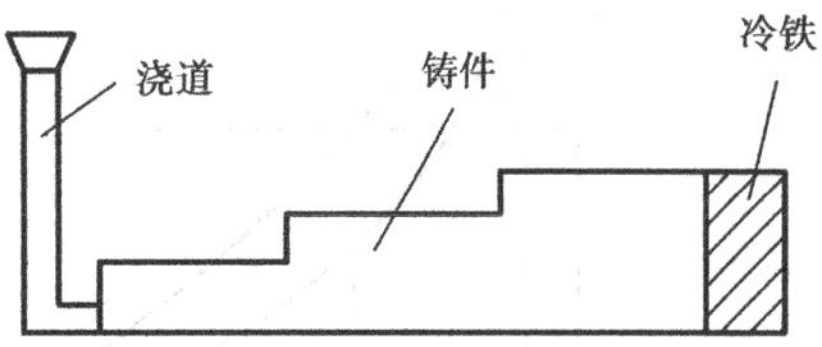

图6.7　同时凝固示意图

对于结构复杂的铸件,既要避免产生缩孔和缩松,又要减少热应力,防止变形和裂纹,这两种凝固原则可复合运用。如图6.8所示的阀体零件,在全局采用顺序凝固的同时,底部热节处安放冷铁,在局部采用同时凝固。

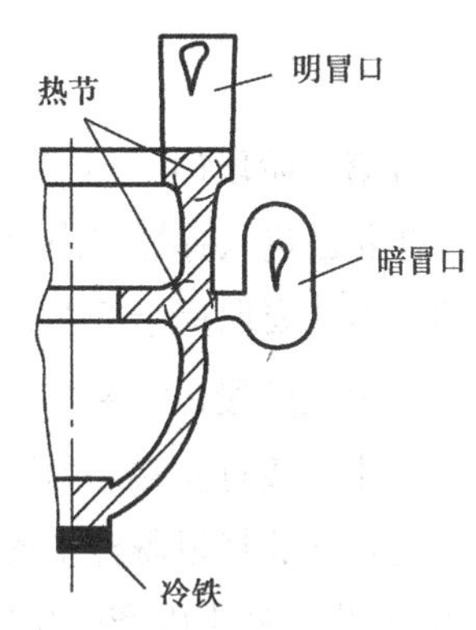

图6.8　阀体的铸造方案

6.2.3　铸造内应力的形成与防止

铸件在凝固之后的继续冷却过程中,其固态收缩若受到阻碍,铸件内部将产生内应力,称为铸造内应力。这种应力是铸件产生变形和裂纹的基本原因。

铸造内应力按产生阻碍的原因不同,可分为热应力和机械应力两种。铸造应力可能是暂时的,也可能是残留的,当产生这种应力的原因被消除,应力即消失,这种应力称为临时应力;如原因消除之后,应力仍然存在,则称为残留应力。

(1)热应力

热应力是由于铸件壁厚不均匀,冷却速度不同,在同一时间内铸件各部分收缩不一样而引起的。

为了分析热应力的形成,首先必须了解金属自高温冷却到室温时应力状态的改变。铸件在高温下处于塑性状态,在常温下处于弹性状态。从高温冷下来,由塑性状态转变为弹性状态存在着一个临界温度t_{lj}(碳钢和铸铁的$t_{lj}=620\sim650$ ℃)。高于临界温度,铸件只发生塑性变形,不产生内应力;低于临界温度,则发生弹性变形,产生内应力。

下面以T形杆件为例分析热应力的形成过程,如图6.9所示。杆Ⅰ较厚,冷却较慢;杆Ⅱ较细,冷却较快。在冷却过程中,根据两杆所处的状态不同,热应力的形成过程可分为以下3个阶段:

1)第一阶段($\tau_0\rightarrow\tau_1$)

杆Ⅰ和杆Ⅰ均处于塑性状态。杆Ⅱ的冷却速度大于杆Ⅰ,如两杆能自由收缩,则杆Ⅱ的收缩大于杆Ⅰ。但因两杆是一个整体,只能收缩到同一程度,即杆Ⅱ被塑性拉长,杆Ⅰ被塑性压缩,铸件产生塑性变形而不产生应力。

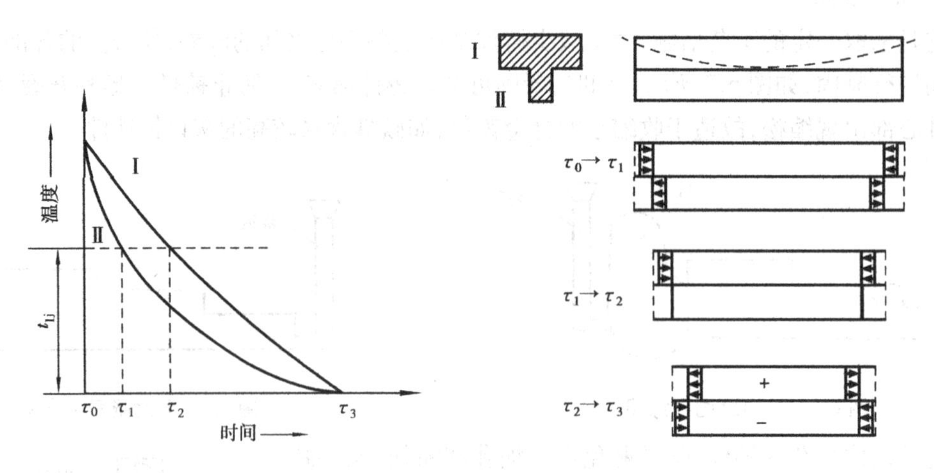

图 6.9　热应力形成过程示意图

2)第二阶段($\tau_1 \to \tau_2$)

杆Ⅱ已进入弹性状态,杆Ⅰ仍处于塑性状态。因此,杆Ⅰ只能伴随杆Ⅱ而收缩。此时,铸件的收缩主要取决于杆Ⅱ,可认为杆Ⅱ是自由收缩的,故在铸件中仍不产生应力。

3)第三阶段($\tau_2 \to \tau_3$)

杆Ⅱ已接近室温,长度基本不变;杆Ⅰ刚进入弹性状态,其温度远高于室温,继续进行收缩。此时杆Ⅱ将阻碍杆Ⅰ的收缩,故杆Ⅰ被弹性拉长,杆Ⅱ被弹性压缩。由于两杆均处于弹性状态,因此在杆Ⅰ内产生拉应力,在杆Ⅱ内产生压应力。这就形成了内应力。

可见,铸件冷却到室温后,铸件的厚大部分(或心部)的残留热应力为拉应力,薄的部分(或外部)为压应力。

(2)机械应力

它是合金的固态受到铸型或型芯的机械阻碍而形成的内应力,如图 6.10 所示。机械应力使铸件产生暂时性的正应力或剪切应力,这种内应力在铸件落砂之后便可自行消失。但它在铸件冷却过程中可与热应力共同起作用,增大了某些部位的应力,促进了铸件的裂纹倾向。

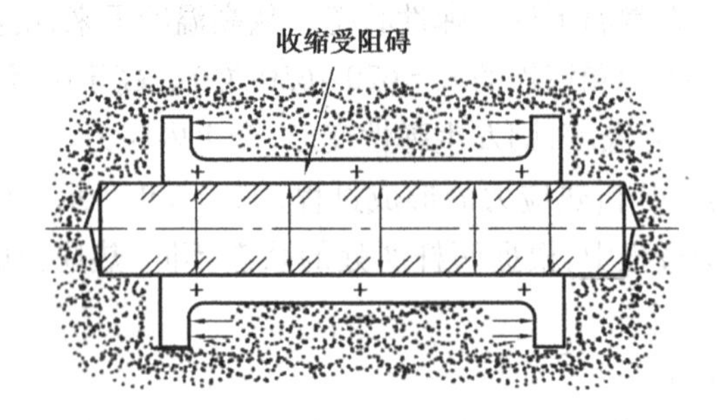

图 6.10　机械应力

(3)减少和消除铸造应力的方法

1)设计上

应力求铸件壁厚均匀,使铸件各部分温差尽量减小,还应避免尖、锐角。

2)工艺上

应改善铸型和型芯的退让性;还可采用自然时效和人工时效。所谓自然时效,就是将铸件露天放置半年至1年多,通过非常缓慢的变形,使残留应力松弛或大部分消除。这种方法虽然不需任何附加设备,但生产周期长和占地面积大,而且消除应力不彻底。所谓人工时效,就是将铸件加热到合金的弹塑性状态的温度范围,保持一段时间,待应力消失后,再缓慢冷却到室温。它比自然时效节省时间,应用较广泛。

6.2.4　铸件的变形与防止

具有残余内应力的铸件是不稳定的,它将自发地通过变形来减缓其内应力,以便趋于稳定状态。显然,只有原来受弹性拉伸的部分产生压缩变形,受弹性压缩的部分产生拉伸变形,才能使铸件中的残留应力减小或消除,因此,铸件常发生不同程度的变形,细而长或大而薄的铸件,最易发生变形,变形方向是:厚的部分向内凹,薄的部分向外凸。如图6.9所示的T形截面铸件,其上部冷却较慢,最后的收缩使铸件产生图6.11中虚线所示的变形。而床身铸件的导轨部分较厚,床壁部分较薄最后收缩使导轨产生向内凹的弯曲变形,如图6.11所示。

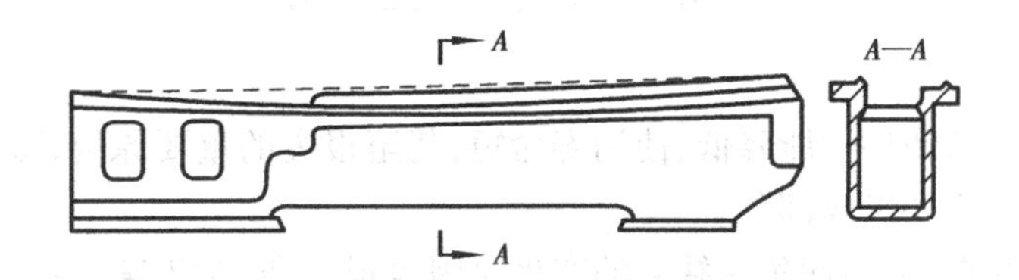

图6.11　车床床身变形示意图

为了防止铸件的变形,可采取以下工艺措施:

(1)尽量减少铸件内应力

如尽量使铸件壁厚均匀;采用同时凝固原则;提高型(芯)砂的退让性等。

(2)使铸件结构对称

由于铸件结构对称,内应力互相平衡而不易变形。

(3)采用反变形法

预先将模样做成与铸件变形方向相反的形状,以补偿铸件变形。

(4)设拉肋

在铸件上设置拉肋(也称防变形肋)来承受一部分应力,待铸件经热处理消除应力后再将拉肋去掉。

实践证明,尽管铸件冷却时发生了一定的变形,但铸造应力仍难以彻底去除。经机械加工后,这些内应力将重新分布。铸件还会逐渐发生变性,是加工后的零件丧失了应有的精度,严重影响机械产品质量。为此,不允许变形的重要铸件,必须采取时效处理将残留的内应力有效的去除。

6.2.5 铸件的裂纹与防止

当铸造内应力超过金属的强度极限时,铸件便会产生裂纹。裂纹可分为热裂和冷裂两种。

(1)热裂

热裂是铸件在高温下产生的裂纹,它是铸钢件、可锻铸铁坯件和某些轻合金铸件生产中最常见的铸造缺陷之一。其特征是:裂口的外观形状曲折而不规则,裂口表面呈氧化色(对于铸钢件裂口表面近似黑色,而铝合金则呈暗灰色),无金属光泽;裂口沿晶粒边界通过。热裂纹一般分布在铸件中易产生应力集中的部位或铸件最后凝固部位的内部。

(2)冷裂

冷裂是铸件在低温下产生的裂纹。塑性差、脆性大、导热系数低的合金,如白口铸铁、高碳钢和一些合金钢最易产生冷裂纹。其特征是:外形呈连续直线状(没有分支)或圆滑曲线,裂口表面干净,具有金属光泽,有时也呈轻微的氧化色。冷裂纹常出现在铸件表面,而且常常是穿过晶粒而不是沿晶界断裂。

裂纹是铸件的严重缺陷,常使铸件报废,因此必须设法防止。在设计上,应合理设计铸件结构,以减少铸造内应力;在工艺上应降低磷、硫含量,还应改善型(芯)砂的退让性及控制开箱时间等。

6.3 铸件常见缺陷

铸件缺陷是导致铸件性能降低、使用寿命短,甚至报废的重要原因,减少或消除铸件缺陷是铸件质量控制的重要组成部分。

由于铸造工序繁多,因此每一缺陷的产生原因也很复杂,对于某一铸件,可能同时出现多种不同原因引起的缺陷;或者同一原因在生产条件不同时,会引起多种缺陷的发生。表6.1是常见的铸件缺陷及其产生的主要原因,供分析时参考。

表6.1 铸件常见的缺陷

类别	名称	缺陷的特征	简 图	产生缺陷的原因
孔眼	气孔	气孔多分布于铸件的上表面或内部,呈球状或梨形,内孔一般比较光滑		1.造型材料水分过多或含有大量发气物质 2.型砂和型芯砂的透气性差,或烘干不良 3.拔模及修型时局部刷水过多 4.铁水温度过低,气体难以析出 5.浇注速度过快,型腔中气体来不及排除 6.铸件结构不合理,不利排气等
	缩孔	孔的内壁粗糙,形状不规则,多产生在厚壁处		1.浇注系统和冒口的位置不当,未能保证顺序凝固 2.铸件结构设计不合理,如壁厚差过大,过渡突然,因而使局部金属聚集 3.浇注温度太高,或铁水成分不对,收缩太大

续表

类别	名称	缺陷的特征	简　图	产生缺陷的原因
表面缺陷	砂眼	孔内填有散落的型砂	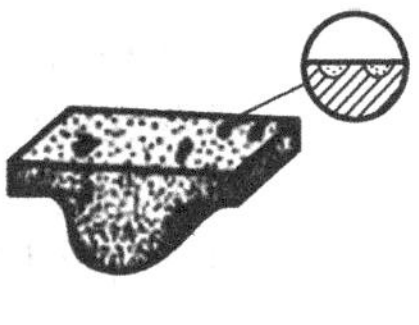	1.型砂和型芯砂的强度不够，舂砂太松，起模或合箱时未对准，将型砂碰坏 2.浇注系统不合理，使型砂或型芯被冲坏 3.铸件结构不合理，使型砂或型芯的突出部分过细、过长，容易被冲坏等
	渣眼	孔形不规则，孔内充塞熔渣	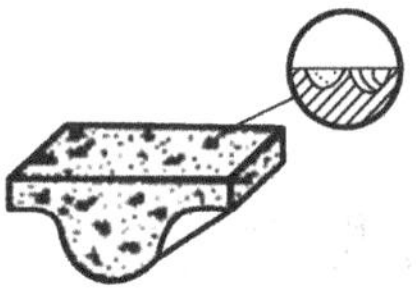	1.浇注时挡渣不良，熔渣随金属也流入型腔 2.浇口杯未注满或断流，致使熔渣与金属液流入型腔 3.铁水温度过低，流动性不好，熔渣不易浮出等
	热裂	铸件开裂，裂纹处金属表面成氧化色		1.铸件结构设计不合理，壁厚差太大 2.浇注温度太高，导致冷却速度不均匀，或浇口位置不当，冷却顺序不对 3.舂砂太紧，退让性差或落砂过早等
	黏砂	铸件表面粗糙，黏有砂粒		1.型砂，耐火性不够 2.沙粒粗细不合适 3.砂型的紧实度不够，舂砂太松 4.浇注温度太高，未刷涂料或刷得不够
	冷隔	铸件有未完全熔合的缝隙，交接处多呈圆形		1.铁水温度太低，浇注速度太慢，金属也汇合时，因表层氧化未能熔为一体 2.浇口太小或布置不对 3.铸件壁太薄，型砂太湿，含发气物质太多等
	浇不足	铸件未浇满		1.铁水温度太低，浇注速度太慢，或铁水量不够 2.浇口太小或未开出气口，产生抬箱或跑火 3.铸件结构不合理，如局部过薄，或表面过大；上箱高度低，铁水压力不足等
形状尺寸和质量不合格	错箱	铸件沿分型面产生错移	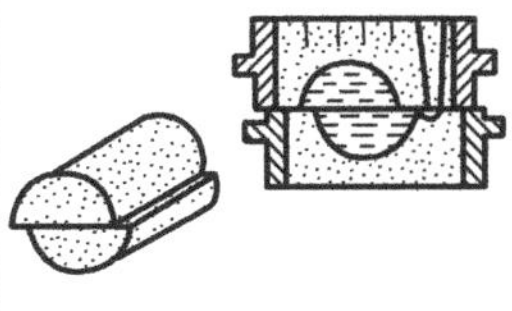	1.合箱时上下箱未对准 2.砂箱的标线或定位销未对准 3.分模的上下木模未对准
	偏芯	型芯偏移，引起铸件形状及尺寸不合格	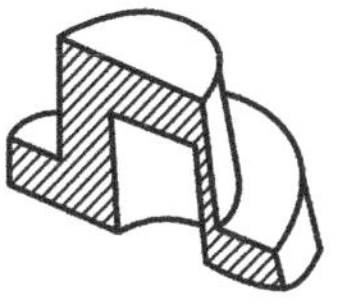	1.型芯变形或放置偏位 2.型芯尺寸不准或固定不稳 3.浇口位置不对，铁水冲偏了型芯

续表

类别	名称	缺陷的特征	简　图	产生缺陷的原因
化学成分及组织不合格	白口	铸件的断口呈银白色，难于切削加工		1.炉料成分不对 2.熔化配料操作不当 3.开箱过早 4.铸件壁太薄

复习思考题

1.为什么铸造是毛坯生产中的重要方法？试从铸造的特点并结合实例分析之。

2.什么是液态合金的充型能力？它与合金的流动性与何关系？不同化学成分的合金为何流动性不同？为什么铸钢的充型能力不铸铁差？

3.缩孔和缩松是如何形成的？它们对铸件的使用性能有何影响？如何防止或减少它们的危害？

4.什么是同时凝固原则和顺序凝固原则？如何实现？采用这两种原则时各有何利弊？

5.试用如图 6.12 所示的轨道铸件分析热应力的形成原因，并用虚线表示出铸件的变形方向。

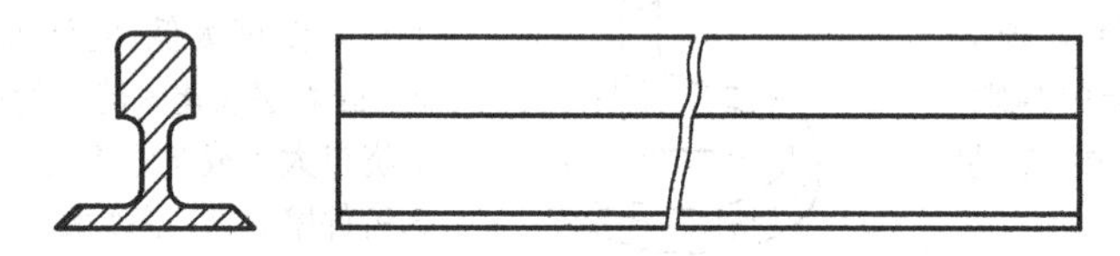

图 6.12　轨道铸件

第7章 铸造方法

铸造方法繁多,主要可分为砂型铸造和特种铸造两大类。其中,砂型铸造是最基本的铸造方法,它适用于各种形状、大小、批量及各种合金铸件的生产。

7.1 砂型铸造

用型(芯)砂制造铸型(型芯),将液态金属浇入后获得铸件的铸造方法,称为砂型铸造。如图7.1所示为套筒铸件的铸造生产过程。

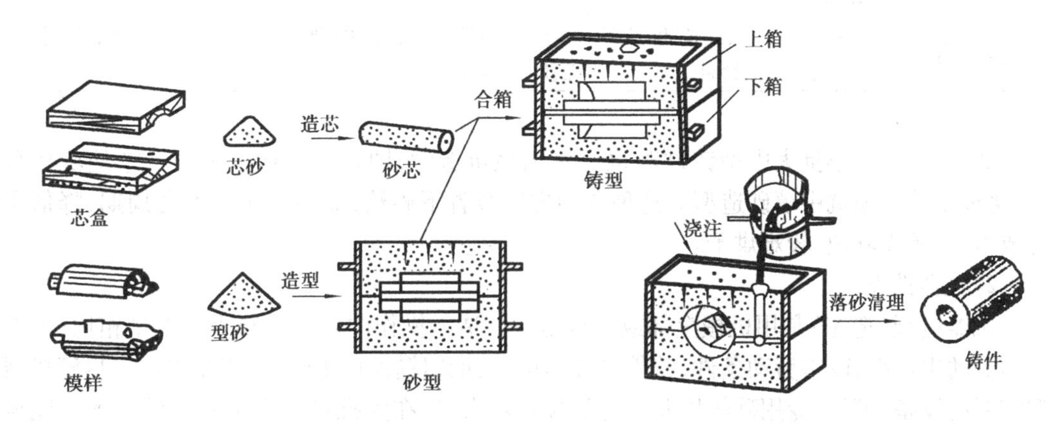

图7.1 套筒铸件的铸造生产过程

7.1.1 造型与制芯

(1)造型

造型是砂型铸造最基本的工序,造型方法的选择是否合理,对铸件质量和成本有着重要的影响。由于手工造型和机器造型对铸造工艺的要求有着明显的不同,在许多情况下,造型方法的选定是制订铸造工艺的前提,因此,必须先研究造型方法的选择。

1)手工造型方法

手工造型时,填砂、紧砂和起模等都是用手工来进行的。其操作灵活,适应性强,模样成本低,生产准备周期短,但铸件质量差,生产率低,且劳动强度大,因此,主要用于单件小批生产。常用手工造型方法见表7.1。

表7.1　常用手工造型方法的特点及应用

	整模造型	分模造型	挖砂造型
方　法	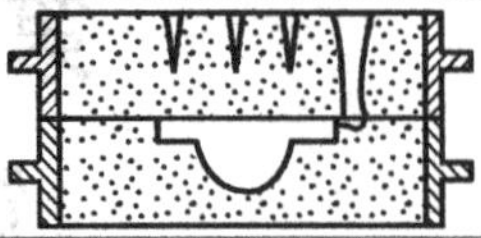	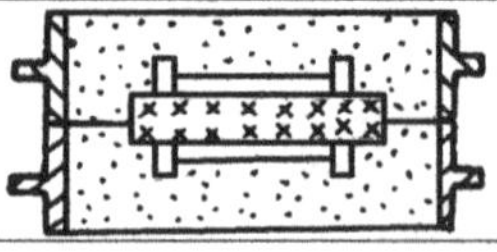	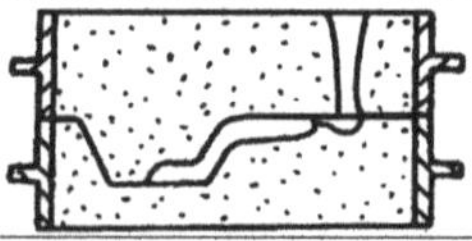
特　点	型腔在一个砂箱中,造型方便,不会产生错箱缺陷	型腔位于上下砂箱内。模型制造较复杂,造型方便	用整模,将阻碍起模的型砂挖掉,分型面是曲面。造型费时
应　用	最大截面在端部,且为平直的铸件	最大截面在中部的铸件	单件小批生产,分型面不是平面的铸件
	活块造型	刮板造型	三箱造型
方　法	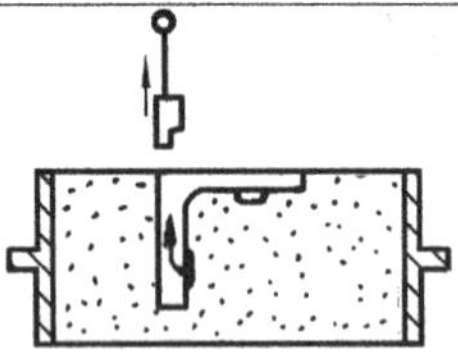	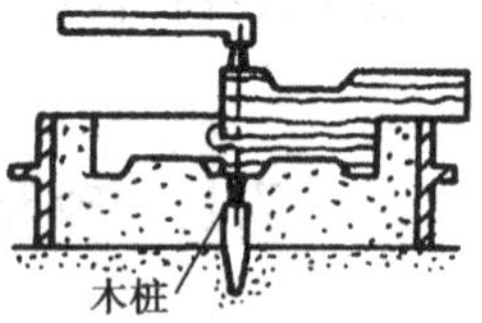	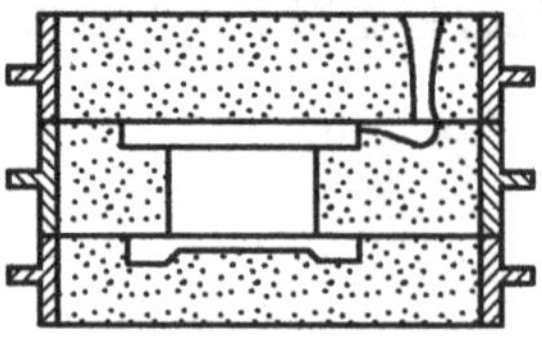
特　点	将阻碍起模部分做成活块,与模样主体分开取出。操作要求高、费时	模型制造简化,但造型费时,要求操作技术高	中砂箱的高度有一定要求。操作复杂,难以进行机器造型
应　用	单件小批生产,带有凸起部分又难以起模的铸件	单件小批生产,大、中型回转体铸件	单件小批生产,中间截面小的铸件

此外,在单件小批大中型铸件时也可采用地坑造型,即在车间地面上挖一个地坑代替砂箱,将模型放入地坑中填砂造型。这种造型方法节省下砂箱,缩短了生产准备周期,降低了铸件成本,但操作麻烦,较难烘干。

2)机器造型

机器造型(造芯)是用机械全部或部分地完成造型操作的方法。与手工造型相比,可大大提高劳动生产率,改善劳动条件,铸件尺寸精确,表面粗糙度值更低,加工余量小。尽管机器造型需要的设备、模板、专用砂箱以及厂房等投资较大,但在大批量生产中铸件的成本仍能显著降低。应当看到,随着模板结构的不断改进和制造成本的降低,现在上百件批量的铸件已开始采用机器造型,因此,机器造型(造芯)的使用范围已日益扩大。

①紧砂方法

按砂型的紧实方式,机器造型可分为振压式造型、高压造型、射压造型、空气冲击造型、静压造型及抛砂造型等。下面仅介绍目前我国中小企业常用的振压式造型机和抛砂造型机。

A.振压式造型机

振压式造型机结构如图7.2所示。压缩空气使振击活塞多次振击,将砂箱下部的型砂紧实,再用压实汽缸将上部的型砂压实。

振压式造型机结构简单,动作可靠,振压力大;但工作时噪声、振动大,劳动条件差。经振实后的砂箱内,其各处及上下部的紧实程度都不够均匀。

如图 7.3 所示的气动微振式造型机,工作时的振动、噪声小,且用多触头压实,效果良好。液压连通器使每个触头上所产生的压力是相同的,保证紧砂均匀。气动微振式造型机主要用于成批、大量生产中、小型铸件。

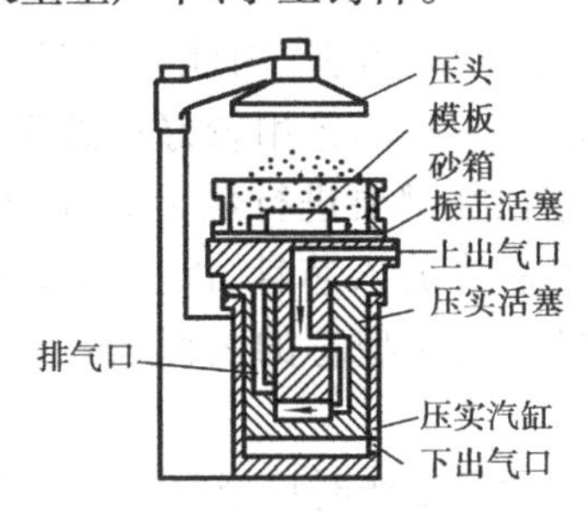

图 7.2　振压实造型机

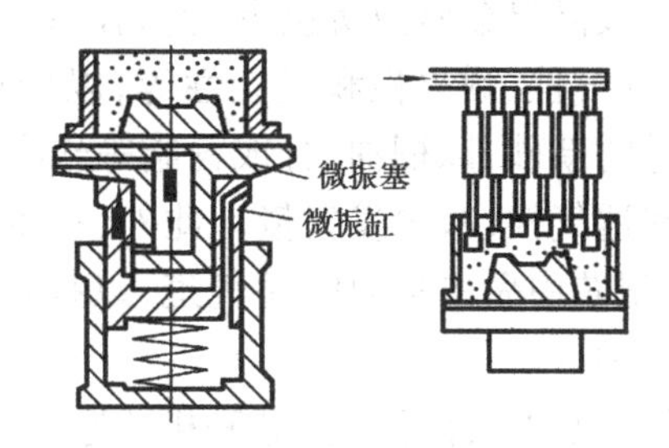

图 7.3　气动微振式造型机

B.抛砂紧实

抛砂紧实是将型砂高速抛入砂箱中而同时完成填砂和紧实的造型方法。如图 7.4 所示,转子高速旋转(约 1 000 r/min),叶片以 30~50 m/s 的速度将型砂抛向砂箱。随着抛砂头在砂箱上方的移动,使整个砂箱填满并紧实。由于抛砂机抛出的砂团速度相同,因此,砂箱各处的紧实程度都很均匀。此外,抛砂造型不受砂箱大小的限制,故它适用于生产大、中型铸件。

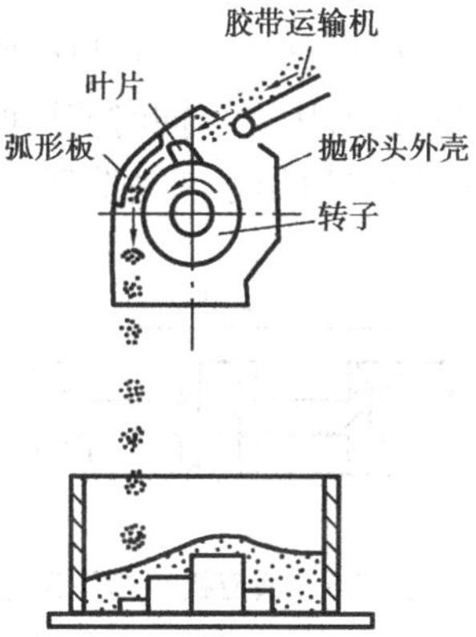

胶带运输机
叶片
弧形板
抛砂头外壳
转子

图 7.4　抛砂造型机

②起模方法

常用的起模方法有以下 3 种:

A.顶箱起模

如图 7.5(a)所示,当砂箱中型砂紧实后,顶箱机构顶起砂箱,使模板与砂箱分离而完成起模。此法结构简单,但起模时型砂易被模样带着往下掉,故仅适用于形状简单、高度不大的铸型。

B.漏模起模

如图 7.5(b)所示,模样分成两个部分,模样上平浅的部分固定在模板上,凸出部分可向下抽出,此时砂型由模板托住而不会掉砂,随后再落下模板。这种方法适用于有肋条或较高凸起部分、起模较困难的铸型。

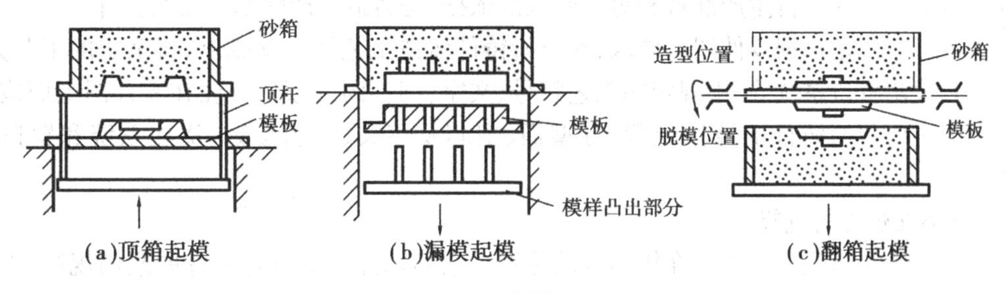

(a)顶箱起模　(b)漏模起模　(c)翻箱起模

图 7.5　起模方法

C.翻箱起模

如图7.5(c)所示,将砂箱由造型位置翻转170°,然后是模板与砂箱脱离(用顶箱或漏模均可)。这种方法适用于型腔较深、形状较复杂的铸型。

(2)造芯

型芯主要是用来形成铸件的内腔,有时也用来形成形状复杂的外形。浇注时,由于型芯的表面被高温金属液所包围,受到的冲刷及烘烤要比砂型厉害,因此要求型芯具有更高的强度、透气性、耐火性和退让性等,以确保铸件质量。一般都选用较好的造型材料,如用未使用过的新砂,以桐油、合成树脂等作黏结剂。型芯往往都要进行烘干处理,其目的是增加强度和透气性,减少发气量。此外,在生产还可在型芯中放入芯骨,以提高型芯的强度和刚度;在型芯中做出贯通的通气道,以提高型芯的透气性;在型芯的表面刷一层涂料,防止铸件产生黏砂。

造芯的方法也有手工造芯和机器造芯两种。成批、大量生产时广泛采用机器造芯。机器造芯除可用前述的振击、压实的紧砂方法外,最常用的是吹芯机或射砂机。

(3)机器造型的工艺特点

1)用模板造型

固定着模样、浇冒口的底板,称为模板。模板上有定位销与专用砂箱的定位孔配合。由于定位准确,因此可同时使用两台造型机分别造出上下铸型。

2)只适用于两箱造型

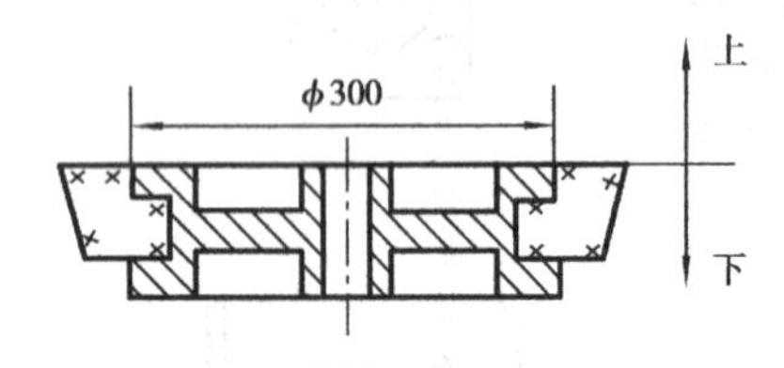

图7.6 适应机器造型工艺方案

因造型机无法造出中型,故不能进行三箱造型。当需三箱造型的铸件改用机器造型时,工艺上要采取相应措施,使之变成两箱造型。如图7.6所示的轮形铸件,可用一个外型芯形成铸件的外侧面,而是模样简化,适用于机器造型。

3)不宜使用活块

因为取出活块费时,使造型机的生产率大为降低。

7.1.2 铸造工艺图的制订

制造一个铸件,从零件图开始到获得铸件,要涉及合金的熔炼、铸型制备以及浇注、落砂、清理等许多工序。因此,在投产之前应进行工艺设计,以指导生产,确保铸件质量。

工艺设计程序一般包括绘制铸造工艺图、铸型装配图以及编写工艺卡等。大批量生产时,还要绘制模样图、模板图、砂箱图以及压铁、量具和工装设备图等。其中,铸造工艺图是指导模样和铸型的制造并进行生产准备和铸件验收的依据,是铸造生产的基本工艺文件。

铸造工艺图是根据零件图的要求,在分析铸件铸造工艺性的基础上,将确定的工艺方案、工艺参数及浇冒口系统等,用规定的工艺符号、文字,用不同的颜色标注在零件图上而成的图样。图上主要包括铸件的浇注位置、分型面、型芯及芯头、工艺参数、浇注系统和冒口及冷铁等。

(1)浇注位置的选择

浇注位置是指浇注时铸件在铸型内的位置。它的选择既要符合铸件的凝固规律,保证充型良好,又要简化造型和浇注工艺。具体选择原则见表7.2。

表7.2　浇注位置选择原则

选择原则		图　例	理　由
1	铸件上的重要加工面应朝下或呈侧立面	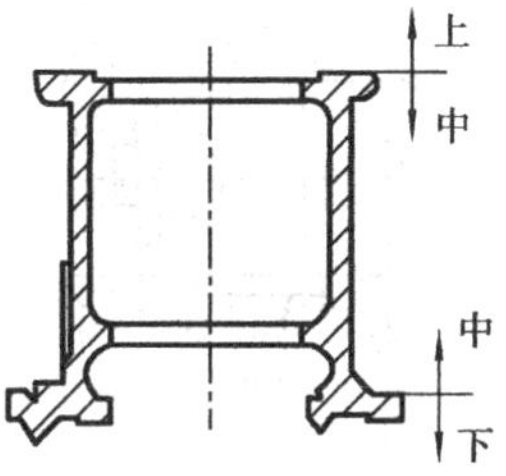 上 中 中 下	铸件的上表面容易产生夹渣、气孔等缺陷,组织也不如下表面致密。若不能朝下,则应尽量使其呈侧立面
2	铸件上的大平面应朝下	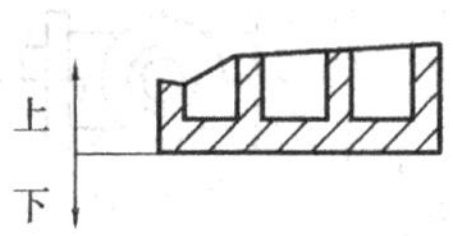 上 下	铸件的大平面若朝上,由于在浇注过程中金属液对型腔上表面有强烈的热辐射,型砂因急剧热膨胀和强度下降而拱起或开裂,因此容易产生夹砂等缺陷
3	铸件上的大面积的薄壁部分应置于铸型的下部或使其处于垂直或倾斜位置	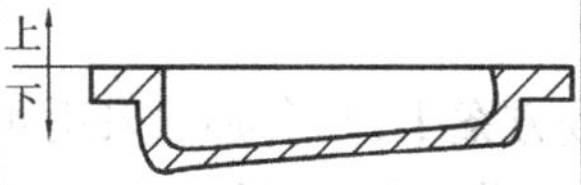 上 下	这是为了防止产生浇不足或冷隔等缺陷,特别是对于充型能力差的合金更应注意
4	厚大部分置于上部或侧面	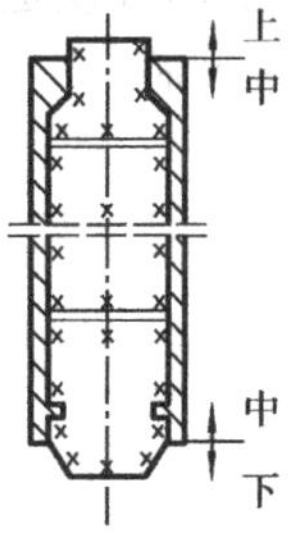 上 中 中 下	对于容易产生缩孔的铸件,应使厚大部分置于上部或侧面,以便能直接安置冒口,使之自下而上进行顺序凝固

(2)分型面的选择

分型面是两半铸型的分界面。铸型分型面的选择正确与否是铸造工艺和理性的关键之一。如果选择不当,不仅影响铸件质量,而且还会使制模、造型、造芯、合箱或清理等工序复杂化,甚至还会加大切削加工的工作量。因此,分型面的选择,应在保证铸件质量的前提下,尽量简化工艺过程,以节省人力物力。根据生产实际经验,分型面的选择原则如下:

1)应便于起模,使造型工艺简化

①尽量使分型面平直且数量少

如图7.7所示为一起重臂铸件。其分型面为合理的分型面,便于采用简便的分模造型;若采用俯视图的弯曲面为分型面,则需采用挖砂或假箱造型。

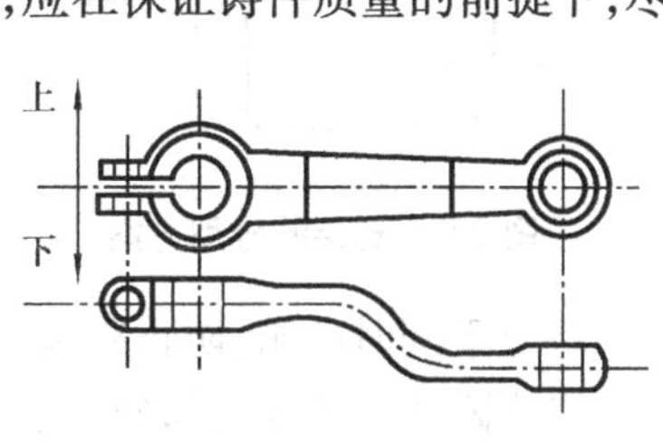

图7.7　起重臂的分型面

如图 7.8 所示为一三通管铸件。其内腔必须采用一个 T 字型芯来形成，但不同的分型方案，其分型面数量不同。显然，图 7.8(d)的方案分型最合理，造型工艺简便。

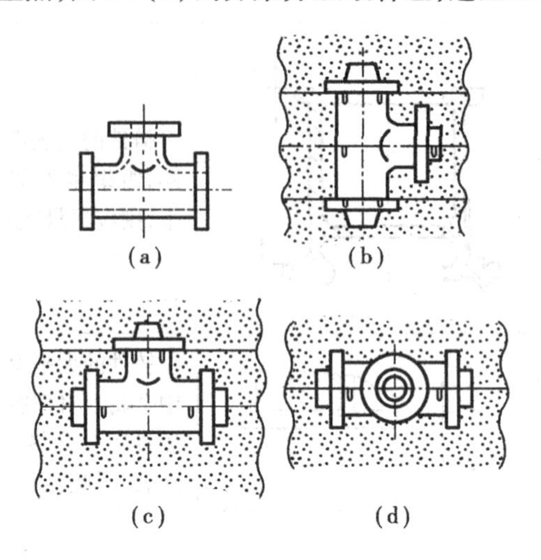

图 7.8　三通管铸件的分型方案

②尽量避免采用活块或挖砂造型

如图 7.9 所示为支架的分型方案。按方案Ⅰ，凸台必须采用 4 个活块方可制出，而下部两个活块的部位较深，取出困难。当改为方案Ⅱ，可省去活块，仅在 A 处稍加挖砂即可。

③应使型芯的数量少

如图 7.10 所示为一底座铸件。若按方案Ⅰ采用分模造型，其上下内腔均需采用型芯，而改为方案Ⅱ后，可采用整模造型，上下内腔可自带型芯。

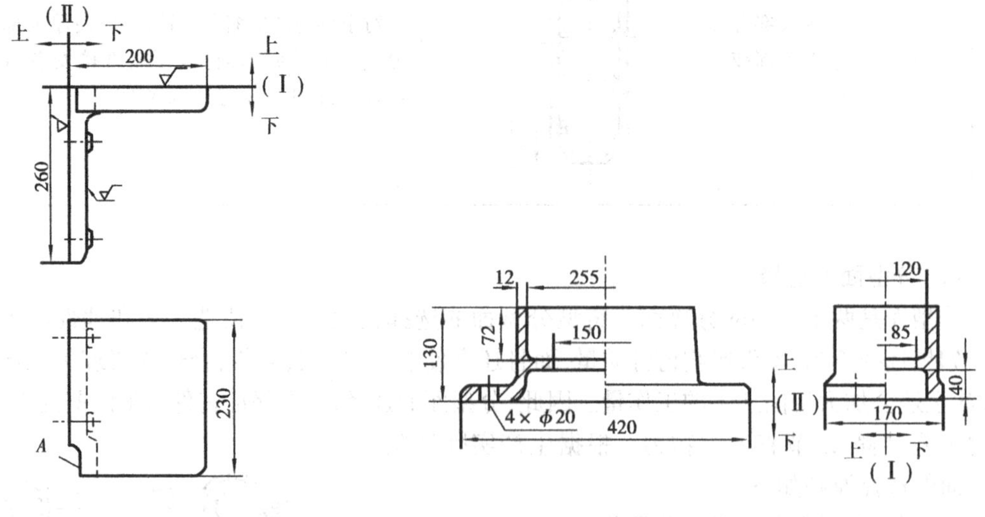

图 7.9　支架的分型方案　　　　图 7.10　底座的分型方案

2)位于同时砂箱，防止错箱

应使铸件全部或大部分位于同一砂箱，以防止产生错箱缺陷，如图 7.11 所示。同时，最好位于下箱，以便下芯、合箱及检验铸件壁厚等。

上述关于确定浇注位置和分型面的原则，对于具体铸件来说多难以满足，有时甚至互相矛

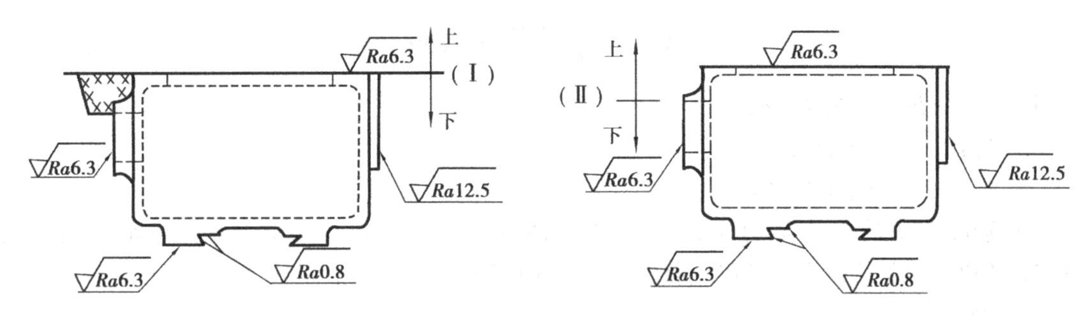

图 7.11　床身铸件

盾。因此,必须抓住主要矛盾、全面考虑,至于次要矛盾,则应从工艺措施上设法解决。

(3)工艺参数的确定

铸件的工艺设计,除了根据铸件的特点和具体的生产条件正确选择铸造方法和确定铸造工艺方案外,还应正确选择以下工艺参数:

1)机械加工余量

在铸件上为切削加工的方便而加大的尺寸,称为机械加工余量。加工余量的大小应适当,余量过大,费加工工时,且浪费金属材料;余量过小,制品会因残留黑皮而报废,或因铸件表面过硬而加速刀具磨损。

机械加工余量的具体数据取决于铸件的生产批量、合金种类、铸件大小、加工面与基准面的距离及加工面在浇注时的位置等。铸钢件的表面粗糙,变形较大,其加工余量比铸铁件大些;有色金属价格较贵,且表面光洁、平整,其加工余量一般较小;机器造型比手工造型生产的铸件精度高,加工余量可小些;浇注时朝上的表面因产生缺陷的几率较大,其加工余量应比底面和侧面大;铸件尺寸越大或加工面与基准面的距离越大,铸件的尺寸误差也越大,故加工余量也应随之加大。

铸件上的孔、槽是否铸出,不仅取决于工艺上的可能性,还必须考虑其必要性。一般来说,较大的孔、槽应当铸出,以减少切削加工工时、节省金属材料,同时也可减小铸件上的热节。但铸件上的小孔、槽则不必铸出,因为机械加工的直接钻孔反而更经济。灰铸铁件的最小铸孔(毛坯孔径)推荐如下:单件生产 30~50 mm,成批生产 15~20 mm,大量生产 12~15 mm。对于零件图上不要求加工的孔、槽,无论大小均应铸出。

2)起模(拔模)斜度

为了在造型和造芯时便于从铸型中起模或从芯盒中取芯,在模型或芯盒的起模方向上应具有一定的斜度,此斜度称为起模斜度,如图 7.12 所示。

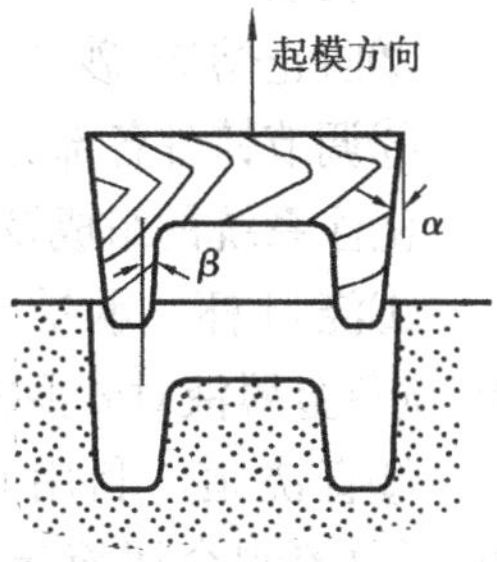

图 7.12　起模斜度

起模斜度的大小取决于垂直壁的高度、造型方法、模型材料及表面粗糙度等。垂直壁越高,其斜度越小;机器造型铸件的斜度比手工造型时小;木模要比金属模的斜度大。通常起模斜度在15′~3°。

3)铸造收缩率

铸件在冷却、凝固过程中要产生收缩,为了保证铸件的有效尺寸,模样和芯盒上的相关尺寸应比铸件放大一个收缩量。收缩率的计算公式为

$$k=\frac{L_{模样}-L_{铸件}}{L_{铸件}}\times 100\%$$

式中　k——铸件收缩率,%;

$L_{模样}$——模样的尺寸;

$L_{铸件}$——铸件的尺寸。

铸造收缩率的大小随合金的种类及铸件的尺寸、结构、形状而不同,通常灰铸铁为0.7%~1.0%,铸钢为1.5%~2.0%,有色金属为1.0%~1.5%。

4)型芯头

芯头的作用是为了保证型芯在铸型中的定位、固定以及通气。

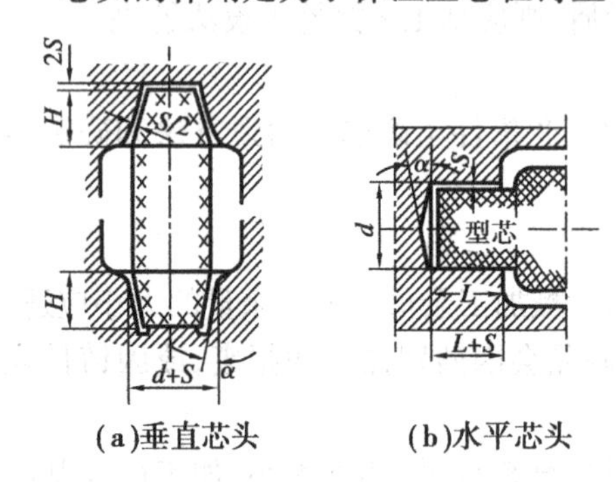

(a)垂直芯头　(b)水平芯头

图 7.13　型芯头的构造

型芯头的形状与尺寸对于型芯在铸型中装配的工艺性与稳固性有很大的影响。型芯头按其在铸型中的位置分垂直芯头和水平芯头两类,如图7.13所示。垂直芯头的高度主要取决于性芯头的直径。垂直的芯头上下应有一定的斜度。处于下箱的芯头,其斜度应小些,高度大些,以便增加型芯的稳固性;上箱的芯头斜度应大些,高度小些,以易于合箱。水平芯头的长度主要取决于芯头的直径和型芯的长度,并随型芯头的直径和型芯的长度增加而加大。

型芯头与铸型的型芯座之间应有1~4 mm的间隙,以便与铸型的装配。

5)铸造圆角

在设计和制造模型时,在相交壁的交角要作成圆弧过渡,称为铸造圆角。其目的是为了防止铸件交角处产生缩孔及由于应力集中而产生裂纹,以及防止在交角处产生黏砂等缺陷。

(4)浇注系统

金属液进入铸型所经过的通道称为浇注系统。合理地设置浇注系统,能避免铸造缺陷的产生,保证铸件质量。对浇注系统的要求如下:

①使金属液平稳、连续、均匀地流入铸型,避免对砂型和型芯的冲击。

②防止熔渣、砂粒或其他杂质进入铸型。

③调节铸件各部分温度分布,控制冷却和凝固顺序,避免缩孔、缩松及裂纹的产生。

浇注系统的组成及其作用如下(见图7.14):

①浇口杯。承受金属液的冲击和分离熔渣,避免金属液对砂型的直接冲击。

②直浇道。利用它的高度所产生的静压力,可以控制金属液流入铸型的速度和提高充型能力。

③横浇道。主要起挡渣作用。

④内浇道。它是把金属液直接引入铸型的通道。利用它的位置、大小和数量可控制金属

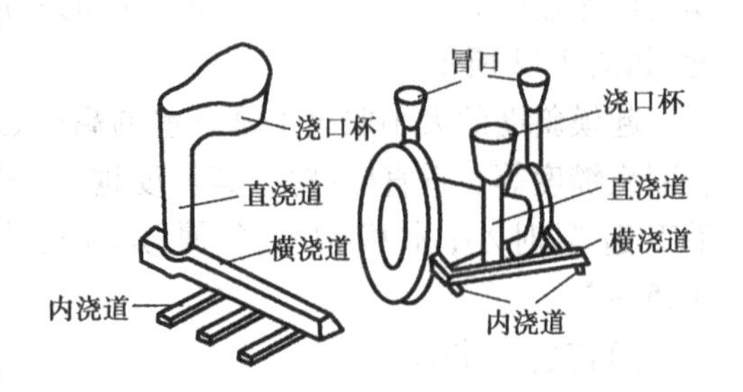

图 7.14　浇注系统的组成

液流入铸型的速度和方向，以及调整铸件各部分的温度分布。

根据铸件的形状、大小和合金的种类的不同，浇注系统可以设计成不同的形式。

(5)综合分析举例

如图7.15所示为一支座零件。该件没有特殊质量要求的表面，在制订工艺方案时，不必考虑浇注位置要求，主要着眼于工艺上的简化。支座虽属简单件，但底板4个ϕ10 mm孔的凸台及两个轴孔的内凸台可能妨碍起模。同时，轴孔如若铸出，还必须考虑下芯的可能性。

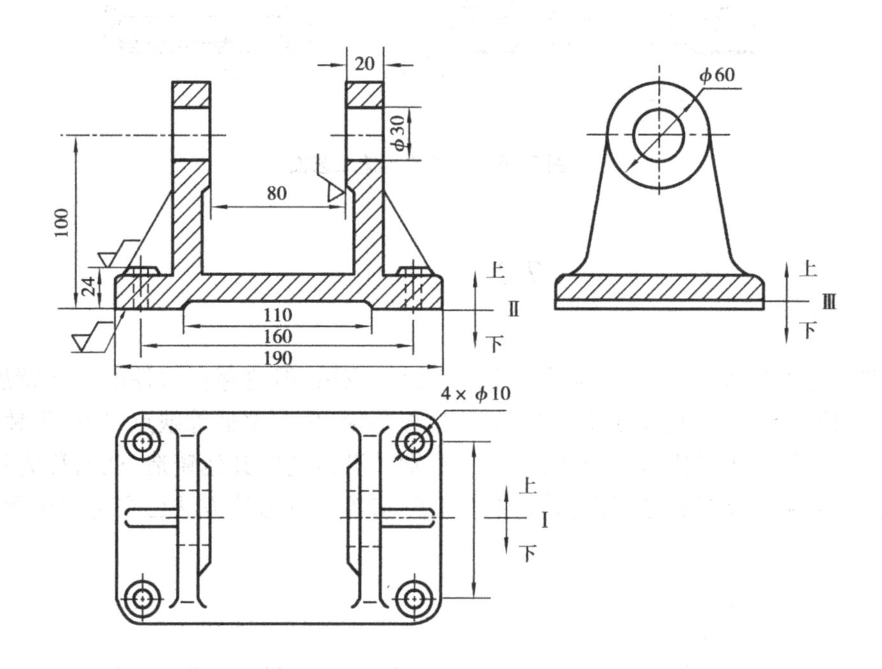

图7.15 支座

该件可供选择的分型面主要如下：

①方案Ⅰ。沿底板中心线分型，即采用分模造型。其优点是底面上110 mm凹槽容易铸出，轴孔下芯方便，轴孔内凸台不妨碍起模。其缺点是底板上的4个凸台必须采用活块，同时，铸件易产生错箱缺陷，飞边清理工作大。此外，若采用木模，加强筋过薄，木模易损坏。

②方案Ⅱ。沿底板分型，铸件全部位于下箱，即采用整模造型，因此克服了方案Ⅰ的缺点。但为铸出110 mm凹槽必须采用挖砂造型，且轴孔内凸台妨碍起模，必须采用两个活块或下型芯。当采用活块造型时，ϕ30 mm轴孔难以下芯。

③方案Ⅲ。沿110 mm凹槽底面分型。其优缺点与方案Ⅱ类似，仅是将挖砂造型改为分模造型。

可见，方案Ⅱ、方案Ⅲ的优点多于方案Ⅰ。但在不同生产批量下，具体方案可选择如下：

①单件小批生产。由于轴孔直径较小，不需铸出，而手工造型便于进行挖砂和活块造型，因此采用方案Ⅱ更为经济。

②大批量生产。由于机器造型不能采用活块，故应采用型芯制出轴孔内凸台。同时，应采用方案Ⅲ从110 mm凹槽底面分型，以降低模板制造费用。如图7.16所示为其铸造工艺图。由图7.16可知，方型芯的宽度大于底板，以便使上箱压住该型芯，防止浇注时上浮。若轴孔需

铸出,采用组合型芯即可实现。

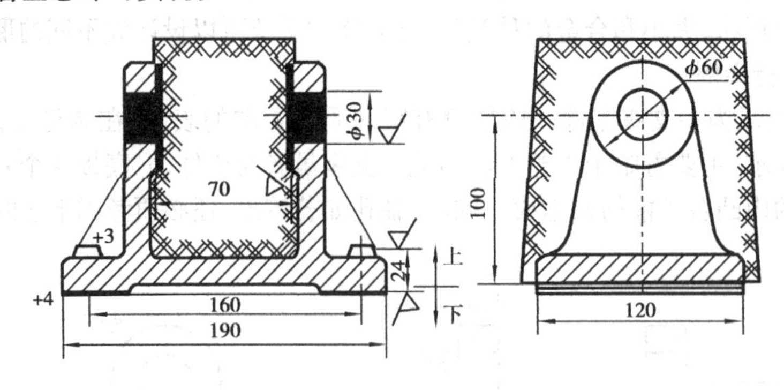

图 7.16　支座的铸造工艺图

7.2　特种铸造

砂型铸造因其适应性广、成本低而得到广泛的应用,但也存在铸件的尺寸精度低、表面粗糙、铸造缺陷多、砂型只能使用一次、工艺过程烦琐、生产率低等缺点,使砂型铸造不能满足现代工业不断发展的需求。因此,形成了有别砂型铸造的其他铸造方法,称为特种铸造。目前,金属型铸造、熔模铸造、压力铸造及离心铸造等多种铸造方法已在生产中得到广泛的应用。

7.2.1　熔模铸造

熔模铸造在我国有着悠久的历史,早在商朝就用此法铸造了艺术性很高的钟鼎和器皿。近几十年来,随着科学技术的不断发展,使这种古老的方法又有了新的发展。

熔模铸造是指用易熔材料制成模样,然后在模样上涂挂耐火材料,经硬化后,再将模样熔化以获得无分型面的铸型。由于模样广泛采用蜡质材料来制造,故又常将熔模铸造称为"失蜡铸造"。

(1)熔模铸造的工艺过程

如图 7.17 所示为熔模铸造工艺过程示意图。整个工艺过程可分为以下 3 个阶段:

1)蜡模制造

制造蜡模是熔模铸造的第一道工序。蜡模是用来形成耐火型壳中型腔的模型。因此,要想获得尺寸精度高和表面粗糙度低的铸件,首先蜡模本身就应该具有高的尺寸精度和表面质量。

制造蜡模一般要经过以下程序:

①压型制造

压型(见图 7.17(b))是用来制造单个蜡模的专用模具。

压型一般用钢、铜或铝经切削加工制成,这种压型的使用寿命长,制出的蜡模精度高,但压型的制造成本高,生产准备时间长,主要用于大批量生产。对于小批量生产,压型还可采用易熔合金(Sn,Pb,Bi 等组成的合金)、塑料或石膏直接向模样上浇注而成。

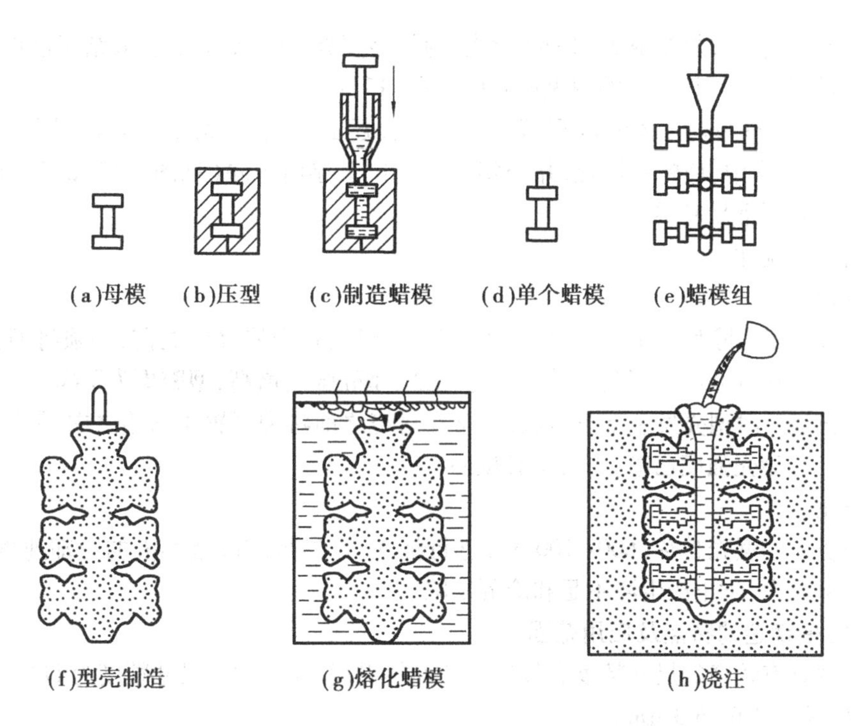

图7.17 熔模铸造的工艺流程

②蜡模的压制

蜡模材料是由石蜡、松香、蜂蜡、硬脂酸等配制而成。最常用的是50%石蜡和50%硬脂酸配成的模样,熔点为50~60 ℃。将蜡料加热到糊状后,在2~3个大气压力下,将蜡料压入压型内(见图7.17(c)),待蜡料冷却凝固便可从压型内取出,然后修去分型面上的毛刺,即得单个蜡模(见图7.17(d))。

③蜡模组装

熔模铸件一般均较小,为提高生产率、降低成本,通常将若干个蜡模焊在一个预先制好的浇口棒上构成蜡模组(见图7.17(e)),从而可实现一型多铸。

2)型壳制造

它是在蜡模组上涂挂耐火材料,以制成具有一定强度的耐火型壳的过程。由于型壳的质量对铸件的精度和表面粗糙度有着决定性的影响,因此,结壳是熔模铸造的关键环节。

①涂挂涂料

将蜡模组置于涂料中浸渍,使涂料均匀地覆盖在蜡模组的表层。涂料是由耐火材料(如石英粉)、黏结剂(如水玻璃、硅酸乙酯等)组成的糊状混合物。这种涂料可使型腔获得光洁的面层。

②撒砂

它是使浸渍涂料后的蜡模组均匀地黏附一层石英砂,以增厚型壳。

③硬化

为了使耐火材料层结成坚固的型壳,撒砂之后应进行化学硬化和干燥。如以水玻璃为黏结剂时,将蜡模组浸于 NH_4Cl 溶液中,于是发生化学反应,析出来的凝胶将石英砂粘得十分牢固。

由于上述过程仅能结成 1~2 mm 薄壳，为使型壳具有较高的强度，故结壳过程要重复进行 4~6 次，最终制成 5~12 mm 的耐火型壳（见图 7.17（f））。

为了从型壳中取出蜡模以形成铸型空腔，还必须进行脱蜡。通常是将型壳浸泡于 75~95 ℃ 的热水中，使蜡料熔化，并经朝上的浇口上浮而脱除（见图 7.17（g））。脱出的蜡料经回收处理后可重复使用。

3）焙烧与浇注

①焙烧

为了进一步去除型壳中的水分、残蜡及其他杂质，在金属浇注之前，必须将型壳送入加热炉内加热到 700~1 000 ℃进行焙烧。通过焙烧，型壳强度增高，型腔更为干净。

为防止浇注时型壳发生变形或破裂，常在焙烧之前将型壳置于铁箱之中，周围填砂（见图 7.17（h））。若型壳强度已够，则可不必填砂。

②浇注

将焙烧后的型壳趁热（600~700 ℃）进行浇注，这样可减缓金属液的冷却速度，从而提高合金的充型能力，防止产生浇不足和冷隔缺陷。

（2）熔模铸造的特点及应用范围

①铸件具有较高的尺寸精度和较低的表面粗糙度，如铸钢件尺寸精度为 IT14—IT11，表面粗糙度 *Ra* 值为 1.6~6.3 μm。

②由于其特殊的起模方式，可适于制造形状复杂或特殊、难用其他方法铸造的零件。

③适于各种铸造合金，特别是小型铸钢件。

④设备简单，生产批量不受限制。

⑤工艺过程较复杂，生产周期长，铸件质量不能太大（<25 kg）。

因此，熔模铸造多用于制造各种复杂形状的小零件，特别适用于高熔点金属或难切削加工的铸件，如汽轮机叶片、刀具等。

7.2.2 金属型铸造

金属型铸造是指将液态金属浇入金属制成的铸型中，以获得铸件的方法。由于金属型可重复使用几百次至几万次，故又称“永久型铸造”。

（1）金属型构造

金属型的结构主要取决于铸件的形状、尺寸、合金种类及生产批量等。

用金属型铸造时，必须保证铸件与浇冒口系统能从铸型中顺利地取出。为适应各种铸件的结构，金属型按分型面的不同，可分为水平分型式、垂直分型式、复合分型式及铰链开合式金属型等（见图 7.18）。其中，垂直分型式（见图 7.18（b））开设浇口和取出铸件都比较方便，易实现机械化，故应用较多。对于结构复杂的铸件，常需采用复合分型式。如图 7.18（c）所示的结构，金属型设有两个水平分型面和一个垂直分型面，整个铸件由 4 大块金属材料所组成。如图 7.18（d）结构为铸造铝合金活塞的铰链开合式金属型，它由左右半型和底型组成，左半型固定，右半型用铰链联接。它采用了鹅颈缝隙式浇注系统，金属液能平缓地进入型腔。为防止金属型过热，还设有强制冷却装置。

金属型一般用铸铁制成，有时也采用碳钢。铸件内腔可用金属型芯或砂芯来形成，其中金属型芯通常只用于浇注有色金属件。为使金属型芯能在铸件凝固后迅速从腔中抽出，金属型

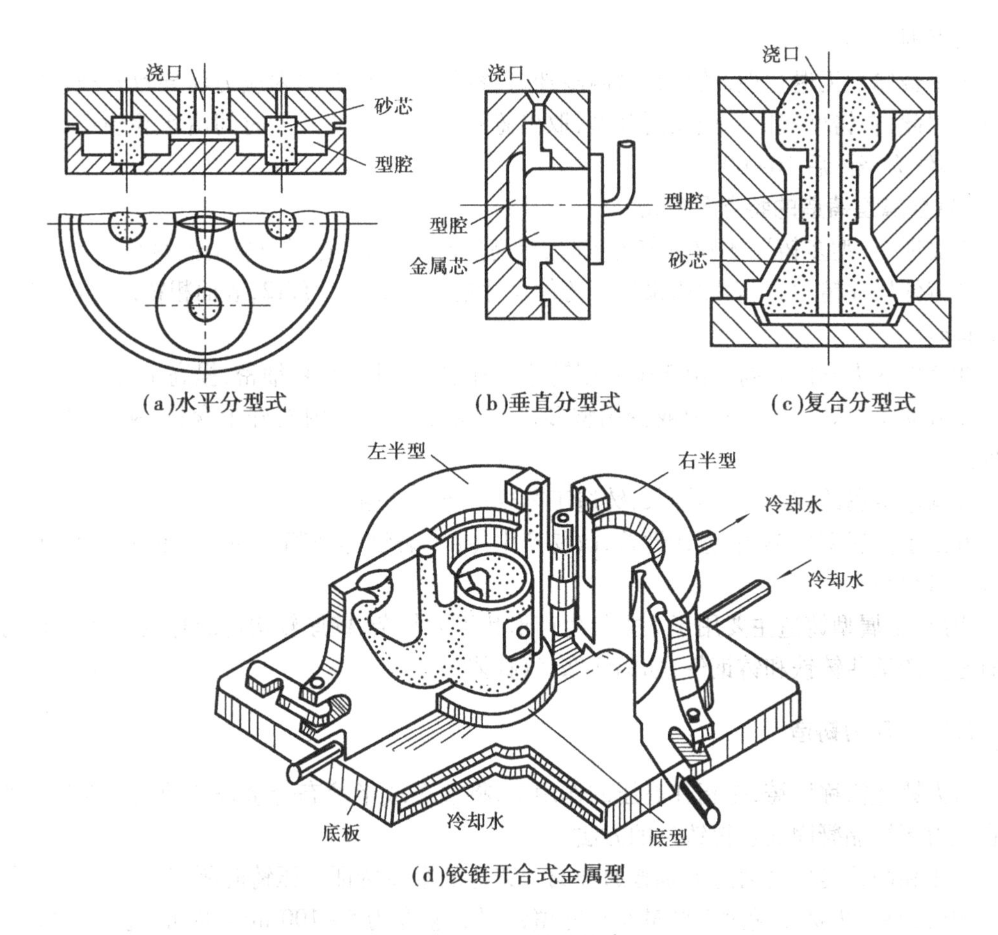

图 7.18　金属型的结构类型

还常设有抽芯机构。对于有侧凹内腔,为使型芯得以取出,金属型芯可由几块组合而成。

(2)金属型的铸造工艺

用金属型代替砂型,克服了砂型的许多缺点,但也带来了一系列的新问题。例如,金属型无透气性,容易产生气孔;金属型导热快,无退让性,铸件容易产生浇不足、冷隔、裂纹等缺陷;金属型的耐热性不如砂型好,高温下型腔容易损坏,等等。为了保证铸件质量和延长金属型的使用寿命,还必须采取下列措施:

1)加强金属型的排气

除了在铸型上部设排气孔之外,还常在金属型的分型面上开出槽深为 0.2~0.4 mm 的排气槽,该槽可使气体通过,金属液却因表面张力的作用而不能通过。

2)预热金属型

金属型铸造时,铸型的突然受热和金属液的急速冷却对铸型的使用寿命和金属液的充型都不利,为缓解这种现象,需要在浇注前将金属型预热。预热温度视铸件的材料和结构而定,通常在铸铁件为 250~350 ℃,有色金属为 100~250 ℃。

3)表面涂刷涂料

在金属型表面涂刷涂料,可避免高温金属液对型腔的直接作用,延长金对型的使用寿命。涂料一般由耐火材料、水玻璃黏结剂和水调制而成,涂料层厚度为 0.1~0.5 mm。

4)及时开型

由于金属型无退让性,铸件在型内冷却时,容易引起较大的内应力而导致开裂,甚至卡住铸型。因此,在铸件凝固后应及时开型,取出铸件。最适合的开型时间由实验确定,对于一般中、小铸件为浇注后 10~60 s。

(3)金属型铸造的特点及应用

①实现"一型多铸",不仅可节省工时,提高生产率,而且还可节省造型材料。

②铸件尺寸精度高、表面质量好。铸件尺寸精度为 IT14—IT12,表面粗糙度 *Ra* 值为 6.3~12.5 μm。

③铸件的力学性能高。由于金属型铸造冷却快,铸件的晶粒细密,提高了力学性能。

④劳动条件好。由于不用或少用型砂,大大减少了车间内的硅尘含量,从而改善了劳动条件。

⑤制造金属的成本高,周期长,铸造工艺规格要求严格。

⑥由于金属型导热快,退让性差,故易产生冷隔、裂纹等缺陷。而生产铸铁件又难以避免出现白口组织。

因此,金属型铸造主要用于大批量生产形状不太复杂、壁厚较均匀的有色合金的中、小件,有时也生产某些铸铁和铸钢件,如铝活塞、汽缸体等。

7.2.3 压力铸造

压力铸造简称压铸,是指在高压的作用下,将液态或半液态合金快速地压入金属铸型中,并在压力下结晶凝固而获得铸件的方法。

高压和高速是压力铸造区别普通金属型铸造的重要特征。压铸时所用压力一般为几至几十兆帕(最高压力甚至超过 200 MPa),充填铸型的速度为 5~100 m/s,因此,金属充填铸型的时间很短,为 0.001~0.2 s。而砂型、金属型铸造等则是靠金属本身的重力充填铸型的,铸件凝固时不受压力作用。

(1)压铸机

压铸机是完成压铸过程的主要设备。根据压室的工作条件不同,它可分热压室压铸机和冷压室压铸机两大类。

1)热压室压铸机

热压室压铸机的压室浸在保温坩埚的液体金属中,压射部件装在坩埚上面。压铸过程如图 7.19 所示。当压射头上升时,液态金属通过进口进入压室内,合型后,在压射冲头下压时,液体金属沿着通道经喷嘴充填型腔,冷却凝固后开型取出铸件,完成一个压铸循环。

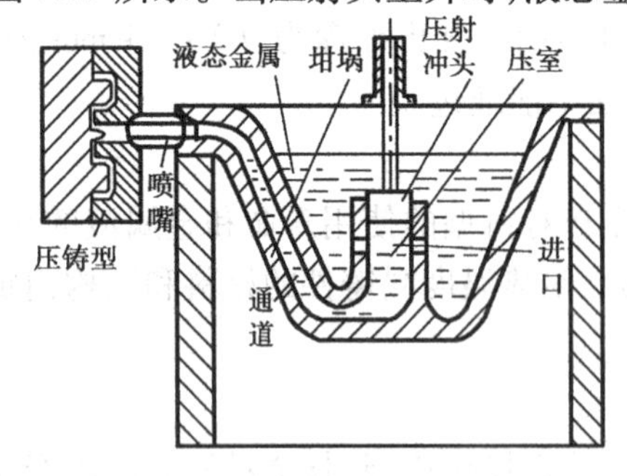

图 7.19 热压室压铸机工作原理图

这种压铸机的优点是:生产工序简单,效率高;金属消耗少,工艺稳定;压入型腔的液体金属较干净,铸件质量好;易实现自动化。但压室、压射冲头长期浸在液体金属中,影响使用寿命。目前,热压室压铸机大多用于压铸锌合金等低熔点合金铸件,但有时也用于压铸小型镁合金铸件。

2)冷压室压铸机

冷压室压铸机的压室与保温炉是分开的,压铸时,从保温炉中取出液体金属浇入压室后完成压铸。

这种压铸机的压室与液态金属的接触时间很短,可适用于压铸熔点较高的有色金属,如铜、铝、镁等合金,还可用作黑色金属和处于半液态金属的压铸。

冷压室压铸机有立式和卧式两种。它们的工作原理如图7.20和图7.21所示。

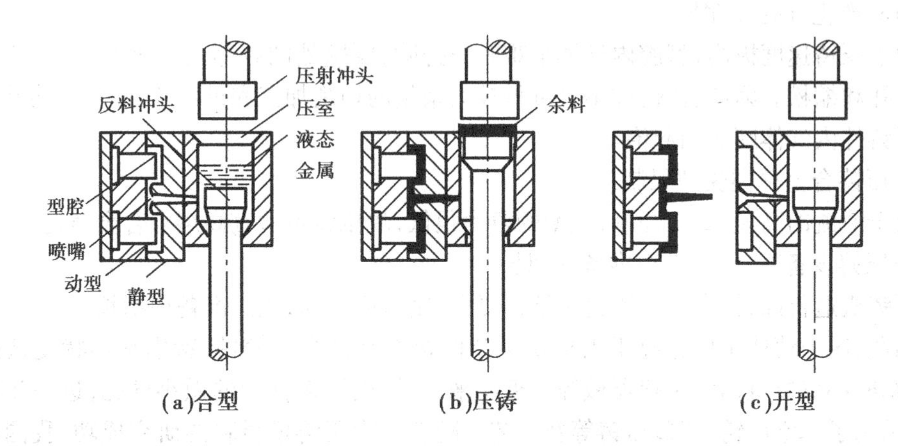

图7.20　立式冷压室压铸机工作原理图

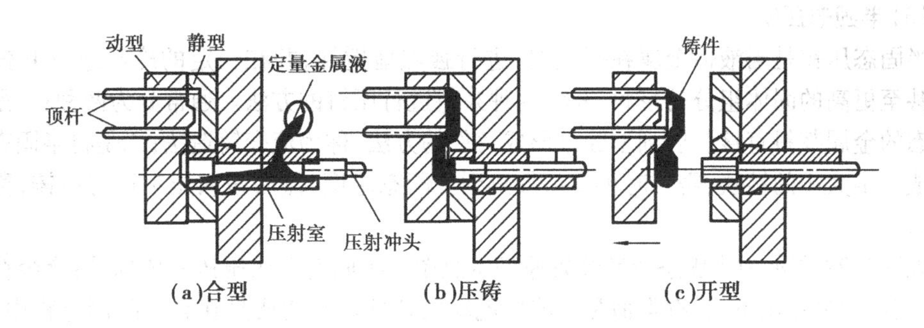

图7.21　卧式冷压室压铸机工作原理图

两种压铸机相比较:在结构上仅仅压射机构不同,立式压铸机有切断,顶出余料的下油缸,结构比较复杂,增加了维修的困难,而卧式压铸机压室简单,维修方便。在工艺上,立式压铸机压室内空气不会随液态金属进入型腔,便于开设中心浇口,但由于浇口长,液体金属耗量大,充填过程能量损失也较大。相对而言,卧式压铸机液体金属进入型腔行程短,压力损失小,有利于传递最终压力,便于提高比压,故使用较广。

(2)压力铸造的特点及应用

1)铸件的精度及表面质量均较其他铸造方法高

尺寸精度可达IT13—IT11,表面粗糙度值为*Ra*1.6~6.3 μm。因此,压铸件不经机械加工或少许加工即可使用。

2)可压铸出形状复杂的薄壁件或镶嵌件

如可铸出极薄件(铝合金的最小壁厚可达0.05 mm)或直接铸出小孔、螺纹等,这是由于压铸型精密,在高压下浇注,极大地提高了合金充型能力所致。

3)铸件的强度和硬度均较高

因为铸件的冷却速度快,又在高压作用下结晶凝固,其组织致密、晶粒细,如抗拉强度可比砂型铸造提高25%~30%。

4)生产率高

由于压铸的充型速度和冷却速度快,开型迅速,故其生产率比其他铸造方法均高。例如,我国生产的压铸机生产能力可达50~150次/h,最高可达500次/h。

5)易产生气孔和缩松

由于压铸速度极高,型腔内气体很难及时排除,厚壁处的收缩也很难补缩,致使铸件内部常有气孔和缩松。因此,压铸件不宜进行较大余量的切削加工和进行热处理,以防孔洞外露和加热时铸件内气体膨胀而起泡。

6)压铸合金种类受到限制

由于液流的高速、高温冲刷,压型的寿命很低,故压铸不适宜高熔点合金铸造。

7)压铸设备投资大,生产准备周期长

压铸机造价高,投资大。压铸模结构复杂,制造成本高,生产准备周期长。

因此,压力铸造主要适应于大批量生产低熔点有色合金铸件,特别是形状复杂的薄壁小件,如精密小仪器、仪表、医疗器械等。近年来,为解决压铸件中的微小气孔,进一步提高铸件质量,采用了真空压铸、吹氧压铸等新工艺。随着新型压铸模材料的研究成功,我国已能生产部分钢、铁压铸件。

(3)半固态压铸

半固态压铸是当液体金属在凝固时,进行强烈地搅拌,并在一定的冷却速率下获得50%左右甚至更高的固体组分的浆料,并将这种浆料进行压铸的方法。通常分为两种:一是将上述半固态的金属浆料直接压射到型腔里形成铸件的方法,称为流变铸造法;二是将半固态浆料预先制成一定大小的锭块,需要时再重新加热到半固态温度,然后送入压室进行压铸,称为触变铸造法。

如图7.22所示为半固态压铸装置原理示意图。半固态金属压铸的依据是:合金在半固态时,在切应力的作用下,具有类似黏性液体流动的特性。其实质是在合金凝固过程中,经过剧烈的搅拌,不会形成交错的树枝状晶粒,而形成均匀彼此隔离的球状固体质点,这些质点悬浮在液态的金属母液中。而要获得球状或近似球状质点,除需有足够的冷却速度外,还要有较高的剪切力。这种合金的浆料悬浮液,在一定温度范围内,黏度具有随剪切力的增加而减小的特点,即搅溶性。对于固体组分占50%的半固态浆料,当剪切力较低或等于零时,其黏度会大大提高,并使浆料像软固体一样。如果随后再加剪力,则又可使其黏度降低,重新获得流动性,并容易进行压铸。

半固态压铸与全液态金属压铸相比有以下优点:

①减少了热冲击。由于降低了浇注温度,而且半固态金属在搅拌时已有50%的熔化潜热散失掉,故大大减少了对压室、压铸型型腔和压铸机组成部件的热冲击。根据对青铜的测定,半固态金属和全液态金属压铸相比,压铸型表面的最大受热程度降低了75%,表面的温度梯度降低了77%,因而可提高压铸型的使用寿命。

②提高了压铸件的质量。由于半固态金属黏度比全液态金属大,内浇口处流速低,因此,充填时少喷溅、无湍流、卷入空气少;又由于半固态收缩小,故铸件不易出现疏松、缩孔,提高了

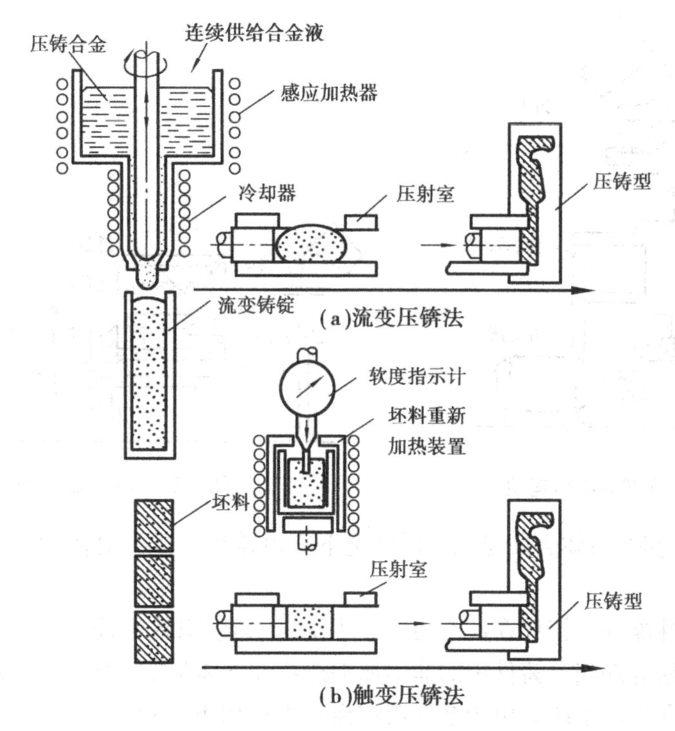

图7.22　半固态压铸装置示意图

铸件质量。

③输送方便,半固态金属像软固体一样输送到压室,简单方便。

半固态压铸的出现为解决黑色金属压铸型寿命低的问题提出了一个办法,而且对提高铸件质量、改善压铸机压射系统的工作条件都有一定的作用,因此,它是有前途的一种新工艺。

7.2.4　离心铸造

离心铸造是将液体金属浇入旋转的铸型中,使液体金属在离心力作用下充填铸型和凝固成型的一种铸造方法。

为了实现上述工艺过程,必须采用离心铸造机以创造铸型旋转的条件。根据铸型旋转轴在空间位置的不同,常用的有立式离心铸造机和卧式离心铸造机两种类型。

立式离心铸造机如图7.23所示。它的铸型是绕垂直轴旋转的,金属液在离心力作用下,沿圆周分布。由于重力的作用,使铸件的内表面呈抛物面,铸件壁上薄下厚。因此,它主要用来生产高度小于直径的圆环类铸件,如轴套、齿圈等,有时也可用来浇注异形铸件。

卧式离心铸造机如图7.24所示。它的铸型是绕水平轴转动,金属液通过浇注槽导入铸型。采用卧式离心压铸机铸造中空铸件时,无论在长度方向或圆周方向均可获得均匀的壁厚,且对铸件长度没有特别的限制,故常用它来生产长度大于直径的套类和管类铸件,如各种铸铁下水管、发动机缸套等。这种方法在生产中应用最多。

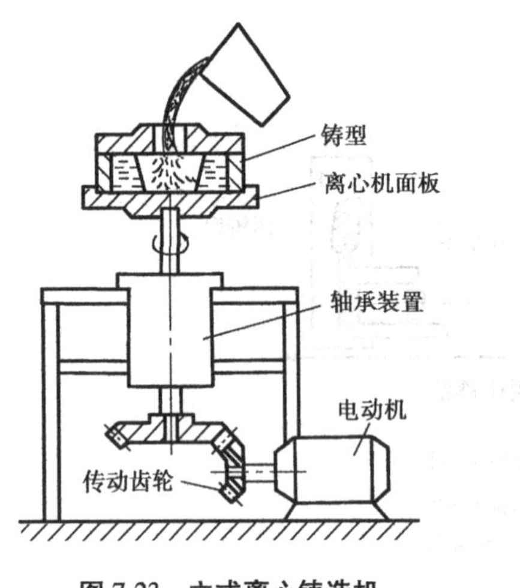

图 7.23 立式离心铸造机

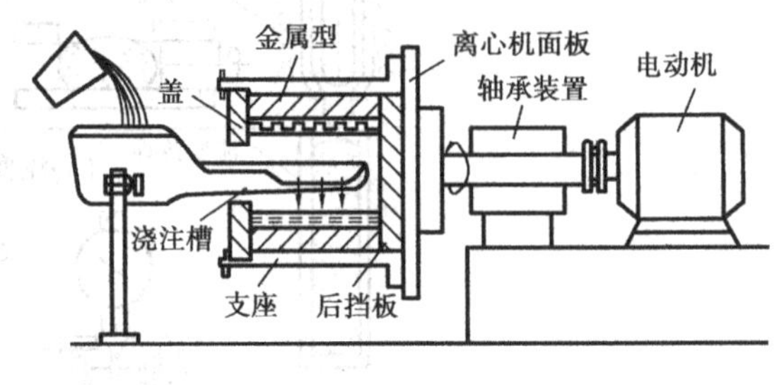

图 7.24 卧式离心铸造机

由于离心铸造时,液体金属是在旋转情况下充填铸型并进行凝固的,因此,离心铸造具有以下特点:

①铸件力学性能好。铸件在离心力的作用凝固,其组织致密,同时也改善了补缩条件,不易产生缩孔和缩松等缺陷。铸件中的非金属夹杂物和气体集中在内表面,便于去除。

②不需型芯和浇注系统。由于金属液在离心力作用下充填铸型,故对于带孔的圆柱形铸件,不需采用型芯和浇注系统即可铸出,工艺简便并可节省金属材料的消耗。

③金属液的充型能力好,也便于制造双层金属。离心力提高了金属液的充型能力,可适于流动性差的铸造合金或薄壁铸件。此外,利用这种方法还能制造出双层金属铸件,如轴瓦、钢套衬铜等。

④内孔的表面质量差,尺寸不准确。

⑤容易产生比重偏析。对于容易发生比重偏析的合金,如铅青铜等,不宜采用离心铸造,因为离心力将使铸件内外层成分不均匀,性能不佳。

因此,离心铸造主要适应于生产中小型管类、筒类零件,如铸件管、铜套、内燃机缸套、钢套衬铜的双金属件等。

7.2.5 其他特种铸造方法

随着铸造技术的不断发展及实际生产的需要,又发展了除上述四种特种铸造方法外的其他铸造方法,见表 7.3。

表 7.3 其他特种铸造方法简介

铸造方法	定 义	特点及应用
壳型铸造	利用树脂砂制成薄壳铸型来制造铸件的方法	◆耗用造型材料较少,铸件质量与熔模铸造相当 ◆生产工艺较简单,且易于实现机械化或自动化 ◆可浇注薄而复杂的高熔点合金铸件 ◆因设备和模具的费用较高,特别是树脂的成本较高,使其在应用上受到一定限制 一般用于大批、大量生产

续表

铸造方法	定 义	特点及应用
低压铸造	介于重力铸造和压力铸造之间的一种铸造方法	◆充型压力和充型速度便于控制,故可适应各种铸型,如金属型、砂型、熔模型壳、树脂型壳等。由于充型平稳,冲刷力小,且液流和气流的方向一致,故气孔、夹渣等缺陷减少 ◆铸件组织较砂型铸造致密;对于铝合金铸件针孔缺陷的防止效果尤为明显 ◆由于省去了补缩冒口,使金属的利用率提高到90%~97% ◆由于提高了充型能力,有利于形成轮廓清晰、表面光洁的铸件 ◆设备较压铸简单、投资较少 ◆升液导管寿命短,液态金属在保温过程中易产生氧化和夹渣等 因此,低压铸造用来制造铝合金、铜合金和镁合金铸件,如汽车发动机的汽缸体、汽缸盖、曲轴带轮、叶轮、电机齿盘等,也可用低压铸造浇注大型球墨铸铁曲轴等高熔点合金
实型铸造	又称气化模铸造和消失模铸造。它是采用泡沫塑料做模样,造型时不起模,直接浇注,泡沫模样气化、消失,使金属液充填模样的位置,冷却凝固后得到铸件的一种铸造方法	◆工序简化,效率高 ◆应用灵活 ◆劳动强度低 ◆铸件尺寸精度高 ◆零件设计自由度大 ◆尚须开发发起量低、残留物少、污染小的泡沫塑料 它应用范围较广,几乎不受铸件结构、尺寸、质量、材料和批量的限制,特别适于高精度、少余量、复杂铸件的单件小批生产
陶瓷型铸造	利用陶瓷质耐火材料代替砂型铸造中的面砂层而发展起来的一种精密铸造方法。由于该层的耐火材料成分和外观都和陶瓷相似,故称为陶瓷型	◆由于是在陶瓷层处于弹性状态下起模,同时陶瓷型在高温下变形小,因此铸件的尺寸精度和表面粗糙度与熔模铸造相近。此外,陶瓷材料耐高温,故可浇注高熔点合金 ◆对铸件的大小不受限制,可从几千克到数吨 ◆在单件、小批生产下,需要的投资少,生产周期短,在一般铸造车间较易实现 ◆陶瓷型铸造不适于批量大、质量轻或形状复杂的铸件,并且生产过程难于实现机械化和自动化 目前广泛用于生产厚大的精密铸件,如铸造冲模、锻模、玻璃器皿模、压铸模、模板等,也可用于生产中型铸钢件

7.3 常用铸造方法比较

各种铸造方法均有其优缺点及适用范围，不能认为某种方法最为完善。因此，必须依据铸件的形状、大小、质量要求、生产批量、合金的品种及现有设备条件等具体情况，进行全面分析和比较，才能正确地选出合适的铸造方法。

表 7.4 列出了几种常用铸造方法的综合比较。可知，砂型铸造尽管有着许多缺点，但它对铸件的形状和大小、生产批量、合金品种的适应性最强，设备比较简单。因此，它仍然是当前最为常用的铸造方法，应优先选用。而特种铸造仅是在相应的条件下，才能显示其优越性。

表 7.4 各种铸造方法比较

比较项目＼铸造方法	砂型铸造	熔模铸造	金属型铸造	压力铸造	离心铸造	低压铸造
铸件尺寸精度	IT15—IT14	IT14—IT11	IT14—IT12	IT13—IT11	IT14—IT12（孔径精度低）	IT14—IT12
表面粗糙度 $Ra/\mu m$	粗糙	6.3~1.6	12.5~6.3	3.2~0.7	12.5~6.3	12.5~3.2
铸件内部质量	粗晶粒	粗晶粒	细晶粒	细晶粒	缺陷很少	细晶粒，内部多有气孔
生产率	低	中	中或高	最高	中或高	中或高
适应金属	不限制	不限，以钢为主	以有色金属为主	多用于有色金属	多用于黑色金属及铜合金	以有色金属为主
生产批量	不限制	大批、大量，也可单件	成批、大量	大量	成批、大量	成批、大量
铸件质量范围	不限制	一般<25 kg	以中小铸件为主，一般<100 kg	一般<10 kg也可用于中等铸件	以中小铸件为主	不限制
铸件形状	不限制	不限制	不宜复杂	不宜厚壁或厚薄悬殊的铸件	适宜于回转体的中空铸件	不宜过大或厚薄悬殊的铸件
铸件加工余量	大	小或不加工	小	不加工	内孔加工余量大	小
铸件最小壁厚/mm	3	通常0.7，孔 $\phi1.5\sim\phi2$	铝合金2~3，铜合金3，灰铸铁4，铸钢5	铜合金2，其他有色金属0.5~1，孔 $\phi0.7$	孔 $\phi7$	2
应用举例	各种铸件	汽轮机叶片、刀具、拨叉、阀体	铝活塞、差速器壳、汽缸盖、水泵叶轮	汽车化油器、喇叭、电器、仪表、照相机零件	铸件管、汽缸套、活塞环、滑动轴承	汽缸体、盖、带轮、船用螺旋桨、纺织机零件

复习思考题

1.何谓砂型铸造？它包括哪些主要工艺过程？

2.手工造型方法有哪些？它们各自有何特点？其应用场合如何？

3.用铸造工艺图符号标注如图7.25所示的铸件在小批生产条件下的分型面，并选用造型方法。

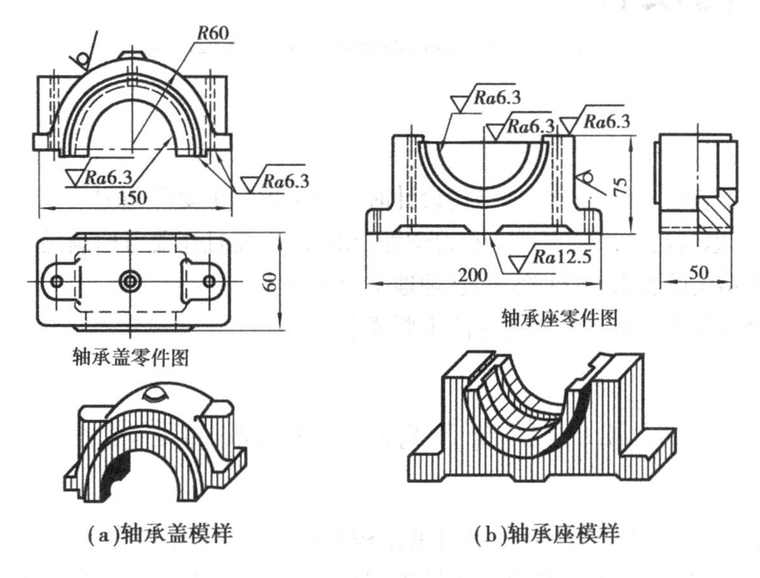

图7.25 铸件

4.零件、铸件和模样三者在形状、尺寸上有何不同？

5.浇注系统由哪几部分组成？各自起何作用？

6.金属型铸造有何优点？为何它不能广泛代替砂型铸造？

7.何谓离心铸造？它在圆筒件铸造中有哪些优越性？

8.下列铸件在大批量生产时，最适宜采用哪一种铸造方法？

铝活塞　缝纫机头　汽轮机叶片　汽缸套　车床床身

摩托车汽缸体　汽车喇叭　大口径铸铁污水管　大模数齿轮滚刀

第8章 铸件结构设计

铸件结构工艺形式是进行铸件结构设计时必须考虑的重要问题之一。在评定结构设计优劣时,不但要考虑满足铸件使用性能和力学性能的要求,而且还要考虑满足铸造工艺及合金铸造性能对铸件结构的要求,以便经济、合理地生产铸件。

本章仅介绍砂型铸造对结构设计的主要要求。

8.1 铸造工艺对铸件结构的要求

在满足零件使用性能的前提下,铸件的结构设计应尽量使制模、造型、造芯、合箱和清理等过程简化,避免浪费工时,防止铸件产生缺陷,并为实现机械化生产创造条件。铸造工艺对铸件结构的要求见表8.1。

表8.1 铸造工艺对铸件结构的要求

对铸件结构要求		图例		说明
		不合理	合理	
铸件外形设计	铸件的外形应力求简单,使造型简便	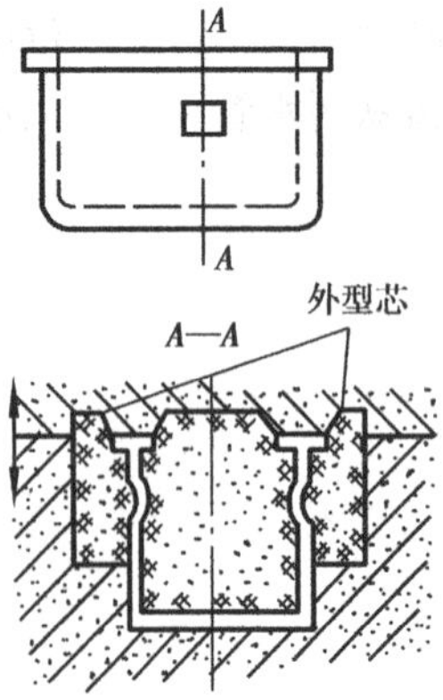 A A A—A 外型芯	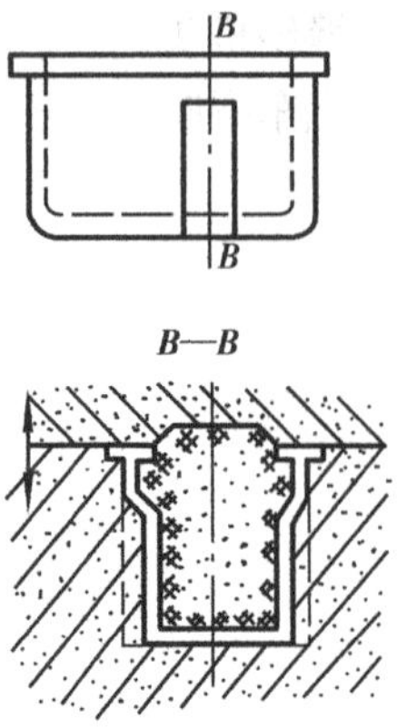 B B B—B	铸件外形上沿起模方向的外凸和内凹部分都将增加造型的难度。若将结构中凹坑延伸到底部,则造型时模型能顺利起出,避免了使用两个较大的型芯

续表

对铸件结构要求		图例		说明
		不合理	合理	
铸件外形设计	尽量使分型面平直且数量少	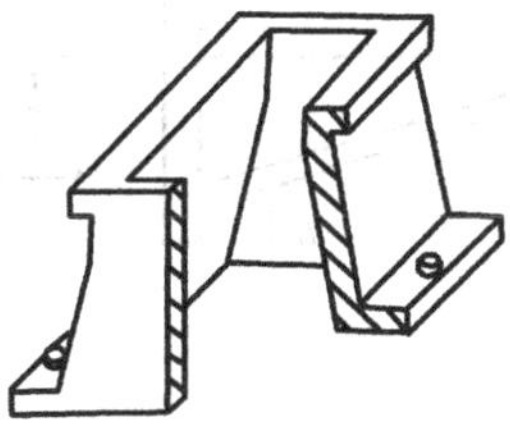		铸件分型面应尽量减少，从而避免采用三箱或多箱造型，使造型工艺简化，还可避免出现错箱、偏芯等缺陷，使铸件尺寸精度提高
		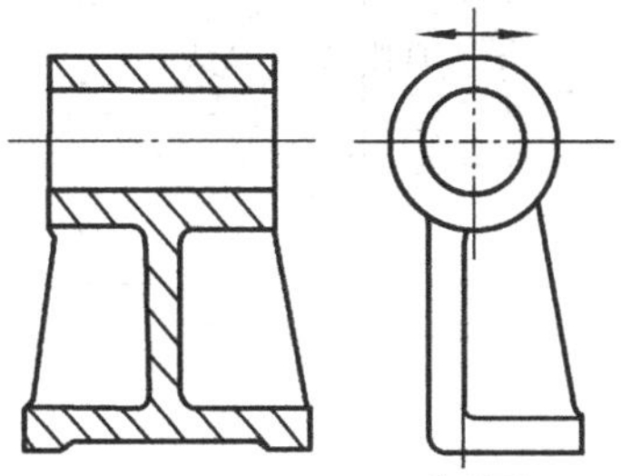 分型面	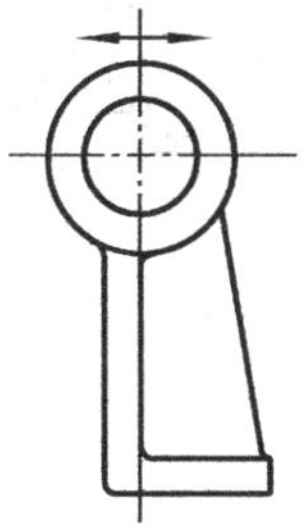 分型面	使分型面平直，从而避免曲面造型
	凸台和筋条的结构应便于起模	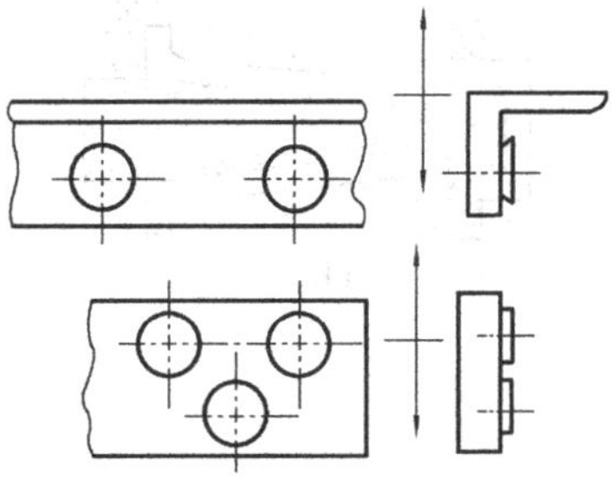	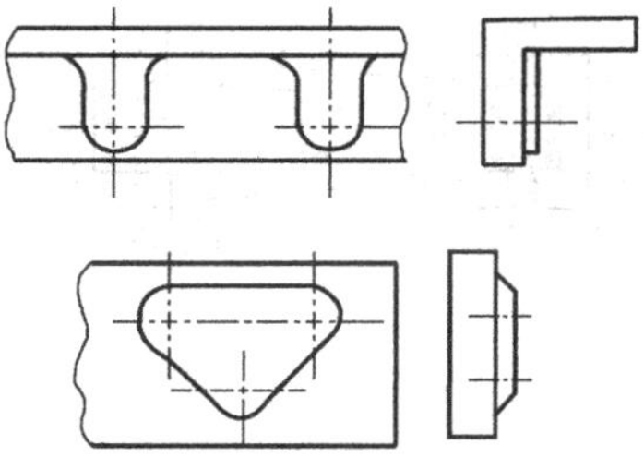	将凸台延伸至分型面，则可避免采用活块造型。凸台的厚度不宜过大，否则形成热节而引起局部金属积聚，产生缩孔
		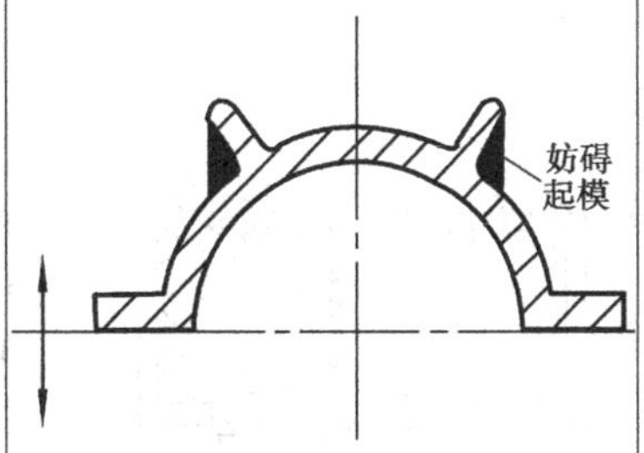 妨碍起模	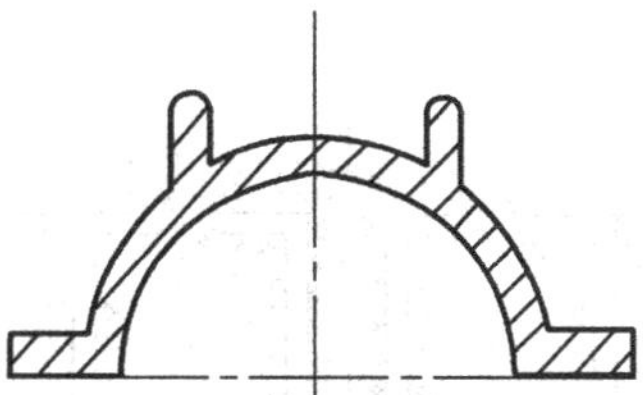	筋条应顺着起模方向布置，以免筋条妨碍起模
	结构斜度应合理	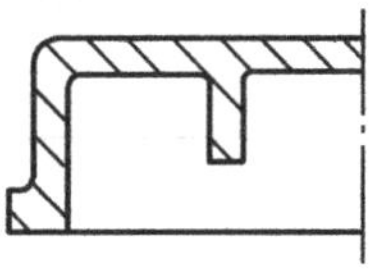	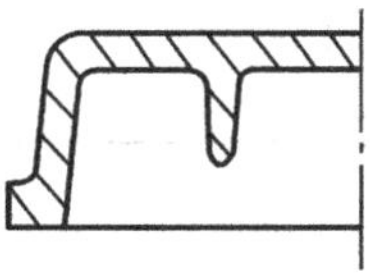	铸件上凡垂直于分型面的不加工表面，最好给予适当的结构斜度，以方便起模

续表

对铸件结构要求		图例		说明
		不合理	合理	
铸件内腔设计	应尽量不用或少用型芯	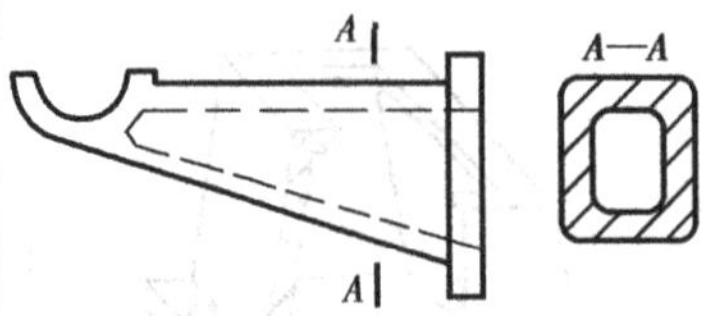 A A—A A	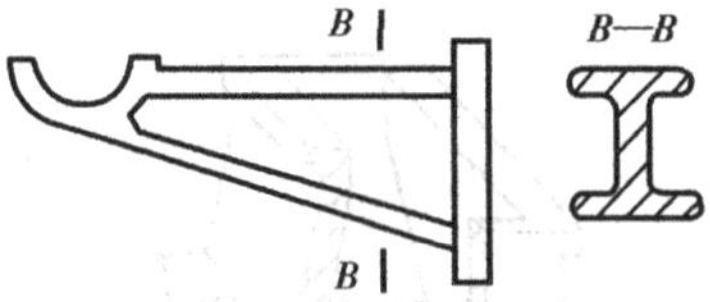 B B—B B	不用或少用型芯，或自带型芯，不仅使生产工艺过程简化，还可避免多种铸造缺陷
		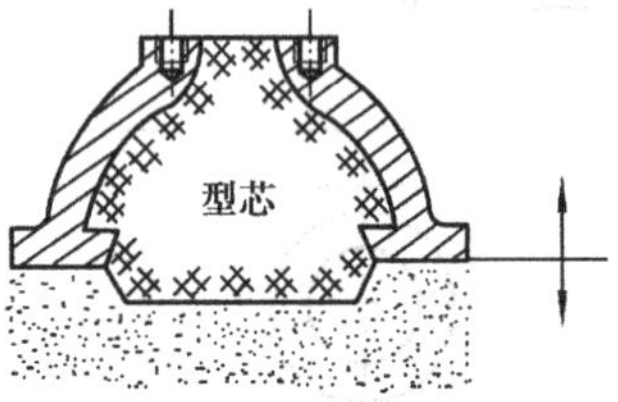 型芯	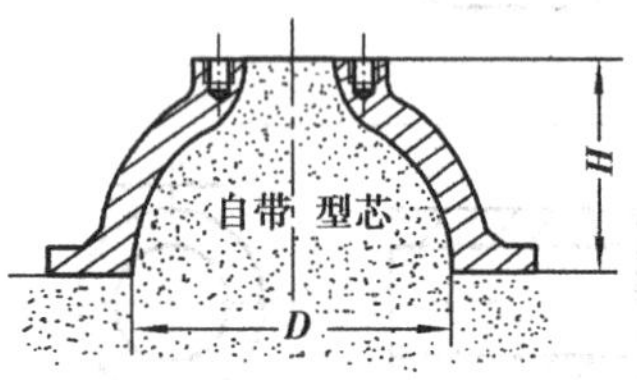 自带型芯 H D	
	应使铸型中的型芯定位准确、安放稳固、排气通畅、清理方便	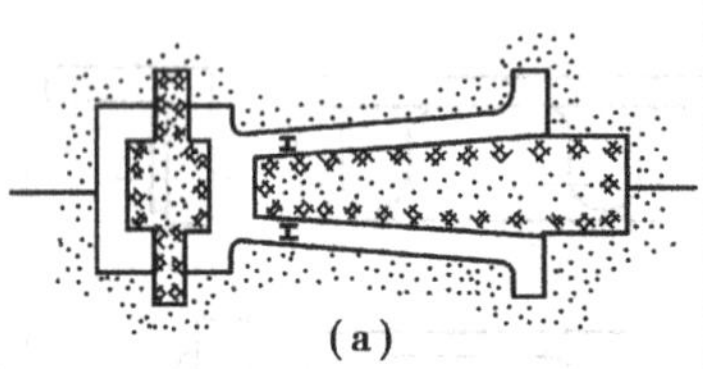 (a)	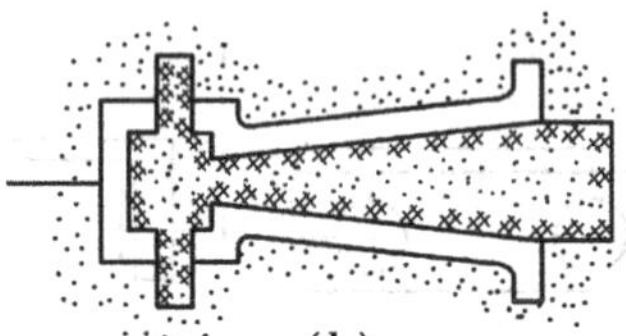 (b)	图示为一轴承架，图(a)内腔采用两个型芯，其中较大的呈悬臂状，须用型芯撑来加固。若改为如图(b)所示的整体型芯，则型芯的稳定性大为提高，并且下芯简便，也易于排气
		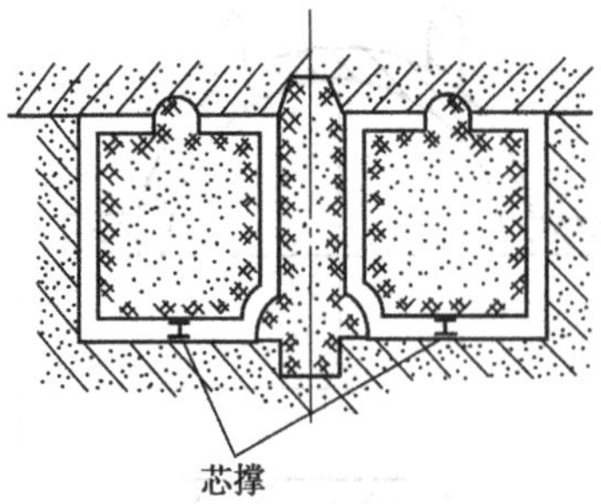 芯撑	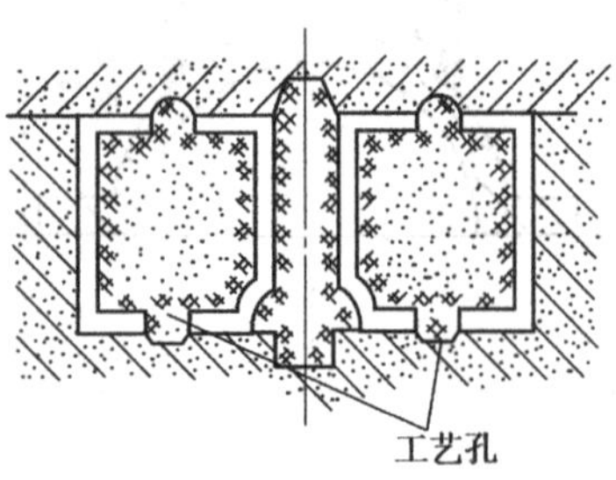 工艺孔	在不影响零件使用要求的前提下，应将封闭或半封闭内腔结构改成开式结构或增设工艺孔，以便型芯定位、固定、排气及清理

8.2　合金铸造性能对铸件结构的要求

铸件的许多缺陷如缩孔、缩松、变形、裂纹、浇不足、冷隔、气孔及偏析等,有时是由于铸件结构设计不合理,未能充分考虑合金的铸造性能而引起的。因此,在设计铸件时,必须考虑以下 5 个方面的问题:

(1)铸件的壁厚应适当

铸件的壁厚,首先要根据其使用要求设计。但从合金铸造性能来考虑,则铸件的壁厚应适当,这样既能保证铸件的力学性能,又能防止铸件产生缺陷。

由于各种铸造合金的流动性不同,故在同样的铸造条件下,所能铸出的铸件最小壁厚也不同。当设计的壁厚小于铸件的最小壁厚时,则铸件易产生浇不足、冷隔等缺陷。铸件的最小壁厚主要取决于合金的种类和铸件的尺寸。表 8.2 是在一般砂型铸造条件下所允许的铸件最小壁厚。

表 8.2　铸件的最小壁厚/mm

铸造方法	铸件尺寸/mm	合金种类					
		铸钢	灰铸铁	球墨铸铁	可锻铸铁	铝合金	铜合金
砂型铸造	<200×200	8	5~6	6	5	3	3~5
	200×200~500×500	10~12	6~10	12	8	4	6~8
	>500×500	15~20	15~20	15~20	10~12	6	10~12

铸件壁也不宜过厚,否则金属液聚集会引起晶粒粗大,且容易产生缩孔、缩松等缺陷,故铸件的实际承载能力并不随壁厚的增加而成比例地提高,尤其是灰铸铁件,在大截面上会形成粗大的片状石墨,使抗拉强度大大降低。因此,设计铸件壁厚时,不应单以增加壁厚作为提高承载能力的唯一途径。表 8.3 给出了铸铁壁厚参考值。由表 8.3 可知,铸件的内壁应较外壁厚度小,筋的厚度又应比内壁小,以便使各部分的冷却速度相近。

表 8.3　灰铸铁件的壁厚参考值

铸件质量/kg	铸件最大尺寸/mm	外壁厚度/mm	内壁厚度/mm	筋的厚度/mm	零件举例
<5	300	7	6	5	盖、拨叉、轴套、端盖
6~10	500	8	7	5	挡板、支架、箱体、门、盖
11~60	750	10	8	6	箱体、电机支架、溜板箱、托架
61~100	1 250	12	10	8	箱体、油缸体、溜板箱
101~500	1 700	14	12	8	油盘、皮带轮、镗模架
501~800	2 500	16	14	10	箱体、床身、盖、滑座
801~1 200	3 000	18	16	12	小立柱、床身、箱体、油盘

为了节约合金材料，避免厚大截面，同时又保证铸件的刚度和强度，应根据零件受力大小和载荷性质，选择合理的截面形状，如T字形、工字形、槽形或箱形等结构，并在薄弱环节安置加强筋，如图8.1所示。

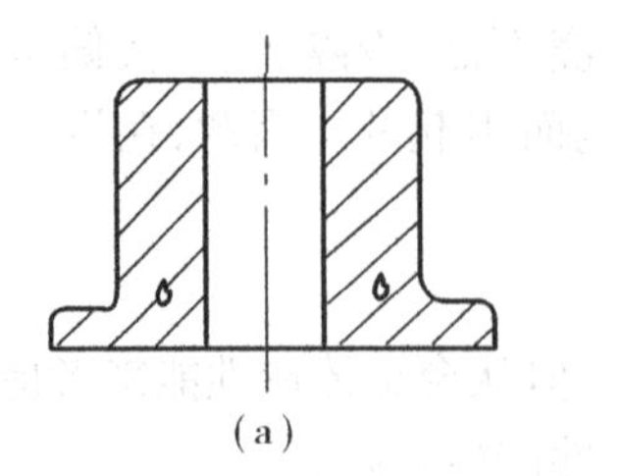
(a)

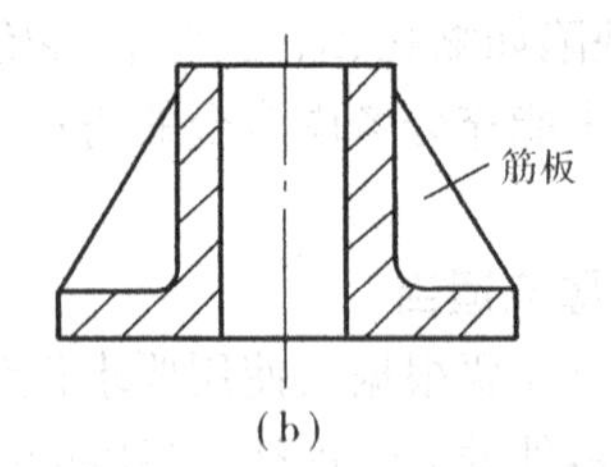

(b)

图8.1　用加强筋来减少壁厚

(2)铸件壁厚应尽可能均匀

铸件各部分壁厚差异过大，不仅在厚壁处因金属聚集易产生缩孔、缩松等缺陷，还因冷却速度不一致而产生较大的热应力，致使薄壁和厚壁的连接处产生裂纹(见图8.2(a))。如果铸件的壁厚均匀，则可避免过大的热节存在，防止产生上述缺陷(见图8.2(b))。

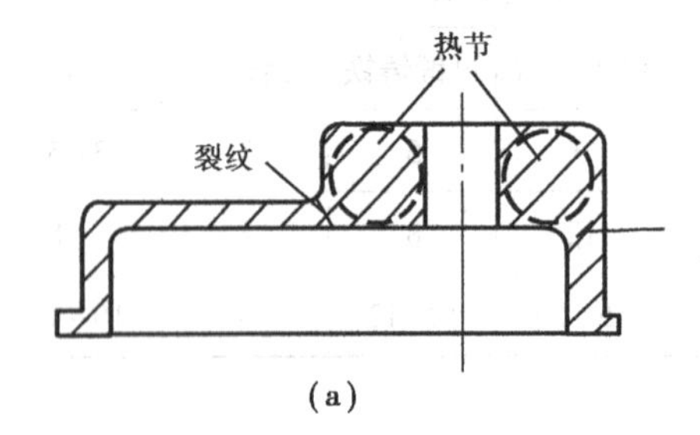

(a)

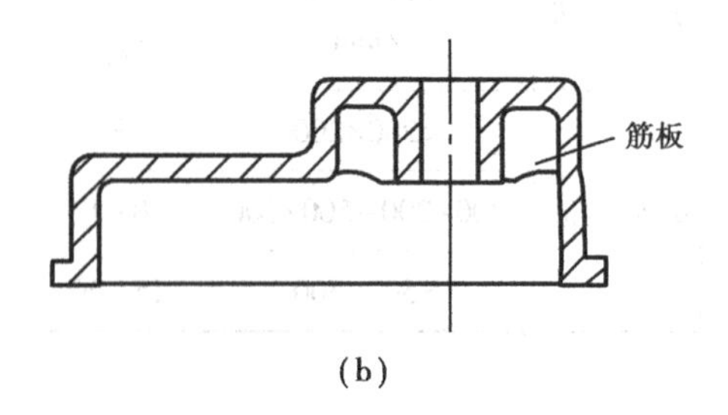

(b)

图8.2　铸件壁厚应尽量均匀

必须指出，所谓铸件壁厚的均匀性，是使铸件各壁的冷却速度相近，并非要求所有的壁厚完全相同。例如，铸件的内壁因散热慢，故应比外壁薄些，而筋的厚度则应更薄(见表8.3)。

检查铸件壁厚的均匀性时，必须将铸件的加工余量考虑在内，因为有时不包括加工余量时似较均匀，但包括加工余量后热节却很大。

对于某些难以做到壁厚均匀的铸件，若合金的缩孔倾向很大，则应使其结构便于实现顺序凝固，以便安置冒口进行补缩。

(3)铸件壁的连接

铸件壁的连接处和转角处是铸件的薄弱环节。在设计时，应注意设法防止金属液的积聚和内应力的产生。

1)铸件的圆角结构

在铸件壁的连接处和转角处，应设置圆角，避免直角连接。这是由于：

①直角连接处形成了金属的积聚，而内侧散热条件差，较易产生缩松和缩孔。

②在载荷的作用下，直角处的内侧产生应力集中，使内侧实际承受的应力较平均应力大大增加(见图8.3(a))。

③一些合金的结晶过程中，将形成垂直于铸件表面的柱状晶。若采用直角连接，则因结晶的方向性，在转角的分角线上形成整齐的分界面(见图8.4(a))，在此分界面上集中了许多杂

质，使转角处成为铸件的薄弱环节。

上述诸因素均使铸件转角处力学性能下降，较易产生裂纹。当铸件采用圆角结构时(见图 8.3(b)和图 8.4(b))，则可克服上述不足。此外，圆角结构还有利于造型，减少取模时掉砂，并使铸件外形美观。

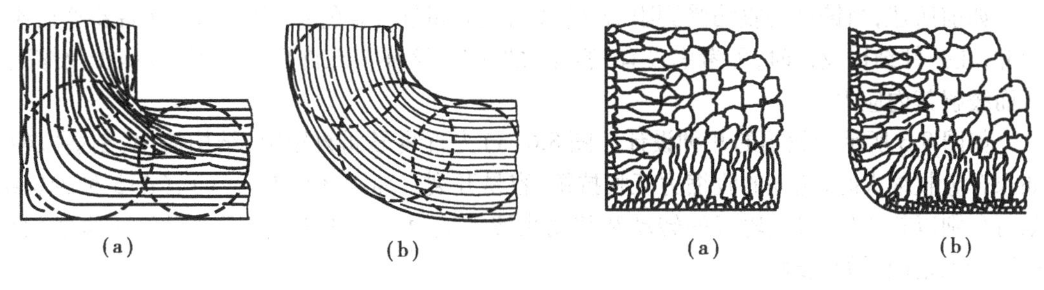

图 8.3　不同转角的热节和应力分布

图 8.4　金属结晶的方向性

铸造内圆角的大小应与铸件的壁厚相适应。通常应使转角处内接圆直径小于相邻壁厚的 1.5 倍，过大则增大了转角处缩孔倾向。铸造内圆角的具体数值可参见表 8.4。

表 8.4　铸造内圆角半径 R 值/mm

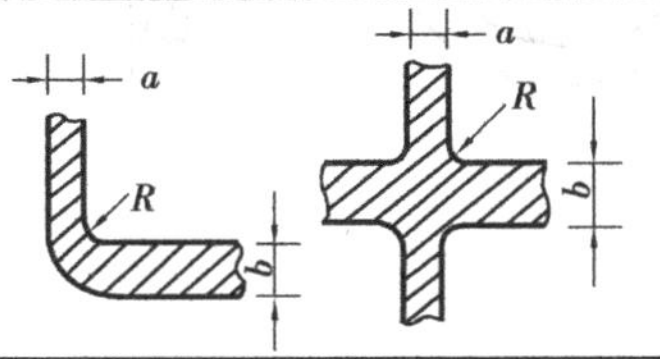 (图：a、b、R)	$\frac{a+b}{2}$	≤8	8~12	12~16	16~20	20~27	27~35	35~45	45~60
	铸铁	4	6	6	8	10	12	16	20
	铸钢	6	6	8	10	12	16	20	25

2)避免交叉和锐角连接

为了减小热节，避免铸件产生缩孔、缩松等缺陷，铸件壁或筋的连接应尽量避免交叉，中小铸件可考虑将交叉点错开，大件则以环状接头为宜，如图 8.5 所示。当铸件壁需要以 90°夹角连接时，直接以锐角连接对铸件质量和铸造工艺都不利，应采用如图 8.5 所示的正确过渡形式。

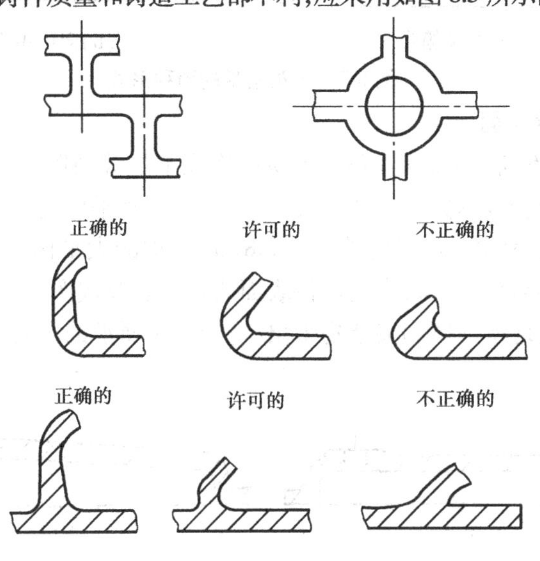

图 8.5　铸件的接头结构

3)厚壁和薄壁间的连接要逐步过渡

铸件各部分的壁厚难以做到均匀一致,当不同厚度的铸件壁相连接时,应避免壁厚的突变,而是采取逐步过渡的办法,以减少应力集中和防止产生裂纹。

(4)避免受阻收缩

如前所述,当铸件的收缩受到阻碍、铸造内应力超过合金的强度极限时,铸件将产生裂纹。因此,在铸件结构设计时,可考虑设有“容让”的环节,该环节允许微量变形,以减少收缩阻力,从而缓解其内应力。

如图8.6所示为轮辐的几种设计。图8.6(a)为直线形偶数轮辐,结构简单,制造方便,但如果合金收缩大时,轮辐的收缩力互相抗衡,容易开裂。而图8.6(b)、(c)、(d)3种轮辐结构则可分别以轮辐的变形、轮毂的转动和移动来缓解应力。如图8.7所示的砂箱箱带的两种结构设计也是同样的道理。

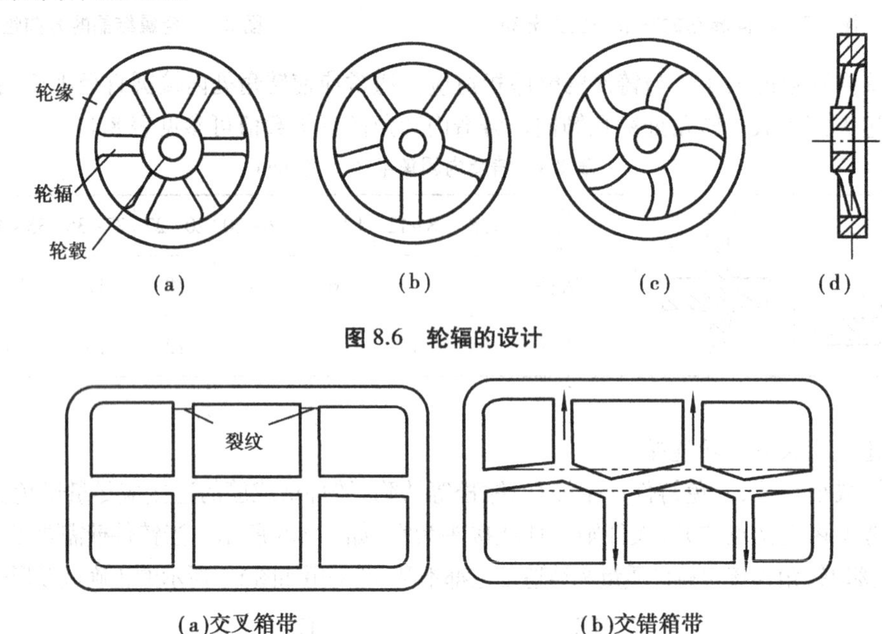

图8.6　轮辐的设计

(a)交叉箱带　　(b)交错箱带

图8.7　砂箱箱带的两种形式

(5)避免过大的水平面

铸件上的大平面不利于金属的填充,容易产生浇不足等缺陷。同时,平面型腔的上表面,由于受液体金属长时间的烘烤,易于产生夹砂。此外,大水平面也不利于气体和非金属夹杂物的排除。如图8.8所示为薄壁罩壳铸件。图8.8(a)结构的大平面在浇注时处于水平位置,气体和非金属夹杂物上浮容易滞留,影响铸件表面质量。若改成图8.8(b)的结构,浇注时,金属液沿斜壁上升,能顺利地将气体和夹杂物带出。同时,金属液的上升流动也使铸件不易产生浇不足等缺陷。

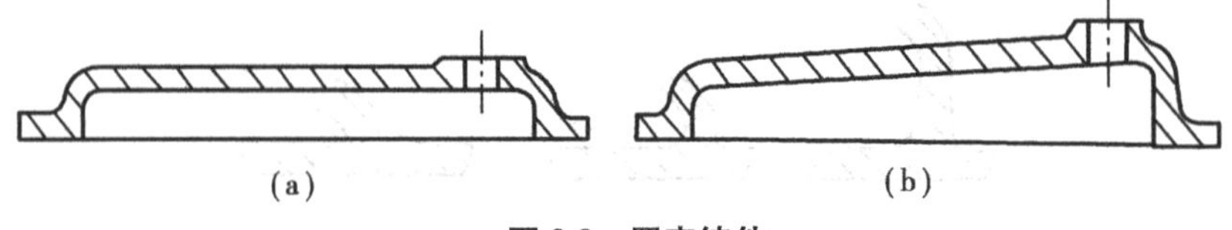

图8.8　罩壳铸件

复习思考题

1.为什么在设计铸件结构时要考虑结构工艺性的问题?

2.什么是铸件的结构斜度?它与起模斜度有何不同?如图8.9所示铸件的结构是否合理?应如何改正?

3.为什么要规定铸件的最小壁厚?灰口铸铁件壁厚过厚或过薄会出现什么问题?

4.为什么空心球难以铸造出来?要采取什么措施才能铸造出来?试用图说明之。

5.为什么铸件要有结构圆角?如图8.10所示铸件上哪些圆角不够合理?为什么?请在图上加以修改。

6.分析比较如图8.11所示的两种铸件结构,说明其合理性。

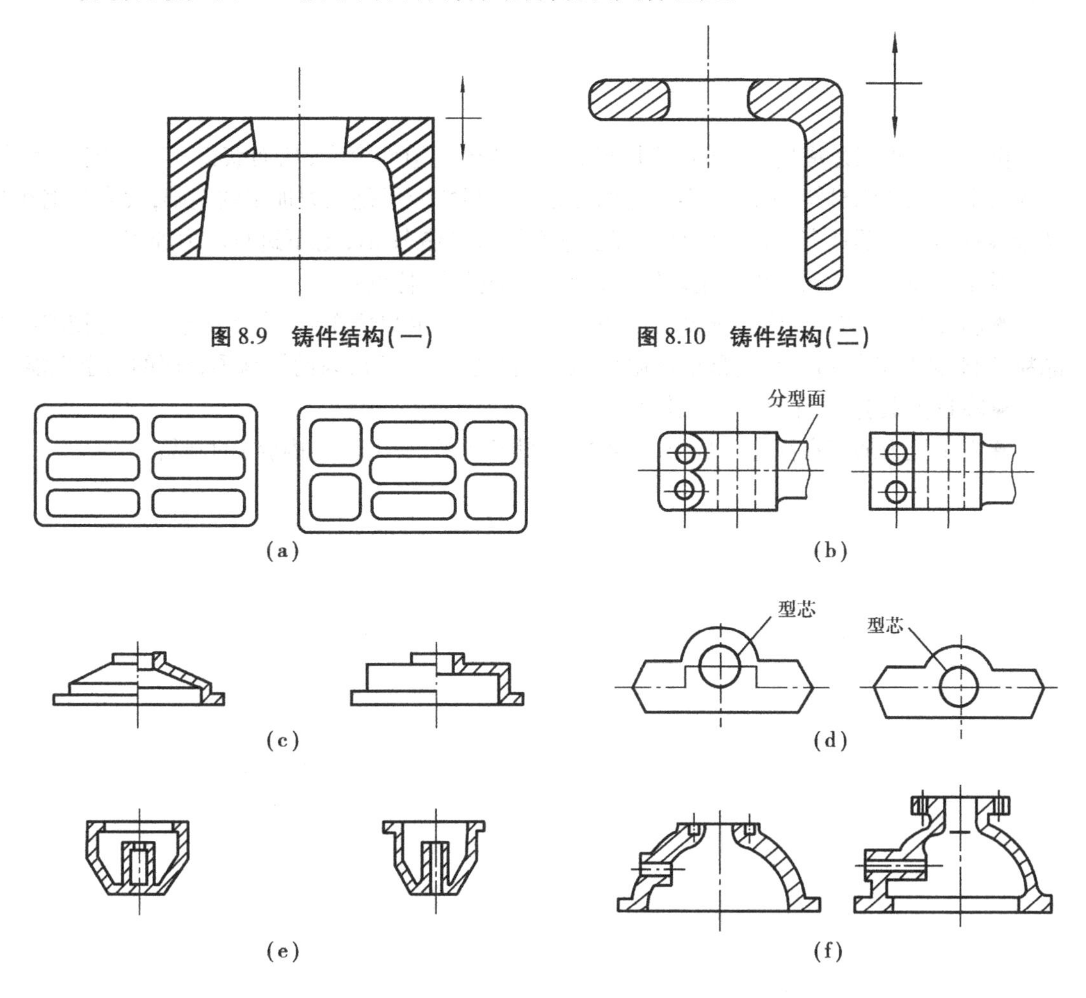

图8.9　铸件结构(一)

图8.10　铸件结构(二)

图8.11　铸件结构(三)

第3篇 金属压力加工

金属压力加工是借助外力的作用，使金属坯料产生塑性变形，从而获得具有一定形状、尺寸和力学性能的原材料、毛坯或零件的加工方法。塑性变形是压力加工的基础，大多数钢和非铁金属及其合金都具有一定的塑性，因此，它们均可在热态或冷态下进行压力加工。

经压力加工制造的零件或毛坯同铸件相比具有以下特点：

◆制件组织致密，力学性能高。因为压力加工时产生塑性变形，使金属毛坯获得较细小的晶粒，同时能压合铸造组织内部的缺陷（如微小裂纹、气孔等），因而提高了金属的力学性能。

◆除自由锻造外，生产率都比较高。

◆由于压力加工在固态下成形，故不能获得形状复杂（尤其是内腔）的制品。

第9章 金属压力加工工艺基础

由于塑性变形是金属压力加工的理论基础，因此，了解和掌握金属塑性变形的实质是非常重要的。它不仅是考虑金属成形方法的基础知识，而且是制订压力加工工艺、保证锻压件质量、降低原材料和变形能量的消耗的重要环节。

9.1 金属塑性变形的实质

各种金属压力加工方法都是通过对金属施加外力使其产生塑性变形来实现的。

在第1篇讲到，金属在外力作用下，变形可分为弹性变形和塑性变形。当应力低于金属的弹性极限时，应力和应变成正比，外力消失后，变形即消失，这种变形称为弹性变形。当应力超过金属的屈服极限时，即使外力消失，变形也不能完全消失，部分变形被保留下来，这部分变形称为塑性变形。

实际使用的金属材料都是由无数晶粒构成的多晶体，其塑性变形过程比较复杂。为便于了解金属塑性变形的实质，首先讨论单晶体的塑性变形。

9.1.1 单晶体的塑性变形

单晶体的塑性变形方式有滑移和孪晶两种，如图9.1所示。

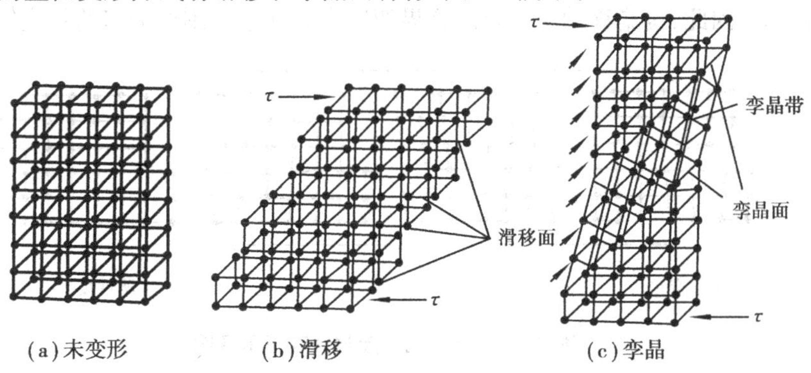

图9.1 滑移和孪晶时晶格的变化

(1)滑移

滑移是金属塑性变形最常见的方式。它是指晶体在外力作用下,晶体的一部分相对另一部分,沿一定的晶面(滑移面)和一定的方向(滑移方向)相对滑动的结果。

单晶体的塑性变形具有以下特点:

①滑移只有在切应力作用下才能进行。只有当作用在晶面上的切应力达到临界值时,材料才会发生塑性变形,作用在晶面上的正应力是不可能使单晶体产生塑性变形的,如图 9.2 所示。

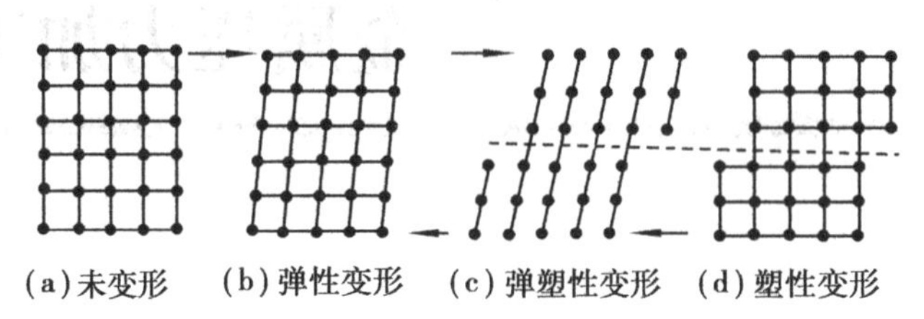

图 9.2　单晶体滑移变形示意图

②滑移总是沿晶体中原子排列最密的面和方向进行,这是因为在原子排列最密的晶面和晶向上的原子结合力最强,而这样的两个相邻面间距大,结合力弱,如图 9.3 所示。如图 9.4 所示为 3 种常见金属晶格的滑移系。

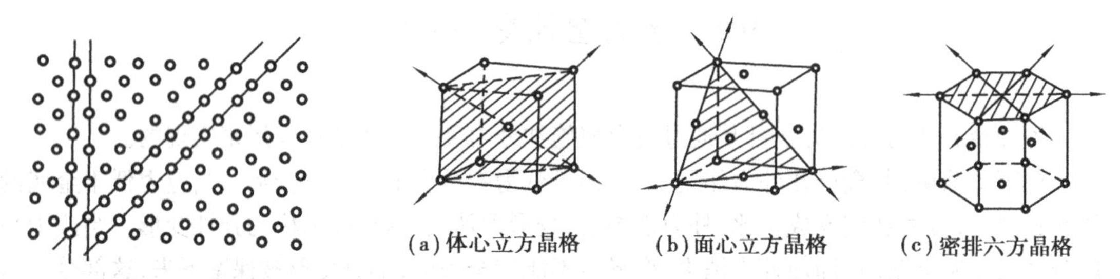

图 9.3　滑移面示意图　　图 9.4　3 种常见金属晶格的滑移系

③滑移的距离是原子间距的整数倍。

④滑移是由滑移面上的位错运动造成的,如图 9.5 所示。有位错的晶体,在切应力作用下,使位错中心附近的原子作微量位移,就可使位错中心向右迁移,当位错中心移动到晶体表面时,就造成了一个原子间距的滑移,于是晶体就产生塑性变形。由此可见,通过位错运动方式的滑移,并不需要整个晶体上半部原子相对于下半部原子同时移动,只需位错附近的少量原子作微量移动。因此,位错移动所需要的临界切应力远远小于刚性滑移的相应值。

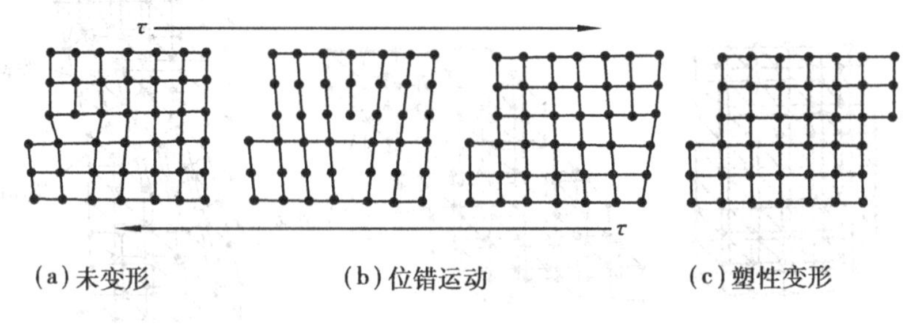

图 9.5　位错运动引起塑性变形示意图

(2)孪晶

孪晶是指晶体在外力作用下,其一部分沿一定的晶面(孪晶面)在一个区域(孪晶代)内作连续、顺序的位移,如图9.1(c)所示。孪晶时原子移动的距离各层不一样,相邻层原子的位移量只有原子间距的几分之一。孪晶后晶体曲折了,孪晶带的晶体位向与原来的不一致。

孪晶所需切应力要比滑移大得多,因此,孪晶只有在滑移很难进行的场合才发生。孪晶后,由于孪晶带的位向变化了,可能变得有利于滑移,于是晶体又开始滑移。因此,有时孪晶和滑移是交替进行的。

9.1.2　多晶体的塑性变形

多晶体的塑性变形与单晶体相比并无本质的区别,但由于晶界的存在和各个晶粒的位向不同,多晶体的塑性变形过程比单晶体复杂得多。

多晶体的塑性变形包括晶内变形和晶间变形两部分。晶内变形仍以滑移与孪晶两种方式进行,晶间变形包括晶粒之间的微量相互位移和转动。图9.6表示晶粒内的滑移和晶粒间的微量转动。

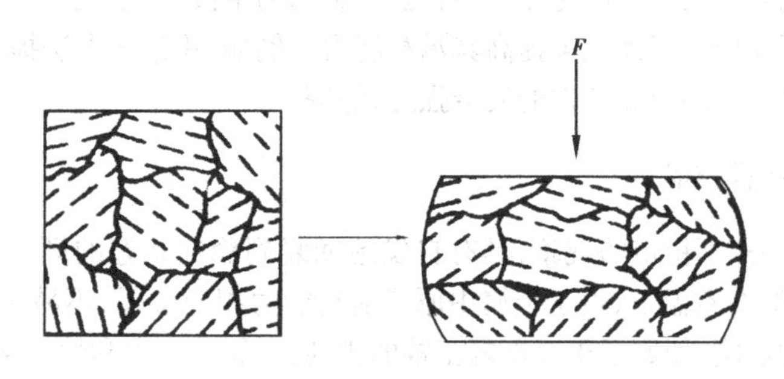

图9.6　多晶体塑性变形示意图

9.2　加工硬化与再结晶

9.2.1　加工硬化

金属材料经塑性变形后,其力学性能随内部组织的改变而发生明显的变化,如图9.7所示。由图可见,随着变形程度的增加,金属的强度和硬度升高,而塑性和韧性下降,这种现象称为加工硬化。

金属产生加工硬化的原因是由于在滑移过程中,多晶体金属滑移面邻近的晶格发生歪扭和紊乱,从而产生了内应力。与此同时,在滑移面上产生了许多细小的晶粒碎块,使得滑移面凹凸不平,从而增大了滑移阻力,使多晶体金属的进一步滑移发生困难。金属的变形程度越大,强度、硬度越高,而塑性、韧性越低。

加工硬化对金属冷变形工艺产生很大影响。加工硬化后金属强度提高,要求压力加工设备的功率增大。加工硬化金属塑性下降,使金属继续塑性变形困难,因而必须增加中间退火工序。这样就降低了生产率,提高了生产成本。

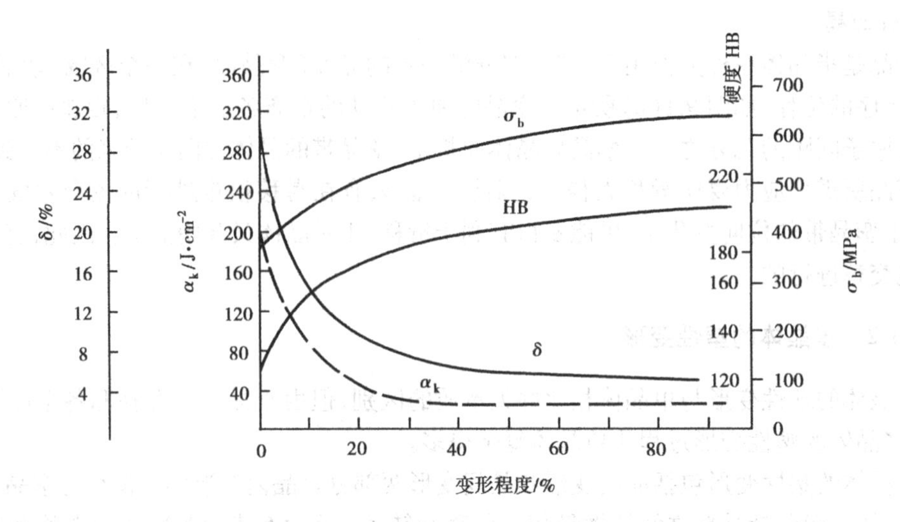

图 9.7　低碳钢冷变形程度与力学性能的关系

另一方面,也可利用加工硬化作为一种强化金属的手段,特别是一些不能用热处理方法强化的金属材料,可应用加工硬化来提高其承载能力。例如,用滚压方法提高青铜轴瓦的承载能力和耐磨性;用喷丸处理提高铸件的疲劳强度,等等。

9.2.2　回复和再结晶

加工硬化是一种不稳定的现象,具有自发地回复到稳定状态的倾向(是指晶体的晶格未被歪扭和破碎),但在室温下,由于金属中原子活动能力相当微弱,不易实现。提高温度,原子获得热能,热运动加剧,使原子得以恢复正常的排列,金属的组织和性能又会发生变化。

随着加热温度的逐渐升高,这个变化过程可经历回复—再结晶—晶粒长大 3 个阶段,如图 9.8 所示。由于回复和再结晶对加工硬化都有不同程度的消除作用,故将这两个过程称为金属的软化过程。

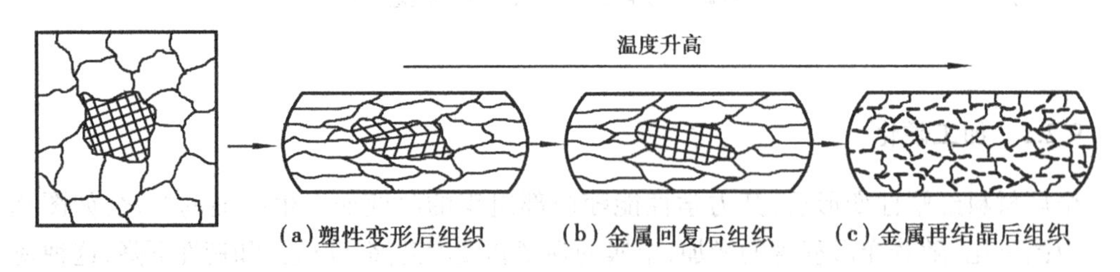

图 9.8　金属的回复和再结晶示意图

将变形后的金属加热到不太高的温度,在晶粒大小尚无变化的情况下使其力学性能和物理性能部分得以恢复的过程称为回复。这时的温度称为回复温度,即

$$T_{回} = (0.25 \sim 0.3) T_{熔}$$

式中　$T_{回}$——金属回复温度,K;

$T_{熔}$——金属熔点温度,K。

应当指出,回复并不能改变加工硬化金属的晶粒形状及大小,只能使大部分残余应力得以消除,从而部分消除加工硬化产生的不良影响。

当温度继续升高到该金属熔点绝对温度的0.4倍时，金属原子获得更多的热能，开始以某些碎晶或杂质为核心，按变形前的晶格结构结晶成新的晶粒，从而全部消除加工硬化现象，这个过程称为再结晶。这时的温度称为再结晶温度，即

$$T_{再} = 0.4T_{熔}$$

式中　$T_{再}$——金属再结晶温度，K。

当金属在高温下受力变形时，加工硬化和再结晶过程是同时存在的。不过变形中的加工硬化随时都被再结晶过程所消除，变形后无加工硬化现象。

9.2.3　金属的冷变形和热变形

金属在不同温度下变形后的组织和性能也不同，金属的塑性变形可分为冷变形和热变形。

(1)冷变形

在再结晶温度以下的变形称为冷变形。冷变形的后果是使制件产生加工硬化，因此变形后金属只具有加工硬化组织，无再结晶现象。

冷变形的优点是：尺寸、形状精度高；表面质量好；金属强度、硬度提高；劳动条件好。但它的变形抗力大，变形程度小，金属内部残余应力大。要想继续进行冷加工，必须进行中间再结晶退火。

因此，生产中常用冷变形对已热变形过的坯料进行再加工，如用冷冲、冷弯、冷挤及冷顶镦等方法生产各种零件和半成品；用冷轧和冷拔的方法生产小口径薄壁无缝管、薄板、薄带及线材等。

(2)热变形

在再结晶温度以上的变形称为热变形。变形后金属具有再结晶组织，无加工硬化痕迹。

热变形能以较小的能量获得较大的变形，即可提高金属的塑性，降低变形抗力；同时，还可得到细小的等轴晶粒，均匀致密的组织和力学性能优良的制品。所以绝大部分钢和有色金属及其合金的铸锭都通过热变形(热锻、热轧等)成形或制成所需坯件，已消除铸锭中的缺陷、改善组织和提高材料的力学性能。

金属热变形对组织结构和性能的影响如下：

1)消除铸态金属的某些缺陷，提高材料的力学性能

通过热轧和锻造可使金属铸锭中的疏松、气泡压合，部分消除某些偏析，将粗大的柱状晶粒和枝晶压碎，再结晶成细小均匀的等轴晶粒，改善夹杂物、碳化物的形态与分布，从而提高了金属材料的致密度和力学性能。

2)形成纤维组织(热加工流线)

热变形时因铸锭中的非金属夹杂物沿金属流动方向被拉长而形成纤维组织。这些夹杂物在再结晶时不会改变其纤维状，如图9.9所示。

纤维组织导致金属材料的机械性能呈现各向异性。沿纤维方向(纵向)较垂直于纤维方向(横向)具有较高的强度、塑性和韧性。

因此，在设计和制造零件时应做到：

①应使流线与零件上所受最大正应力方向一致。

②应使流线与零件上所受剪应力或冲击力方向相垂直。

③纤维组织与零件外形相符合，不被切断。

(a)变形前原始组织　　(b)变形后的纤维组织

图9.9　铸锭热变形前后的组织

生产中用模锻方法制造曲轴、用局部镦粗法制造螺钉、用轧制法制造齿轮等(见图9.10),形成的流线就能适应零件的受力情况,比较合理。

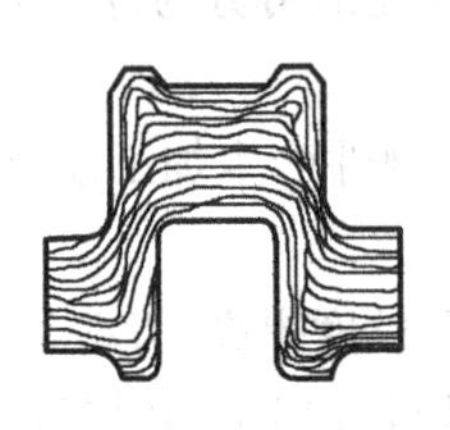

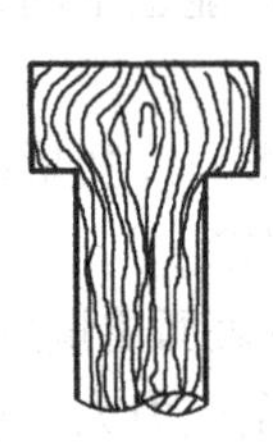

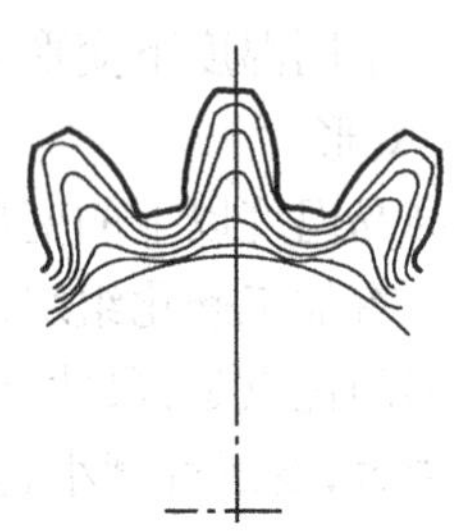

(a)模锻制造曲轴　　(b)局部镦粗制造螺钉　　(c)轧制齿形

图9.10　合理的热变形流线

热变形形成的纤维组织,不能用热处理方法消除。对不希望出现各向异性的零件和工具,则在锻造时可采用交替镦粗与拔长来打乱其流线。

9.3　金属的可锻性

金属的可锻性是衡量材料在经受压力加工时获得优质制品难易程度的工艺性能。金属的可锻性好,表明该金属适合于采用压力加工成型;可锻性差,表明该金属不适宜选用压力加工方法成型。

可锻性常用金属的塑形和变形抗力(在压力加工过程中,变形金属作用于施压工具表面单位面积上的压力)来综合衡量。塑性越好,变形抗力越小,则金属的可锻性好,反之则差。

金属的可锻性取决于金属的本质和加工条件。

9.3.1　金属的本质

(1)化学成分的影响

不同化学成分的金属其可锻性不同。一般情况下,纯金属的可锻性比合金好;碳钢的碳的质量分数越低,可锻性越好;钢中含有较多碳化物形成元素(铬、钨、钼、钒等)时,则其可锻性显著下降。

(2)金属组织的影响

金属的组织构造不同,其可锻性也有很大差别。合金呈单相固溶体组织(如奥氏体)时,其可锻性好;而金属具有金属化合物组织(如渗碳体)时,其可锻性差。铸态柱状组织和粗晶粒不如经过压力加工后的均匀而细小的组织可锻性好。

9.3.2　加工条件

加工条件包括变形温度、变形速度和变形方式。

(1)变形温度

提高金属变形时的温度，是改善金属可锻性的有效措施。金属在加热过程中，随着加热温度的升高，金属原子的活动能力增强，原子间的吸引力减弱，容易产生滑移，因而塑性提高，变形抗力降低，可锻性明显改善，故锻造一般都在高温下进行。

金属的加热在整个生产过程中是一个重要的环节，它直接影响着生产率、产品质量及金属的有效利用等方面。

对金属加热的要求是：在坯料均匀热透的条件下，能以较短的时间获得加工所需的温度，同时保持金属的完整性，并使金属及燃料的消耗最少。其中重要内容之一是确定金属的锻造温度范围，即合理的始锻温度和终锻温度。碳钢的锻造温度范围如图9.11所示。

始锻温度即开始锻造温度，原则上要高，但要有一个限度，如超过此限度，则将会使钢产生氧化、脱碳、过热和过烧等加热缺陷。所谓过烧，是指金属加热温度过高，氧气渗入金属内部，使晶界氧化，形成脆性晶界，锻造时易破碎，使锻件报废。碳钢的始锻温度应比固相线低200 ℃左右。

终锻温度即停止锻造温度，原则上要低，但不能过低，否则金属将产生加工硬化，使其塑性显著降低，而强度明显上升，锻造时费力，对高碳钢和高碳合金工具钢而言甚至打裂。

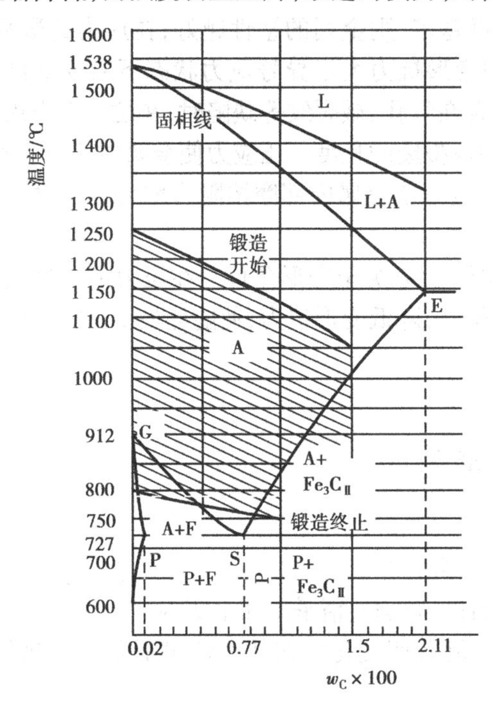

图9.11　碳钢的锻造温度范围

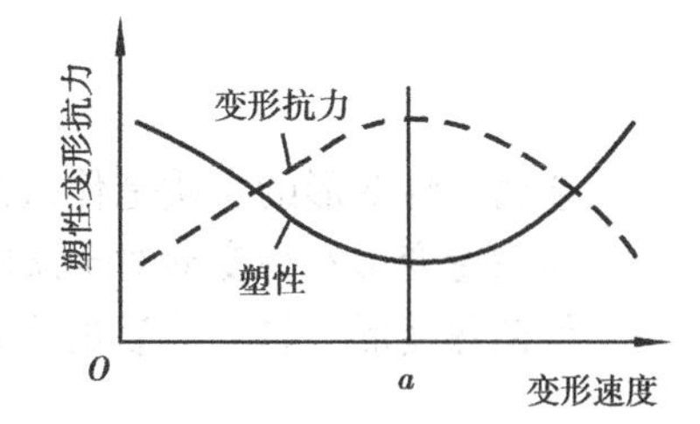

图9.12　变形速度对塑性及变形抗力的影响

(2)变形速度

变形速度是单位时间内的变形程度。变形速度对金属可锻性的影响如图9.12所示。由图9.12可见，它对可锻性的影响是矛盾的。一方面随着变形速度的提高，回复和再结晶来不及进行，不能及时克服加工硬化现象，使金属的塑性下降，变形抗力增加，可锻性变坏(图中 a

点以左)。另一方面,金属在变形过程中,消耗于塑性变形的能量有一部分转化为热能,相当于给金属加热,使金属的塑性提高、变形抗力下降,可锻性变好(图中 a 点以右)。变形速度越大,热效应越明显。

(3)变形方式(应力状态)

变形方式不同,变形金属内应力状态不同。例如,挤压变形时为三向受压状态;而拉拔时则为两向受压、一向受拉的状态;镦粗时坯料中心部分的应力状态是三向压应力,周边部分上下和径向是压应力,切向是拉应力,如图 9.13 所示。

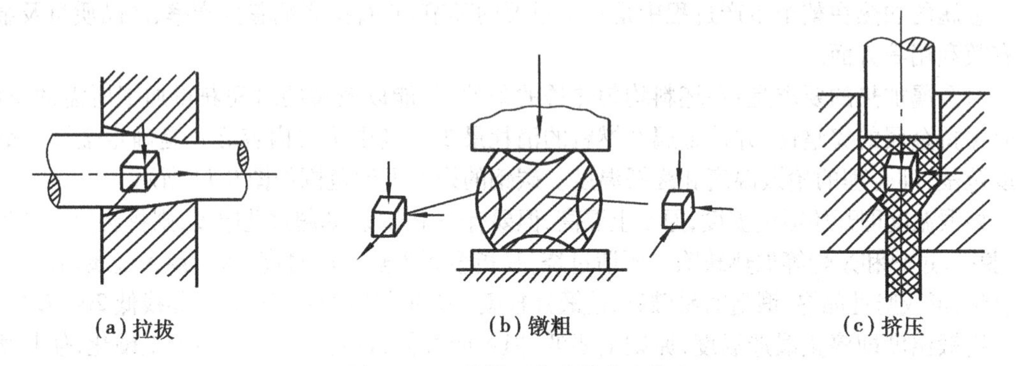

图 9.13　几种锻压方法的应力状态

实践证明,3 个方向的应力中,压应力的数目越多,则金属的塑性越好;拉应力的数目越多,则金属的塑性越差。同号应力状态下引起的变形抗力大于异号应力状态下的变形抗力。拉应力使金属原子间距增大,尤其当金属的内部存在气孔、微裂纹等缺陷时,在拉应力作用下,缺陷处易产生应力集中,使裂纹扩展,甚至达到破坏报废的程度。压应力使金属内部原子间距减小,不易使缺陷扩展,故金属的塑性提高。但压应力使金属内部摩擦阻力增大,变形抗力也随之增大。

综上所述,金属的可锻性既取决于金属的本质,又取决于变形条件。在压力加工过程中,要力求创造最有利的变形条件,充分发挥金属的塑性,降低变形抗力,使能耗最少,变形进行得充分,达到加工的最佳效果。

复习思考题

1.金属塑性变形的实质是什么?为什么要先了解它?

2.何谓冷变形?冷变形对金属的组织和性能有何影响?请举出几个实例。

3.何谓热变形?热变性后的金属的组织和性能有何变化?在什么情况下要采用热压力加工?

4.铅在室温、钨在 1 000 ℃时的变形各属哪种变形?为什么?(铅的熔点为 327 ℃,钨的熔点为 3 380 ℃)

5.何谓加工硬化?加工硬化在生产中有何利弊?如何消除加工硬化?

6.“趁热打铁”的含义何在?

第10章 金属压力加工方法

压力加工方式很多,主要有轧制、挤压、拉拔、自由锻、模锻及板料冲压等。前3种方法一般用来制造常用金属材料的板材、管材、线材等原材料;锻造主要用来制造承受重载荷的机器零件的毛坯,如机器的主轴、重要齿轮等;而板料冲压广泛用于制造电器、仪表零件等。

10.1 锻 造

利用冲击力或压力使金属在砧铁间或锻模中产生变形,从而得到所需形状及尺寸的锻件的方法,称为锻造。锻造是金属零件的重要成型方法之一。它能保证金属零件具有较好的力学性能,以满足各种机器零件的使用要求。

10.1.1 自由锻

自由锻是利用冲击力或压力使金属在上下两砧铁之间产生变形,从而得到所需形状及尺寸的锻件的方法。金属受力时的变形是在上下两砧铁平面间作自由流动,故称为自由锻。

自由锻可分为手工锻造和机器锻造两种。前者只能生产小型锻件,后者是自由锻造的主要方式。自由锻具有以下特点:

①所用工具简单,通用性强,灵活性大,因此适合单件小批生产锻件。

②精度差,生产率低,工人劳动强度大,对工人技术水平要求高。

③自由锻可生产不到1 kg的小锻件,也可生产300 t以上的重型锻件,适用范围广。对大型锻件,自由锻是唯一的锻造方法。

(1)自由锻设备

常用的自由锻设备有空气锤、蒸汽-空气锤和液压机3种。

空气锤是利用电动机驱动并由空气带动锤头工作的锻造设备(见图10.1)。空气锤操作方便,但能力不大,适合于锻造小型锻件。它是产生冲击力使金属变形,故其吨位用落下部分的质量表示。

蒸汽-空气锤是利用蒸汽或压缩空气带动锤头工作的(见图10.2)。其工作原理与空气锤相同,但其结构较空气锤复杂,吨位稍大,适用于锻造中小型锻件。

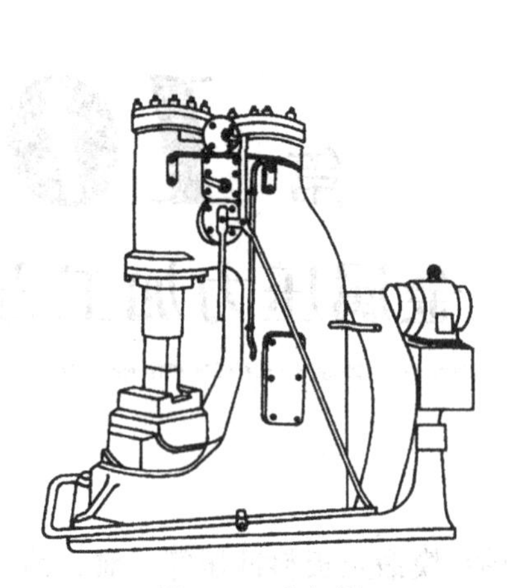

图 10.1　空气锤

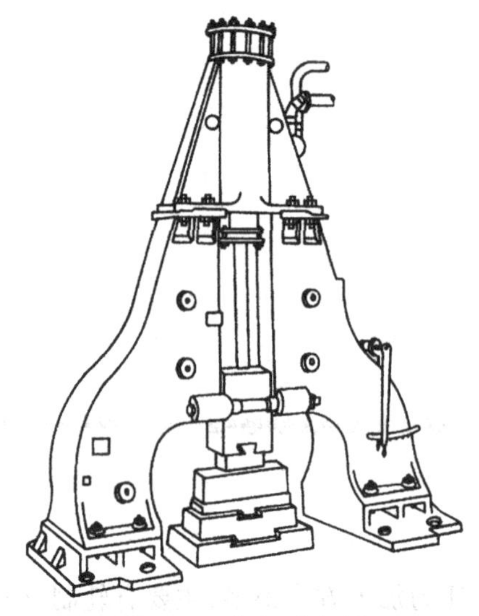

图 10.2　蒸汽-空气锤

液压机是利用 15~40 MPa 的高压水推动工作活塞形成巨大的静压力使金属变形,故其吨位用对坯料产生的最大压力表示。液压机工作时无振动,噪声小,工作平稳、安全,锻件质量好,但它要有一套控制设备,造价大,设备复杂,故主要用于大型锻件的锻造,而且是大型锻件的唯一锻造设备。

(2)自由锻工序

各种类型的锻件都得采用不同的锻造工序来完成。自由锻工序可分为基本工序、辅助工序和精整工序 3 大类。

1)基本工序

它是使金属产生一定程度的塑性变形,以达到所需形状及尺寸的工序。主要有:

①镦粗

镦粗是指使坯料的高度减小、横截面积增大的工序。若使坯料的局部截面增大,称为局部镦粗。镦粗是自由锻生产中最常用的工序,适用于盘套类锻件的生产。

②拔长

拔长是指使坯料横截面积减小、长度增加的工序。锻造轴类、杆类工件时常用这种工序。拔长除了用于锻件成型外,还常用来改善锻件内部质量。拔长还常与镦粗交替进行,以获得更大的锻造比。

③冲孔

冲孔是指用冲头在坯料上冲出通孔或不通孔的锻造工序。锻造齿轮坯、圆环和套筒等工件在镦粗后常接着进行冲孔。常用的冲孔方法有 3 种:实心冲头单面冲孔(适用于在薄坯料上冲孔)、实心冲头双面冲孔(适用于在厚坯料上冲孔)和空心冲头冲孔(适用于在水压机上冲大型锻件上直径大于 400 mm 的孔)。

④扩孔

扩孔是指减小空心坯料的壁厚而增大其内外径的锻造工序。锻造各种圆环锻件时需要扩孔工序。常用的扩孔方法有冲头扩孔(用于扩孔量不大的场合)和芯棒扩孔(用于锻造扩孔量大的薄壁环形锻件,其实质是将坯料沿圆周方向拔长)两种。

⑤弯曲

弯曲是指使坯料弯成曲线或一定角度的锻造工序。锻造吊钩、地脚螺栓、角尺和U形弯板等锻件时需用这种工序。

⑥错移

错移是指使坯料的一部分相对另一部分平移错开的工序。它是生产曲拐或曲轴类锻件所必需的工序。

⑦扭转

扭转是指使坯料的一部分相对另一部分绕其共同的轴线旋转一定角度的工序。锻造多拐曲轴、麻花钻和校正锻件时常用这种工序。

⑧切割

切割是指切除锻件一部分的锻造工序,又称剁料。它常用于切除钢锭底部、锻件料头以及分割锻件等场合。

2)辅助工序

为基本工序操作方便而进行的预先变形,如压钳口、压钢锭棱边、压肩等。

3)精整工序

在完成基本工序之后,用以提高锻件尺寸及位置精度的工序,如校正、滚圆、平整等。一般在终锻温度以下进行。

10.1.2　模锻

模锻是把金属坯料放在具有一定形状的锻模模膛内受压变形而获得锻件的方法。

与自由锻相比,模锻具有以下特点:

①模锻件质量好。模锻的三向压应力不仅容易锻合锻件内部缺陷,而且可用较小锻造比获得自由锻大锻造比所达到的效果。能获得比较理想的金属流线,从而提高零件的使用寿命。另一方面,锻件轮廓清晰、准确,表面质量高。

②节约金属。模锻件的余量、公差和余块都比自由锻小,并可在较少的加热次数内获得锻件,因而加热烧损少。

③可锻出形状比较复杂的锻件。因为金属在模膛内三向受压,塑性改善,容易变形并充满模膛。典型模锻件如图10.3所示。

④生产率高。形状简单的模锻件只需在终锻模上一次整体成型;复杂锻件也只需经必要的制坯、预锻和终锻等模膛变形后制得。因此,模锻生产率比自由锻高几倍至几十倍。

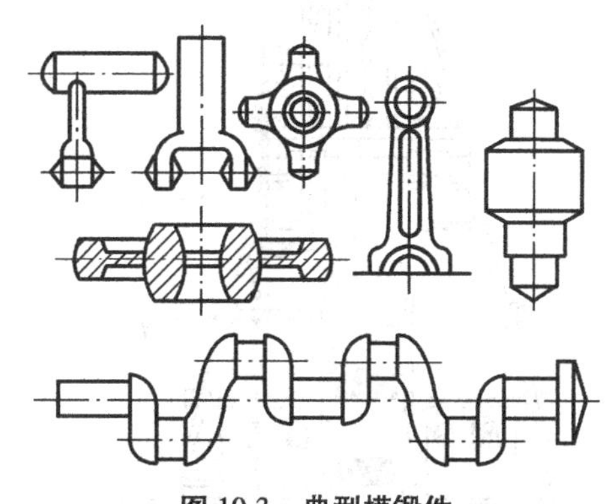

图10.3　典型模锻件

⑤模锻操作简单,对工人技术水平要求较低,劳动强度也较低。

⑥锻件质量较小。因为整体变形三向受压,变形抗力大,同质量锻件所需模锻锤吨位要比自由锻大得多,限于模具的承载能力及模锻设备的锻造能力,故模锻件质量不能太大(<150 kg)。

⑦设备投资大。锻模的加工费用高、周期长,而使用寿命短;另一方面,锻锤要用优质的锻

模钢制造,因而成本高。所以生产批量太小的锻件用模锻生产不经济。

⑧工艺灵活性不如自由锻。

综上所述,模锻主要适用于成批和大量生产中、小型锻件。模锻在汽车、拖拉机、飞机、国防工业、电力工业等部门得到广泛应用。

模锻按所用设备的类型不同,可分为锤上模锻、胎模锻、曲柄压力机上模锻、平锻机上模锻及摩擦压力机上模锻等。

(1)锤上模锻

锤上模锻是目前国内外普遍采用的一种模锻方法。因为它适合于多模膛锻造,工艺适应性广,生产率高,设备造价较低;而且模锻锤的打击能量可在操作中调整;坯料在不同能量的多次锤击下,经过不同的锻造工序可锻成不同形状的锻件。

1)模锻锤

锤上模锻所用的设备主要是蒸汽-空气模锻锤,如图 10.4 所示。其工作原理与自由锻用蒸汽-空气锻锤基本相同,但由于模锻生产要求精度高,故模锻锤的机架直接与砧座通过螺栓和弹簧相连(弹簧可使锤击时作用在螺栓上的冲击力得到缓冲),引导锤头移动的导轨很长,锤头与导轨间的间隙较小,以保证锤头运动时上下锻模的位置对得较准,减小模锻件在分模面处的错移误差,提高锻件的形状与尺寸精度。

模锻锤的工作能力也是以落下部分的质量来表示,常用的是 10~100 kN。

2)锻模

锻模是由上模和下模两部分组成,如图 10.5 所示。下模紧固在模垫上,上模紧固在锤头上,与锤头一起作上下运动。上下模皆有模膛。模锻时坯料放在下模的模膛上,上模随着锤头的向下运动对坯料施加冲击力,使坯料充满模膛,最后获得与模膛形状一致的锻件。

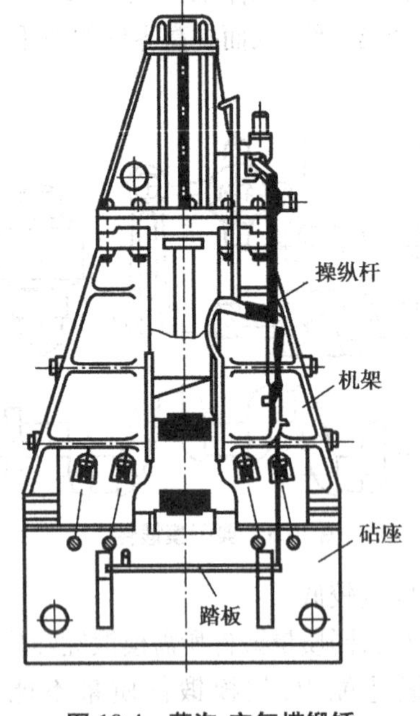

图 10.4 蒸汽-空气模锻锤

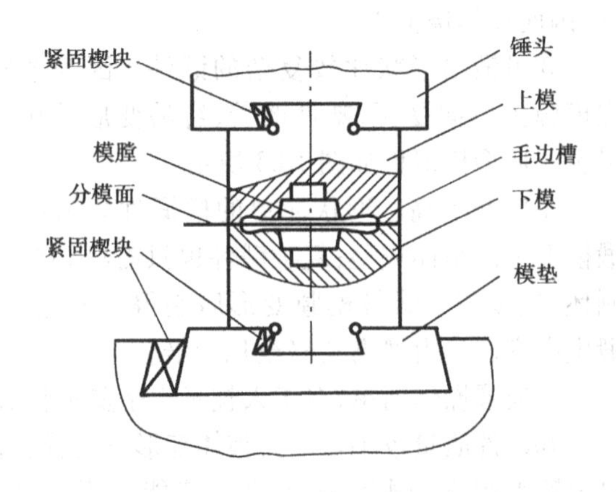

图 10.5 锤上模锻用锻模

模膛根据其功用的不同,可分为模锻模膛、制坯模膛和切断模膛 3 大类。

①模锻模膛

模锻模膛又分为终锻模膛和预锻模膛两种。

A.终锻模膛

其作用是使坯料最后变形到锻件所要求的形状和尺寸。因此,它的形状应和锻件的形状相同。但因锻件冷却时要收缩,终锻模膛的尺寸应比锻件的尺寸大一个收缩量。另外,沿模膛四周设有毛边槽,用以增加金属从模膛中流出的阻力,促使金属充满模膛;同时容纳多余的金属;还可缓冲锤击,避免锻模过早被击陷或崩裂。对于具有通孔的锻件,应留有冲孔连皮,因为不可能靠上下模的突出部分把金属完全挤压掉。此外,终锻模膛应放在多膛模具的中间。

B.预锻模膛

其作用是使坯料变形到接近于锻件的形状和尺寸,这样在进行终锻时,金属容易充满模膛而获得锻件所要求的尺寸。同时,减少了终锻模膛的磨损,延长锻模的使用寿命。预锻模膛与终锻模膛的区别是:考虑到终锻过程是以镦粗成型为主,因此预锻模膛的高度应大于终锻模膛;不设毛边槽;圆角、斜度较大;细小的沟槽和花纹不制出。对于形状简单或批量不大的模锻件,可不设置预锻模膛。

②制坯模膛

对于形状复杂的锻件,为了使坯料形状逐步地接近锻件的形状,以便金属变形均匀,流线合理分布和顺利地充满模锻模膛,因此,必须先在制坯模膛内制坯。

根据锻件的形状和尺寸,需采用不同的制坯模膛。制坯模膛主要有以下5种:

A.拔长模膛(见图10.6(a))

它的作用是减小坯料某一部分的横截面积以增加其长度。它设置在锻模的一边或一角。拔长是制坯的第一步,需锤击多次,边送进边翻转,它兼有清除氧化皮的功用。

B.滚挤模膛(见图10.6(b))

它的作用是减小坯料某一部分的横截面积以增大另一部分的横截面积,使坯料的横截面积与锻件各横截面积相等。毛坯可直接送入滚挤模膛或经拔长后送入。滚挤时,坯料不轴向送进,只反复绕轴线翻转。滚挤模膛用于横截面积相差较大的锻件的制坯。

C.成型模膛(见图10.6(c))

它的作用是使坯料获得接近模锻模膛在分模面上的轮廓形状,能局部聚料。通常坯料在成型模膛中仅锤击一次,然后将坯料翻转90°,放入预锻或终锻模膛中模锻。成型模膛常用于叉状、枝丫和十字形锻件经滚挤后的进一步制坯。

D.弯曲模膛

它的作用是用来弯曲中间坯料,使它获得预锻或终锻模膛在分模面上的轮廓形状。坯料经过弯曲模膛锻打后,也需翻转90°放入预锻或终锻模膛中模锻。

E.镦粗台和压扁台

镦粗台(见图10.6(d))用于圆盘类锻件的制坯。它的作用是减小坯料的高度,增大坯料直径,减少终锻时的锤击次数,有利于充满模膛,防止产生折叠,又兼有去除氧化皮的作用。镦粗台一般设置在锻模的左前方。压扁台(见图10.6(e))用于扁平的矩形锻件的制坯。先将圆坯料或方坯料在压扁台上锤扁后放入终锻模膛模锻。压扁台一般设置在锻模的左侧。

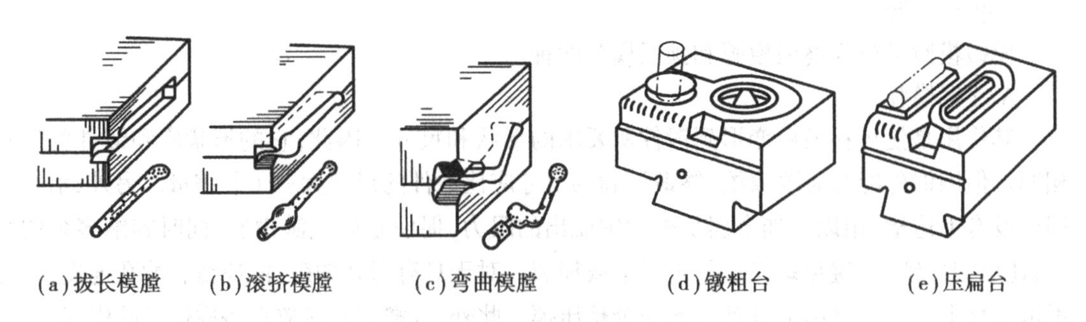

图 10.6　制坯模膛

③切断模膛

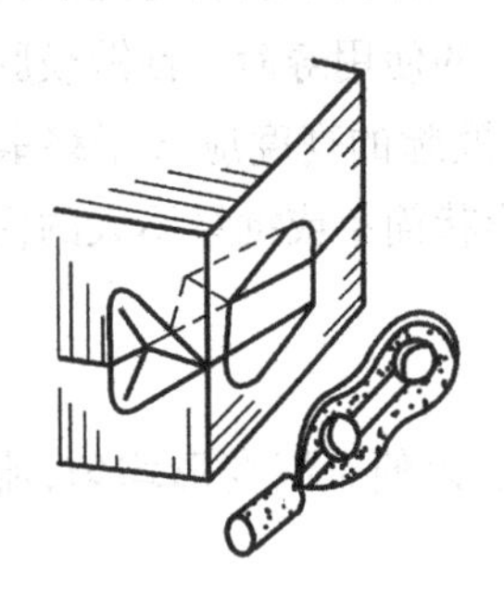

图 10.7　切断模膛

它是在上模和下模的角部组成一对刀口，用来切断金属，如图10.7 所示。单件锻造时，用它从坯料上切下锻件或从锻件上切下钳口；多件锻造时，用它来分离成单个件。

根据模锻件的复杂程度不同，所需变形的模膛数量不等，可将锻模设计成单膛锻模或多膛锻模。单膛锻模是在一副锻模上只有终锻模膛一个模膛，如齿轮坯模锻件就可将截下的圆柱形坯料直接放入单膛锻模中成型。多膛锻模是在一副锻模上具有两个以上模膛的锻模，如图 10.8 所示为弯曲连杆模锻件的锻模，即为多膛锻模。

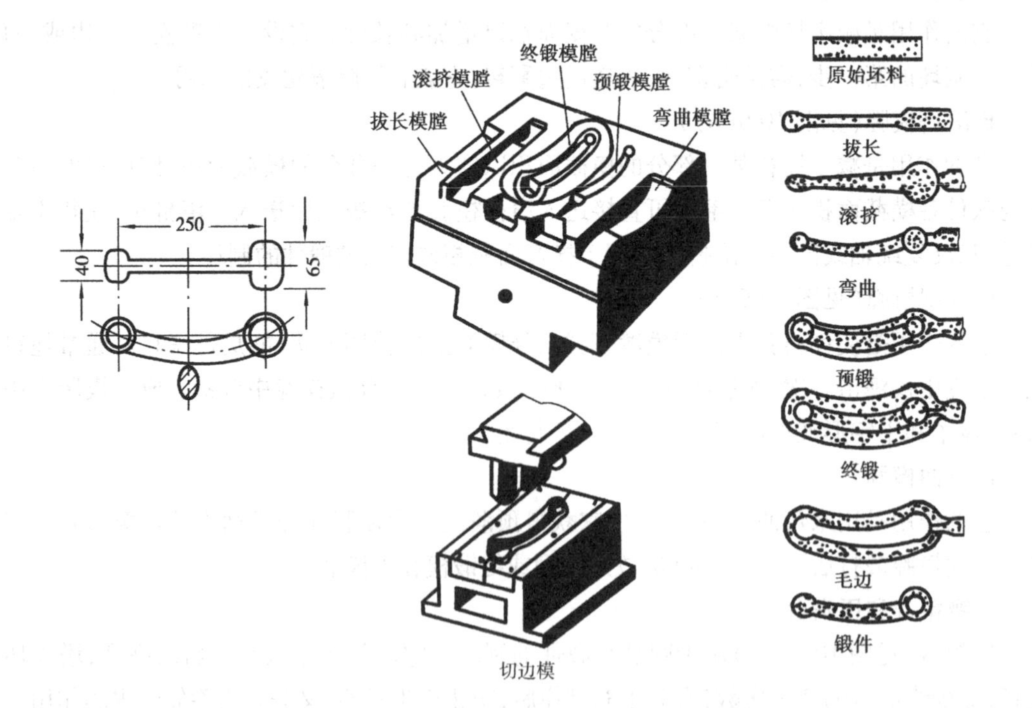

图 10.8　弯曲连杆的模锻过程

(2)胎模锻

胎模锻是在自由锻设备上使用胎模生产模锻件的方法。通常用自由锻方法使坯料初步成型,然后放在胎模中终锻成型。胎模锻所用设备为自由锻设备,不需较贵重的模锻设备,且胎模一般不固定在锤头和砧座上,结构比固定式锻模简单。因此,胎模锻在没有模锻设备的中小型工厂得到广泛的应用,且最适合于几十件到几百件的中小批量生产。

胎模锻与自由锻相比,能提高锻件质量,节省金属材料,提高生产率,降低锻件成本等。而与其他模锻相比,它不需要较贵重的专用模锻设备,锻模简单,但锻件质量稍差、工人劳动强度大、生产率偏低、胎模寿命短等。

(3)其他设备上的模锻

在蒸汽-空气模锻锤上进行模锻有着工艺通用性好,生产率比较高及设备造价低等优点,但也存在许多难以克服的缺点,如锻造时振动大、噪声高、劳动条件差、设备需经常维修等,因而出现了其他设备上的模锻。

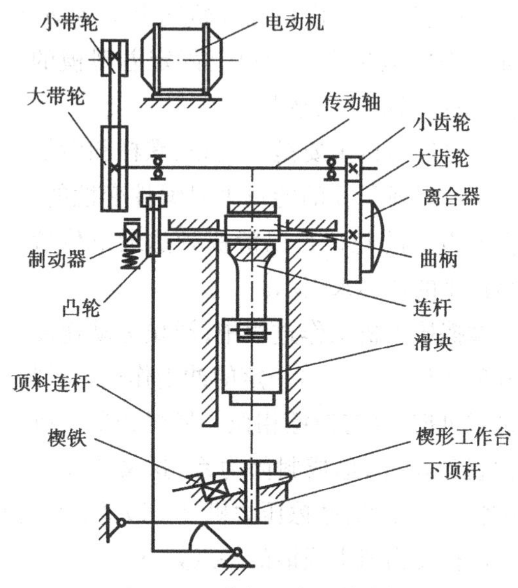

图10.9 曲柄压力机传动图

1)曲柄压力机上模锻

曲柄压力机的传动系统如图10.9所示。当离合器处于结合状态时,电动机通过三角皮带将运动传到传动轴上,再通过传动轴及传动齿轮带着曲柄连杆机构的曲轴、连杆和滑块作上下直线运动。当离合器处在脱开状态时,大带轮空转,制动器使滑块停在确定的位置上。锻模的上模固定在滑块上,而下模固定在下部的楔形工作台上。顶杆用来从模膛中推出锻件,实现自动取件。

曲柄压力机的吨位是以滑块处于下死点时所产生的最大压力表示。

曲柄压力机上模锻的特点如下:

①锻件精度高、生产率高、节省金属。

②无振动,噪声小,劳动条件好,容易实现机械化和自动化。

③模具制造简单,更换容易,节省贵重的模具材料。

④坯料表面上的氧化皮不易被清除掉,影响表面质量。

⑤具有良好的导向装置和自动顶件机构,因此锻件的余量、公差和模锻斜度都比锤上模锻的小。

⑥行程和压力不能随意调节,因此不宜用于拔长、滚挤等工序。

⑦设备造价高。

因此,曲柄压力机与其他制坯设备如辊锻机配套,适合在大批大量生产中制造优质中小型锻件。

2)摩擦压力机上模锻

摩擦压力机的工作原理如图 10.10 所示。电动机通过皮带传动带动主轴和两个摩擦盘转动。改变操纵杆位置,通过杠杆拨动摩擦盘左右移动与飞轮接触,使飞轮和螺杆正、反旋转,带动滑块在导轨间上下运动,从而实现模锻生产。滑块上固定着锻模的上模,下模固定在机座上。

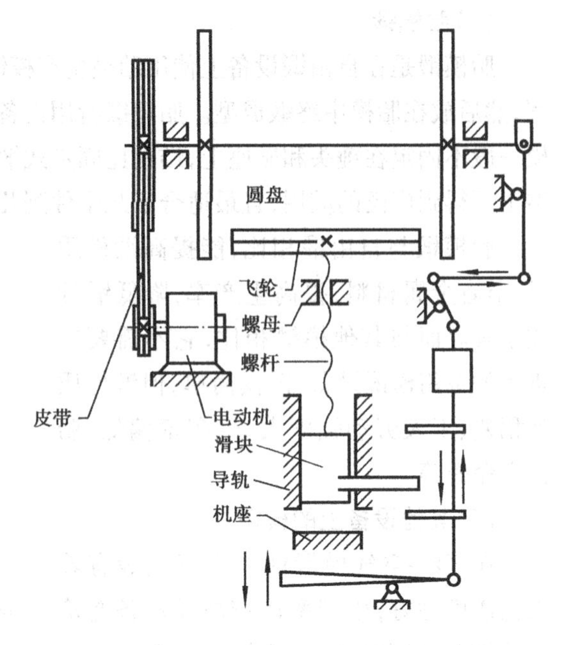

图 10.10　摩擦压力机传动图

摩擦压力机主要是靠飞轮、螺杆和滑块向下运动时所积蓄的能量来时锻件变性的。摩擦压力机的吨位是以滑块到达最下位置时所产生的压力来表示。

摩擦压力机工作过程中,滑块运动速度为 0.5~1.0 m/s,具有一定的冲击作用,且滑块形成可控,这与锻锤相似。坯料变形中抗力由机架承受,形成封闭力系,这又是压力机的特点。因此,摩擦压力机具有锻锤和压力机的双重工作特性。

摩擦压力机上模锻的特点如下:

①具有模锻锤(滑块行程不固定)和曲柄压力机(变形速度低)双重的工作特性,工艺用途广。

②备有顶出装置,可锻或挤压带长杆锻件,也可实现小模锻斜度、无模锻斜度和小余量、无余量的精密模锻工艺。

③设备简单、维修方便、成本低、劳动条件好;螺杆和滑块间是非刚性联接,承受偏心载荷能力较差,一般只适于单模膛模锻。

④导轨对滑块的导向不够精确,故要求较高的锻模其上下模之间需有导向装置。

⑤生产率低,能量消耗较大。

因此,它主要适于中小批量生产中小模锻件及校整、压印和精密模锻,特别适合模锻塑性较差的金属。

3)平锻机上模锻

平锻机工作原理和曲柄压力机相同,只因为滑块是在水平方向运动,故称为平锻机。它的锻模与曲柄压力机上所用的不同,是由 3 个部分组成:固定模、活动模和冲头。固定模和活动模组成凹模,金属在这里被冲头冲压变形。

如图 10.11 所示为目前最常用的平锻机传动简图。电动机通过三角皮带将运动传给带轮,带轮带有离合器病状在传动轴上,传动轴的另一端装有齿轮,可将运动传至曲轴上。曲轴通过连杆与主滑块相连,另外通过一对凸轮与副滑块相连,后者通过连杆系统与活动模相连。运动传至曲轴后,随着曲轴的转动,主滑块带着凸轮作前后往复运动。同时,凸轮运动使副滑块和活动模左右运动。挡料板通过辊子与主滑块的轨道相连,当主滑块向前运动时(工作行程)，轨道斜面迫使辊子上升，并使挡料板绕其轴线转动，挡料板的末端便移至一边，给凸模让出路来。

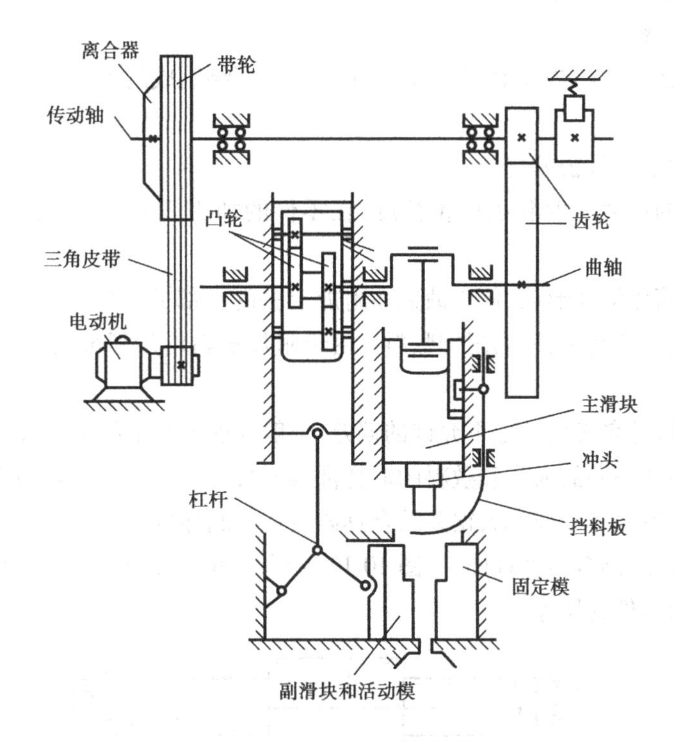

图 10.11　平锻机传动图

平锻机的吨位是以凸模最大压力来表示。

平锻机上模锻的特点如下：

①扩大了模锻的应用范围，可锻出在锻锤上或曲柄压力机上难于锻出的锻件，如长杆一端带发蓝的实心或空心的锻件(汽车半轴类)、带通孔的锻件(滚动轴承套圈类)、具有两个凸缘的锻件(汽车倒车齿轮类)等，还可进行切毛边、切断、弯曲及热精压等工序。

②生产率高，每小时可生产 400~900 件。

③锻件尺寸精度高，表面光洁。

④节省金属，锻件毛边小，甚至没有。无冲孔连皮，无外壁斜度。因此，材料利用率可达 85%~95%。

⑤平锻机的造价较高，只适用于成批、大量生产。对于非回转体及中心不对称的锻件较难锻造。

因此，平锻机上模锻适用于需要多次镦粗成型的锻件，镦粗部位可在棒料的端部或中部，特别适用长棒料的头部镦粗件、深孔形件、长管镦粗件，以及具有复杂内腔和外形的套筒类锻件。

10.1.3　锻造工艺规程的制订

制订工艺规程是自由锻生产必要的技术准备工作。在制订工艺规程时，必须密切结合生产条件、设备能力和技术水平等实际情况，力求合理、先进，以便正确指导生产。编制工艺规程主要包括绘制自由锻件图、确定坯料的质量和尺寸、确定锻造工序、选择锻造设备、确定锻造温度范围和加热次数、确定热处理规范、提出锻件的技术要求和检验要求、填写工艺卡片等。

(1)绘制锻件图

锻件图是指在零件图基础上,考虑锻造工艺特点而绘制成的图样。绘制锻件图时,应考虑以下4个因素:

1)余量、敷料和锻件公差

为保证锻件的尺寸精度和表面粗糙度,在零件的加工表面而增加的金属称为机械加工余量。

敷料是为了简化锻件形状,便于锻造而附加上去的一部分金属。当零件上带有较小的凹挡、台阶、凸肩、法兰和孔时,皆需附加敷料。由于附加敷料增加了金属的损失和切削加工量,故应合理安排。

锻件公差是锻件名义尺寸上下允许的偏差,一般为加工余量的1/4~1/3。

加工余量、锻件公差的大小和敷料的取舍都与锻件的形状、尺寸及车间的优劣、锻工技术的高低有关,故应参照有关技术数据并结合具体生产情况加以确定。当加工余量、锻件公差和敷料等确定后便可绘制自由锻件图,如图10.12所示。图10.12中,双点画线为零件外形轮廓线,尺寸线下方为零件的尺寸。

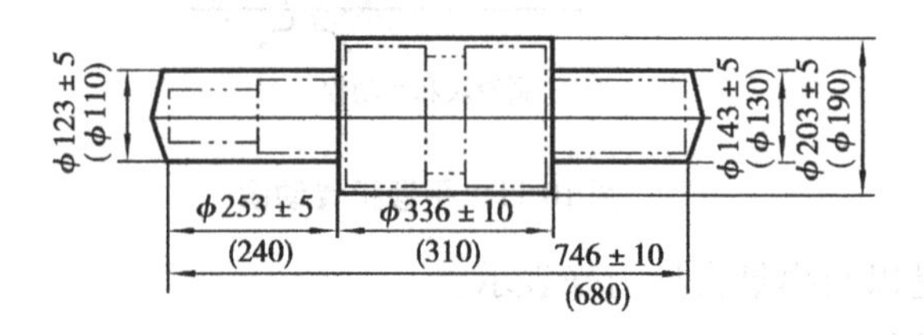

图10.12 自由锻件图

当零件毛坯为模锻件时,因金属是在锻模的模膛内成型,故绘制模锻件图时,除确定余量、敷料和锻件公差外,还需考虑分模面、模锻斜度和圆角半径等。

2)分模面的选择

分模面即上下模在锻件上的分界面。制订锻件图时,必须首先确定分界面,并应考虑以下5个问题:

①要保证锻件能从模膛顺利取出图10.13所示零件,若选*a—a*为分模面,则锻件无法从模膛取出。一般情况下,分模面应选在锻件最大截面上。

②应使上下两模沿分模面的模膛轮廓一致,以便及时发现错模现象。图10.13中的*c—c*分模面就不符合这个要求。

③应选在使模膛深度最浅的位置上,以便金属充满模膛,也有利于锻模的制造。图10.13中的*b—b*面就不适合作分模面。

④应使零件上所加的敷料最少。图10.13中的*b—b*分模面所加的敷料最多,因此不宜作分模面。

⑤分模面最好为平面,上下模的深浅应相当,以利锻模的制造。

按以上原则综合分析,图10.13中的*d—d*面是最合理的分模面。

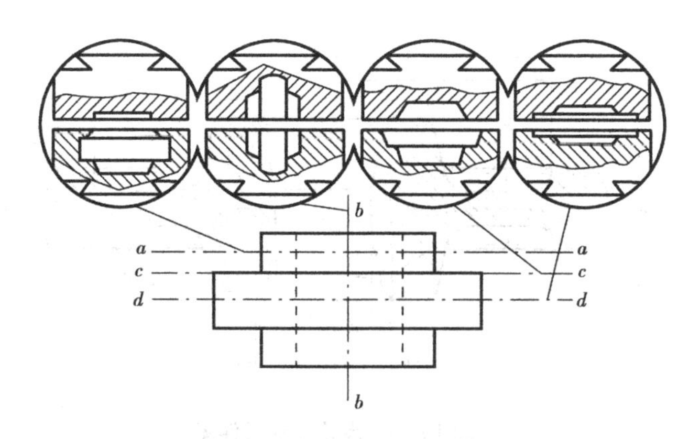

图 10.13　分模面选择比较图

3）模锻斜度

模锻件的侧面，即平行于锤击方向的表面必须有斜度（见图 10.14），以便于锻件从模膛中取出。对于锤上模锻的斜度一般为 5°~15°。模锻斜度与模膛深度和宽度有关，模膛深度 h 与宽度 b 比值越大时，模锻斜度取大值。斜度 α_1 为外壁斜度（即当锻件冷缩时锻件与模壁夹紧的表面），其值比内壁斜度 α_2（即当锻件冷缩时锻件与模壁离开的表面）小，因为内壁在锻件冷却后容易被夹紧，使锻件很难取出。

4）圆角半径

为使金属容易充满模膛，增大锻件强度，避免锻模内尖角处产生裂纹，提高锻模使用寿命，在模锻件上所有两平面的交角处均需作成圆角，如图 10.15 所示。外圆角半径 R 一般比内圆角半径 r 大 3~4 倍。钢锻件内圆角半径 r 可取 1~4 mm。

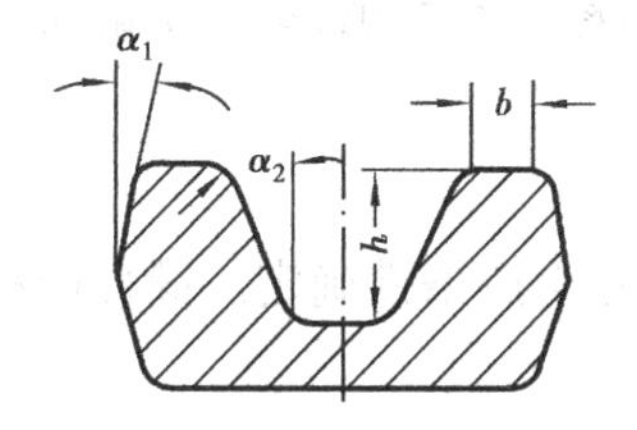

图 10.14　模锻斜度

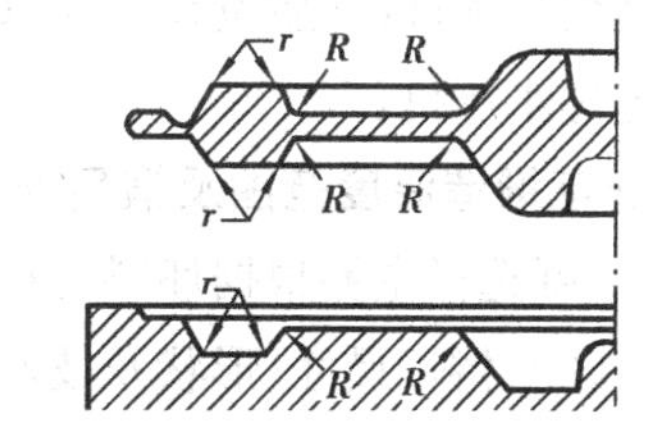

图 10.15　圆角半径

确定了上述几个因素以后，即可绘制模锻件图，其绘制方法与自由锻件图相似。如图 10.16 所示为一齿轮坯的模锻件图。

（2）坯料的质量和尺寸计算

坯料质量可计算为

$$G_{坯料} = G_{锻件} + G_{烧损} + G_{料头}$$

式中　$G_{坯料}$——坯料质量；

$G_{锻件}$——锻件质量；

$G_{烧损}$——加热中坯料表面因氧化而烧损的质量（第一次加热取被加热金属质量的 2%~3%，以后各次加热的烧损量取 1.5%~2%）；

$G_{料头}$——在锻造过程中冲掉或被切掉的那部分金属的质量。

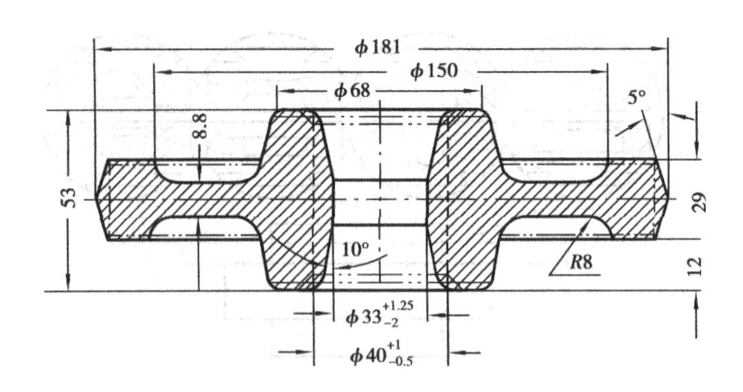

图 10.16　齿轮坯模锻件图

坯料尺寸的确定与所采用工序有关,当所采用的锻造工序不同时,确定坯料尺寸的方法也不同。如镦粗时,毛坯高度 H 与直径 D 之比应满足 $1.25 \leqslant H/D \leqslant 2.5$;拔长时,毛坯的横截面积 $F_{坯}$ 与锻件最大横截面积 $F_{锻}$ 应满足 $F_{坯}/F_{锻}=Y$(锻造比,与锻件的结构及材料有关)。

(3)确定锻造变形工序

确定锻造变形工序主要根据锻件的结构形状、尺寸、技术要求和生产批量进行选择。例如,带轮、齿轮等盘类零件主要锻造工序是镦粗;轴等杆类锻件多采用拔长工序;吊钩等弯曲件多采用弯曲工序;套筒等空心类零件的主要锻造工序是拔长、冲孔、镦粗等;曲轴等零件则常采用拔长和错移等工序。

(4)选择锻造设备

选择锻造设备主要根据锻件材料、质量和尺寸及锻件的基本工序。锻件质量小于 100 kg 时,可选择空气锤;锻件质量在 100~1 000 kg 时,可选择蒸汽-空气锤;锻件质量在 1 000 kg 以上时,可选择水压机。

(5)确定锻造温度范围及锻后处理规范

锻造温度选择主要根据坯料的材料、技术要求和实际生产条件确定。锻件的冷却方式主要根据锻件的材料、尺寸、形状及技术要求等。

10.2　板料冲压

板料冲压是利用冲模使板料产生分离或变形,从而获得毛坯或零件的压力加工方法。板料冲压通常是在冷态下进行的,故又称冷冲压。只有当板料厚度超过 8~10 mm 时才采用热冲压。

板料冲压的特点如下:

①可冲压出形状复杂的零件,且废料较少。

②产品具有足够高的精度和较低的表面粗糙度值,冲压件互换性好。

③能获得质量轻、材料消耗少、强度和刚度都较高的零件。

④冲压操作简单,工艺过程便于机械化和自动化,生产率很高,故零件成本低。

⑤冲模制造复杂、成本高，手工操作时不安全。

因此，板料冲压适用于成批或大批大量生产，特别是在汽车、拖拉机、飞机、电器、仪表、国防产品及日用品生产中占有极重要的地位。

板料冲压所用的原材料，特别是制造中空杯状和弯曲件、钩环状等成品时，必须具有足够的塑性。常用的金属材料有低碳钢、高塑性的合金钢、铜、铝镁及其合金等。对非金属材料如石棉板、硬橡皮、绝缘纸等，也广泛采用冲压加工方法。

10.2.1　冲压设备

板料冲压的设备有很多，概括起来可分为剪床和冲床两大类。

(1)剪床

剪床的用途是将板料切成一定宽度的条料，以供下一步冲压工序之用。在生产中，常用的剪床有斜刃剪(剪切宽而薄的条料)、平刃剪(剪切窄而厚的板料)和圆盘剪(剪切长的条料或带料)等。

斜刃剪床的传动机构如图10.17所示。电动机带动带轮使轴转动，再经过齿轮及离合器带动曲轴转动，曲轴又通过曲柄连杆带动装有上刀刃的滑块沿导轨作上下运动，与装在工作台上的下刀刃相配合，进行剪切。制动器的作用是使上刀刃剪切后停在最高位置，为下次剪切做好准备。刀片刃口斜度一般为2°~8°。

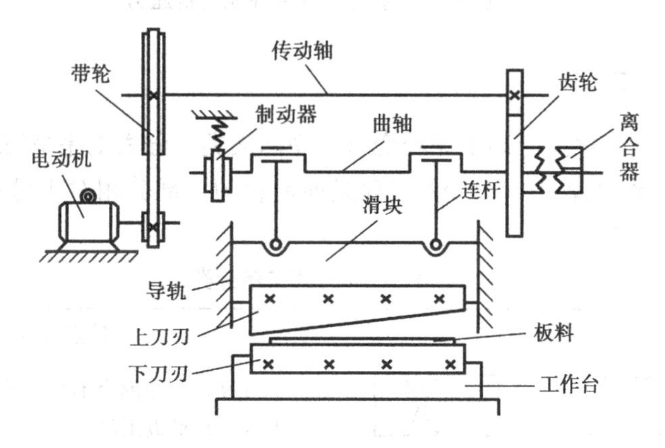

图10.17　剪床传动示意图

(2)冲床

除剪切工作外，冲压工作主要在冲床上进行。冲床有开式和闭式两种。

如图10.18所示为双柱可倾斜开式曲柄压力机的外形和传动示意图。这种曲柄压力机可后倾，使冲下的冲件能掉入压力机后面的料箱中。工作时，电动机通过V带驱动中间轴上小齿轮带动空套在曲轴上的大齿轮(飞轮)，通过离合器带动曲轴旋转。再经连杆带动滑块上下运动。连杆的长度可以调节，以调整压力机的闭合高度。冲模的上模装在滑块上，下模固定在工作台上。当踏下脚踏板时，通过杠杆使曲轴上离合器与大齿轮接上，滑块向下运动进行冲压。当放开脚踏板时，离合器脱开，制动器使滑块停在上止点位置。由于曲轴的曲拐半径是固定的，因此，曲柄压力机的行程是不能调节的。双柱可倾斜开式曲柄压力机工作时，冲压的条料可前后送料，也可左右送料，因此使用方便。但床身是开式的悬臂结构，其刚性较差，故只能用于冲压力1 000 kN以下的中小型压力机。中大型的压力机需采用闭式结构，其传动情况与开式相似。

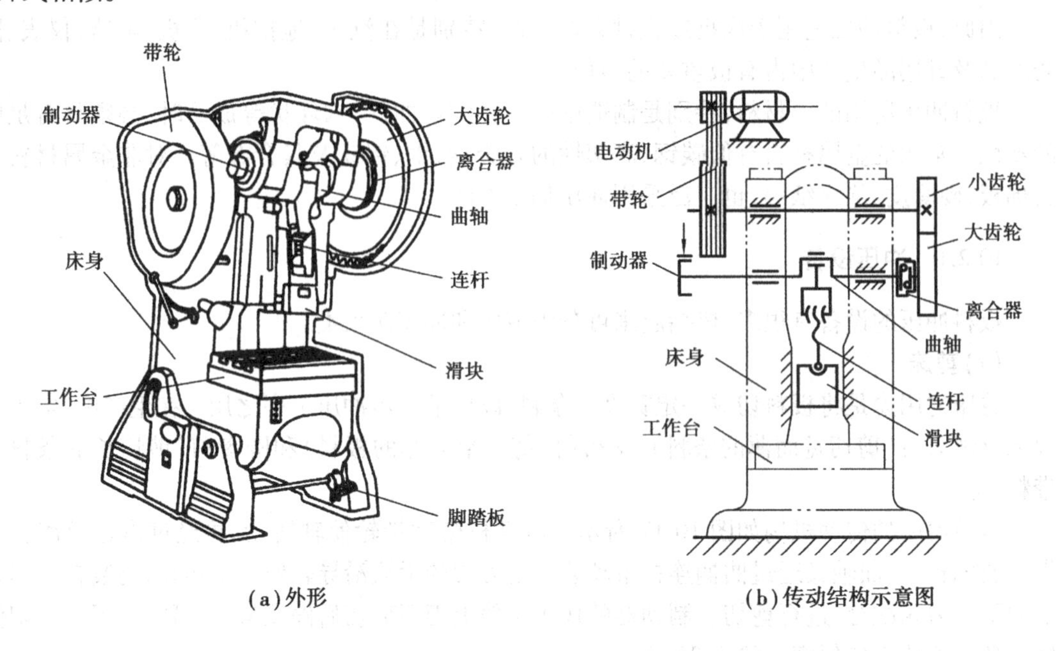

(a)外形　　(b)传动结构示意图

图 10.18　双柱可倾斜开式曲柄压力

10.2.2　冲压基本工序

板料冲压的基本工序又分离工序和变形工序两大类。分离工序是使坯料的一部分与另一部分相互分离的工序,见表 10.1。变形工序是使坯料的一部分相对于另一部分产生位移而不破裂的工序,见表 10.2。

表 10.1　分离工序分类

工序名称	简　图	特点及应用范围
切断		用剪刃或冲模沿不封闭轮廓切断,多用于加工形状简单的平板工件
落料	废料　工件	用冲模沿封闭轮廓冲切板料,冲下部分为工件
冲孔	工件　废料	用冲模沿封闭轮廓冲切板料,冲下部分为废料
切口		在坯料上沿不封闭线冲出切口,切口部分发生弯曲,如通风板

续表

工序名称	简　图	特点及应用范围
切边	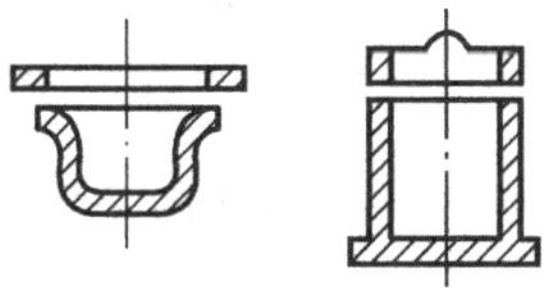	将成形工件的边缘修切整齐或切成一定形状
剖切	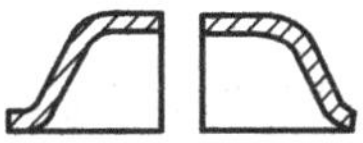	把冲压加工成半成品切开为二个或数个零件，多用于不对称工件的成双或成组冲压成形之后
修整	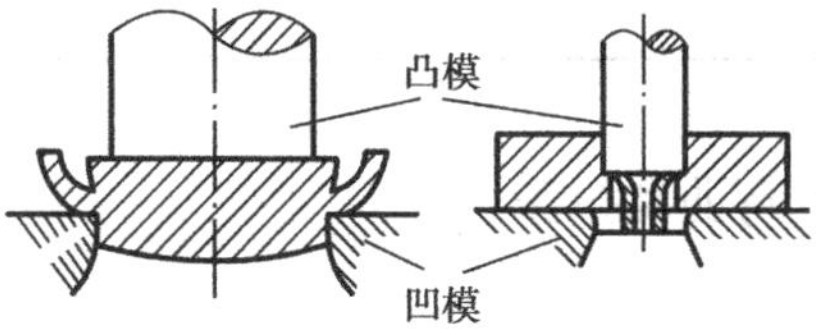 凸模 凹模 (a)外缘修整　(b)内孔修整	利用修整模沿冲裁件外缘或内孔刮削一薄层金属，以切掉冲裁件上的剪裂带和毛刺，从而提高冲裁件的尺寸精度，降低表面粗糙度。

表10.2　变形工序分类

工序名称	简　图	特点及应用范围
弯曲及扭曲	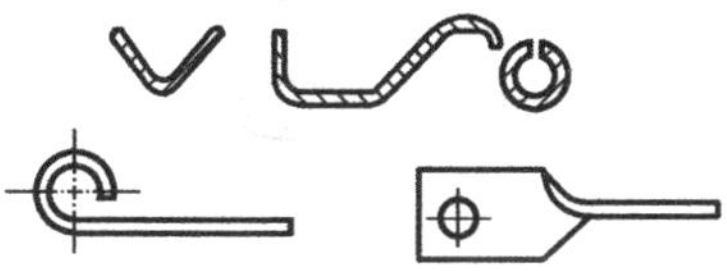	把板料弯成各种形状，卷成接近封闭的圆头，把冲裁后的半成品扭转成一定角度，可加工成形状极为复杂的零件
拉深	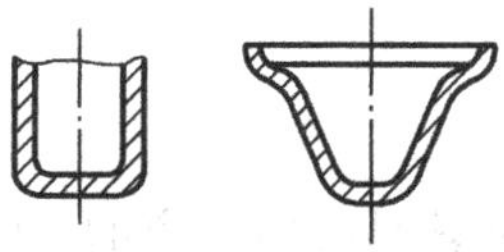	把平板坯料制成空心的零件
翻边及翻孔	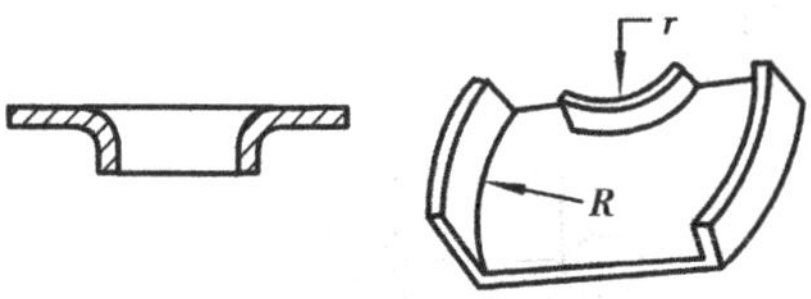 r R	把板料半成品的边缘按曲线或圆弧弯成直立的边缘或在预先冲孔的半成品上冲制成直立的边缘
扩口及缩口	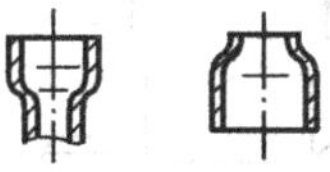	在空心毛坯或管状毛坯的某个部位上时期径向尺寸扩大或缩小的变形工序
起伏	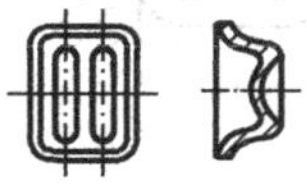	在板料毛坯或零件的表面上，用局部成形的方法制成各种形状的凸起或凹陷以增加零件的强度
卷边	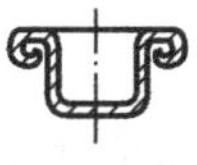	把空心件的边缘卷成一定形状

续表

工序名称	简　图	特点及应用范围
胀形		使制件的一部分凸起,呈凸肚形
压印		在制件上压出文字或花纹,只在制件厚度的一个平面上变形

下面主要阐述最常用的冲压工序——冲裁、弯曲和拉深。

(1)冲裁

冲裁是将板料按封闭的轮廓线分离的工序。它包括落料和冲孔两种工序。落料时,冲落部分为成品,而周边为废料;冲孔时,冲下部分为废料,而带孔的周边为成品,如图 10.19 所示。

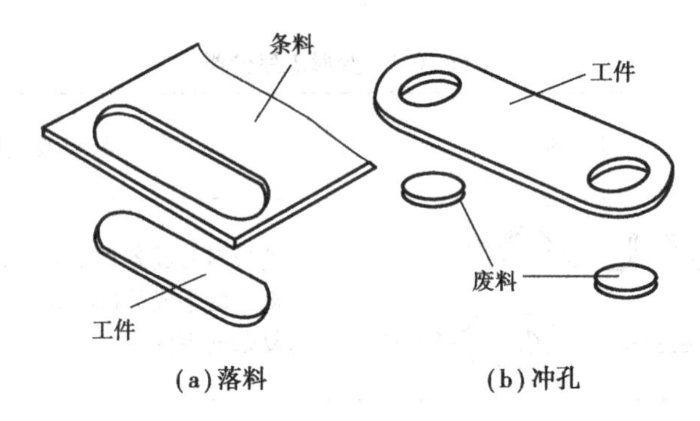

(a)落料　　(b)冲孔

图 10.19　冲裁

1)冲裁变形过程

为了深入了解冲裁工艺,控制冲裁件质量,分析冲裁是板料分离的实际过程是很重要的。这个过程大致可分为以下 3 个阶段(见图 10.20):

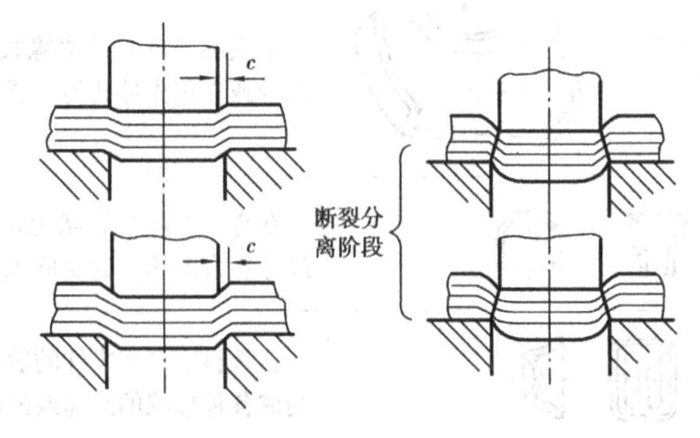

图 10.20　冲裁变形过程

①弹性变形阶段

凸模接触板料并下压后,板料产生弹性压缩、弯曲与拉伸等变形。随着凸模继续压入,材料内的应力达到弹性极限。此时,涂抹下的材料略有弯曲,凹模上的材料则向上翘。间隙越大,弯曲和上翘越严重。

②塑性变形过程

凸模继续向下运动,板料中的应力值达到屈服极限,板料金属产生塑性变形。变形达到一定程度时,位于凸凹模刃口处的金属硬化加剧,出现微裂纹。

③断裂分离阶段

凸模再继续向下运动,已形成的上下裂纹逐渐扩展并向内延伸,当上下裂纹相遇重合时,板料便被剪断分离。

冲裁件分离面的质量主要与凸凹模的间隙、刃口锋利程度有关,同时也受模具结构、材料性能及板料厚度等因素影响。

2)凸凹模间隙

凸凹模间隙不仅严重影响冲裁件的断面质量,也影响着模具寿命、冲裁力和冲裁件的尺寸精度等。间隙过大或过小均将导致上下裂纹不能相交重合于一线,如图 10.21 所示。间隙过大时,凸模刃口附近的剪裂纹较正常间隙时向内错开一段距离,难以与凹模刃口附近的裂纹汇合,冲裁件被撕开,边缘粗糙。间隙太小时,凸模刃口附近的裂纹比正常间隙时向外错开一段距离,这时上下两裂纹也不能很好重合。只有间隙值控制在合理范围内,上下裂纹才能基本重合于一线,冲裁件断口质量最好。

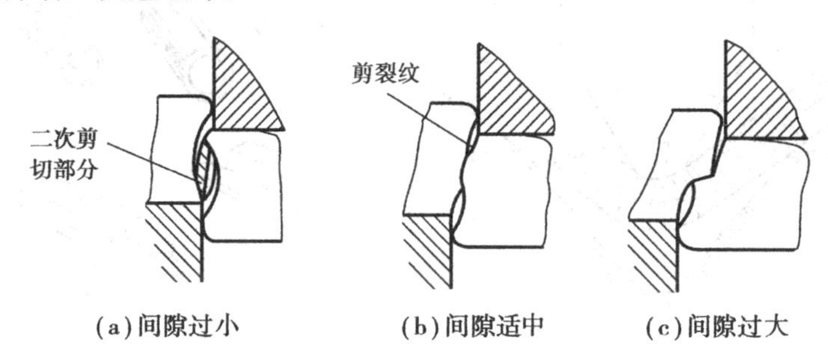

图 10.21　间隙大小对冲裁件断面质量影响

3)凸凹模刃口尺寸的确定

凸模和凹模刃口的尺寸取决于冲裁件尺寸和冲模间隙,因此,必须正确设计冲模刃口尺寸。

冲裁所得的落件和板料孔的断面均由圆角带、光亮带和断裂带三部分组成,如图 10.22 所示。其中,光亮带部分为柱形,代表落件和孔的尺寸。落件尺寸决定于凹模刃口尺寸,孔的尺寸决定于凸模刃口尺寸。故落料时,由工件尺寸确定凹模尺寸,凸模尺寸等于凹模尺寸减去双边间隙值。冲孔时,由工件尺寸确定凸模尺寸,凹模尺寸等于凸模尺寸加上双边间隙值。

冲模在使用过程中有磨损,落料件的尺寸会随凹模刃口的磨损而增大;而冲孔的尺寸则随凸模的磨损而减小。为了保证零件的尺寸要求,并提高模具的使用寿命,因此,落料是所取凹模刃口尺寸应靠近落件公差范围内的最小尺寸;而冲孔时,所取凸模尺寸刃口的尺寸应靠近孔的公差范围内的最大尺寸。不管是落料还是冲孔,冲模间隙均应采用合理间隙范围内的最小值。

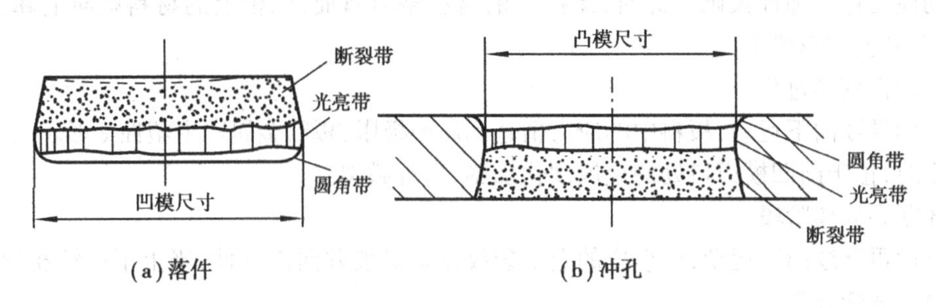

(a)落件　　(b)冲孔

图 10.22　冲裁件的断面

(2)弯曲

弯曲是将坯料的一部分相对另一部分弯成一定角度的工序。弯曲时,金属变形简图如图10.23所示。由图10.23可知,在弯曲时坯料内侧受压缩,而外侧受拉伸。当外侧的拉应力超过板料的强度极限时,既会造成金属破裂。板料越厚,内弯曲半径 r 越小,则拉应力越大,越容易弯裂。为防止弯裂,应限制最小弯曲半径,一般 $r_{min}=(0.25\sim1)\delta$($\delta$ 为金属板料厚度)。材料塑性越好时,弯曲半径可小些。

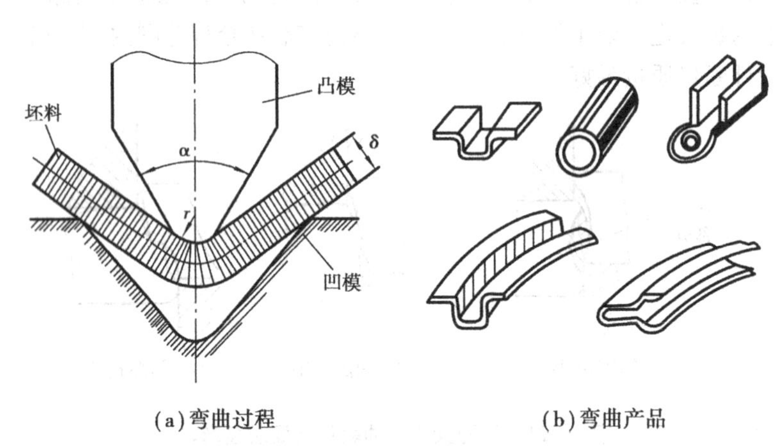

(a)弯曲过程　　(b)弯曲产品

图 10.23　弯曲过程金属变形简图

弯曲时应尽可能使弯曲线与板料的纤维方向垂直(见图10.24),否则容易造成弯裂。此时,为使金属不弯裂,应增大弯曲半径约1倍。

在弯曲结束后,由于弹性变形的恢复,板料略微弹回一点,是弯曲件的角度增大,此现象称为回弹。一般回弹角为0°~10°。因此,在设计弯曲模时,必须使模具的角度比成品件角度小一个回弹角,以保证成品件的弯曲角度符合要求。

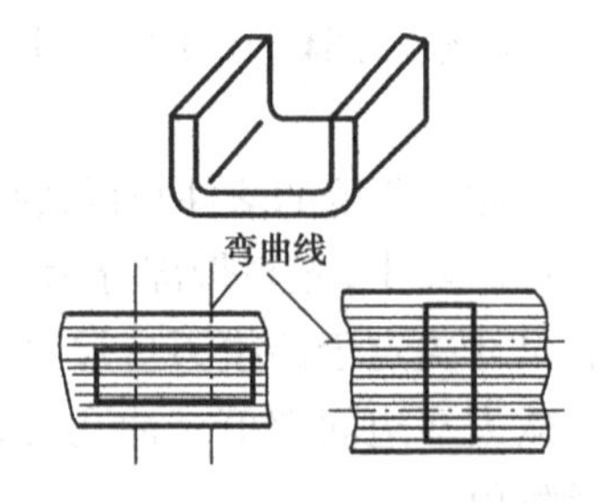

图 10.24　弯曲时的纤维方向

(3)拉深

拉深是使平板坯料变成中空形状零件的工序。其操作过程如图10.25所示,即利用凸模将平板坯料压入凹模内,使之变形。

从拉深过程中可以看出,拉深件主要拉应力作用。当拉应力值超过材料的强度极限时,拉深件将被拉裂甚至拉穿。最危险部位是直壁与底部的过渡圆角处,如图10.26所示。

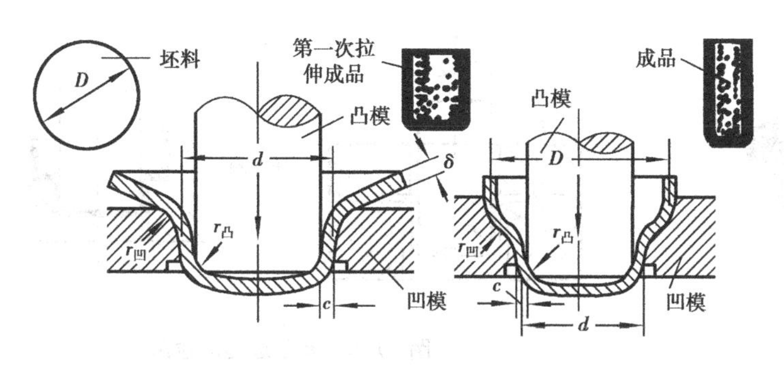

图10.25　拉深工序图

图10.26　拉穿废品

为了防止坯料被拉裂甚至拉穿，应采取以下措施：

①凸凹模的边缘应制成圆角。对钢拉深件，取 $r_{凹}=10\delta$（δ 为板厚），$r_{凸}=(0.6\sim1)r_{凹}$。

②凸凹模之间应有一定的间隙。一般取单边间隙 $c=(1.1\sim1.2)\delta$。间隙过小，模具与拉深件间的摩擦力增大，易拉穿工件和擦伤工件表面，且降低模具寿命。间隙过大，又容易使拉深件起皱，影响拉深件的尺寸精度。

③拉深系数$\left(m=\dfrac{\text{拉深件直径 } d}{\text{坯料直径 } D}\right)$不能太小，一般 $m=0.5\sim0.8$。因此，高度较大、直径较小的空心件需要多次拉深才能完成，如图10.27所示。在多次拉深的中间应穿插进行再结晶退火处理，以消除加工硬化现象，保证坯料具有足够的塑性。

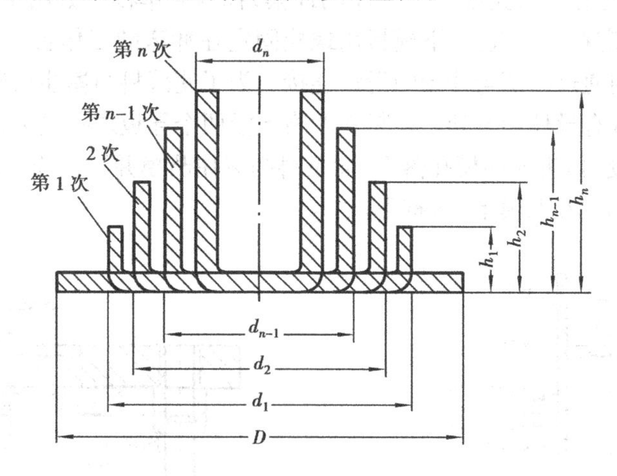

图10.27　多次拉深时圆筒直径变化

④润滑。为了减少摩擦、降低拉深件壁部的拉应力和减小模具的磨损，拉深时通常要加润滑剂或对坯料进行表面处理。

在拉深时，由于坯料边缘在切线方向受到压缩，因而可能产生波浪形，最后形成另一种缺陷——起皱，如图10.28所示。为防止起皱产生，可采用设置压边圈来解决，如图10.29所示。起皱现象与毛坯的相对厚度（δ/D）和拉深系数有关。相对厚度越小拉深系数越小，越容易起皱。

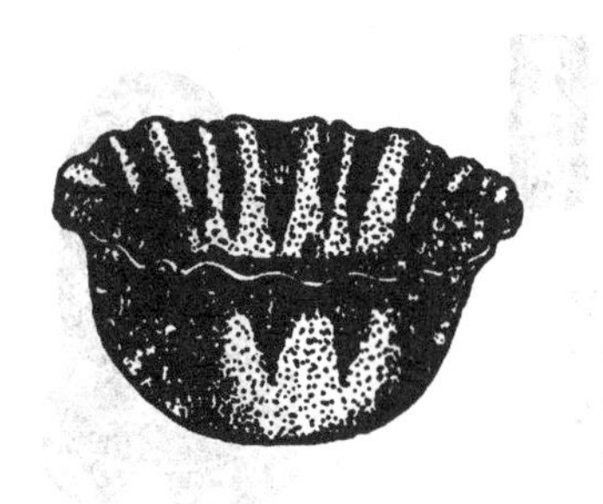

图 10.28　起皱拉深件

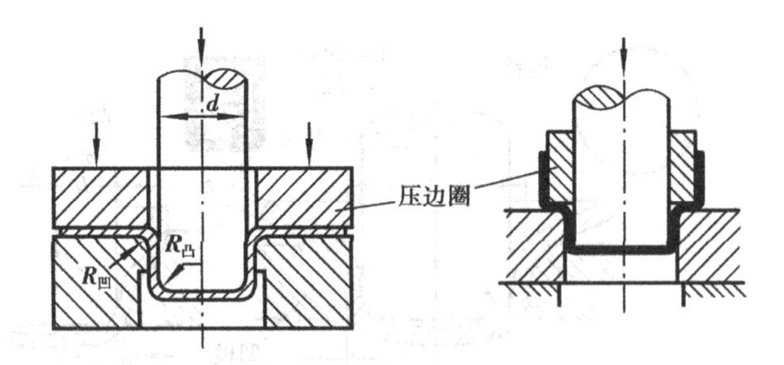

图 10.29　有压边圈的拉深

有些空心的回转体件还可用旋压法来制造。旋压式在专用旋压机上进行，如图 10.30 所示。工作时，先将冲裁后的坯料用顶柱压在模型的端部。模型通常固定在旋转卡盘上。推动压杆使坯料在压力作用下变形，最后获得与模型形状一样的成品。这种工艺方法不需要复杂的冲模，变形力较小，但生产率较低。目前，除一般中小批量生产采用此种工艺外，某些厚板件和大型容器（锅炉、化工用的巨型罐等）的封头叶莱用旋压成型。

10.2.3　冲模

冲模的结构合理与否对冲压件质量、生产率及模具寿命等都有很大影响。冲模可分为简单模、连续模和复合模 3 种。

(1) 简单模

在冲床的一次冲程中只完成一个工序的冲模，称为简单模。如图 10.31 所示为简单落料模。凹模用压板固定在下模板上，下模板用螺栓固定在冲床的工作台上。凸模用压板固定在上模板上，上模板则通过模柄与冲床的滑块连接。为了使落料凸模能精确对准凹模孔，并保持间隙均匀，通常设置有导柱和导套。条料在凹模上沿两个导板之间送进，碰到定位销为止。凸模冲下的零件（或废料）进入凹模孔落下，而条料则夹住凸模并随凸模一起回程向上运动。条料碰到卸料板时（固定在凹模上）被推下。

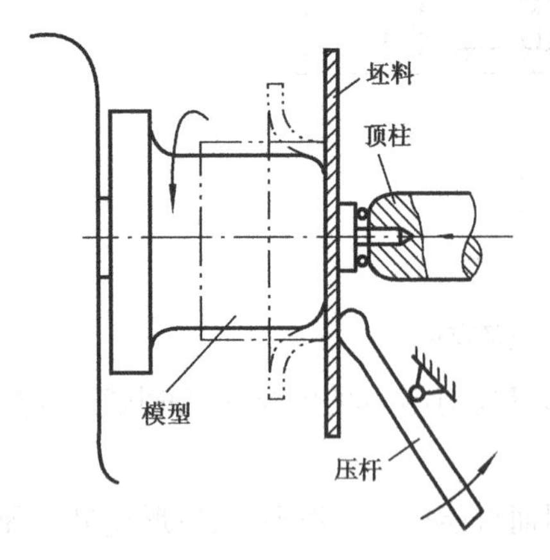

图 10.30　旋压工作简图

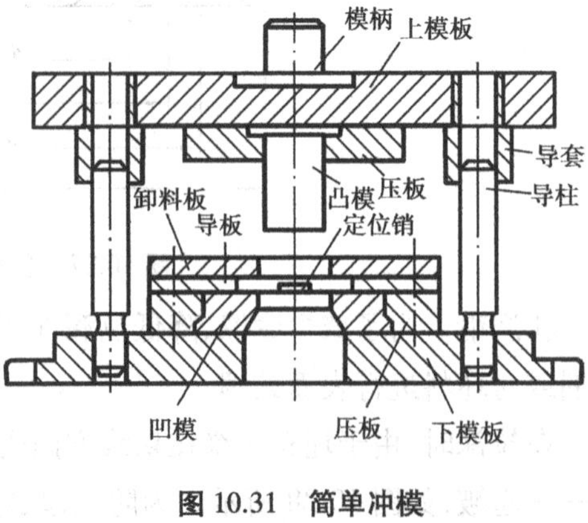

图 10.31　简单冲模

(2) 连续模

在冲床的一次冲程中，在模具的不同位置上同时完成数道工序的模具，称为连续模，如图

10.32所示为一冲孔落料连续模。工作时,上模板向下运动,定位销进入预先冲出的孔中使坯料定位,落料凸模进行落料,冲孔凸模同时进行冲孔。上模板回程中卸料板推下废料,再将坯料送进(距离由挡料销控制)进行第二次冲裁。连续模可安排很多冲压工序,生产率很高,在大批、大量生产中冲压复杂的中、小件用得很多。

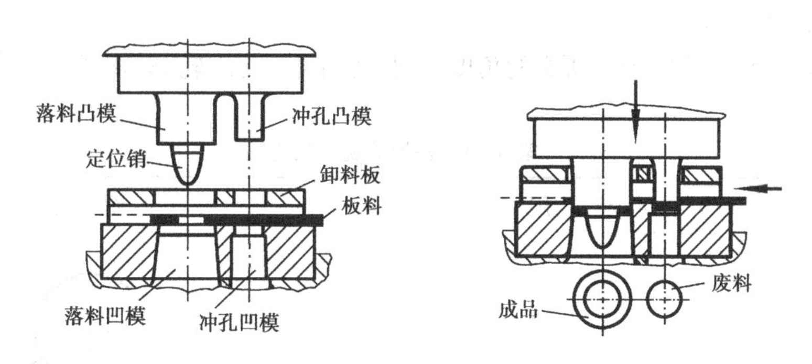

图10.32　冲孔落料连续模

(3)复合模

在冲床的一次冲程中,在模具同一部位同时完成数道工序的模具,称为复合模。如图10.33所示为一落料拉深复合模。复合模的最突出的特点是模具中有一个凸凹模。它的外圆是落料凸模刃口,内孔则成为拉深凹模。当滑块带着凸凹模向下运动时,条料首先在凸凹模和落料凹模中落料。落料件被下模当中的拉深凸模顶住。滑块继续向下运动时,凸凹模随之向下运动进行拉深。顶出器和卸料器在滑块的回程中把拉深尖顶出,完成落料和拉深两道工序。复合模一般只能同时完成2~4道工序,但由于这些工序在同一位置上完成,没有连续模上条料的定位误差,故冲件精度更高。因此,复合模主要用于产量大、精度要求较高的冲压件生产。

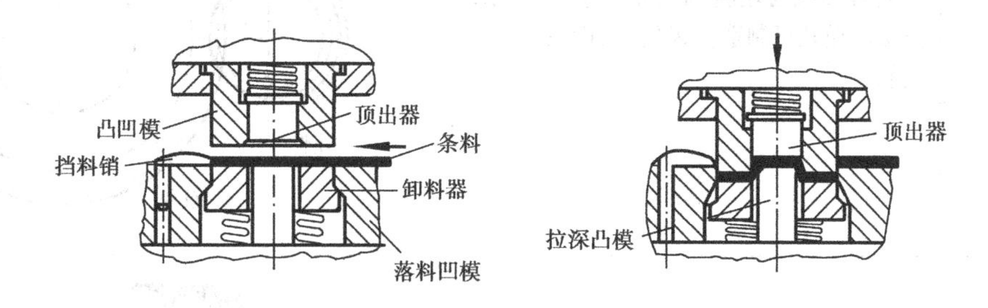

图10.33　落料及拉深复合模

为了进一步提高冲压生产率和保证安全生产,可在冲模上或冲床上安装自动送料装置。它特别适合于大批量生产。单件小批生产实现冲压自动化可采用数控冲床,根据产品图纸和排样方案事先编好程序,用数字程序控制使坯料在纵向和横向自动送料,并进行冲压。

10.3　零件的轧制、挤压和拉拔

前面主要讨论了锻压生产方法,下面阐述几种"少无切屑"的金属压力加工方法——轧制、挤压和拉拔在零件制造中的应用。

10.3.1 零件的轧制

轧制是生产板材、型材和管材的主要方法。由于轧制生产率高、产品质量好、成本低，便于实现自动化，因此，近年来在机械制造业中越来越多地用来制造机械零件，以实现“少无切屑”加工，减少金属的消耗。

根据轧辊轴线与坯料轴线所交的角度不同，轧制可分为纵轧、横轧、斜轧及楔横轧 4 大类，见表 10.3。

表 10.3 各种轧制方法比较

轧制方法	定义及应用	图例
纵轧	轧辊轴线与坯料轴线互相垂直的轧制方法，称为纵轧，也称辊锻。辊锻既可作为模锻前的制坯工序，也可直接辊制锻件	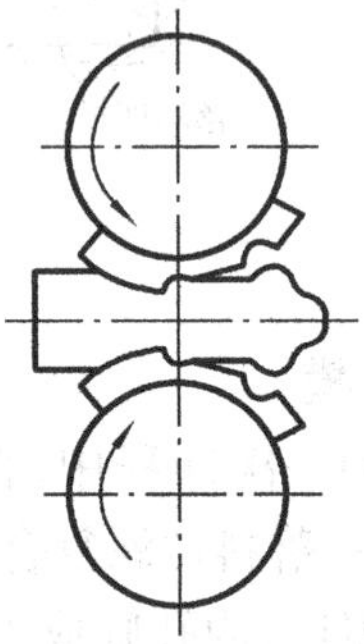
横轧	轧辊轴线与坯料轴线相互平行的轧制方法。横轧可制造直齿轮、斜齿轮和人字齿轮	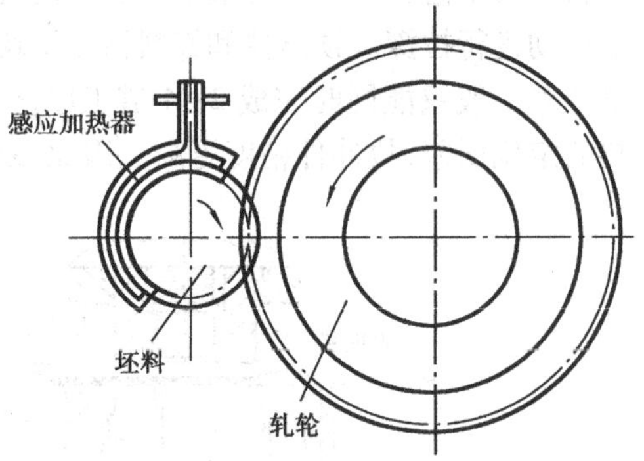 感应加热器 坯料 轧轮
斜轧	轧辊轴线与坯料轴线在空间相交一定角度的轧制方法。斜轧可用于轧制钢球、周期性截面变化的杆件、冷轧丝杠等	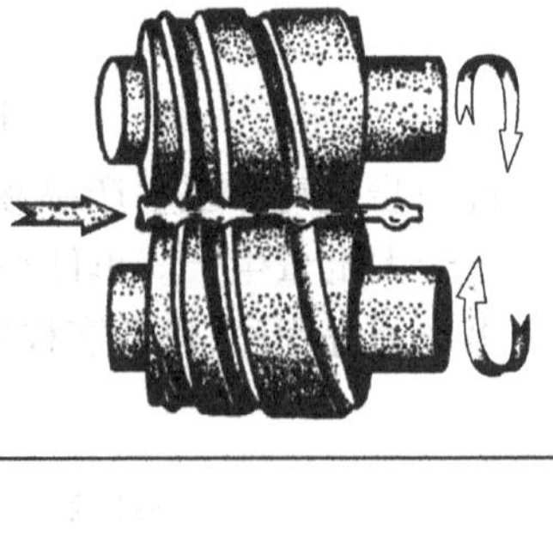

续表

轧制方法	定义及应用	图　例
楔横轧	两个轴线平行的轧辊上都装有楔块。轧制时,楔块逐渐挤压坯料,使坯料直径变小,长度增加,金属作轴向流动而形成各种成形轴类零件。楔横轧适用于大量生产,热轧各种成形阶梯轴毛坯	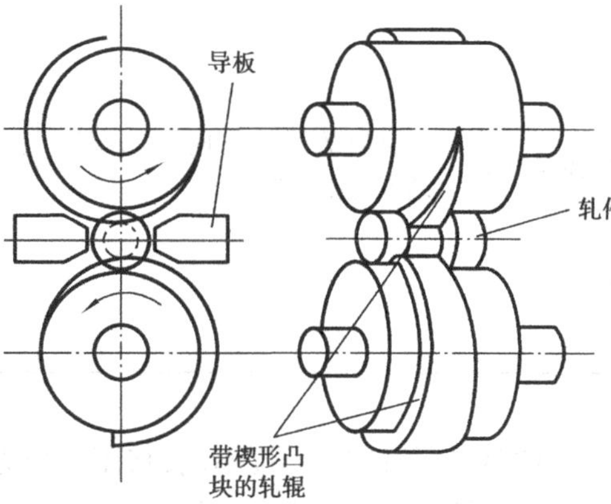

10.3.2　零件的挤压

挤压使用强大的压力作用与放在模具中的金属坯料,使金属产生区大的塑性变形,由模孔或凸凹模缝隙中挤出,从而形成获得型材、管材或零件的方法。

按照挤压时金属流动方向和凸模运动方向不同,挤压方法可分为4种,见表10.4。

表10.4　挤压方式分类

基本方式	金属流动方向	简　图	应　用
正挤压	金属的流动方向与凸模运动方向相同	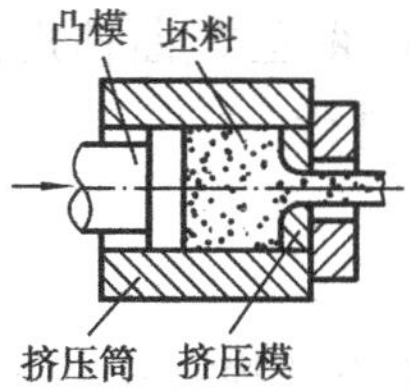	用于制造带头部的杆件和带凸缘的空心件
反挤压	金属的流动方向与凸模运动方向相反	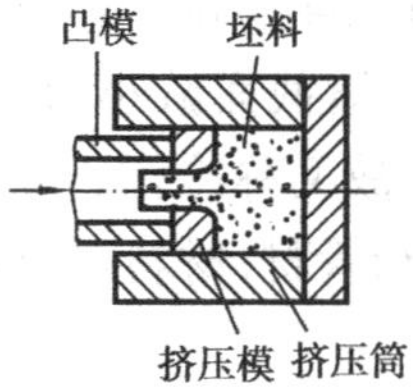	用于制造杯形零件
复合挤压	一部分金属的流动方向与凸模运动方向相同,另一部分金属的流动方向与凸模运动方向相反	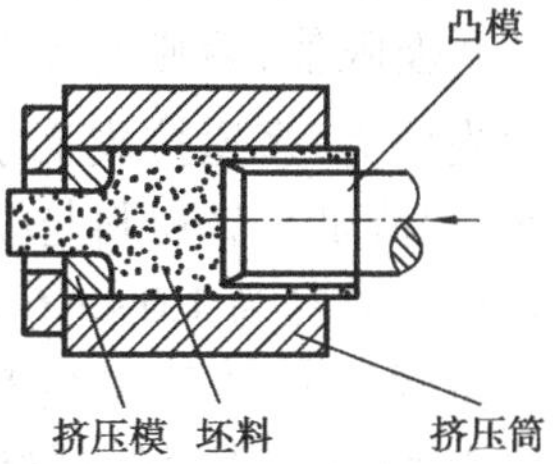	用于制造比较复杂的零件,如双杯形和杯杆形件等

续表

基本方式	金属流动方向	简　图	应　用
径向挤压	金属的流动方向与凸模运动方向相垂直		用于制造中部直径较大的阶梯形零件

按照挤压时坯料温度不同，挤压可分为热挤压、冷挤压和温挤压。

零件挤压工艺具有以下特点：

①挤压时金属坯料处于三向受压状态，可提高金属坯料的塑性，因而适合于挤压的材料品种多，如非铁金属、碳钢、合金钢、不锈钢及工业纯铁等。在一定的变形量下，某些高碳钢、轴承钢，甚至高速钢等也可进行挤压。

②可制出形状复杂、深孔、薄壁和异型断面的零件。

③挤压零件的精度可达 IT6—IT7，表面粗糙度值可达 Ra3.2~0.4 μm，从而可达到少、无屑加工的目的。

④挤压变形后，零件内部的纤维组织基本上是沿零件外形分布而不被切断，从而提高了零件的力学性能。

⑤节省原材料。其材料利用率可达 70 %，生产率也较高，比其他锻造方法提高几倍。

挤压是在专用挤压机（有液压式、曲轴式、肘杆式等）上进行的，也可在适当改造后的通用曲柄压力机或摩擦压力机上进行。

10.3.3　零件的拉拔

拉拔是将金属坯料从拉模的模孔中拉出而是坯料变形的加工方法，如图 10.34 所示。坯料通过形状及尺寸逐渐变化的模孔，横截面减小，长度增加。拉拔一般在常温下进行，故又称冷拉。原始坯料一般为轧制或挤压的棒材和管材，材料可以是钢或者是有色金属及其合金。

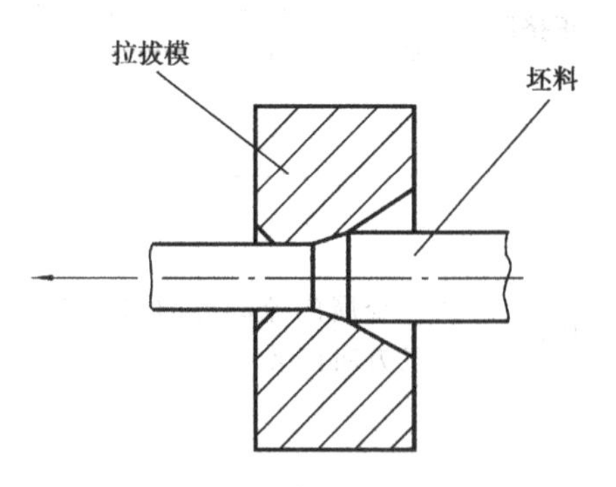

图 10.34　拉拔示意图

拉拔过程中会产生加工硬化，故每道拉拔工序中材料的变形程度都有一个极限值，否则易断裂。拉拔前，坯料应退火以消除内应力，多道拉拔工序中，要进行再结晶退火。坯料在拉拔前还应经表面处理，并采用润滑剂，以降低金属材料与模具之间的摩擦。

拉拔产品尺寸精确，如拉拔直径为 1.0~1.6 mm 的钢丝，公差仅为 0.02 mm。产品的表面质量也很高，因而常用于轧制型材和管材的精校加工、生产各类细线材（最小直径仅为 0.002 mm）。拉拔还可生产各种特定截面的型材（见图 10.35），如棱形导轨和特形导轨、月牙键、棱柱形键及特形键，以及开槽的小轴、凸轮和小齿轮等，它有时可代替切削加工，提高了生产率及材料的利用率。

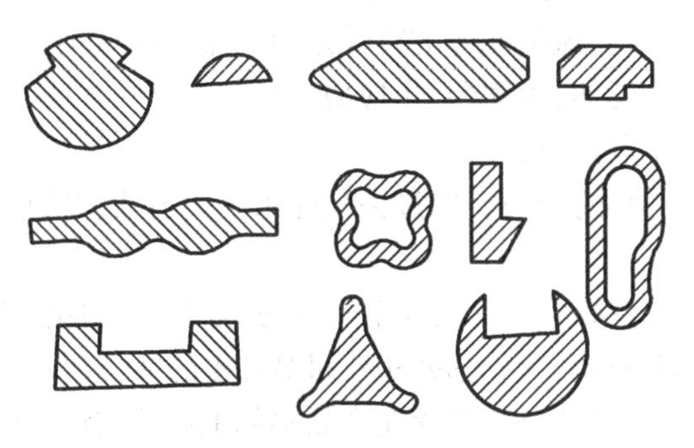

图10.35　拉拔产品截面形状

10.4　压力加工新工艺简介

随着现代化工业的高速发展，对材料及其加工方法提出了更严格的要求。为了满足这种要求，在压力加工方面也研制出许多新工艺。其主要特点是尽量使锻压件形状接近零件的形状，以便达到少、无切屑的目的；提高尺寸精度和表面质量，提高锻压件的力学性能；节省金属材料；降低生产成本，改善劳动条件，大大提高生产率并能满足一些特殊工作要求。

10.4.1　**精密模锻**

精密模锻是在普通模锻设备上锻造出形状复杂、高精度锻件的锻造工艺。如精密锻造锥齿轮，其齿形部分可直接锻出而不必再切削加工。精密模锻件尺寸精度可达IT15—IT11、表面粗糙度 *Ra* 值可达3.2~1.6 μm。

保证精密模锻的措施如下：

①要精确计算原始坯料的尺寸，严格按质量下料，否则会增大锻件尺寸公差，降低精度。

②精细地清理坯料表面，除净坯料表面的氧化皮、脱碳层及其他缺陷等。

③采用无氧化或少氧化加热法，尽量减少坯料表面形成的氧化皮。

④精锻模膛的精度必须比锻件精度高两级。精锻模应有导柱、导套结构，以保证合模准确。精锻模上应开有排气小孔，以减小金属的变形阻力，更好地充满模膛。

⑤模锻进行中要很好地冷却锻模和进行润滑。

⑥精密模锻一般都要在刚度大、运动精度高的设备(如曲柄压力机、摩擦压力机、高速锤等)上进行，它具有精度高、生产率高、成本低等优点。

10.4.2　**超塑性成型**

超塑性是指某种金属或合金在特定条件下，即低的形变速率(10^{-4}~10^{-2}/s)和一定的变形温度(约为熔点的1/2)，以及一定的晶粒度(一般为晶粒平均直径为0.2~5 μm)，其相对伸长率超过100%以上的特性。如钢超过500%、纯钛超过300%。只有流动应力对应变速率的变化非常敏感的金属才呈现超塑性。

具有超塑性的金属在变形过程中不产生缩颈,变形应力可降低几倍至几十倍,即在很小应力的作用,产生很大的变形。这种变形的特性近似高温玻璃或高温聚合物。因此,金属超塑性的现象可简要的归纳为大延伸、无缩颈、小应力、易成型。

超塑性模锻的工艺特点如下:

①扩大了可锻金属材料的种类。如过去只能采用铸造成型的镍基合金,经超塑性处理后,也可进行超塑性模锻。

②金属填充模膛性能良好。锻件尺寸精确、机械加工余量很小,甚至可不再加工。据统计,比普通模锻降低金属消耗50%以上。这对很难机械加工的钛合金和高温合金件特别有利。

③能获得均匀细小的晶粒组织,因此在产品整体上有均匀的力学性能。

④金属的变形抗力小,可充分发挥中、小设备的作用。

总之,利用金属及合金的超塑性进行模锻,可为少、无切屑和精密成型开辟了一条新的途径。

10.4.3 高速高能成型

高速高能成型有多种加工形式,其共同特点是在极短的时间内,将化学能、电能、电磁能及机械能传递给被加工的金属材料,使之迅速成型。

高速高能成型分为:利用炸药的爆炸成型、利用放电的放电成型、利用电磁力的电磁成型和利用压缩空气的高速锤成型等。高速高能成型的速度高,可以加工难加工的材料,加工精度高、加工时间短,设备费用也较低。

(1)高速锤成型

高速锤成型是利用 14 MPa 的高压气体的短时间突然膨胀,推动锤头和框架系统作高速相对运动而产生悬空打击,使金属坯料在高速冲击下成型。在高速锤上可锻打强度高、塑性低的材料。可锻打的材料有铝、镁、铜、铁合金、高强度钢、耐热钢、工具钢、高熔点合金等。在高速锤上可锻出叶片、涡轮、壳体、接头、齿轮等数百种锻件。

高速锤成型的主要特点如下:

①工艺性能好。由于高速锤的打击速度比普通锻锤高出几倍,可达 30 m/s 或更高,金属变形时间极短,为 0.001~0.002 s,热效应高,金属成型性能好,适于锻造形状复杂、薄壁高筋锻件。

②锻件质量好。由于变形时间极短,产生的热量来不及传出,而引起变形区金属温度迅速上升,降低了变形抗力,锻件具有细晶组织和较高的力学性能,尤其是冲击韧度和疲劳强度提高较多。

③锻件精度高。由于采用少、无氧化加热及较小的锻造公差,可获得较高精度的锻件。

④节约材料。由于高速锤锻造时余量、公差、模锻斜度、圆角半径比一般模锻时小得多,故材料利用率高。

⑤设备轻巧,投资少(质量只有一般模锻锤的 1/10~1/5),对厂房、地基无特殊要求。

⑥锻件加热条件要求高,需采用无氧化加热,且高速锤锻模寿命较短。

(2)爆炸成型

爆炸成型是利用炸药爆炸的化学能使金属材料变形的方法。在模膛内置入炸药,其爆炸时产生大量高温高压气体,使周围介质(水、砂子等)的压力急剧上升,并在其中呈辐射状传递,使坯料成型。这种成型方法变形速度高、投资少、工艺装备简单,适用于多品种小批量生产,尤其适合于一些难加工金属材料,如钛合金、不锈钢的成型及大件的成型。

(3)放电成型

放电成型的坯料变形的机理与爆炸成型基本相同。它是通过放电回路中产生强大的冲击电流,使电极附近的水汽化膨胀,从而产生很强的冲击压力使坯料成型。与爆炸成型相比,放电成型时能量的控制与调整简单,成型过程稳定,使用安全、噪声小,可在车间内使用,生产率高。但是,放电成型受到设备容量的限制,不适于大件成型,特别适于管子的胀形加工。

(4)电磁成型

电磁成型是利用电磁力来加压成型的。成型线圈中的脉冲电流可在极短的时间内迅速增长和衰减,并在周围空间形成一个强大的变化磁场。毛坯置于成型线圈内部,在此变化磁场作用下,毛坯内产生感应电流,毛坯内感应电流形成的磁场和成型线圈磁场相互作用的结果,使毛坯在电磁力的作用下产生塑性变形。这种成型方法所用的材料应当是具有良好导电性能的铜、铝和钢。如需加工导电性差的材料,则应在毛坯表面放置有薄铝板制成的驱动片,用以带动毛坯成型。电磁成型不需要水和油之类的介质,工具也几乎不消耗,装置清洁、生产率高,产品质量稳定,但由于受到设备容量的限制,只适于加工厚度不大的小零件、板材或管材。

10.4.4　液态模锻

液态模锻是一种介于铸造和模锻之间的加工方法。它是将定量的金属直接浇入金属模内然后在一定时间内以一定压力作用于液态或半液态金属上使之成型,并在此压力下结晶和塑性流动,如图10.36所示。

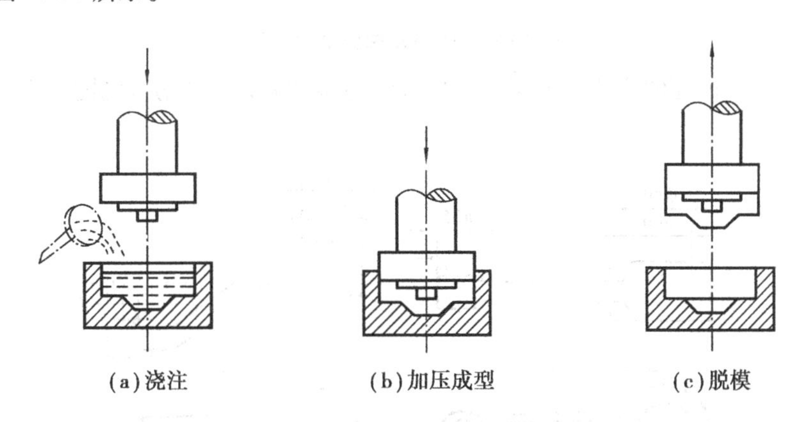

图10.36　液态模锻工作示意图

液态模锻的一般工艺流程为:原材料配制→熔炼→浇注→合模和加压→开模和顶出锻件→灰坑冷却锻件→锻件热处理→检验入库。

由上述可知,液态模锻实际上是压力铸造和模锻的组合工艺。它既有铸造工艺简单、成本低的特点,又兼有锻造产品力学性能好、质量可靠的优点。因此,液态模锻适于生产形状复杂,性能、尺寸有较高要求的制件,是一种很有发展前途的新工艺。用于液态模锻的金属可以是各种类型的合金,如铝合金、铜合金、灰口铸铁、碳钢及不锈钢等。

液态模锻具有以下特点:

①金属在压力下结晶成型，晶粒细化、组织均匀致密，性能优良。锻件强度指标可接近或达到模锻件水平。

②液态模锻外形准确，表面粗糙度低，可少用或不用切削加工。

③利用金属废料熔炼进行液态模锻，节约材料。

④锻件在封闭的模具内一次成型，不需要更多的模具，从而提高生产率、减小劳动强度，也节省了大量模具钢。同时，液态模锻所需设备的吨位也较小。

液压机的压力和速度可以控制，施压平稳，不易产生飞溅。因此，液态模锻基本上是在液压机上进行。

复习思考题

1.自由锻由哪几种基本工序？它们各有何特点？各适用于锻造哪类锻件？

2.绘制自由锻件图适应考虑哪些因素？试绘制如图 10.37 所示零件的自由锻件图。

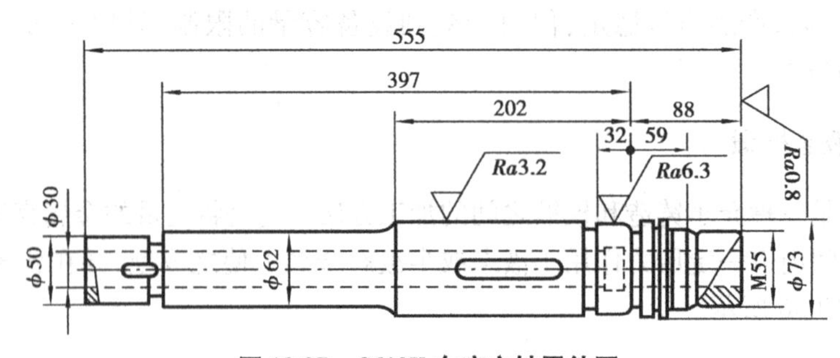

图 10.37　C618K 车床主轴零件图

3.如何确定分模面的位置？如图 10.38 所示的零件采用锤上模锻制造，请选择最合适的分模面位置。

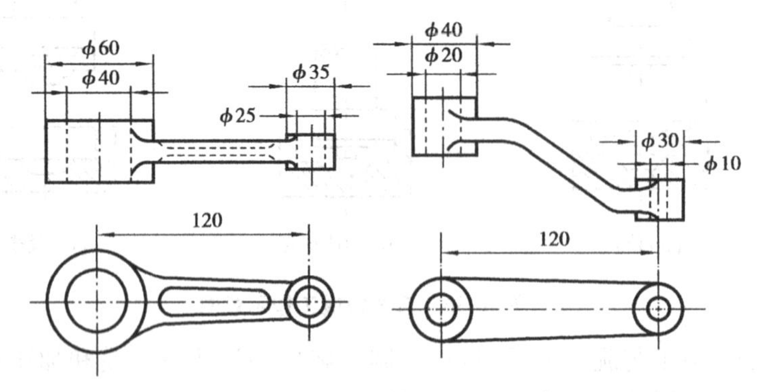

图 10.38　零件图

4.锤上模锻、摩擦压力机上模锻和曲柄压力机上模锻各有何特点？各适用于何种场合？

5.下列制品该选用哪种锻造方法制作？

活扳手（大批量）　家用炉钩（单件）　铣床主轴（成批）

自行车大梁（大批量）　大六角螺钉（成批）　起重机吊钩（小批）

万吨轮主传动轴（单件）

6.某厂想借一副冲 $\phi 40^{+0.16}_{0}$ mm 孔的冲模来落 $\phi 40^{0}_{-0.16}$mm 的料,你认为可以吗?为什么?

7.用 ϕ250×1.5 板料能否一次拉深成直径为 ϕ50 的拉深件?为什么?应采取哪些措施才能保证正常生产?

8.拉深凸模、凹模的尺寸和形状与冲裁凸模、凹模的尺寸和形状有何区别?

9.在成批大量生产条件下,冲制外径为 ϕ40 mm、内径为、厚度为 2 mm 的垫圈时,应选用何种冲压模进行冲制才能保证孔与外圆的同轴度?

10.冲模可分为哪几种?各自的应用场合如何?

11.试述如图 10.39 所示冲压件的生产过程。

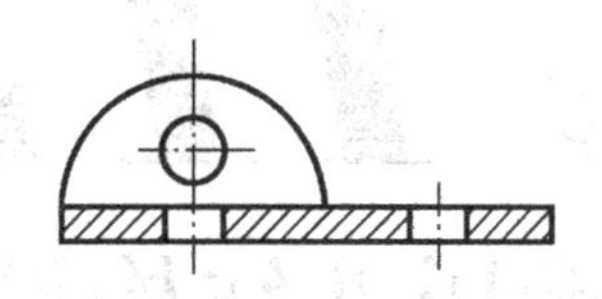

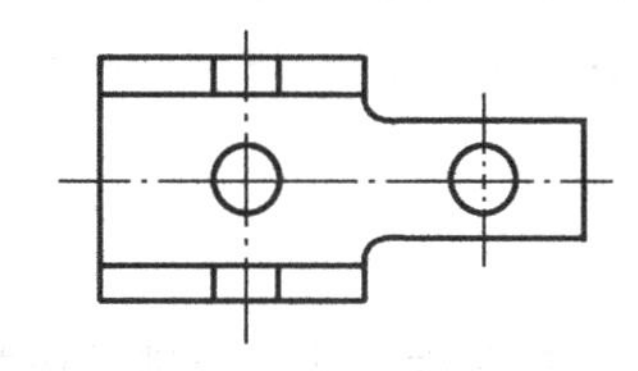

图 10.39　冲压件

12.挤压方式有哪几种?各自的适用场合如何?

13.压力加工新工艺有哪些特点?

14.何谓液态模锻?它有何特点?为何称它为先进的无屑加工方法?它适用于何种场合?

15.精密模锻需要哪些工艺措施才能保证产品的精度?

16.轧制零件的方法有哪几种?各有何特点?

第 11 章 锻压件结构设计

锻压件结构除应满足功能要求外，还要依各种锻压工艺的特点，考虑各自的结构设计工艺性要求。

11.1 自由锻件结构工艺性

自由锻件设计，总的要求是结构形状应尽量简单，能够或容易用自由锻生产。具体结构设计要求见表 11.1。

表 11.1 自由锻设计举例

一般原则	图例		不良结构改进措施
	工艺性差	工艺性好	
不允许有锥度和斜面结构	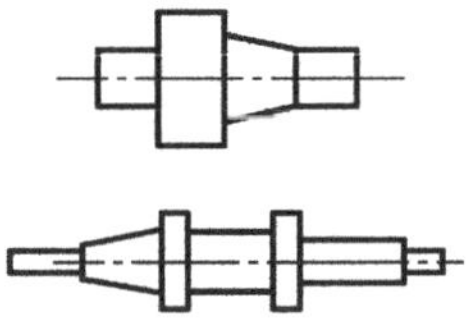	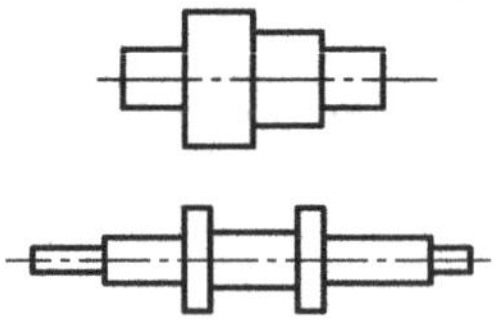	改为圆柱体、平面结构；用余块简化，锻后再切削成锥体或斜面
锻件形状应尽量简单，避免非平面交接结构，以免出现截交与相贯	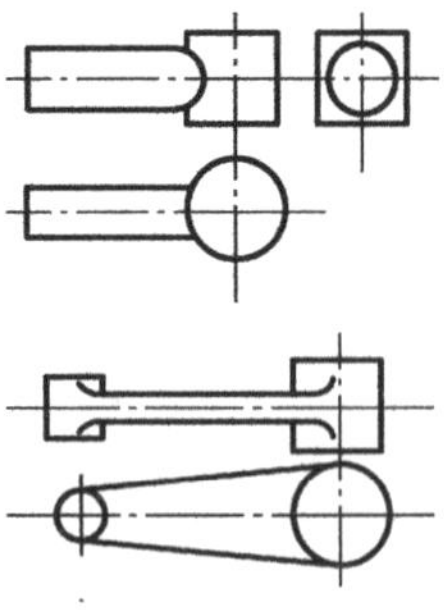	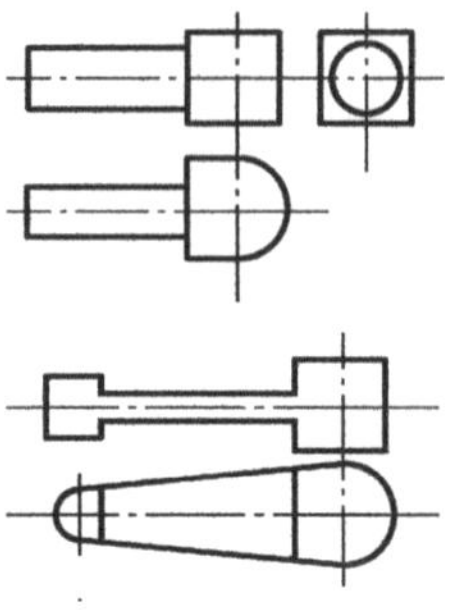	改为自由锻可锻出的平面交接结构

续表

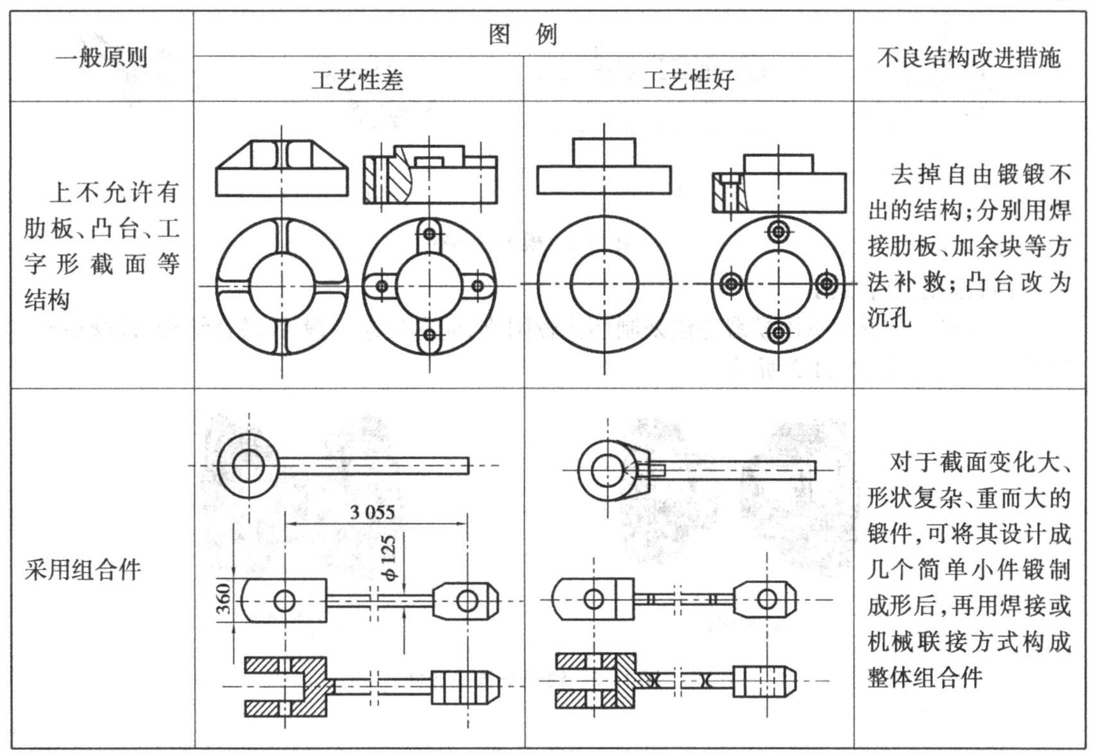

一般原则	图例		不良结构改进措施
	工艺性差	工艺性好	
上不允许有肋板、凸台、工字形截面等结构			去掉自由锻锻不出的结构；分别用焊接肋板、加余块等方法补救；凸台改为沉孔
采用组合件	3 055 ϕ125 360		对于截面变化大、形状复杂、重而大的锻件，可将其设计成几个简单小件锻制成形后，再用焊接或机械联接方式构成整体组合件

11.2　模锻件结构工艺性

设计模锻件时，为便于模锻件生产和降低成本，应根据模锻特点和工艺要求，使其结构符合下列原则：

(1) 必须保证模锻件易于从锻模取出

模锻件要有合理的分模面，且应使敷料最少，锻模容易制造。

(2) 应有合适的模锻斜度和圆角半径

由于模锻件尺寸精度较高和表面粗糙度值低，因此，零件上只有与其他机件配合的表面才需进行机械加工，其他表面均应设计为非加工表面。模锻件上与分模面垂直的非加工表面，应设计出模锻斜度。两个非加工表面形成的角（包括外角和内角）都应按模锻圆角设计。

(3) 零件的外形应力求简单

模锻虽然比自由锻更能制出复杂形状的零件，但为了使金属容易充满模膛和减少工序，模锻件外形应力求简单、平直和对称。尽量避免模锻件截面间差别过大，或具有薄壁、高筋、凸起等外形结构。如图 11.1(a)所示的零件，其最小与最大直径之比如小于 0.5，就不宜采用模锻。此外，该零件的凸缘凸起部分太薄、太高，中间凹下部分很深也是不适宜的。如图 11.1(b)所示的零件很扁、很薄，锻造时薄的部分不易锻出。如图 11.1(c)所示的零件有一个高而薄的凸缘，使锻模的制造和锻件的取出都较困难，如改为如图 11.1(d)所示的形状，对零件的功用没有影响，但锻造更方便。

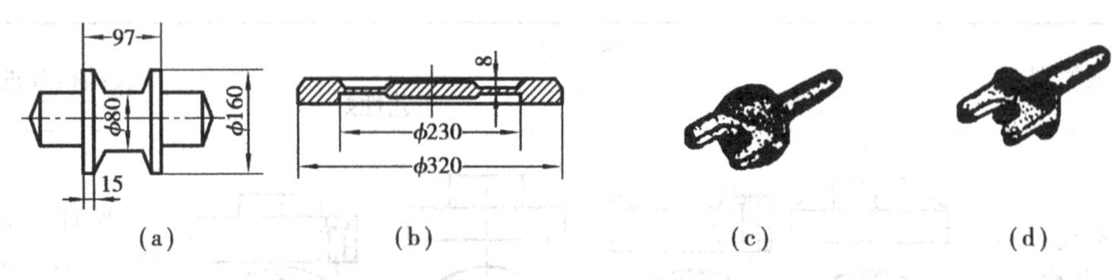

图 11.1 模锻件形状

(4)采用组合结构

有些零件的形状单用模锻方法来制坯比较困难,应尽量采用锻-焊联合结构,以减少敷料,简化模锻工艺,如图 11.2 所示。

图 11.2 锻焊结构模锻件

11.3 板料冲压结构工艺性

冲压件的设计不仅应保证它具有良好的使用性能,而且也应具有良好的工艺性能,以减少材料的消耗,提高模具寿命,降低制件成本,提高生产率,保证冲压件质量等。影响冲压件工艺性的主要因素有冲压件的形状、尺寸、精度和材料等。

11.3.1 材料方面

在冲压件的成本中,材料费占很大的比重,因此,正确地选择材料是一项很重要的工作。

(1)材料品种

材料品种的选择,首先是根据冲压件的用途,其次还要考虑工艺上的要求和材料的供应情况。如对成形件,所用材料应具有良好的塑性,以满足成形过程的要求。应尽可能用廉价材料代替贵重材料,如用钢板代替有色金属等。此外,还应尽量统一和减少所用材料的牌号合规格,以便供应。

(2)板料厚度

在强度允许条件下,要尽可能采用较薄的材料,以减少金属的消耗。对局部刚度不够的地方,可采用加强筋的办法,从而用薄料代替厚料,如图 11.3 所示。

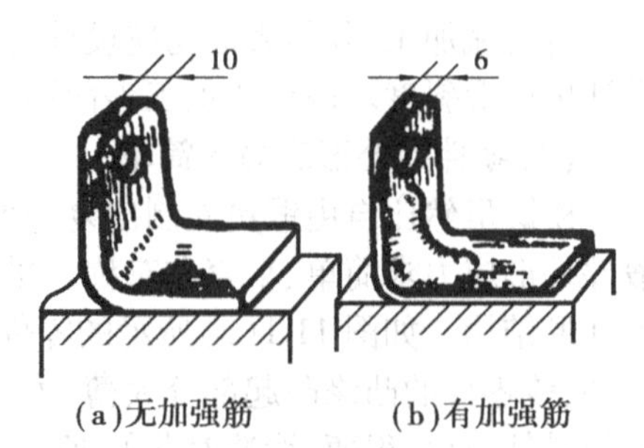

图 11.3 使用加强筋举例

11.3.2　冲压件的形状和尺寸

无论是落料、冲孔、弯曲还是拉深的冲压件，都应尽量采用简单而对称的外形。这样，在冲压时坯料受力才均衡，质量才容易保证，冲模也容易制造和耐用。

(1) 对落料件和冲孔件的要求

①落料件的外形和冲孔件的孔形应力求简单、对称，应尽可能采用圆形或矩形等规则形状，尽量避免如图 11.4 所示的长槽或细长悬臂结构，否则会使制造模具困难，并使模具寿命降低。

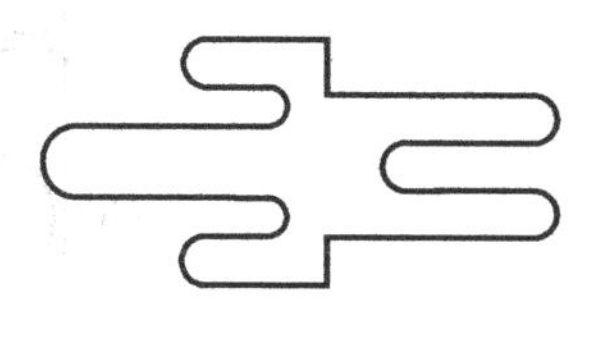

图 11.4　落料件外形不合理

②冲孔及其有关尺寸如图 11.5 所示。

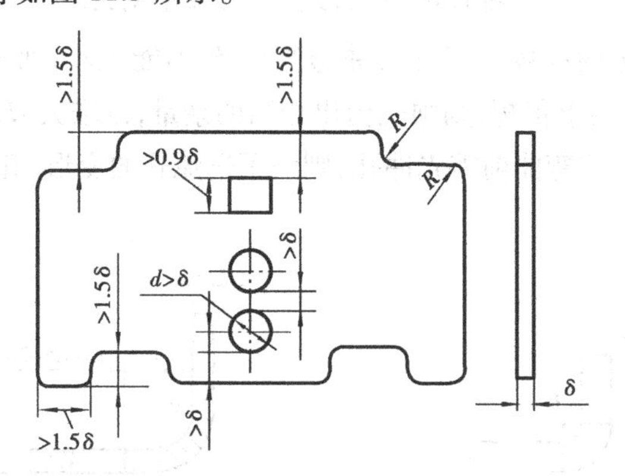

图 11.5　冲孔件尺寸与厚度的关系

③冲裁件上直线与直线、曲线与直线的交接处，都应采用圆弧连接。最小圆角半径见表 11.2。

表 11.2　落料、冲孔件的最小圆角半径

工　序	圆弧角	最小圆角半径		
		黄铜、紫铜、铅	低碳钢	合金钢
落　料	$\alpha \geqslant 90°$	0.24δ	0.30δ	0.45δ
	$\alpha < 90°$	0.34δ	0.50δ	0.70δ
冲　孔	$\alpha \geqslant 90°$	0.20δ	0.35δ	0.50δ
	$\alpha < 90°$	0.45δ	0.60δ	0.90δ

④工件的结构应使在排样时尽可能将废料降低到最少。如图 11.6(a)所示的结构不合理，材料利用率仅为 38%；如图 11.6(b)所示的结构则较为合理，材料利用率达到 79%。

(2) 对弯曲件的要求

①弯曲件形状应尽量对称，弯曲半径不能小于材料允许的最小弯曲半径。为了减少回弹，保证弯曲角度和圆角半径的精度，圆角半径也不能太大。

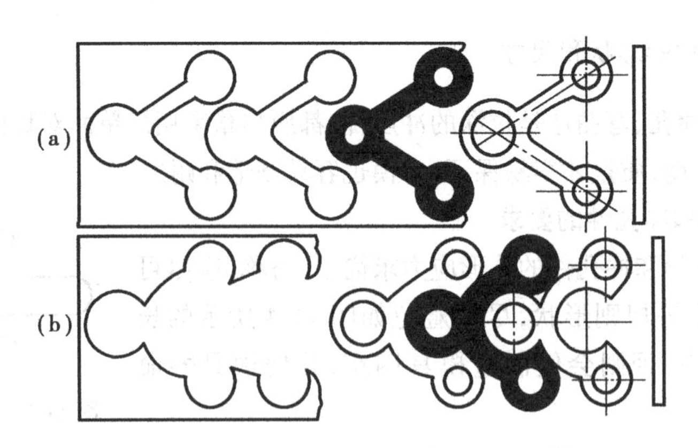

图 11.6 零件形状与节约材料的关系

②弯曲边要有一定的高度。工件弯曲边高度 H 不能太小，否则不易成形。一般应大于 2δ，如图 11.7 所示。若要求很短，则须先留出相当的余量，以增大 H，弯好后再切去多余材料。

③保证孔的精度。若弯曲前需先冲孔，则为了避免孔的变形，孔的位置应如图 11.8 所示。其中，$L>(1.5\sim2)\delta$。

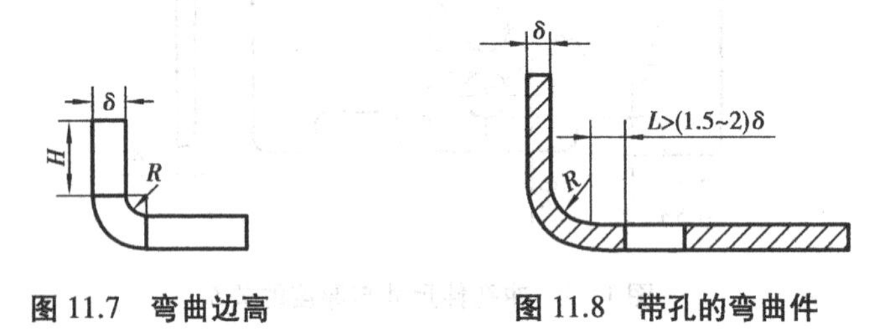

图 11.7 弯曲边高　　图 11.8 带孔的弯曲件

(3) 对拉深件的要求

①拉深件外形应力求简单、对称，尽量避免深度大的拉深件，以减少拉深次数。

②带凸缘的筒形件，为发挥压边圈的作用，防止起皱，凸缘直径 $d_{凸}$ 与拉深件直径 d、板厚 δ 应满足

$$d + 12\delta \leqslant d_{凸} \leqslant d + 25\delta$$

③拉深件的圆角半径在不增加工艺程序的情况下，最小许可半径如图 11.9 所示；否则，必将增加拉深次数和整形工作，也增多模具数量，并容易产生废品和提高成本。

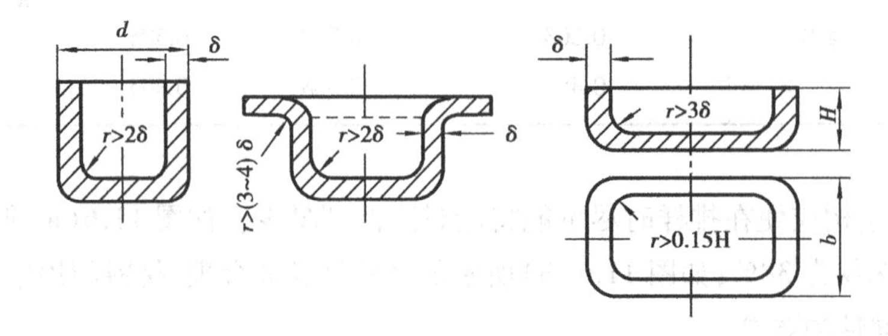

图 11.9 拉深件最小允许半径

11.3.3　改进结构以简化工艺和节省材料

①采用冲焊结构。对于复杂形状的冲压件，可首先分别冲制若干个简单件，然后再焊成整体组合结构，如图 11.10 所示。这种结构比铸造、锻造或切削加工制品可大量节省材料和工时，并大大提高生产率和降低成本。

②采用冲口工艺，以减少组合件数量。如图 11.11 所示，原来用 3 件铆接或焊接而成，先采用冲口工艺做出整体零件，可节省材料，也简化了工艺。

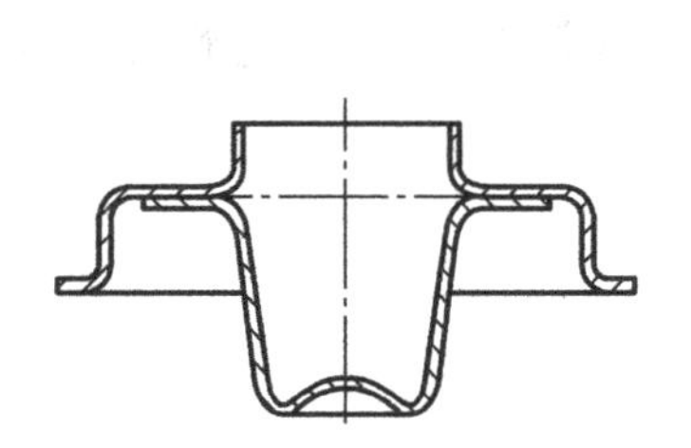

图 11.10　冲压焊接结构零件

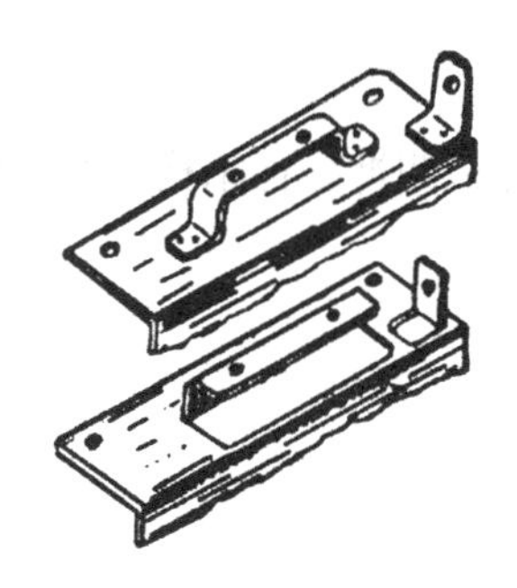

图 11.11　冲口工艺的应用

③在使用性能不变的情况下，应尽量简化拉深件结构，以达到减少工序、节省材料和降低成本的目的。如图 11.12 所示，消音器后盖经改造后，冲压工序由 8 道工序减少为两道工序，同时，节省材料 50%。

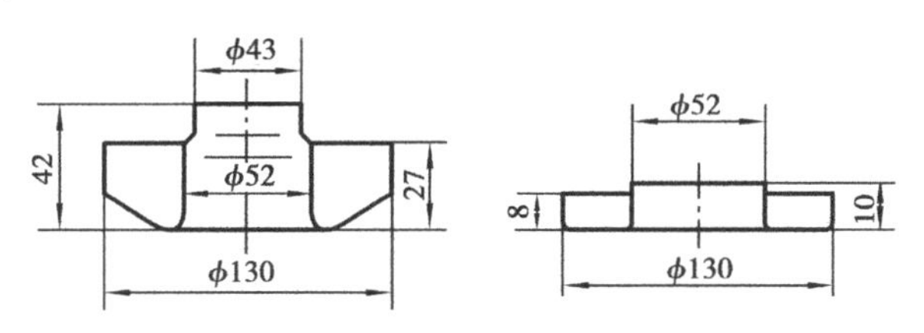

图 11.12　消音器后盖零件结构

11.3.4　冲压件的精度

对冲压件的精度要求，不应超过冲压工作所能达到的一般精度，并应在满足需要的情况下尽量低些，否则需要增加其他精整工序，降低生产率且提高成本。

冲压工件的一般精度为：落料件不超过 IT10；冲孔件不超过 IT9；弯曲件不超过 IT10—IT9；拉深件高度尺寸精度为 IT10—IT8，直径尺寸精度为 IT10—IT9，经整形后的尺寸精度可达 IT7—IT6。

复习思考题

1.设计自由锻件结构时应注意哪些工艺性问题？

2.什么样的锻件模锻困难？应如何解决？

3.改正如图 11.13 所示模锻件结构的不合理处,并请绘出改正后结构的模锻件图。

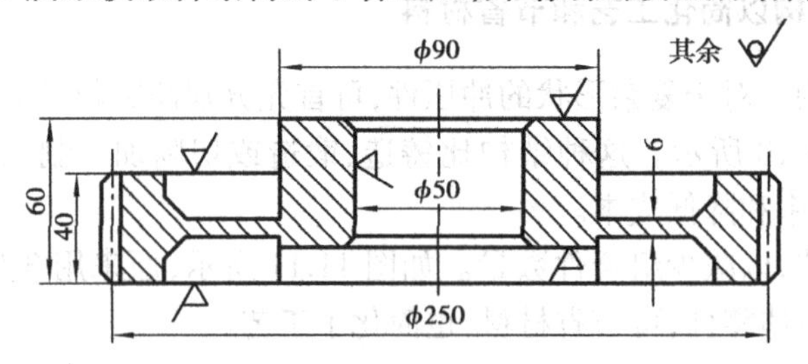

图 11.13　模锻件结构

4.什么叫冲压件结构工艺性？对冲裁件、弯曲件和拉深件的结构工艺性各有何要求？

第4篇 焊 接

焊接是一种永久性连接金属材料的工艺方法。焊接过程的实质是利用加热或加压或两者兼用,借助于金属原子的结合和扩散作用,使分离的金属材料牢固地连接起来。

根据实现原子间结合的方式不同,焊接方法可分为以下3大类:

①熔化焊。将焊件接头处局部加热到熔化状态,通常还需加入填充金属(如焊丝、电焊条)已形成共同的熔池,冷却凝固后即可完成焊接过程。

②压力焊。将焊件接头处局部加热到高温塑性状态或接近熔化状态,然后施加压力,使接头处紧密接触并产生一定的塑性变形,从而完成焊接过程。

③钎焊。将填充金属(低熔点钎料)熔化后,渗入焊件的接头处,通过原子的扩散和溶解而完成焊接过程。

在现代制造业中,焊接技术起着十分重要的作用。无论是在钢铁、车辆、航空航天、石化设备、机床、桥梁等行业,还是在电机电器、微电子产品、家用电器等行业,焊接技术都是一种基本的,甚至是关键性或主导性的生产技术。

随着焊接技术的不断发展,焊接几乎全部代替了铆接。不仅如此,在机械制造业中,不少过去一直用整铸、整锻方法生产的大型毛坯也改成了铸-焊、锻-焊联合结构。因为焊接与其他加工方法相比,具有下列特点:

①节省材料和工时,产品密封性好。在金属结构件制造中,用焊接代替铆接,可节省材料15%~20%。例如,起重机采用焊接结构其质量可减轻15%~20%。另外,制造压力容器在保证产品密封性方面,焊接也比铆接优越。与铸造方法相比,焊接不需专门的熔炼、浇注设备,工序简单,生产周期短,这一点对单件和小批量生产特别明显。

②采用铸-焊、锻-焊和冲-焊复合结构,能实现以小拼大,生产出大型、复杂的结构件,以克服铸造或锻造设备能力的不足,有利于降低产品成本,取得较好的技术经济效益。

③能连接异种金属。例如,将硬质合金刀片和车刀刀杆(碳钢)焊在一起;又如,大型齿轮的轮缘可用高强度的耐磨优质合金钢,其他部分可用一般钢材来制造,将其焊成一体。这样,既提高了使用性能,又节省了优质钢材。

但焊接结构也有缺点,生产中有时也发生焊接结构失效和破坏的事例。这是因为焊接过程中局部加热,焊件性能不均匀,并存在较大的焊接残余应力和变形的缘故,这些将影响到构件强度和承载能力。

第12章 焊接工艺基础

一个合格的焊接接头不仅外观要符合标准,而且还必须保证焊缝成分,以及接头的组织、性能符合要求,焊接缺陷控制在允许的范围之内。下面介绍涉及焊接接头质量的有关工艺基础。

(1)焊接电弧

焊接电弧是在电极与工件之间的气体介质中产生强烈而持久的放电现象。不同的焊接方法产生焊接电弧的方法也不一样。常用的引弧方法有接触引弧和非接触引弧两种。

1)焊接电弧的基本构造及热量分布

焊接电弧由3个不同区域组成,即阴极区、阳极区和弧柱区。如图12.1所示,3个区域所产生的温度和热量的分布是不均匀的。

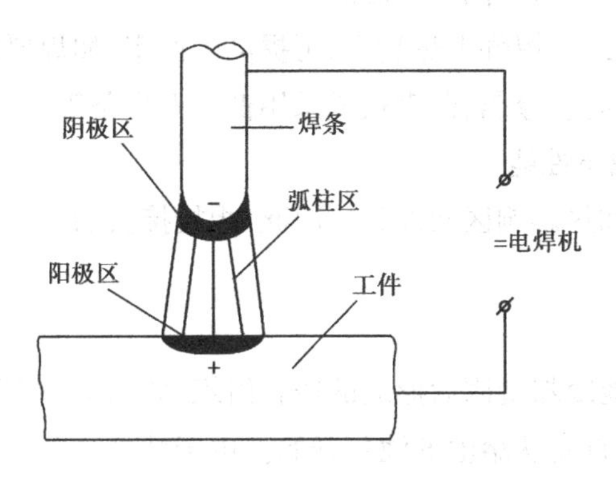

图12.1 焊接电弧的基本构造

①阴极区

焊接时,电弧紧靠负极的区域称为阴极区。阴极区很窄,为10^{-6}~10^{-5}cm,阴极区温度约为2 400 K(用钢焊条焊接钢板时,下同),其产生的热量约占电弧总热量的36%。

②阳极区

焊接时,电弧紧靠正极的区域称为阳极区。阳极区比阴极区宽,为10^{-4}~10^{-3}cm,阳极区温度约为2 600 K,其产生的热量约占电弧总热量的43%。

③弧柱区

阴极区与阳极区之间的弧柱为弧柱区。弧柱区中心的热量比较集中,故温度比两极高,为

6 000~8 000 K,但弧柱区产生的热量仅占电弧总热量的21%。

上面所述的是直流电弧的热量和温度分布情况。至于交流电弧,由于电源极性快速交替变化,因此,两极的温度基本相同,约为2 500 K。

2)焊接电源极性选用

在使用直流电源焊接时,由于阴、阳两极的热量和温度分布是不均匀的,因此有正接和反接两种不同的接法。

①直流正接

焊件接电源正极,电极(焊条)接电源负极的接线法,称为正接,如图12.2(a)所示。

②直流反接

焊件接电源负极,电极(焊条)接电源正极的接线法,称为反接,如图12.2(b)所示。

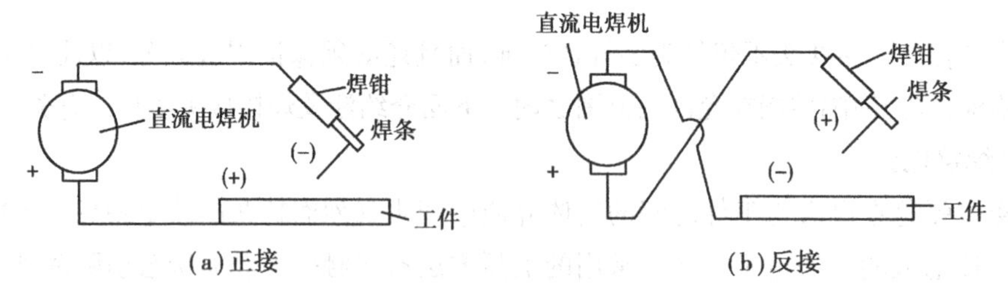

图12.2　直流电源时的正接与反接

是采用正接法还是反接法,需要从保证电弧稳定燃烧和焊缝质量等方面考虑。不同的焊接方法,不同种类的焊条,要求不同的接法。

一般情况下皆用正接,因焊件上热量大,可提高生产率,如焊厚板、难熔金属等。反接只在特定要求时才用,如焊接有色金属、薄钢板或采用低氢型焊条等。

(2)焊接接头的组织与性能

焊接接头包括焊缝和热影响区两部分。因此,焊接接头的性能不仅决定于焊缝金属,而且还与热影响区有关。

1)焊缝金属

焊缝金属是焊接熔池冷却凝固后形成的铸态组织,如图12.3所示。熔池的周围是固态金属,因而焊缝金属的结晶首先从熔池的池壁开始。由于结晶时各个方向的冷却速度不同,在垂直于池壁方向的晶核成长较快,而在其他方向成长较慢,由此形成柱状晶粒。由于焊缝金属冷却速度很快,故形成的柱状晶粒是很细小的,加之焊缝金属中合金元素含量高于基本金属,因此,焊缝金属的性能常不低于基本金属。此外,焊缝金属的性能还与焊接规范有关。对于窄焊缝,柱状晶的交界在中心,有较多的杂质聚集在中心线附近,容易产生热裂纹。对于宽焊缝,杂质容易聚集在焊缝上部,可避免出现中心裂纹。

2)热影响区

热影响区是指焊缝附近的金属,在焊接热源作用下,发生组织和性能变化的区域。热影响区各点温度不同,其组织、性能也不同,低碳钢的焊接接头热影响区可分为熔合区、过热区、正火区及部分相变区,如图12.3所示。

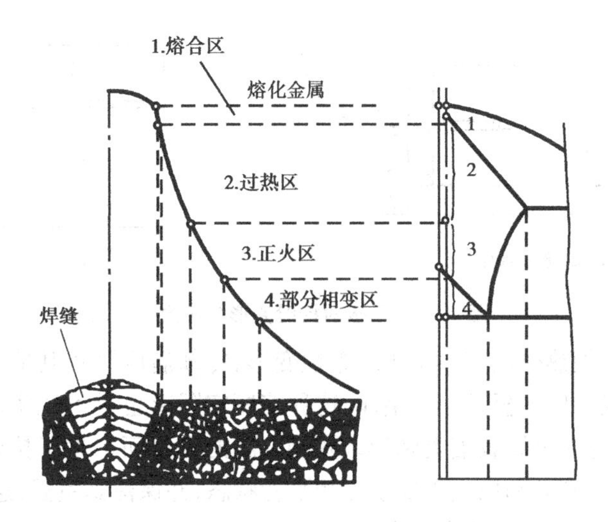

图12.3　低碳钢的焊接接头

①熔合区

熔合区是指在焊接接头中焊缝向热影响区过渡的区域。该区的金属组织粗大,处在熔化和半熔化状态,化学成分不均匀,其力学性能最差。

②过热区

温度在1 100 ℃以上,金属处于严重过热状态,晶粒粗大,其塑性、韧度很低,容易产生焊接裂纹。

③正火区

温度为A_{c3}~1 100 ℃,金属发生重结晶,晶粒细化,力学性能好。

④部分相变区

温度为A_{c1}~A_{c3},部分金属组织发生相变,此区晶粒大小不均匀,力学性能稍差。

以上4区是焊接热影响区中主要的组织变化区域,其中以熔合区和过热区对焊接接头组织和性能的不利影响最大。因此,在焊接过程中尽量减小热影响区的宽度,其大小和组织变化的程度与焊接方法、焊接材料及焊接工艺参数等因素有关。

(3)焊接应力与变形

焊接应力和变形的存在会对焊接结构的制造和使用带来不利影响。例如,降低结构的承载能力,甚至导致结构开裂;影响结构的加工精度和尺寸稳定性,等等。因此,在焊接过程中,必须设法减小或消除焊接应力与变形。

1)焊接应力与变形产生的原因

焊接过程中不均匀加热和冷却是产生焊接应力与变形的根本原因。现以平板对接焊缝为例说明焊接应力和变形的形成,如图12.4所示。

焊接时,焊缝区被加热到很高的温度,离焊缝越远,温度越低。根据金属热胀冷缩的特性,焊件各区域温度不同将产生大小不等的纵向膨胀。如果各部位的金属能自由伸长而不受周围金属的阻碍,其变形如图10.5(a)所示的虚线。但平板是一个整体,这种伸长实际是不能实现的,而只能整体同时伸长,于是焊缝区高温金属伸长因受到两侧金属的阻碍而产生压应力,远离焊缝区的两侧金属则产生拉应力。当焊缝区的压应力超过金属的屈服点时,该区就产生了一定量的压缩塑性变形,压应力也消失了一部分。

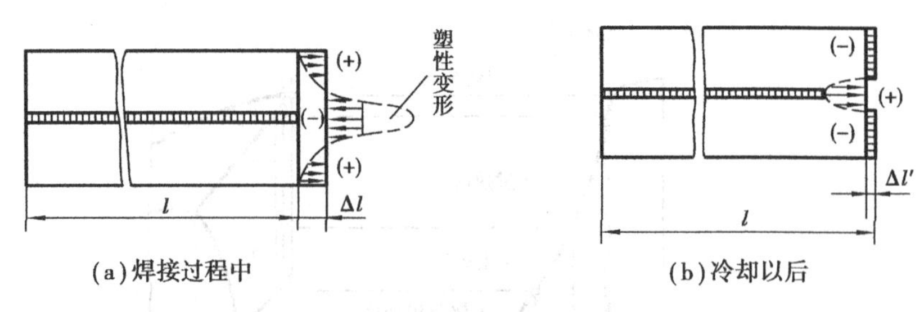

(a)焊接过程中　　(b)冷却以后

图 12.4　平板对接时变形与应力的形成

冷却时,焊缝区加热时已产生了压缩塑性变形,冷却后应该较其他区域缩的更短些,如图10.5(b)所示的虚线。但平板是一个整体,这种缩短实际上也是不能实现的,只能按图示实线那样整体缩短。焊缝区金属收缩受到焊缝两侧金属的阻碍而产生了拉应力,在焊缝两侧金属内产生了压应力。拉应力和压应力处于互相平衡状态,并保留到室温,这种室温下被保留下来的焊接应力与变形,称为焊接残余应力与变形。

综上所述,平板对接的结果如下:

①焊件比焊前缩短了 Δl。

②焊缝区产生了拉应力,其两侧金属则受压应力。

2)焊接变形的基本形式

当焊接残余应力超过材料的屈服点时,焊件就发生变形。常见焊接变形的基本形式如图12.5 所示。

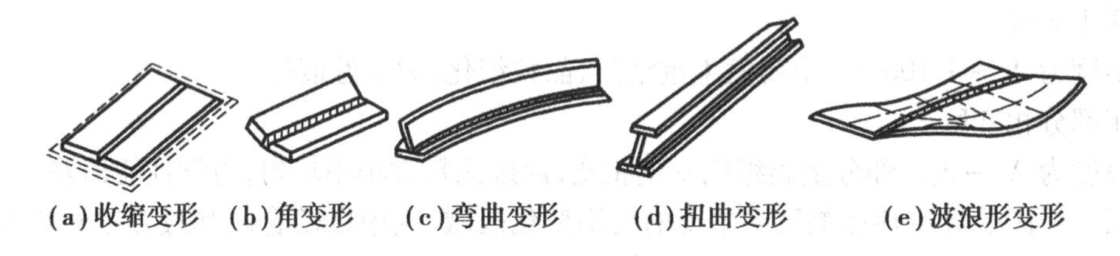
(a)收缩变形　(b)角变形　(c)弯曲变形　(d)扭曲变形　(e)波浪形变形

图 12.5　焊接变形的基本形式

①收缩变形

构件焊接后因焊缝纵向(沿焊缝方向)和横向(垂直焊缝方向)收缩,而导致构件纵向和横向尺寸缩短,如图 12.5(a)所示。

②角变形

它是由 V 形坡口对焊缝,截面形状上下不对称,焊后横向收缩不均匀而引起的,如图12.5(b)所示。

③弯曲变形

它是 T 形梁焊接时,由于焊缝布置不对称,焊缝纵向收缩引起的,如图 12.5(c)所示。

④扭曲变形

扭曲变形又称螺旋形变形,是由于焊接顺序或焊接方向不合理,或焊前结构装配不当引起的,如图 12.5(d)所示。

⑤波浪变形

它是薄板焊接时,由于焊缝纵向收缩,使焊件丧失稳定性引起的,如图 12.5(e)所示。

3)防止和减少变形的措施

焊件出现变形将影响使用,过大的变形量将是焊件报废,因此,必须加以防止和消除。在实际生产中采取的主要措施如下:

①加裕量法

根据经验,焊件尺寸在下料时增加一定的裕量,以备焊缝收缩,特别是横向收缩。

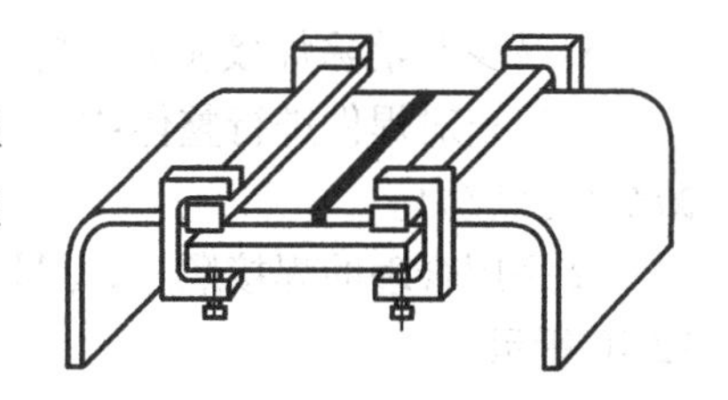

图12.6 刚性固定法

②刚性固定法

焊前将焊件固定在夹具上(见图12.6)或经定位焊来限制其变形。但这种方法会产生较大焊接残余应力,故只适用于塑性较好的低碳钢结构。

③反变形法

预先估计其结构变形的方向和数量,焊前将焊件安放在与焊接变形方向相反的位置,以抵消焊后所产生的焊接变形,如图12.7所示。

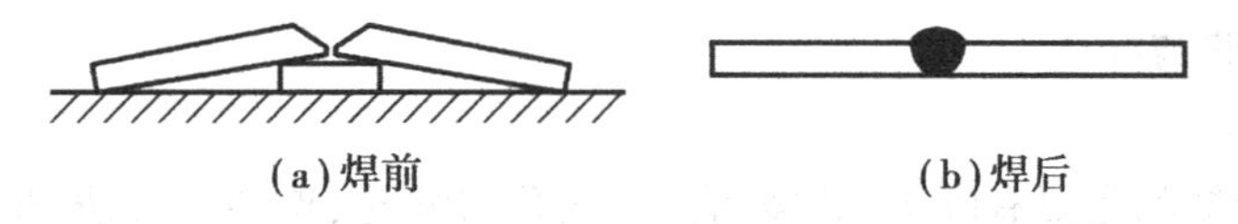

(a)焊前　(b)焊后

图12.7 反变形法

④选择合理的焊接顺序

施焊时,采用合理的焊接顺序,能有效地减少焊接变形。如构件的对称两侧都有焊缝,应采用对称焊接顺序。如图12.8所示为X形坡口的多层焊,如图12.9所示为工字梁与矩形梁的焊接。

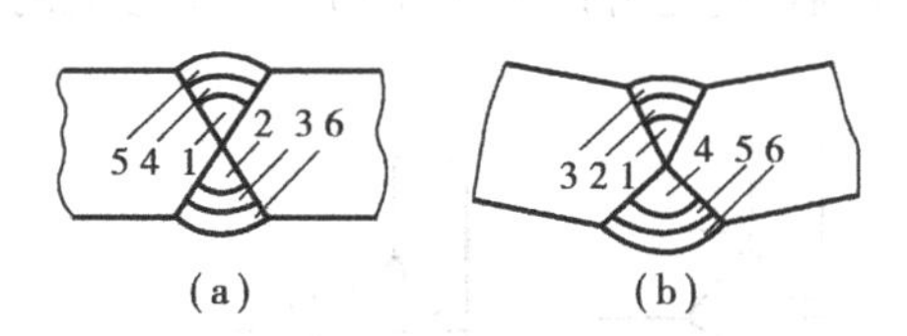

图12.8 X形坡口焊接顺序

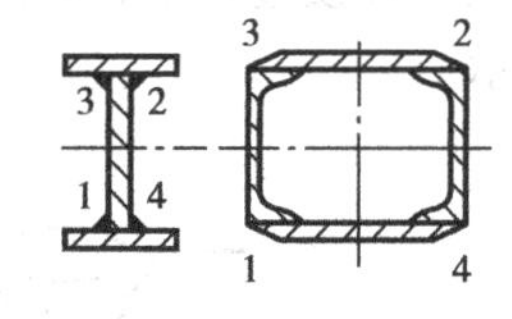

图12.9 梁的焊接顺序

4)焊接变形的矫正方法

由于种种原因,虽然焊接结构在焊接过程中采取了一些预防变形的措施,但焊后仍然会产生变形。为了确保结构形状尺寸的要求,就需要进行变形的矫正工作。生产中常用的矫正方法有两种:机械矫正法和火焰加热矫正法。

①机械矫正法

机械矫正法是利用机械外力作用来矫正变形,可采用压力机、矫直机等机械外力,也可用手工锤击矫正。

②火焰加热矫正法

利用氧-乙炔火焰在焊件适当部位上加热,使工件在冷却收缩时产生新的变形,以矫正焊接所产生的变形。

5)减少与消除焊接应力的措施

①焊前对焊件进行整体或局部预热,可减小焊件各部分的温度差及焊后的冷却速度,从而减少焊接应力。

②采用合理的焊接顺序,尽量使焊缝纵向、横向都能自由收缩,有利于减少焊接应力,如图12.10所示。

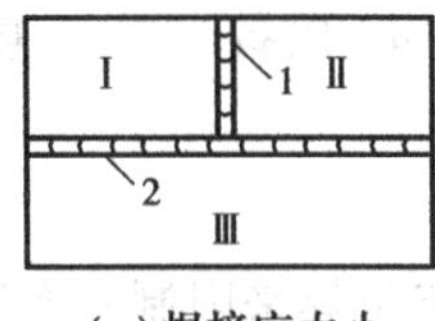

(a)焊接应力小

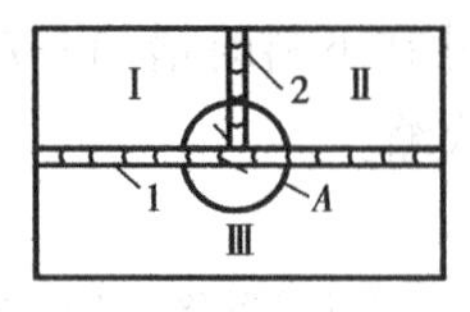

(b)焊接应力大

图 12.10 焊接顺序对焊接应力的影响

③锤击焊缝(锤击焊缝最好在热态下进行)使之产生塑性变形,以减少焊接应力。

④焊后退火处理是常用的最有效的消除焊接应力的一种方法,即将工件均匀加热到600~650 ℃,保温一定时间,然后缓慢冷却,整体退火可消除80%~90%的焊接应力。

(4)焊接缺陷与检验

1)焊接缺陷

常见的焊接缺陷主要有咬边、焊瘤、裂纹、气孔与缩孔、夹杂与夹渣、烧穿、未焊满、未熔合与未焊透等。

①咬边

咬边是指在基本金属与焊缝金属交接处因焊接而造成的沟槽,如图12.11(a)、(b)所示。产生咬边的原因有焊接电流太大、电弧太长、焊接速度太快、运条操作不当等。

②焊瘤

焊瘤是指在焊接过程中,熔化金属流溢到焊缝之外的未熔化的母材上形成的金属瘤,如图12.11(c)所示。

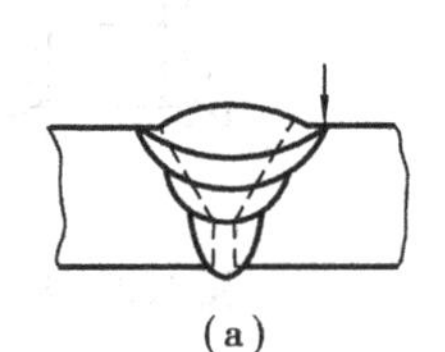

(a)

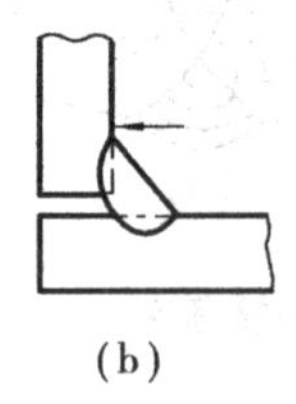

(b)

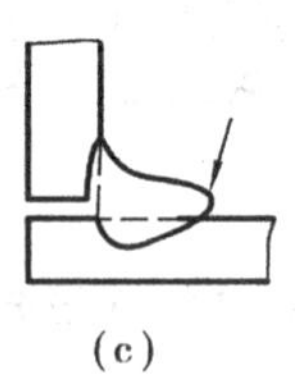

(c)

图 12.11 咬边和焊瘤

③裂纹

焊接裂纹主要有热裂纹和冷裂纹两种。热裂纹是焊接过程中,焊缝和热影响区金属冷却到固相线附近的高温时产生的裂纹。常见的热裂纹有结晶裂纹和液化裂纹。结晶裂纹是焊缝金属在结晶过程中冷却到固相线附近的高温时,液态晶界在焊接收缩应力作用下产生的裂纹,常发生在焊缝中心和弧坑,如图12.12(a)所示。液化裂纹是靠近熔合线的热影响区和多层间焊缝金属,由于焊接热循环,低熔点杂质被熔化,在收缩应力作用下发生的裂纹。接头表面热裂纹有氧化色彩。冷裂纹是焊接接头冷却到较低温度下(对于钢来说在Ms温度以下)时产生的裂纹。延迟裂纹是主要的一种冷裂纹,是焊接接头冷却到室温并在一定时间(几小时、几天,甚至十几天)后才出现的。延迟裂纹常发生在热影响区,如图12.12(b)所示。

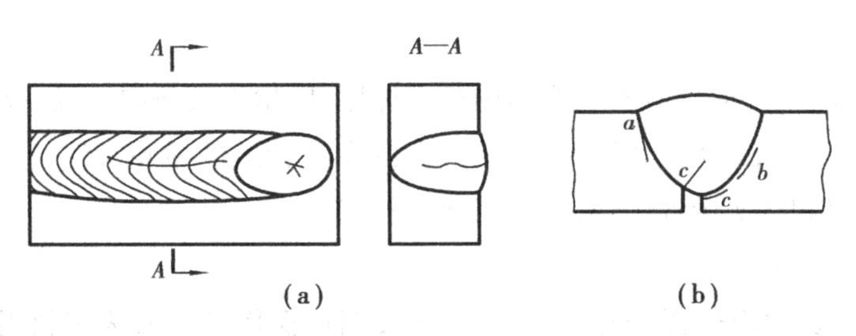

图 12.12　结晶裂纹和延迟裂纹

延迟裂纹的产生与接头的淬硬组织、扩散氢的聚集以及焊接应力有关。为了防止发生冷裂常采取预热、后热,采用低氢焊条、烘干焊条、清除坡口及两侧的锈与油、减小焊接应力等措施。

④气孔和缩孔

气孔是熔池中的气泡在凝固时未能溢出而残留下来所形成的空穴。产生气孔的原因有焊条受潮而未烘干,坡口及附近两侧有锈、水、油污而未清除干净,焊接电流过大或过小,电弧长度太长以致熔池保护不良,焊接速度过快等。缩孔是熔化金属在凝固过程中;收缩而产生的残留在焊缝中的孔穴。

⑤夹杂和夹渣

夹杂是残留在焊缝金属中由冶金反应产生的非金属夹杂和氧化物。夹渣是残留在焊缝中的熔渣。产生夹渣的原因主要有坡口角度太小,焊接电流太小,多层多道焊时清渣不干净,以及运条操作不当等。

⑥未熔合和未焊透

未熔合是在焊缝金属与母材之间或焊道金属之间未完全熔化结合的部分。其原因主要有焊接电流太小,电弧偏吹,待焊金属表面不干净等。未焊透是焊接时接头根部未完全熔透的现象。其原因是焊接电流太小,钝边太大,根部间隙太小,焊接速度太快,以及操作技术不熟练等。

焊接缺陷会导致应力集中,降低承载能力,缩短使用寿命,甚至造成脆断。一般技术规程规定,裂纹、未熔合和表面夹渣是不允许有的;气孔、未焊透、内部夹渣及咬边等缺陷不能超过一定的允许值。对于超标缺陷应予彻底去除和焊补。

2)焊接质量检验

检查焊接质量有两类检验方法:一类是非破坏性检验,包括外观检验、密封性检验、耐压检验及无损探伤等;另一类是破坏性试验,如力学性能试验、金相检验、断口检验及耐腐蚀试验等。

①非破坏性检验

A.外观检验

外观检验是用肉眼或借助样板,或用低倍放大镜及简单通用的量具检验焊缝外形尺寸和焊接接头的表面缺陷。

B.密封性检验

密封性检验是检查接头有无漏水、漏气和渗油、漏油等现象的试验。常用的有煤油试验、载水试验、气密性试验及水压试验等。气密性检验是将压缩空气(或氨、氟利昂、卤素气体等)压入焊接容器,利用容器的内外气体的压力差检查有无泄漏的试验方法。

C.耐压试验

耐压试验是将水、油、气等充入容器内徐徐加压，以检查其泄漏、耐压、破坏等的试验，通常采用水压试验。水压试验常用于锅炉、压力容器及其管道的检验，既检验受压元件的耐压强度，又可检验焊缝和接头的致密性（有无渗水、漏水）。

D.焊缝无损探伤

常用方法有渗透探伤、磁粉探伤、射线探伤及超声探伤等。渗透是利用带有荧光染料（荧光法）或红色染料（着色法）的渗透剂的渗透作用，显示缺陷痕迹的无损检验法，现在常用着色法检查各种材料表面微裂纹。磁粉探伤是利用在强磁场中，铁磁性材料表层缺陷产生的漏磁场吸附磁粉的现象而进行的无损检验法，常用来检查铁磁材料的表面微裂纹及浅表层缺陷。射线探伤是用X射线或γ射线照射焊接接头检查内部缺陷的无损检验法。超声探伤是利用超声波探测材料内部缺陷的无损检验法。

②破坏性试验

a.力学性能试验。力学性能试验有焊缝和接头拉伸试验、接头冲击试验、弯曲试验及硬度试验等。它测定焊缝和接头的强度、塑性、韧性和硬度等各项力学性能指标。

b.金相检验。金相检验有宏观检验和微观检验两种。金相检验磨片可从试验焊件产品上切取。宏观检验可检查该断面上裂纹、气孔、夹渣、未熔合及未焊透等缺陷。微观检验可确定焊接接头各部分的显微组织特征、晶粒大小以及接头的显微缺陷（裂纹、气孔、夹渣等）和组织缺陷。

c.断口检验用于检查管子对接焊缝，一般是将管接头拉断后，检查该断口上焊缝的缺陷。

d.耐腐蚀试验用于检查奥氏体不锈钢焊接接头的耐晶间腐蚀等性能。

(5)金属材料的焊接性

1)焊接性的概念

金属材料的焊接性是指金属材料对焊接加工的适应性。它主要是指在一定的焊接工艺条件下，金属获得优良焊接接头的难易程度。它包括两方面的内容：一是工艺焊接性，主要是指焊接接头产生工艺缺陷的倾向，尤其是出现各种裂纹的可能性；二是使用焊接性，主要是指焊接接头在使用中的可靠性，包括焊接接头的力学性能及其他特殊性能（如耐热、耐蚀性能等）。

金属材料的焊接性不是金属本身的属性，实质上是其物理、化学性能和力学性能在焊接过程中的综合反映，而且还与焊接工艺水平的发展有密切的关系。由于某种焊接新工艺的出现，有可能使得某些原来认为焊接性很差的金属，焊接时变得并不十分困难。

焊接结构所用金属材料的种类繁多，对于重要的焊接结构必须对其所用金属材料的焊接性进行详细的评定，才能进行合理的设计，制订正确的焊接工艺，从而确保焊接结构的质量。

2)估算钢材焊接性的方法

钢的焊接性可通过各种焊接工艺试验来直接加以评定（如抗裂性试验、力学性能试验等），也可通过钢的化学成分来间接评定。这是因为影响焊接性的主要问题是焊接接头的淬硬与形成裂纹的倾向。而这些又决定于钢中碳及其他合金元素的质量分数，其中尤以碳的影响最为显著，故通常用碳当量法来间接评定钢的焊接性。通常把钢中合金元素（包括碳）的含量,按其作用程度换算成碳的相当含量,其总和称为碳当量CE。碳当量常是评定钢材焊接性的最简便的间接判断法,是钢材焊接性高低的一种参考指标。国际焊接学会推荐,碳素结构钢和低合金结构钢碳当量CE的计算公式为

$$w_{CE} = w_C + \frac{w_{Mn}}{6} + \frac{w_{Cr} + w_{Mo} + w_V}{5} + \frac{w_{Ni} + w_{Cu}}{15}$$

式中,各符号表示该元素在钢中含量范围的上限。实践证明,碳当量越高,钢材的焊接性越差。

当w_{CE}<0.4%时,钢材的塑性好,焊接性良好。焊接时,一般不需要采用工艺措施就能获得优质的焊接接头。

当w_{CE}=0.4%~0.6%时,钢材的塑性较差,易出现淬硬组织,产生裂纹,焊接性较差。

当w_{CE}>0.6%时,钢材的塑性差,淬硬和冷裂倾向严重,焊接性很差。

对焊接性不好的钢材,为减少其裂纹倾向,常采用以下工艺措施:

①焊前预热,焊后缓冷,焊后进行热处理。

②尽量选用抗裂缝性较好的低氢型焊条。

③选用细焊条、小电流、开坡口进行多层焊,以防止母材过多地熔入焊缝,同时减少焊缝热影响区的宽度。

必须指出,用这种方法来判断钢材的可焊性只能作近似的估计,并不完全代表材料的可焊性。例如,同种钢材厚度改变时,其可焊性也会改变。因此,对于钢材的可焊性,常须按工件的实际情况,通过可焊性试验来确定。

3)钢材的焊接

①低碳钢的焊接

低碳钢的碳当量w_{CE}<0.4%,焊接性良好,焊接时通常不需采取特殊的工艺措施,就能获得优质接头。但在低温环境中焊接厚件时,应考虑焊前预热。此外,对于厚度大于50 mm的焊件或电渣焊焊件,焊后应进行去应力退火或正火处理,以消除残余应力和细化热影响区晶粒。

②中、高碳钢的焊接

中碳钢的碳当量w_{CE}在0.4%左右,焊接性较差,焊缝中易产生热裂缝,热影响区容易产生淬硬组织而导致出现冷裂缝,故焊接时应采取适当的措施。

高碳钢的碳当量w_{CE}>0.6%,焊接时焊缝与热影响区产生裂纹的倾向更大,因此,焊接结构都不采用这种钢材。少数情况下,高碳钢焊接仅用于焊补工件。

③低合金结构钢焊接

我国低合金结构钢的碳的质量分数都较低,但由于合金元素种类和碳的质量分数的不同,性能上有较大的差异,故焊接性也有所不同。

强度σ_b<400 MPa的低合金结构钢,碳当量w_{CE}<0.4%,焊接性良好,焊接时不需采取特殊的工艺措施。但在低温下焊接时或焊接厚度时,应当在焊前预热。

强度σ_b>400 MPa的低合金结构钢,碳当量w_{CE}>0.4%,焊接性较差,焊缝及热影响区淬硬及冷裂缝倾向增大,因此,在焊接时应采取适当的工艺措施。

4)铸铁的焊补

铸铁的焊补主要应用在两个方面:一是铸造生产过程中铸铁件产生的缺陷的焊补;二是使用过程中铸铁件产生裂纹和断裂损坏,采用焊补修复。

由于铸铁碳的质量分数高,硫、磷杂质较多,塑性极差,其焊接性不好,在焊接时熔合区易产生白口组织、焊缝易产生裂纹和气孔。此外,铸铁的流动性好,立焊时熔池金属容易流失,故一般只应进行平焊。

铸铁焊补时,一般采用气焊及焊条电弧焊,个别大件可采用电渣焊。目前,生产中焊补铸铁的方法有热焊法和冷焊法两种。

①热焊法

焊前将工件整体或局部预热到600~700 ℃,焊补后缓慢冷却。热焊法能防止工件产生白口组织和裂纹,焊补质量较好,焊后可进行机械加工。但热焊法成本较高,生产率低,焊工劳动条件差。因此,它一般用于焊补形状复杂、焊后需进行加工的重要铸件,如床头箱、汽缸体等。

②冷焊法

焊补前工件不预热或只进行400 ℃以下的低温预热。焊补时,主要依靠焊条来调整焊缝的化学成分,以防止或减少白口组织和裂纹冷焊法方便、灵活、生产率高、成本低,劳动条件好。但焊接处切削加工性较差。

5)非铁金属的焊接

①铜及铜合金焊接

铜及铜合金焊接时的主要困难如下:

a.铜的导热性好,因此,焊接时必须供给较大而集中的热量,常需预热,否则将因导热快而不易焊透。

b.铜在液态时易于氧化,其氧化物分布在晶界,易引起热裂纹。

c.铜在液态时吸气性强,易生成气孔。

d.铜合金中合金元素(如锌等)在焊接高温下被烧损,影响焊缝的化学成分和力学性能。

铜及铜合金可用气焊、钎焊、氩弧焊等方法进行焊接。纯铜和青铜气焊时,应采用严格的中性焰。黄铜气焊时,应采用轻微氧化焰并配以牌号为HS221,HS222等含硅焊丝以及硼酸和硼砂配制的焊剂。

②铝及铝合金焊接

铝及铝合金的焊接较困难,主要特点如下:

a.极易氧化成氧化铝(Al_2O_3),形成一层熔点高(2 050 ℃)、相对密度大、组织致密的氧化层覆盖在金属表面,阻碍金属熔合,并易使焊缝夹渣。

b.铝的导热系数大,焊接时要求大功率或能量集中的热源。易于出现较大的焊接应力和变形。

c.铝可吸收大量气体,因此在熔池凝固时易生成气孔。

d.铝在高温时强度和塑性很低,而且由固态转变为液态时无明显的颜色变化,使得焊接操作困难,稍不注意,焊缝就会塌陷。

由于上述原因，焊接铝合金时，需正确选择焊接方法，严格控制焊接规范。铝合金可用气焊、电阻焊、钎焊等方法进行焊接，但就熔焊方法来说，交流氩弧焊是焊接铝及铝合金的理想方法。不论采取哪种焊接方法，焊前都必须彻底清理工件焊接处和焊丝表面的氧化膜和油污，清洗质量好坏将直接影响焊缝的性能，如用的是化学清洗，由于其具有强烈的腐蚀作用，焊后应认真进行冲洗。

复习思考题

1.何谓焊接电弧？试述焊接电弧基本构造及温度、热量分布。用直流与交流电焊接效果一样吗？

2.什么是直流正接和直流反接？应如何选用？

3.焊接接头的热影响区包括哪几个部分？各自的组织和性能如何？

4.产生焊接应力与变形的原因是什么？如何消除？

5.焊接变形的基本形式有哪些？如何预防和矫正焊接变形？

6.用 3 块钢板拼接，焊缝成 T 字形，从减少焊接应力与变形方面考虑，如图 12.13 所示的 4 种结构焊接顺序中哪一种最合理？

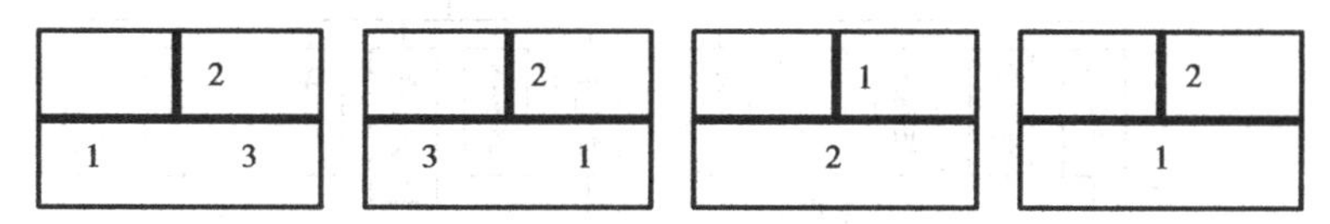

图 12.13　结构焊接

7.何谓焊接性？影响焊接性的因素是什么？如何来衡量钢材的焊接性？对焊接性差的金属材料应采取哪些措施？

8.铸铁、铜及其合金焊接时有哪些特点？采用什么工艺措施来保证它们的焊接质量？

第 13 章

焊接方法

根据实现原子间结合的方式不同，焊接方法可分为熔化焊、压力焊和钎焊 3 大类。常用的焊接方法如图 13.1 所示。

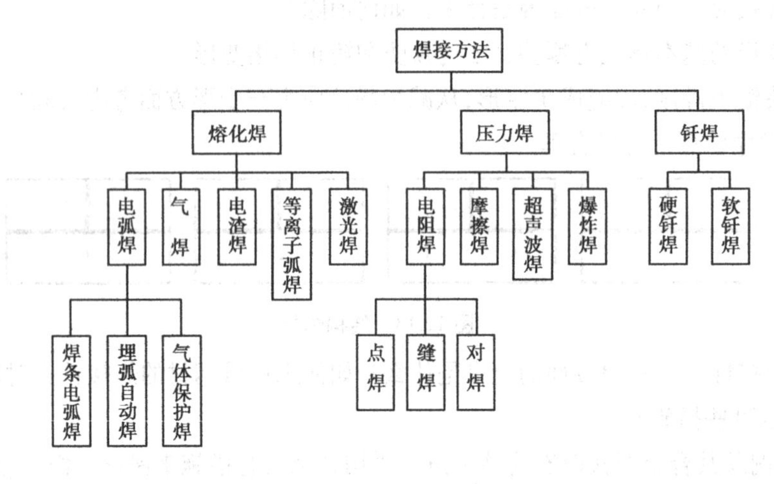

图 13.1　常用焊接方法

本章主要介绍各种焊接方法的工作原理、工艺特点和应用范围。

13.1　焊条电弧焊

焊条电弧焊又称手工电弧焊，是用手工操纵焊条进行焊接的电弧焊方法，如图 13.2 所示。焊条电弧焊因具有操作方便、灵活、设备简单等优点，是目前生产中应用最为广泛的一种焊接方法。

13.1.1　焊接设备

焊接设备是供给电弧焊电源的装置，它可以是直流电源装置，也可以是交流电源装置。

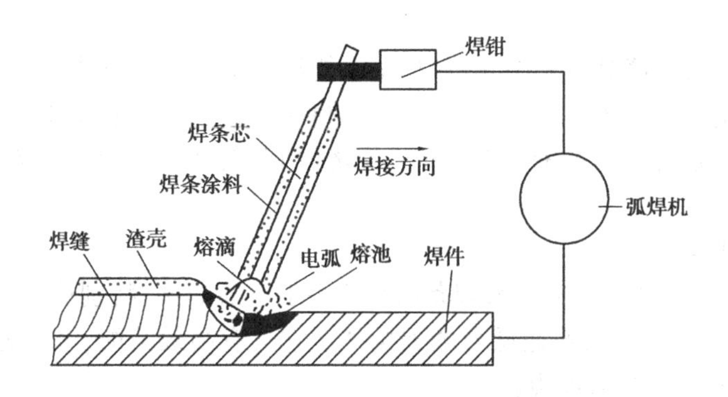

图13.2 焊条电弧焊示意图

为了便于引弧和电弧的稳定燃烧,以保证焊接过程的顺利进行,焊接电源必须满足一定的要求。

(1)焊接电弧对焊接设备的要求

①应有适当的空载电压。为便于引弧,空载电压不能太低。但如果太高,则焊工操作不安全。故一般应控制为50~90 V。

②焊接电源应具有陡降的外特性曲线。

电源的外特性是指电路上负荷变化时,电源供给的电压与电流的关系,这个关系通常用曲线表示(见图13.3),称为外特性曲线。一般工业用电(电灯照明、电力传动等)需要工作电压恒定不变,这类电源的外特性曲线是水平的,不能用作焊接电源。只有具有陡降的外特性曲线的焊接电源,才能确保电焊机的安全工作。因为陡降的外特性才能保证:

a.短路电流不宜过大。短路电流太大会引起电焊机过载和金属飞溅严重。一般,$I_{短}=(1.25\sim2)I_{弧}$。

b.电弧长度变化时,电弧电流变化小。

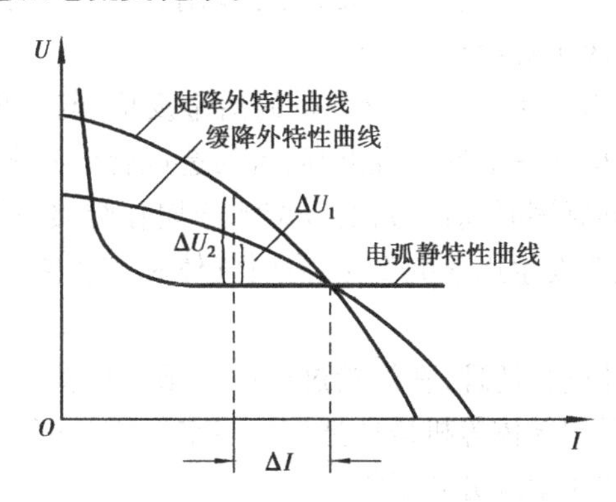

图13.3 两种不同的外特性曲线

③焊接电流应能根据焊件的材质和厚度的不同,方便地进行调节。

(2)焊接设备

手工电弧焊使用的设备主要有以下3种:

1)交流弧焊机

它是一个具有下降特性并在其他方面都能满足焊接要求的特殊的降压变压器。其工作原理与一般电力变压器相同,但具有较大的感抗,以获得下降特性,且感抗值可辨,以便调节焊接电流。这种焊机具有结构简单、价格便宜、使用方便、维护容易的优点,但电弧稳定性较差。

2)硅整流弧焊机

硅整流弧焊机可用于所有牌号焊条的直流手工电弧焊接,特别适用于碱性低氢型焊条焊接重要的低碳钢、中碳钢及普通低合金钢构件。它具有高效节能、节省材料、体积小、维修方便、稳定性好及调节方便等特点。

3)逆变弧焊机

逆变弧焊机是通过改变频率来控制电流、电压的一种新型焊机。该焊机的电源具有陡降外特性,适用于所有牌号焊条的手工电弧焊接。该焊机具有下列特点:

①具有高效节能、高功率因素、低空载损耗。

②有多种自保护功能(过流、过热、欠压、过压、偏磁、缺相保护),避免了焊机的意外损坏。

③动态品质好、静态精度高、引弧容易、燃烧稳定、重复引燃可靠、便于操作。

④小电流稳定、大电流飞溅小、噪声低,在连续施焊过程中,焊接电流漂移小于±1%,为获得优质接头提供了可靠保证。

⑤电流调节简单,既可预置焊接电流,也可在施焊中随意调节,适应性强,利于全位置焊接。

这种新型焊机还可一机两用,在短路状态下,可作为工件预热电源,这在焊机历史上是一个很大的进步。

13.1.2 焊接冶金特点

焊条电弧焊是以外部涂有药皮的焊条作电极和填充金属。电弧在焊条的端部与被焊工件表面之间燃烧。药皮则在电弧热作用下一方面可产生气体以保护电弧,另一方面可产生熔渣覆盖在熔池表面,防止熔化金属与周围气体的相互作用。同时,熔渣可与熔化金属产生物理化学反应,以添加合金元素,改善焊缝金属性能。

焊接时,在液态金属、熔渣和气体间所进行的冶金反应,与一般冶炼反应过程有所不同。首先焊接电弧和熔池的温度比一般冶炼温度高,容易造成合金元素的蒸发和烧损;其次是焊接溶池体积小,而且从熔化到凝固时间极短,所以熔池金属在焊接过程中温度变化很快,使得冶金反应的速度和方向往往会发生迅速的变化,有时气体和熔渣来不及浮出就会在焊缝中产生气孔和夹渣的缺陷。

因此,焊前必须对焊件进行清理,在焊接过程中必须对熔池金属进行机械保护和合金化。机械保护是指利用熔渣、保护气体等机械地把熔池与空气隔开;合金化是指向熔池中添加合金元素,以便改善焊缝金属的化学成分和组织。

13.1.3 电焊条

电焊条是焊条电弧焊的重要焊接材料。它直接影响到焊接电弧的稳定性以及焊缝金属的化学成分和力学性能。电焊条的优劣是影响焊条电弧焊质量的主要因素之一。

(1)电焊条的组成及作用

电焊条由焊芯和药皮两部分组成。

1)焊芯

焊条中被药皮包裹的金属芯称焊芯。它的主要作用是导电,产生电弧,提供焊接电源,并作为焊缝的填充金属。

焊芯是经过特殊冶炼而成的,其化学成分应符合国家标准的要求。焊芯的牌号用"H"+碳的质量分数表示。牌号后带"A"者表示其硫、磷含量不超过0.03%,如H08,H08A,H08MnA等。

焊芯的直径即为焊条直径,常用的焊芯直径有1.6,2.0,2.5,3.2,5.0 mm等,长度在200~450 mm。直径为3.2~5 mm的焊芯应用最广。

2)焊条药皮

焊条药皮在焊接过程中有以下作用:

①形成气-渣联合保护,防止空气中有害物质侵入。

②对焊缝进行脱硫、脱氧,并渗入合金元素,以保证焊缝金属获得符合要求的化学成分和力学性能。

③稳定电弧燃烧,有利于焊缝成形,减少飞溅等。

为了满足以上作用,因此焊条药皮的组成成分相当复杂,一种焊条药皮的配方中,组成物一般有七八种之多。焊条药皮原材料的种类、名称和作用见表13.1。

表13.1 焊条药皮原材料的种类、名称和作用

原料种类	原料名称	作　用
稳弧剂	碳酸钾、碳酸钠、长石、大理石、钛白粉、钠水玻璃、钾水玻璃	改善引弧性能,提高电弧燃烧的稳定性
造气剂	淀粉、木屑、纤维素、大理石	造成一定的气体,隔绝空气,保护焊接熔滴与熔池
造渣剂	大理石、氟石、菱苦石、长石、锰矿、钛铁矿、黄土、钛白粉、金红石	造成具有一定物理、化学性能的熔渣,保护焊缝。碱性渣中的CaO还可起脱硫、磷的作用
脱氧剂	锰铁、硅铁、钛铁、铝铁、石墨	降低电弧气氛和熔渣的氧化性,脱氧。锰还可脱硫
合金剂	锰铁、硅铁、铬铁、钼铁、钒铁、钨铁	使焊缝金属获得必要的合金成分
稀渣剂	氟石、长石、钛铁矿、钛白粉	增加熔渣流动性,降低熔渣黏度
黏结剂	钠水玻璃、钾水玻璃	将药皮牢固地粘在钢芯上

(2)电焊条的种类

电焊条按用途可分为10大类,即结构钢焊条、钼和铬耐热钢焊条、低温钢焊条、不锈钢焊条、铸铁焊条、堆焊焊条、镍和镍合金焊条、铜和铜合金焊条、铝和铝合金焊条及特殊用途焊条。

按熔渣性质可分为以下两大类:

1)酸性焊条

熔渣是以酸性氧化物为主(如 SiO_2,TiO_2等)的焊条。这类焊条由于熔渣呈酸性,其氧化性较强,焊接时合金元素大量被烧损,焊缝中氧化夹杂物多,同时酸性渣脱硫能力差,因此焊缝金属塑性、韧性和抗裂能力较差。但酸性焊条工艺性能好,对铁锈、油污、水分的敏感性不大,并且可用交直流电源焊接。广泛用于一般低碳钢和强度较低的低合金结构钢的焊接。

2)碱性焊条

熔渣是以碱性氧化物和氧化钙为主的焊条。这类焊条熔渣呈碱性,并含有较多铁合金作为脱氧剂和合金剂,焊接时药皮中的大理石分解成 CaO 和 CO_2,CO 气体,气体能隔绝空气,保护熔池,CaO 能去硫,药皮中的 CaF_2能去氢,使焊缝金属中含氢量、含硫量较低。因此,用碱性焊条焊出的焊缝抗裂性能较好,力学性能较高。但它的工艺性能差,对油污、铁锈、水敏感性大,易产生气孔。为保证电弧稳定燃烧,一般采用直流反接。碱性焊条主要用于裂纹倾向大,塑性、韧度要求高的重要结构,如锅炉、压力容器、桥梁、船舶等的焊接。

(3)焊条的型号与牌号

1)电焊条型号(国家标准中的焊条代号)

碳钢焊条应用最广泛,按碳钢焊条标准,其型号用大写字母“E”和 4 位数字表示。“E”表示焊条,前两位数字表示熔敷金属抗拉强度的最小值,单位为 MPa,第三位数字表示焊条适用的焊接位置,“0”“1”表示焊条适用于全位置焊接(平、立、仰、横),“2”表示焊条适用于平焊及平角焊,“4”表示焊条适用于向下立焊,第三位和第四位数字组合表示焊接电流种类及药皮类型。例如:

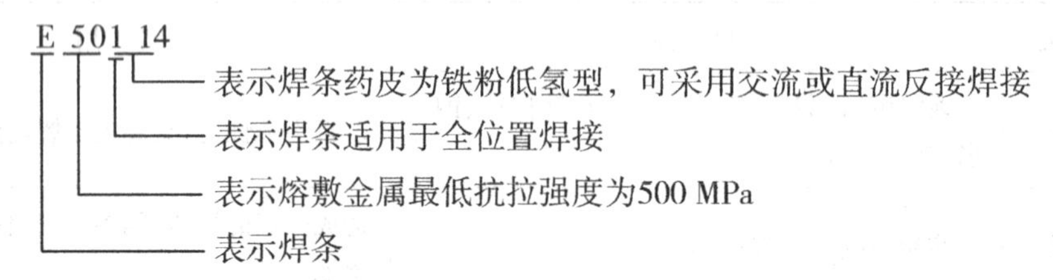

2)焊条牌号(焊条行业统一的焊条代号)

焊条牌号一般用一个大写拼音字母和 3 个数字表示,如 J422,J506 等。拼音字母表示焊条的各大类,如“J”表示结构焊条;前两位数字表示焊缝金属抗拉强度的最小值,单位 MPa,第三位数字表示药皮类型和电流种类。

一般来说,型号和牌号是对应的,但一种型号可有多种牌号,因牌号比较简明,故生产中常用牌号表示。

(4)电焊条的选用

焊条的种类很多,合理选用焊条对焊接质量、产品成本和劳动生产率都有很大影响。焊条选择应根据被焊结构的材料及使用性能、工作条件、结构特点和工厂的具体情况综合考虑。

1)根据被焊件的化学成分和性能要求选择相应的焊条种类

例如,焊接碳钢或普通低合金钢时应选用结构钢焊条;又如,焊接铸铁时,应选用铸铁焊条等。

2)焊缝性能要和母材具有相同的使用性能

结构钢焊件,一般按“等强”原则选用相同强度等级的焊条。对承受动载荷、冲击载荷或形状复杂,厚度、刚度大的焊件时,应选用碱性焊条。不锈钢、钼和铬耐热钢焊件,应根据母材化学成分选用相同成分的焊条。

3)根据被焊件的工作条件和结构特点选用焊条

如对于焊前难以清理的焊件,应选用酸性焊条等,以满足施焊操作的需要,保证焊接质量。

此外,应考虑焊接工人的劳动条件、生产率及经济合理性等,在满足使用性能要求的前提下,尽量选用无毒(或少毒)、生产率高、价格便宜的焊条,一般结构通常选用酸性焊条。

13.2　埋弧自动焊

随着生产的不断发展,焊剂技术的应用日益扩大,焊接工作量大大增加,手工方式的焊接已远远不能满足要求,因此,出现了一种机械化的电弧焊——埋弧焊。其中,引弧、运弧和送进焊丝等操作都是由机械来完成的,故称为自动焊。

埋弧自动焊焊接过程如图 13.4 所示。它是以连续送进的焊丝作为电极和填充金属。焊接时,在焊接区的上面覆盖一层颗粒状焊剂,电弧在焊剂层下燃烧,焊机带着焊丝均匀地沿坡口移动,或者焊机机头不动,工件匀速运动。在焊丝前方,焊剂从漏斗中不断流出撒在被焊部位。焊接时,部分焊剂熔化形成熔渣覆盖在焊缝表面,大部分焊剂不熔化,可重新回收使用。

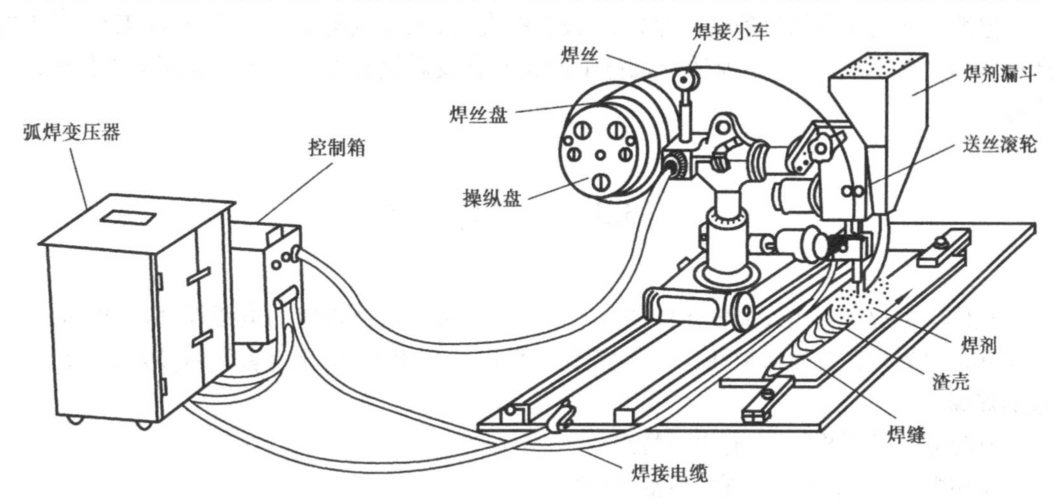

图 13.4　埋弧焊示意图

埋弧焊焊缝形成过程如图 13.5 所示。电弧燃烧后,工件与焊丝被熔化成较大体积(可达 20 cm^3)的熔池。由于电弧向前移动,熔池金属被电弧气体排挤向后堆积形成焊缝。电弧周围的颗粒状焊剂被熔化成熔渣,与熔池金属产生物理化学作用。部分焊剂被蒸发,生成的气体将电弧周围的熔渣排开,形成一个封闭的熔渣泡。它具有一定黏度,能承受一定压力,使熔化的金属与空气隔离,并能防止金属熔滴向外飞溅。这样,既可减少电弧热能损失,又阻止了弧光四射。此外,焊丝上没有涂料,允许提高电流密度,电弧吹力则随电流密度的增大而增大。

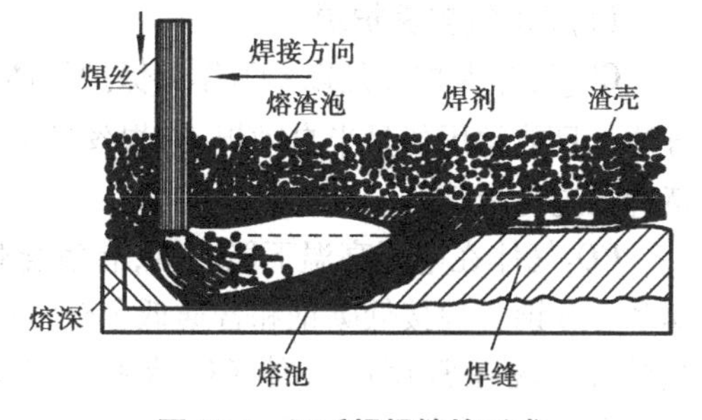

图 13.5　埋弧焊焊缝的形成

因此,埋弧焊的熔池深度比焊条电弧焊大得多。

埋弧自动焊的特点如下:

(1)生产高

埋弧焊的焊接电流可达800~1 000 A,是焊条电弧焊的6~8倍,同时节省更换焊条的时间。此外,电弧受焊剂保护,热能利用率高,可采用较快的焊接速度。故其生产率是焊条电弧焊的5~10倍。

(2)焊缝质量高且稳定

因熔池受到焊剂很好保护,外界空气较难侵入,且焊接规范可自动调节,故焊缝质量稳定,缺陷少。此外,其热影响区很小,焊缝外形美观。

(3)节省金属和电能

由于埋弧焊熔池深度较大,较厚的攻坚可不开坡口,金属的烧损和飞溅也大为减少,且无焊条头的损失,故可节省金属材料。由于电弧热能散失较少,利用率大大提高,从而也节省了电能。

(4)改善了劳动条件

埋弧焊看不到电弧光,焊接烟雾也较少,焊接时只要焊工调整、管理焊机就可自动进行焊接,劳动条件大为改善。

但埋弧自动焊不如焊条电弧焊灵活,设备投资大,工艺装备复杂,对接头加工与装配要求严格。因此,埋弧自动焊主要适于批量生产长的直线焊缝和直径较大的圆筒形工件的纵、环焊缝。

13.3 气体保护焊

气体保护焊是利用外加气体保护电弧区的熔滴和熔池及焊缝的电弧焊,即在焊接时由外界不断地向焊接区输送保护性气体,使它包围住电弧和熔池,防止有害气体侵入,以获得高质量的焊缝。

它与渣保护焊相比,具有以下特点:

①明弧可见,便于焊工观察熔池进行控制。

②焊缝表面无渣,这在多层焊时可节省大量层间清渣工作。

③可进行空间全方位的焊接。

气体保护焊的种类很多,目前常用的主要有两种:氩弧焊和二氧化碳(CO_2)气体保护焊。

(1)CO_2气体保护焊

CO_2气体保护焊是以CO_2作为保护气体,以焊丝为电极,以自动或半自动方式进行焊接的方法。目前常用的是半自动焊,即焊丝送进靠机械自动进行并保持一定的弧长,由操作人员手持焊炬进行焊接。

CO_2气体在电弧高温下能分解,有氧化性,会烧损合金元素。因此,不能用来焊接有色金属和合金钢。焊接低碳钢和普通低合金钢时,通过含有合金元素的焊丝来脱氧和渗合金等冶金处理。现在常用的气体CO_2保护焊焊丝是H08Mn2SiA,适用于低碳钢和抗拉强度在600 MPa以下的普通低合金钢的焊接。CO_2气体保护焊焊接装置如图13.6所示。

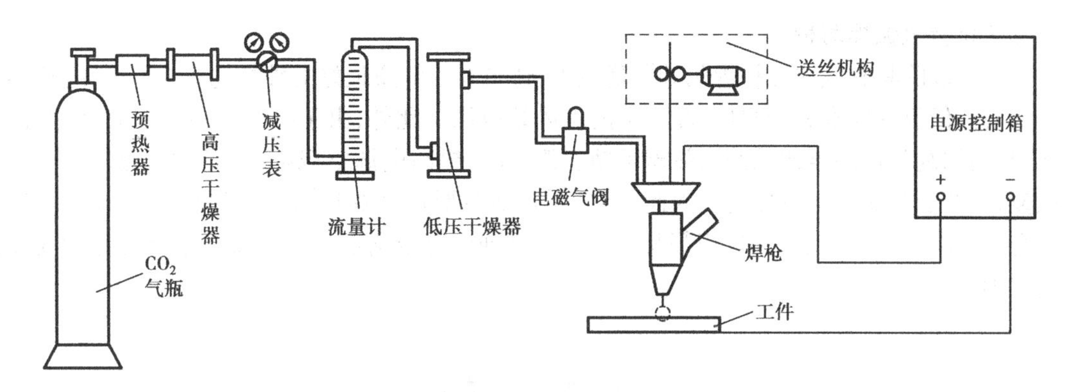

图13.6　CO_2气体保护电弧焊示意图

CO_2气体保护焊除具有气体保护焊的共同特点外，还独具成本低的优点（为焊条电弧焊和埋弧焊的40%左右）。但存在焊缝成形不光滑美观、弧光强烈、金属飞溅较多、烟雾较大以及需采取防风措施等缺点，设备也较复杂。它主要应用于低碳钢和普通低合金结构钢的焊接。在汽车、机车、造船、起重机、化工设备、油管以及航空工业等部门都得到广泛的应用。

（2）氩弧焊

氩弧焊是指用氩气作保护气体的气体保护焊。氩气是惰性气体，在高温下不和金属起化学反应，也不溶于金属，可保护电弧区的熔池、焊缝和电极不受空气的有害作用，是一种较理想的保护气体。氩弧焊分钨极（不熔化）氩弧焊和熔化极（金属极）氩弧焊两种，如图13.7所示。

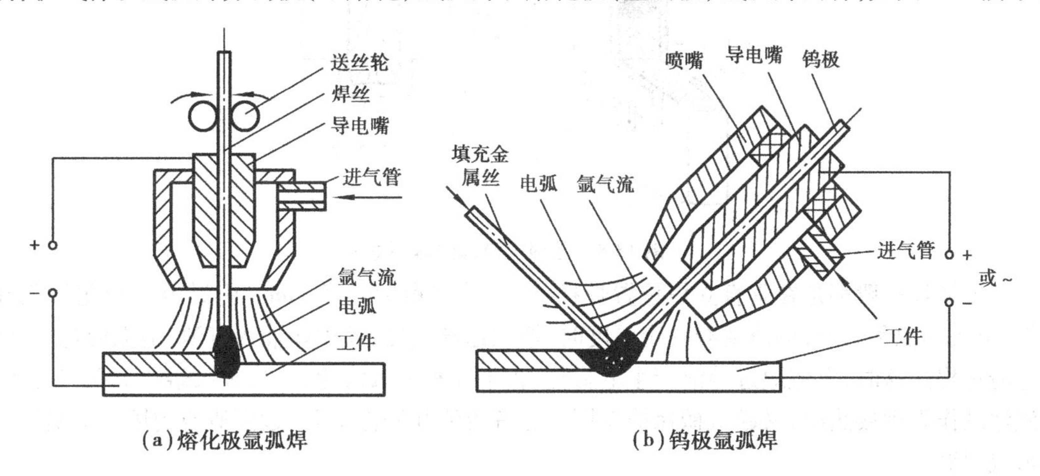

图13.7　氩弧焊示意图

钨极氩弧焊电极常用钍钨极和铈钨极两种。焊接时，电极不熔化，只起导电和产生电弧作用。钨极为阴极时，发热量小，钨极烧损小。钨极作阳极时，发热量大，钨极烧损严重，电弧不稳定，焊缝易产生夹钨。因此，一般钨极氩弧焊不采用直流反接。此外，为尽量减少钨极的损耗，焊接电流不宜过大，故常用于焊接4 mm以下的薄板。手工钨极氩弧焊的操作与气焊相似，需加填充金属，也可在接头中附加金属条或采用卷边接头。填充金属有的可采用与母材相同的金属，有的需要加一些合金元素，进行冶金处理，以防止气孔等缺陷。

熔化极氩弧焊以连续送进的焊丝作为电极并兼作填充金属。因此，可采用较大电流，生产率较钨极氩弧焊高，适宜于焊接厚度为25 mm以下的工件。它可分为自动熔化极氢弧焊和半自动熔化极氩弧焊两种。

氩弧焊除具有气体保护焊的共同优点外，还具有焊缝质最好的独特优点，而且焊缝外形光洁美观。但氩气成本高，而且只能在室内无风处应用。此外，由于氩气的游离电势高，引弧困难，故需用高频振荡器或脉冲引弧器帮助引弧，或者提高电源空载电压。另外，氩弧焊设备也较复杂，特别是交流氩弧焊机。因此，氩弧焊目前主要用来焊接易氧化的有色金属（铝、镁及其合金、稀有金属（钛、钼、锆、钽等及其合金）、高强度合金钢及一些特殊性能合金钢（不锈钢、耐热钢）等。

13.4 电渣焊

电渣焊是利用电流通过液态熔渣时所产生的电阻热作为热源来熔化焊丝和焊件而实现焊接的一种方法。如图 13.8 所示为丝极电渣焊过程示意图。

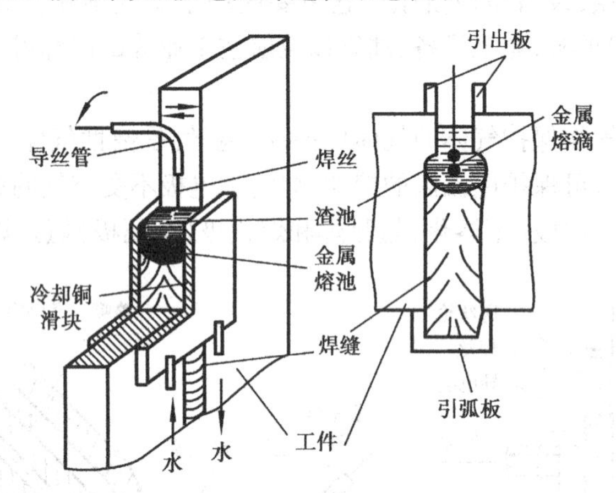

图 13.8 丝极电渣焊过程示意图

电渣焊一般都是在垂直立焊位置焊接，两工件相距 25~35 mm。引燃电弧熔化焊剂和工件，形成渣池和熔池，待渣池有一定深度时，增加送丝速度，使焊丝插入渣池，电弧便熄灭，转入电渣过程。这时，电流通过熔渣产生电阻热，将工件和电极溶化，形成金属熔池沉在渣池下面。渣池既作为焊接热源，又起机械保护作用。随着熔池和渣池上升，远离渣池的熔池金属便冷却形成焊缝。

电渣焊具有以下特点：

(1)厚大工件可一次焊成

这就改变了重型机器制造的工艺过程，可用铸-焊、锻-焊的复合结构拼小成大，以代替巨大的铸造或锻造整体结构，可节省大量的金属材料和铸、锻设备投资。

(2)生产率高，焊接材料消耗少

焊接厚度在 40 mm 以上的工件，即使用埋弧自动焊，也必须开坡口进行多层焊；而电渣焊对任何厚度工件都不需开坡口，只要使焊接端面之间保持 25~35 mm 的间隙就可一次焊成。因此，生产率高、消耗的焊接材料较少。

(3)焊缝金属比较纯净

电渣焊的熔池保护严密,空气不宜进入,而且保持液态的时间较长,故冶金过程进行得比较完善,熔池中的气体与杂质有较充分的时间浮出。因此,焊缝金属比较纯净。

(4)近缝区的机械性能明显下降,焊后须进行正火

因焊缝区在高温停留时间较长,热影响区比其他焊接方法都宽,晶粒粗大,易产生过热组织,故一般焊后都要进行正火处理,以改善其性能。

因此,它主要用于40 mm以上的厚件的立焊,也可与铸造、锻压相结合生产组合件,以解决铸、锻能力之不足,故特别适应于重型机械制造行业。

13.5　气焊与气割

(1)气焊

气焊是利用可燃气体如乙炔(C_2H_2)和助燃气体氧气(O_2)混合燃烧的高温火焰来进行焊接的。其工作情况如图13.9所示。

气焊所用的设备有乙炔发生器、回火防止器、氧气瓶、减压阀及焊炬等,如图13.10所示。

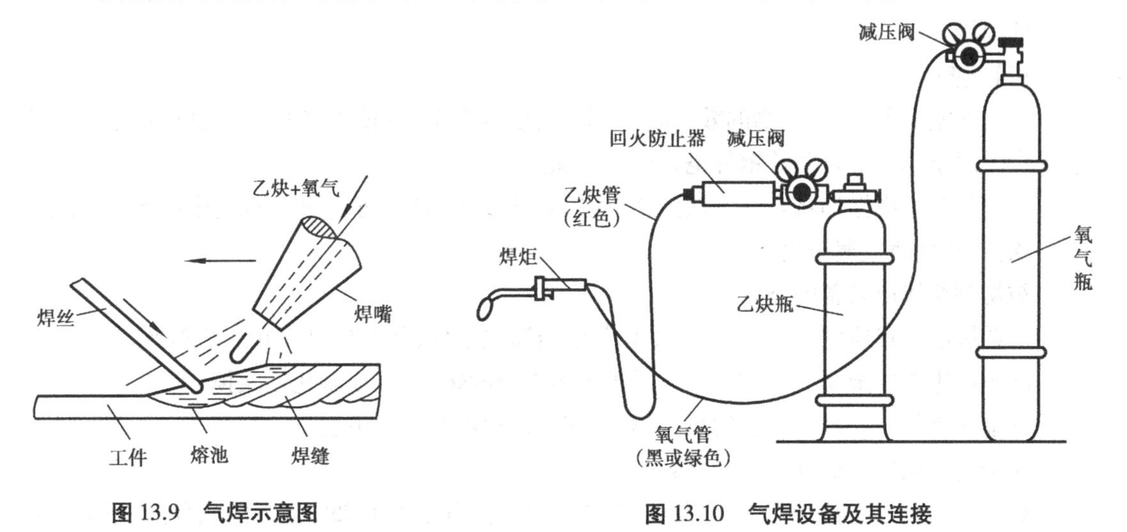

图13.9　气焊示意图

图13.10　气焊设备及其连接

1)气焊火焰

改变氧气和乙炔的体积比例,可获得以下3种不同性质的气焊火焰:

①中性焰

氧气和乙炔的混合比为1~1.2时燃烧所形成的火焰称为中性焰,又称正常焰。其焰心特别明亮,内焰颜色较焰心暗,呈淡白色,温度最高可达3 000~3 200 ℃,外焰温度较低,呈淡蓝色。焊接时,应使熔池及焊丝末端处于焰心前2~4 mm的最高温度区。

中性焰应用最广,一般常用于焊接碳钢、紫铜和低合金钢等。

②碳化焰

氧气和乙炔的混合比小于1时燃烧所形成的火焰称为碳化焰。其火焰特征为内焰变长且非常明亮,焰心轮廓不清,外焰特别长。且温度也较低,最高温度为 2 700~3 000 ℃。

碳化焰中的乙炔过剩,适用于焊接高碳钢、铸铁和硬质合金等材料。焊接其他材料时,使焊缝金属增碳,变得硬而脆。

③氧化焰

氧气和乙炔的混合比为大于 1.2 时燃烧所形成的火焰称为氧化焰。由于氧气较多,燃烧比中性焰剧烈,火焰各部分长度均缩短,温度比中性焰高,可达 3 100~3 300 ℃。由于氧化焰对熔池有氧化作用,故一般不宜采用,只适用于焊接黄铜、镀锌铁皮等。

2)气焊的特点及应用

①生产率低

由于气焊火焰温度低,加热缓慢。

②焊件变形大

气焊热量分散,热影响区宽。

③接头质量不高

焊接时,火焰对熔池保护性差。

④气焊火焰易控制和调整,灵活性强。气焊设备不需电源。

因此,气焊适用于 3 mm 以下的低碳钢薄板、铸铁焊补以及质量要求不高的铜和铝合金等合金的焊接。

(2)气割

氧气切割简称气割,气割的效率高、成本低、设备简单,并能在各种位置进行切割。因此,它被广泛用于钢板下料和铸钢件浇冒口的割除。

气割是利用中性焰将金属预热到燃点,然后开放切割氧,将金属剧烈氧化成熔渣,并从切口中吹掉,从而将金属分离。

被切割金属应具备的条件如下:

①金属的燃点应低于其熔点;否则切割前金属先熔化,使切口过宽并凹凸不平。

②燃烧生成的金属氧化物熔点应低于金属本身的熔点,以便融化后吹掉。

③金属燃烧时应放出大量的热,以利于切割过程不断进行下去。

④金属导热性要低,以利于预热。

碳的质量分数在 0.4%以下的碳钢,以及碳的质量分数在 0.25%以下的低合金钢都能很好地用氧气切割。这是因为它们的燃点(1 350 ℃)低于熔点(1 500 ℃),氧化铁的熔点(1 370 ℃)低于金属本身的熔点,同时在燃烧时放出大量的热。当含碳为 0.4%~0.7%时,切口表面容易产生裂缝,这时应将被切割的钢板预热到 250~300 ℃再进行气割。碳的质量分数大于 0.7%的高碳钢,因钢板的燃点与熔点接近,切割质量难以保证。

铸铁不能气割,因铸铁熔点低于它的燃烧温度。

不锈钢含铬较多,氧化物 Cr_2O_3 的熔点高于不锈钢的熔点,因此难以切割。

有色金属如铜和铝等,因导热性好,容易氧化,氧化物的熔点都高于金属本身的熔点,因此也不能用气割。

13.6　电阻焊

电阻焊又称接触焊,是利用电流通过两焊件接触处所产生的电阻热($Q=I^2Rt$)作为焊接热源,将接头加热到塑性状态或熔化状态,然后迅速施加顶锻压力,以形成牢固的焊接接头。

因为焊件间的接触电阻有限,为使焊件在极短时间内达到高温,以减少散热损失,所以电阻焊采用大电流(几千到几万安)、低电压(几伏到十几伏)的大功率电源。电阻焊具有生产率高、焊件变形小、劳动条件好,不需添加填充金属,以及易实现机械化、自动化等优点;但设备复杂、耗电量大,对焊件厚度和截面形状有一定的限制;通常适用于大批量生产。

电阻焊按其接头形式不同,可分为点焊、缝焊和对焊 3 种形式,如图 13.11 所示。

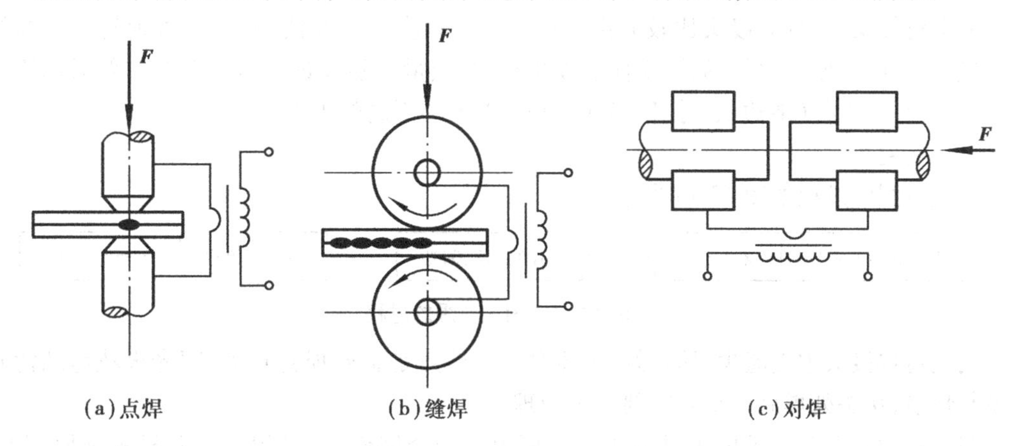

(a)点焊　(b)缝焊　(c)对焊

图 13.11　电阻焊的形式

(1)点焊

点焊是利用电流通过柱状电极和搭接的两焊件产生电阻热,将焊件加热并局部熔化,然后在压力作用下形成焊点,如图 13.11(a)所示。

每个焊点的焊接过程如图 13.12 所示。

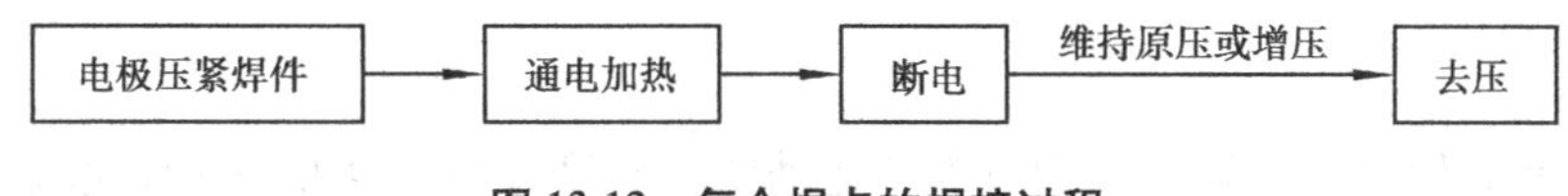

图 13.12　每个焊点的焊接过程

当工件上有多个焊点时,焊点与焊点间应有一定的距离(如 0.5 mm 厚碳钢薄板工件,焊点间距为 10 mm)。以防止“分流现象”。分流将使第二个焊点的焊接电流减小而影响焊接质量。

点焊主要用于焊接厚度为 4 mm 以下的薄板、冲压结构件及线材等,每次焊一个点或多个点。目前,点焊已广泛用于制造汽车、车厢、飞机等薄壁结构以及罩壳和轻工、生活用品等。

(2)缝焊

缝焊又称滚焊(见图 13.11(b)),其焊接过程与点焊相似,只是用旋转的圆盘状滚状电极代替了柱状电极。焊接时,盘状电极压紧焊件并转动(也带动焊件向前移动),配合断续通电,即形成连续重叠的焊点。

缝焊时,焊点相互重叠 50%以上,密封性好。主要用于制造要求密封性的薄壁结构。如汽车油箱、小型容器与管道等。但因缝焊过程分流现象严重，焊接相同厚度的工件时，焊接电流为点焊的 1.5~2 倍。因此，要使用大功率焊机，用精确的电气设备控制间断通电的时间。缝焊只适用于厚度 3 mm 以下的薄板结构。

(3) 对焊

对焊是利用电阻热使两个工件在整个接触面上焊接起来的一种方法，如图 13.11(c)所示。根据焊接工艺不同，对焊可分为电阻对焊和闪光对焊两种。

1) 电阻对焊

电阻对焊的焊接过程如图 13.13 所示。

压紧对接的焊件 → 通电加热 → 顶锻并断电 → 去压

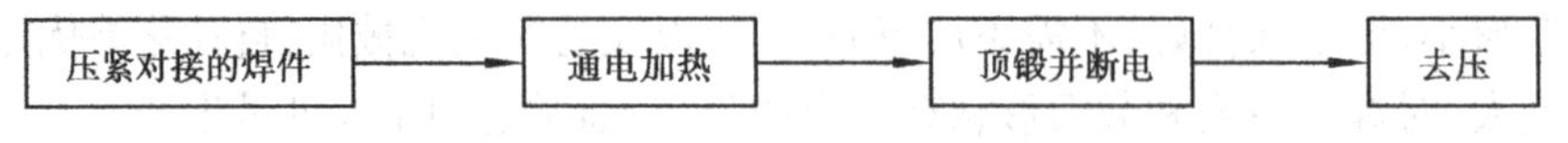

图 13.13　电阻对焊的焊接过程

电阻对焊操作简单，接头比较光滑。但焊前应认真加工和清理端面，否则易造成加热不匀，连接不牢的现象。此外，高温端面易发生氧化，质量不易保证。电阻对焊一般只用于焊接截面形状简单、直径(或边长)小于 20 mm 和强度要求不高的工件。

2) 闪光对焊

闪光对焊的过程如图 13.14 所示。

焊件接通电源（两件尚未接触） → 两件接近、闪光 → 顶锻并断电 → 去压

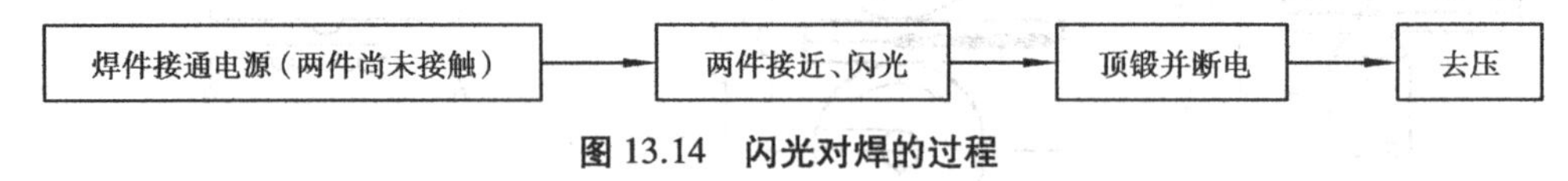

图 13.14　闪光对焊的过程

闪光对焊接头中夹渣少，质量好，强度高。其缺点是金属损耗较大，闪光火花易玷污其他设备与环境，接头处焊后有毛刺需要加工清理。

闪光对焊常用于对重要工件的焊接。可焊相同金属件，也可焊接一些异种金属(铝-铜、铝-钢等)。被焊工件直径可小到 0.01 mm 的金属丝，也可以是端面大到 20 000 mm^2的金属棒和金属型材。

13.7　摩擦焊

摩擦焊是利用焊件接触端面相对旋转运动中相互摩擦所产生的热量，使端部达到塑性状态，然后迅速顶锻，从而完成焊接的一种焊接方法。

摩擦的形式有两种(见图 13.15)：一是一侧焊件旋转法，焊接时一个焊件固定不动，另一个作旋转运动，这是最简单的一种，主要用于长度不大的焊件；二是双侧焊件旋转法，焊接时两个焊件相对旋转，用于要求加热快的情况。

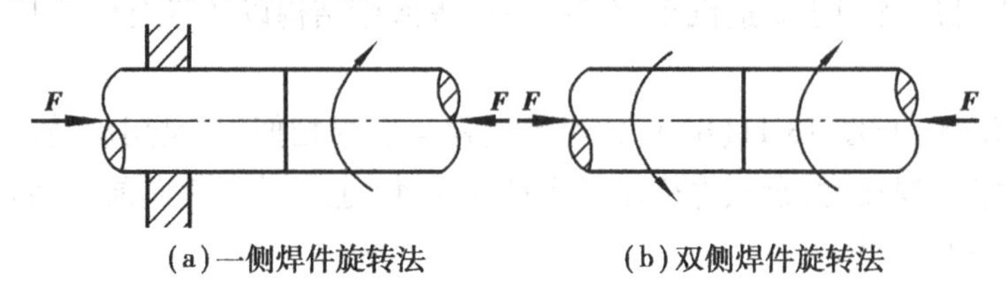

(a) 一侧焊件旋转法　　(b) 双侧焊件旋转法

图 13.15　摩擦焊形

摩擦焊的特点如下：

①在摩擦焊过程中，焊件接触表面的氧化膜与杂质被清除，因此接头组织致密，不易产生气孔、夹渣等缺陷，接头质量好且稳定。

②可焊接的金属范围较广，不仅可焊同种金属，也可焊接异种金属。

③焊接操作简单，不需焊接材料，容易实现自动控制，生产率高。

④电能消耗少（只有闪光对焊的1/15~1/10）。

⑤设备复杂，一次性投资大。

因此，摩擦焊广泛用于圆形工件、棒料及管类件的焊接。目前，国内摩擦焊主要用于焊接异种金属和异种钢、结构钢。国外大量应用于焊接汽车、拖拉机工业焊接结构钢产品以及圆柄刀具。

13.8　钎　焊

钎焊的能源可以是化学反应热，也可以是间接热能。它是利用熔点比被焊材料熔点低的金属作钎料，经过加热钎料熔化，靠毛细管作用将钎料吸入接头接触面的间隙内润湿被焊金属表面，使液相与固相之间相互扩散而形成钎焊接头。因此，钎焊是一种固相兼液相的焊接方法。

根据钎料熔点不同，钎焊可分为硬钎焊和软钎焊两种。

①硬钎焊。钎料熔点在450 ℃以上，接头强度在200 MPa以上。主要用于受力较大的钢铁和铜合金构件的焊接（如自行车架、带锯锯条等）以及工具、刀具的焊接。

②软钎焊。钎料熔点在450 ℃以下，接头强度较低，一般在70 MPa。主要用于焊接受力不大、工作温度较低的工件。

与一般熔化焊相比，钎焊的特点如下：

①工件加热温度较低，组织和力学性能变化很小，变形也小。接头光滑平整，工件尺寸精确。

②可焊接性能差异很大的异种金属，对工件厚度的差别也没有严格限制。

③工件整体加热钎焊时，可同时钎焊多条（甚至上千条）接缝组成的复杂形状构件，生产率很高。

④设备简单，投资费用少。

但钎焊的接头强度较低，尤其是动载强度低，允许的工作温度不高，焊前清整要求严格，而且钎料价格较贵。

因此，钎焊不适合于一般钢结构件和重载、动载零件的焊接。钎焊主要用于制造精密仪表、电气部件、异种金属构件以及某些复杂薄壁结构，如夹层结构、蜂窝结构等。也常用于钎焊各类导线与硬质合金刀具。

13.9 其他焊接方法简介

科学技术和生产的发展,对焊接工艺技术提出了更高的要求,为了满足这一要求,人们相继研制成功了许多新的焊接工艺方法。这些焊接工艺方法在缩小焊接热影响区、减少焊接应力与变形、改善焊接质量和提高焊接效率等方面都取得了重大进展,特别是在高精尖产品零件、难熔金属及高合金零件的焊接中获得了广泛应用。

(1)真空电子束焊

在真空室内,用聚集的高速电子束,以很高的能量密度轰击焊件表面,将动能转变为热能,使焊件接头表面在瞬间熔化,形成焊缝的方法称为真空电子束焊。其特点如下:

①能量密度大,为电弧焊的 5 000~10 000 倍,电子束穿透能力强。

②焊接速度快,热影响区小,焊接变形小。

③焊缝深而窄,这对于不开坡口的单道焊缝是十分有利的。

④真空保护好,焊缝质量高,特别适合于活泼金属的焊接。

⑤缺点是设备复杂,成本高,使用维护较困难,对接口装配质量要求严格及需防 X 射线等。

电子束焊用于其他焊接方法难以焊接的复杂焊件及特种金属、难熔金属,如发动机喷管、核反应堆壳体和微动减振器等。

(2)超声波焊

利用超声波的高频振荡能对焊件接头进行局部加热和表面清理,然后施加压力实现焊接的一种压焊方法,即超声波焊。超声波焊利用超声波传感器发出平行和垂直于焊件表面的振动。振动产生的切力和正应力把焊接面的氧化层和杂质击碎并排除,通过压紧力便可实现焊件间的结合。其特点如下:

①焊点形成靠超声波的能量,工件不需通电加热,故焊点附近金属组织和性能的变化小。

②适合于同种金属、异种金属,以及非金属的连接。

③焊件变形小、尺寸精确。

④可用于微连接以及厚薄差别很大的焊件,如箔、丝、网等工件的连接。

⑤焊接消耗功率小,只有电阻焊的 5%左右。如焊接两片 0.14 mm 厚的铝合金,只需 2~3 kW功率,而电阻焊却要 70~75 kW。

⑥焊前对表面清洗要求不高,只需去除油污,而不要清除氧化膜。

因此,超声波焊在无线电元件、仪表、半导体、金属陶瓷等工业部门得到广泛应用。

(3)激光焊

激光焊是利用大功率相干单色光子流聚焦而成的激光束为热源进行的焊接。这种焊接方法通常有连续功率激光焊和脉冲功率激光焊。其特点如下:

①激光能聚焦成很小光点(直径可达 10 μm),焊缝可极为窄小。

②能量密度大,穿透深度大,温度可达 5 000~9 000 ℃,可熔焊所有金属。

③焊接速度快(1 ms 左右),焊件不易氧化,热影响区小,晶粒为细小的树枝状结晶,焊接变形小。

④灵活性大,可远距离焊接或在一些难以接近的部位焊接。

激光焊应用于低强钢、不锈钢、铝及其合金、钛合金、耐热合金,钽、铌、锆、高熔点难熔金属,钼、钨几非金属(如陶瓷)等多种材料,如汽车变速箱齿轮组件等。但因激光器的功率限制,一般只有600 W左右,故只能焊接薄板材料。

(4)等离子弧焊

一般电弧焊中的电弧,不受外界约束,称为自由电弧。电弧区内的气体尚未完全电离,能量也未高度集中起来。如果采用一些方法使自由电弧的弧柱受到压缩(称为压缩效应),弧柱中的气体就完全电离,产生温度比自由电弧高得多的等离子弧。

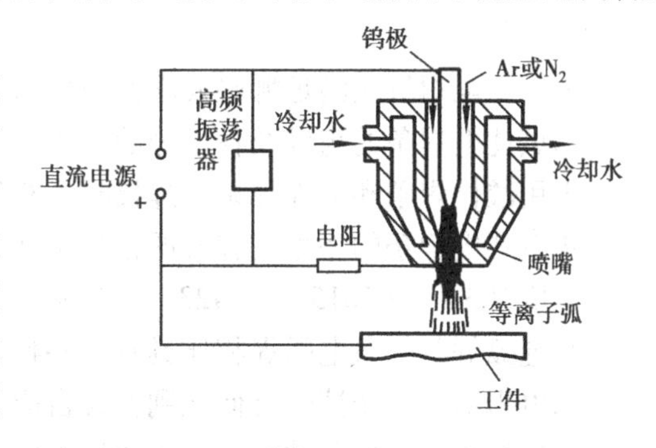

图13.16　等离子弧焊示意图

等离子电弧发生装置如图13.16所示。在钨极和工件之间加一较高电压,经高频振荡使气体电离形成电弧。此电弧在通过具有细孔道的喷嘴时,弧柱被强迫缩小,此作用称为机械压缩效应。

当通入一定压力和流量的氩气或氮气时,冷气流均匀地包围着电弧,使弧柱外围受到强烈冷却,迫使带电粒子流(离子和电子)往弧柱中心集中,弧柱被进一步压缩。这种压缩作用称为热压缩作用。

带电粒子流在弧柱中的运动,可看成电流在一束平行的"导线"内流过,其自身磁场所产生的电磁力使这些"导线"互相吸引靠近,弧柱又进一步被压缩。这种压缩作用称为电磁收缩效应。

电弧在上述3种压缩效应的作用下,被压缩得很细,能量高度集中,弧柱内的气体完全电离为电子和离子,称为等离子弧,其温度高达16 000 K以上。

等离子弧焊除具有氩弧焊的优点外,还有以下特点:

①能量密度大,弧柱温度高,穿透能力强。

②焊接电流小到0.1 A时,电弧仍能稳定地保持良好的挺直度与方向性。

等离子弧焊主要用于碳钢、合金钢、耐热钢、不锈钢、铜合金、镍合金、钛合金等材料的焊接,如钛合金的导弹壳体、飞机上薄壁容器、电容器的外壳、汽轮机叶片等。但设备价格较贵。

等离子弧除用于焊接外,还可用于切割,称为等离子弧切割。等离子弧切割不仅切割效率比氧气切割高1~3倍,而且还可切割不锈钢、铜、铝及其合金、难熔的金属和非金属材料。

(5)爆炸焊

爆炸焊是将炸药直接敷在金属表面上,利用接触爆炸(也可通过如水等液体介质来传递爆炸时产生的冲击波)的压力造成焊件的迅速碰撞,并紧密连接的一种压焊方法。其特点如下:

①时间极短,以毫秒或微秒计,所以即使局部温度高达3 000 ℃,但焊接仍是一个"冷过程"。对用其他方法较难实现连接的金属,如对活泼性很大的钽、铌、锆等稀有金属宜采用爆炸焊。此时,金属不熔化,在两金属间结合面上不会产生脆性的金属间化合物。

②爆炸焊接头具有双重连接的特点,既有冶金特点的连接,又有犬牙交错的机械连接,故接头强度较高。

③不需要复杂的设备,工艺简单,成本低,使用方便。

④噪声大,制造大面积复合板需较大场地。

⑤对冲击韧性低、塑性很差的金属不能采用爆炸焊。

复习思考题

1.手工电焊机应满足哪些要求?为什么不能用一般电力电源代替电弧焊电源?

2.试述电焊条的组成及各部分的作用。

3.用酸性焊条和碱性焊条在焊接时各有何特点?应如何选择?

4.下列电焊条的型号或牌号的含义是什么?并说明其用途。

E4303　　E5015　　J423　　J506

5.埋弧焊与焊条电弧焊相比具有哪些特点?埋弧焊为什么不能代替焊条电弧焊?

6.电阻对焊与摩擦焊有何区别?各自应用范围有哪些?

7.氧气切割有何条件?试举出两种不能用氧气切割的金属,并说明原因。

8.试从焊接质量、生产率、焊接材料、成本及应用范围等方面对下列焊接方法进行比较:

焊条电弧焊　　气焊　　埋弧焊　　氩弧焊　　二氧化碳气体保护焊

第 14 章 焊接结构设计

焊接结构的设计在结构满足使用性能要求的前提下，还应考虑结构焊接工艺的要求，力求做到制造方便、生产率高、成本低、焊接质量好。

14.1 焊接结构材料的选择

在进行焊接结构材料选择时，应注意以下 4 个问题：

①在满足工作性能要求的前提下，应选用焊接性较好的材料来制造焊接结构件。

低碳钢和强度等级较低的低合金钢具有良好的焊接性。这类钢是用于各种焊接方法，而且在一般情况下不需要采用特殊的工艺措施，就能获得优质的焊接接头。由于塑性良好，不仅焊接应力的影响较小，而且对变形也易于校正。

②异种金属焊接时，必须注意其焊接性。

一般要求接头强度不低于被焊钢材中的强度较低者，并应在设计中对焊接工艺提出要求，按焊接性较差的钢种采取措施，如焊前预热或焊后热处理等。对不能用熔焊方法获得满意接头的异种金属应尽量不用。

各种常用金属材料的焊接性见表 14.1。

表 14.1　常用金属材料的焊接性

金属材料＼焊接方法	气焊	焊条电弧焊	埋弧焊	CO_2保护焊	氩弧焊	电子束焊	电渣焊	点焊缝焊	对焊	摩擦焊	钎焊
低碳钢	A	A	A	A	A	A	A	A	A	A	A
中碳钢	A	A	B	B	A	A	A	B	A	A	A
低合金结构钢	B	A	A	A	A	A	A	A	A	A	A
不锈钢	A	A	B	B	A	A	B	A	A	A	A
耐热钢	B	A	B	C	A	A	D	B	C	D	A

续表

焊接方法 金属材料	气焊	焊条电弧焊	埋弧焊	CO_2保护焊	氩弧焊	电子束焊	电渣焊	点焊缝焊	对焊	摩擦焊	钎焊
铸钢	A	A	A	A	A	A	A	-	B	B	B
铸铁	B	B	C	C	B	-	B	-	D	D	B
铜及其合金	B	B	C	C	A	B	D	D	D	A	A
铝及其合金	B	C	C	D	A	A	D	A	A	B	C
钛及其合金	D	D	D	D	A	A	D	B~C	C	D	B

注:A—焊接性良好;B—焊接性较好;C—焊接性较差;D—焊接性不好;(-)—很少采用。

③焊接结构件的金属最好采用相等的厚度。

这样容易获得优质的焊接接头。如果采用两块厚度相差悬殊的金属材料进行焊接,则接头处会造成应力集中,而且由于接头两边热容量不等,容易产生焊不透的缺陷。

不同厚度的钢板对接焊接时,允许厚度差见表14.2。如果对接钢板厚度差超过表中的规定值,则应在较厚板上加工出单面或双面斜边的形式,以保证接头质量。

表14.2 不同钢板厚度对接的允许厚度差

较薄板的厚度/mm	≥2~5	>5~9	>9~12	>12
允许厚度差/mm	1	2	3	4

④应多采用工字钢、槽钢、角钢和钢管等型材,以降低结构质量,减少焊缝数量,简化焊接工艺,增加结构件的强度和刚性。对形状比较复杂的部分,还可选用铸钢件、锻件或冲压件来焊接。

此外,考虑到节约用材,在设计焊接结构件的形状和尺寸时,还应注意到原材料的尺寸规格,以便下料时尽量减少边角废料。

14.2 焊缝的布置

焊接结构件中的焊缝布置与产品质量、生产率、工人劳动条件等都有密切关系。其一般的设计准则简述如下:

(1)焊缝布置应尽量分散

焊缝密集或交叉会加大热影响区,造成金属的严重过热,使组织恶化、性能下降。两条焊缝间距一般要求大于3倍板厚且不小于100 mm。如图14.1(a)、(b)、(c)所示的结构应改为如图14.1(d)、(e)、(f)所示的结构形式。

(2)焊缝应尽可能对称

偏置焊缝会产生较大的焊接变形,对称焊缝则可能使焊缝引起的变形互相抵消,而无明显

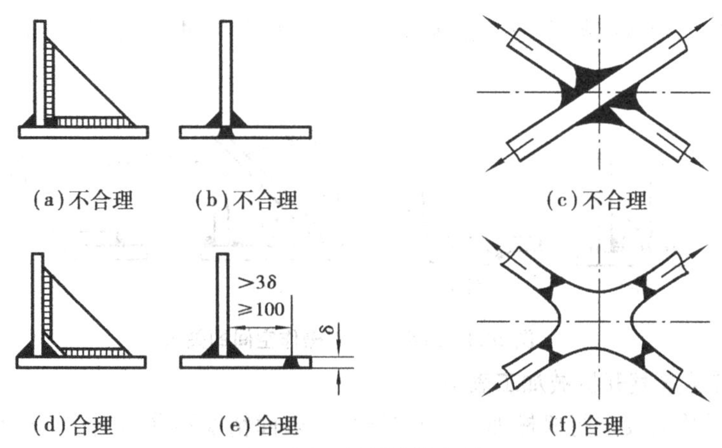

图 14.1　焊缝分散布置

变形。因此,焊缝布置应尽可能对称,如图 14.2 所示。

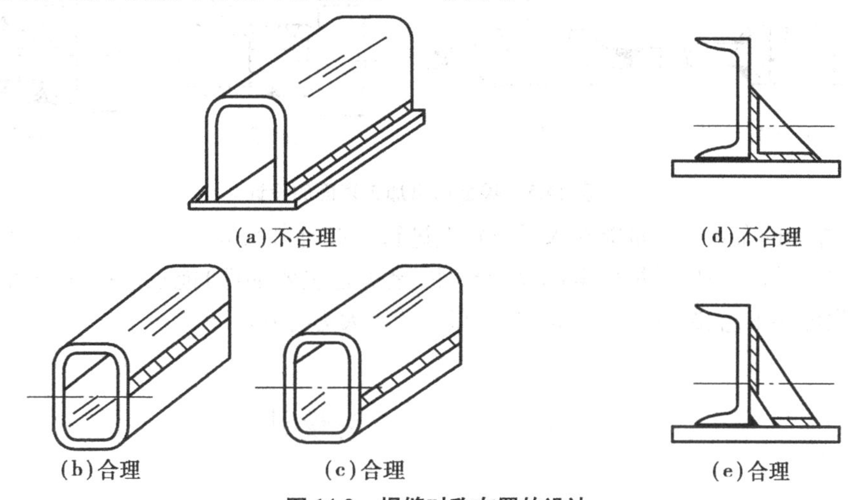

图 14.2　焊缝对称布置的设计

(3)焊缝应尽可能避开最大应力处和应力集中处

对于一些受理条件严重的焊接结构件,为了安全起见,在最大应力和应力集中的位置不应设置焊缝。如焊接大跨距的钢梁,假使原材料长度不够,则宁可增加一条焊缝,而使焊缝避开最大应力的地方;压力容器一般不采用平板封头和无折边封头,而应采用蝶形封头和球状封头等,如图 14.3 所示。

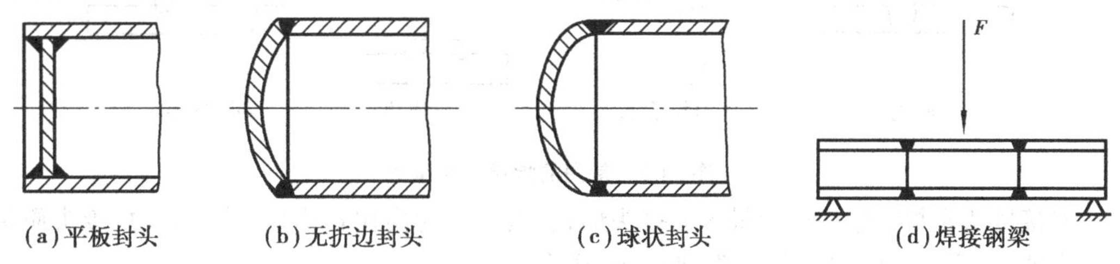

图 14.3　焊缝避开最大应力和应力集中位置的设计

(4)焊缝布置应便于操作

焊缝位置要考虑到有足够的操作空间。对于如图 14.4(a)、(b)所示焊接件中的内侧焊缝,焊条无法伸入,故焊接操作是有困难的。如改成如图 14.4(c)、(d)所示的结构后,施焊则比较方便。

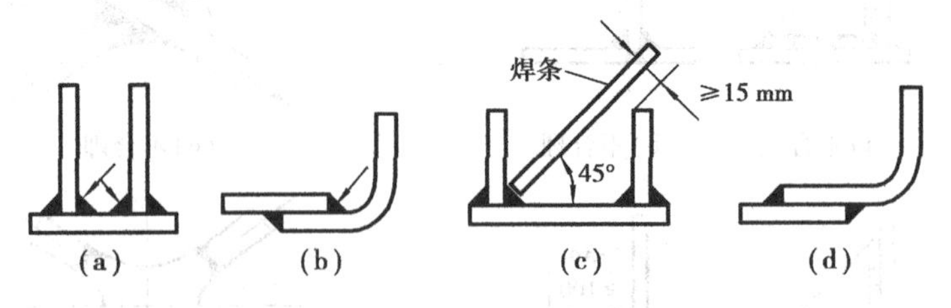

图 14.4　焊缝位置于操作空间的关系

(5)焊缝应尽量避开机械加工表面

有些焊接结构需要进行机械加工,为保证加工表面精度不受影响,焊缝应避开这些加工表面,如图 14.5 所示。

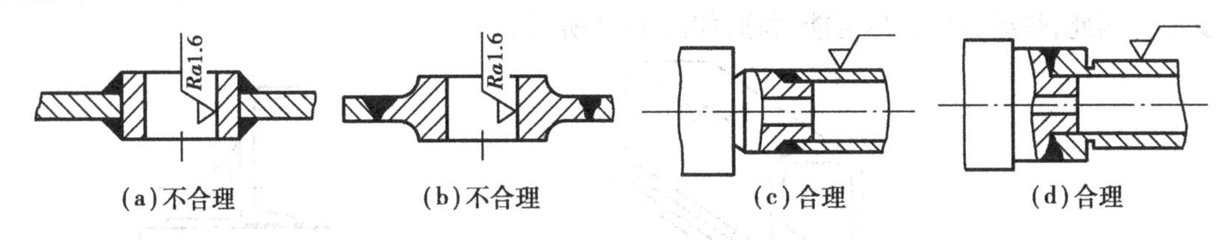

图 14.5　焊缝远离加工表面的设计

此外,焊缝的布置应尽量能在水平位置上进行焊接;同时,要减少或避免工件的翻转。良好的焊接结构设计,还应尽量使全部焊接部件(至少是主要部件)能在焊接前一次装配点固。这样能简化焊接工艺、减少辅助时间,对提高生产率大为有利。

14.3　焊接接头设计

(1)接头形式设计

根据 GB/T 3375—1994 规定,焊接碳钢和低合金钢的基本接头形式有对接、搭接、角接及 T 形接 4 种,如图 14.6 所示。焊接接头形式的选择应根据结构形状、强度要求、工件厚度、焊缝位置、焊后应力与变形大小、坡口加工难易程度及焊接材料消耗等因素来综合考虑。

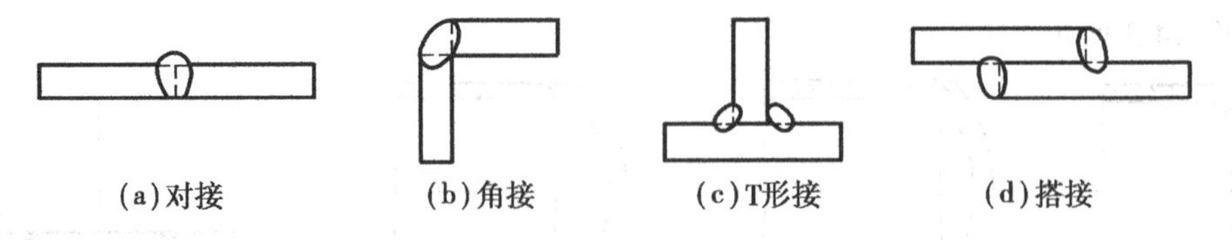

图 14.6　常用的焊接接头型式

对接接头是焊接结构应用最多的接头形式,其接头受力比较均匀,检验方便,接头质量也容易保证,适用于重要的受力焊缝,如锅炉、压力容器等结构。

搭接接头因两焊件不在同一个平面内,受力时产生附加弯矩,降低接头强度,一般应避免采用,但搭接接头不用开坡口,备料、装配比较容易,对某些受力不大的平面连接(如厂房屋架、桥梁等),采用搭接接头可以节省工时。

角接接头和 T 形接头受力都比对接接头复杂，但接头成一定角度或直角连接时，必须采用这类接头形式。

此外，对于薄板气焊或钨极氩弧焊，为了避免烧穿或为了省去填充焊丝，常采用卷边接头。

（2）坡口形式设计

将焊件的待焊部位加工出一定形状的沟槽，称为坡口。为了保证将焊件根部焊透，并减少母材在焊缝中的比例，焊条电弧焊时钢板厚度大于 6 mm 时需要开坡口（重要结构中板厚大于 3 mm 时，也要求开坡口）。焊条电弧焊常见的坡口基本形式有 I 形坡口、X 形坡口、V 形坡口、U 形坡口等，如图 14.7 所示。

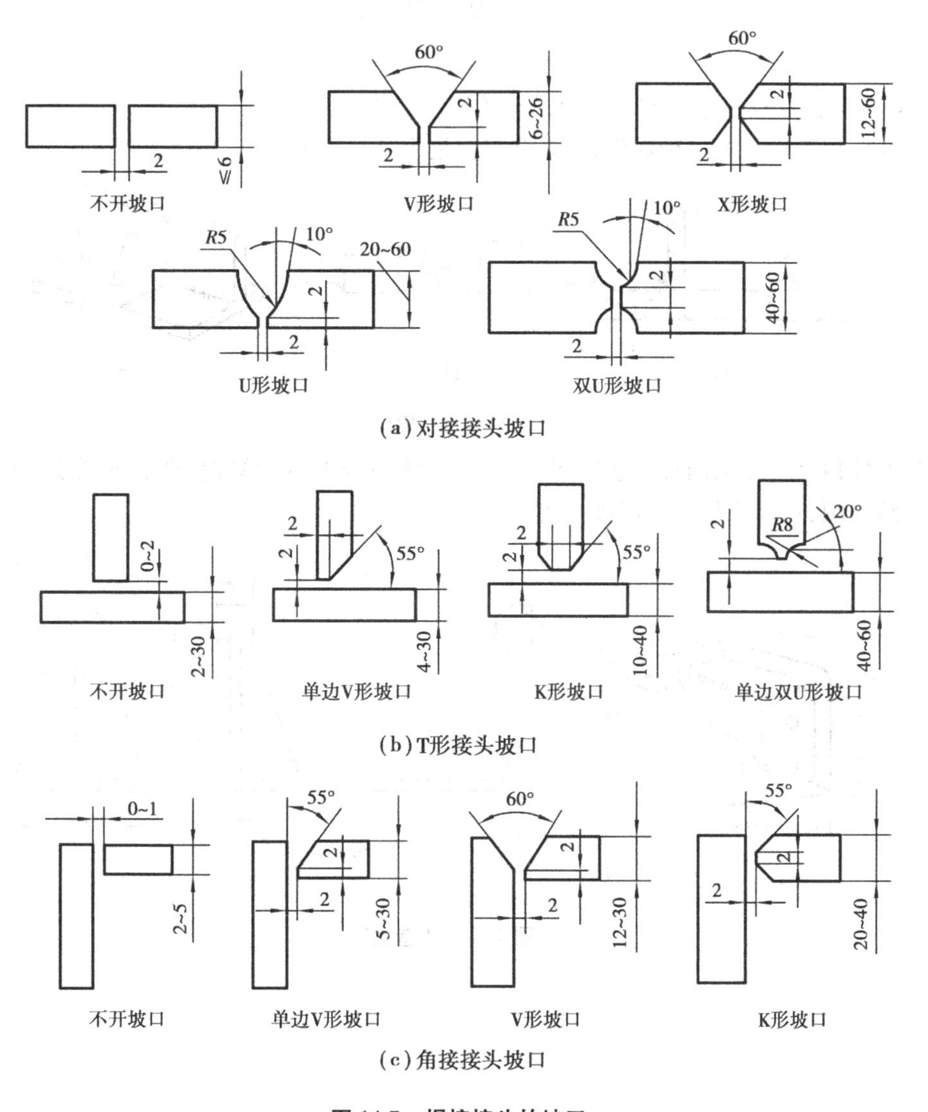

图 14.7　焊接接头的坡口

坡口形式主要根据板厚来选择。其目的是既保证能焊透，又能提高生产率和降低成本。其中，X 形坡口适用于钢板厚度 12~60 mm 以及要求焊后变形较小的结构；U 形坡口适用于钢板厚度 20~60 mm 较重要的焊接结构；V 形坡口加工比较容易，但焊后变形大，适用于钢板厚度 3~26 mm 的一般结构。

埋弧焊的接头形式与焊条电弧焊基本相同,但因采用的电流大,故熔深也大。当焊件厚度小于 14 mm 时,可开 I 形坡口单面焊接;当焊件厚度小于 25 mm 时,可开 I 形坡口双面焊接。焊厚件时,开坡口角度应小于焊条电弧焊,钝边应略大于焊条电弧焊。

气焊变形大,一般多采用对接接头或角接接头。在焊接小于 2 mm 的薄板时,为了避免烧穿工件,可采用卷边接头。点焊和缝焊只能用搭接接头。

复习思考题

1.焊条电弧焊焊接接头的基本形式有哪几种?各适用什么场合?

2.如图 14.8 所示的 3 种焊件,其焊缝布置是否合理?若不合理,请加以改正。

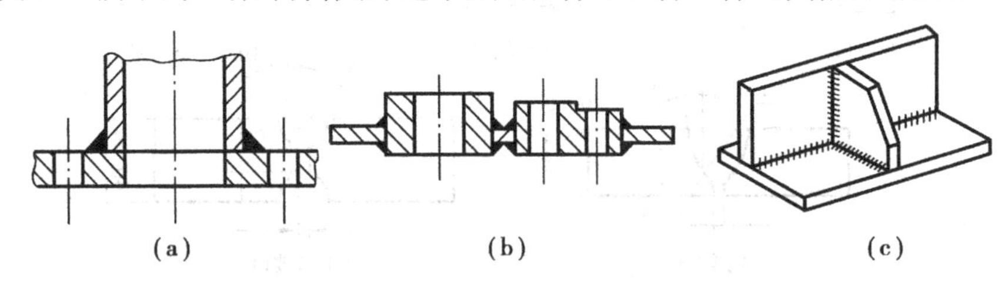

图 14.8 焊件

3.如图 14.9 所示为两种铸造支架。原设计材料为 HT150,单件生产。现拟改为焊接结构,请设计结构图,选择原材料和焊接方法。

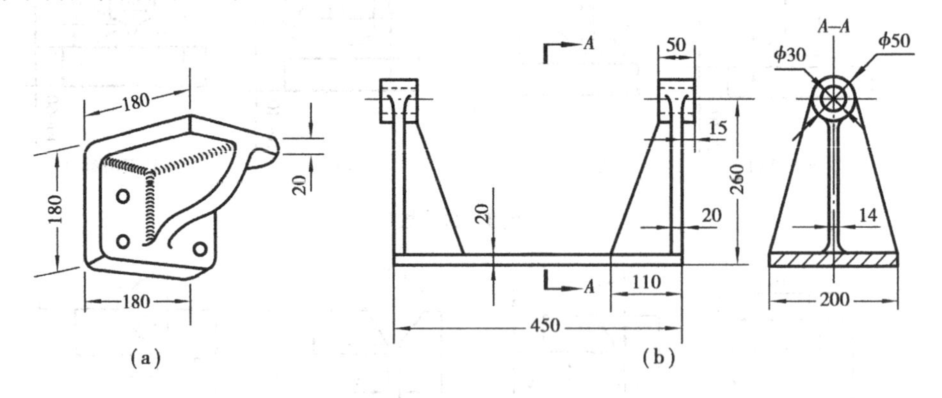

图 14.9 铸造支架

第 5 篇 金属切削加工

在现代机械制造行业中，机械零件是由一系列加工方法加工而获得的。采用铸造、锻压、焊接等方法一般只能得到精度低、表面粗糙度值高的毛坯。如果要得到高精度、高质量的零件，就必须对毛坯进行切削加工。

金属切削加工是用刀具从金属材料(毛坯)上切除多余的部分，使获得的零件符合要求的几何形状、尺寸及表面粗糙度的加工过程。

金属切削加工按动力来源不同，可分为钳工和机械加工两种。前者是工人手持工具进行的切削加工，如锉、锯、錾、刮等；后者是工人操纵机床进行的切削加工，如车、钻、刨、铣、磨等。不管是哪一种加工方法，它们都有一个共同的特点，就是将工件上一薄层金属变成切屑。

由于现代机器的精度和性能要求较高，因而组成机器的大部分零件的加工质量也应相应地提高。因此，为了满足这些要求，正确地进行切削加工，以保证零件的质量、提高生产率、降低生产成本，都将具有重要的意义。

第 15 章 金属切削加工基础知识

金属切削加工虽有多种不同的形式,但在很多方面,如切削运动、切削刀具及切削过程的物理实质等都有着共同的现象和规律。这些现象和规律是学习各种切削加工方法的共同基础。学习和掌握这些基础知识,抓住各种切削加工的共性,合理控制切削过程,从而能更好地指导生产。

15.1 切削运动及切削要素

15.1.1 切削运动

各种机器零件的形状虽多,但分析起来,都不外乎是由平面、外圆面(包括圆锥面)、内圆面(即孔)及成形面所组成的。因此,只要能对这几种典型表面进行加工,就能完成所有机器零件的加工。

(1)外圆面和内圆面(孔)

它是指以某一直线为母线,以圆为运动轨迹作旋转运动时所形成的表面。

(2)平面

它是指以一直线为母线,另一直线为轨迹作平移运动而形成的表面。

(3)成形面

它是指以曲线为母线,以圆或直线为轨迹作旋转或平移运动时所形成的表面。

若想完成上述表面的加工,机床与工件之间必须作相对运动。如图 15.1 所示为刀具和工件作不同的相对运动来完成各种表面的加工方法。

与零件几何形状形成有直接关系的运动,称为切削运动;其他则称为辅助运动。

切削运动包括主运动和进给运动。主运动是切下切屑所必需的运动,它是切削运动中速度最高、消耗功率最多的运动。而进给运动是指与主运动配合,以便重复或连续不断地切下切屑,从而形成所需工件表面的运动。

各种切削加工机床都是为了实现某些表面的加工,因此都有特定的切削运动。从图 15.1

分析可知,主运动和进给运动可由刀具完成,也可由工件完成;可以是连续的,也可以是间断的。任何切削加工只有一个主运动,而进给运动则可能是一个或多个。

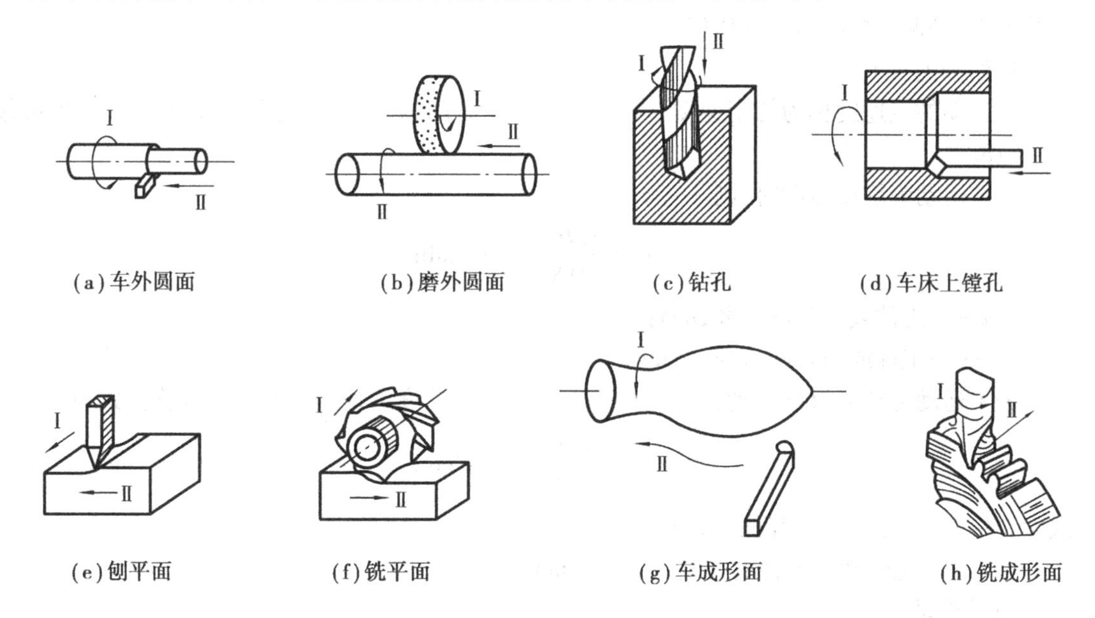

图 15.1　零件不同表面加工时的切削运动

15.1.2　切削要素

(1)工件上的加工表面

在切削加工过程中,工件上的切削层不断地被刀具切削,并转变为切屑,从而获得零件所需要的新表面。在这一表面形成过程,工件上有 3 个不断变化着的表面。以车外圆为例来说明这 3 个表面,如图 15.2 所示。

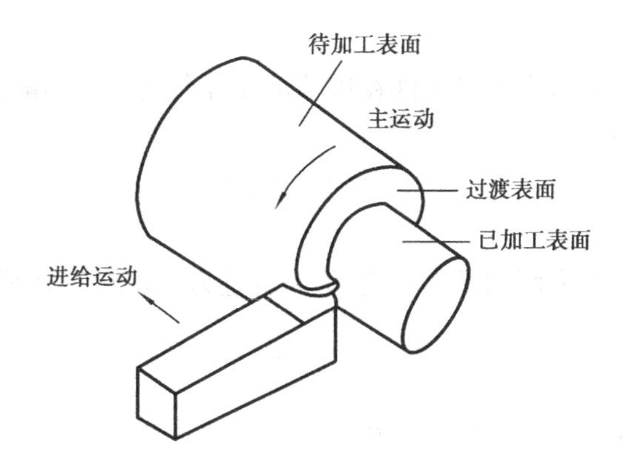

图 15.2　工件上的加工表面

①待加工表面。即将被切除金属层的表面。

②过渡表面。正在被切除金属层的表面。

③已加工表面。已经被切除金属层的表面。

(2)切削用量

所谓切削用量,是指切削速度、进给量和切削深度三者的总称。它是表示切削时各运动参数的大小,是调整机床运动的依据。

1)切削速度 v_c

主运动的线速度称为切削速度。它是指在单位时间内,工件和刀具沿主运动方向相对移动的距离。

当主运动为旋转运动时,则

$$v_c = \frac{\pi d n}{1\,000} \quad \text{m/min}$$

式中 d——工件或刀具的直径,mm;

n——工件或刀具的转速,r/min。

若主运动为往复直线运动(如刨、插等),则以平均速度为切削速度。其计算公式为

$$v_c = \frac{2Ln_r}{1\,000} \quad \text{m/min}$$

式中 L——往复运动行程长度,mm;

n_r——主运动每分钟的往复次数,str/min。

2)进给量

刀具在进给运动方向上相对工件的位移量,称为进给量。不同的加工方法,由于所用刀具和切削运动形式不同,进给量的表述和度量方法也不相同。主要有以下 3 种表述方法:

①每转进给量 f

在主运动一个循环内,刀具与工件沿进给运动方向的相对位移,mm/r 或 mm/str。

②每分进给量(进给速度) v_f

进给运动的瞬时速度,即在单位时间内,刀具与工件沿进给运动方向的相对位移,mm/s 或 mm/min。

③每齿进给量 f_z

刀具每转或每行程中每齿相对工件在进给运动方向上的位移量,mm/z。

显然它们的关系为

$$v_f = f n = f_z z n$$

3)背吃刀量 a_p

待加工表面与已加工表面的垂直距离,称为背吃刀量。对车外圆来说,其计算公式为

$$a_p = \frac{d_w - d_m}{2} \quad \text{mm}$$

式中 d_w——工件待加工表面的直径,mm;

d_m——工件已加工表面的直径,mm。

(3)切削层几何参数

切削层是指刀刃正在切削的金属层。切削层几何参数用来表示切削层的形状和尺寸,包括切削宽度、切削厚度和切削面积。通常规定切削层是指切削过程中,由刀具切削部分的一个单一动作(如车削时工件转一圈,车刀主切削刃移动一段距离)所切除的工件材料层,如图15.3所示。

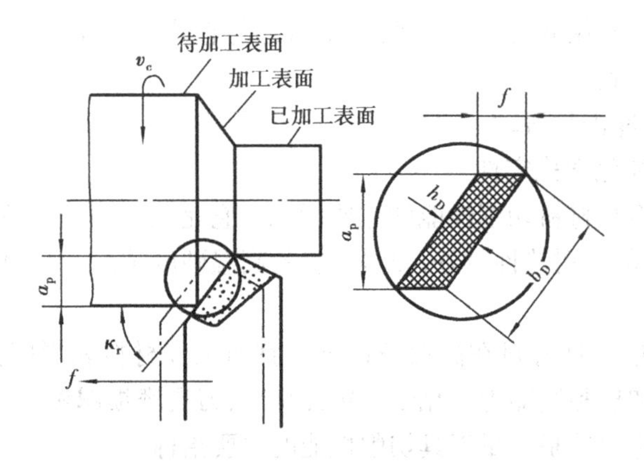

图 15.3　切削层几何参数

1)切削层公称厚度(简称切削厚度)h_D

切削厚度是指垂直于工件过渡表面测量的切削层横截面尺寸,即

$$h_D = f \sin \kappa_r \qquad \text{mm}$$

2)切削层公称宽度(简称切削宽度)b_D

切削宽度是指平行于工件过渡表面测量的切削层横截面尺寸,即

$$b_D = \frac{a_p}{\sin \kappa_r} \qquad \text{mm}$$

3)切削层公称横截面积(简称切削面积)A_D

切削面积是指工件被切下的金属层沿垂直于主运动方向所截取的横截面积,即

$$A_D = f \times a_p = h_D \times b_D \qquad \text{mm}^2$$

15.2　刀具材料与刀具几何形状

切削过程中,直接完成切削工作的是刀具。刀具能否胜任切削工作,主要取决于刀具切削部分的材料、合理的几何形状和结构。

15.2.1　刀具材料

刀具材料一般是指刀具切削部分的材料。它的性能是影响加工表面质量、切削效果、刀具寿命及加工成本的重要因素。

(1)对刀具材料的基本要求

金属切削过程中,刀具切削部分承受很大切削力和剧烈摩擦,并产生很高的切削温度;在断续切削工作时,刀具将受到冲击和产生振动,引起切削温度的波动。为此,刀具材料应具备下列基本性能:

1)高的硬度和耐磨性

硬度是刀具材料应具备的基本特性。刀具要从工件上切下切屑,其硬度必须比工件的硬度大,一般都要求在 60 HRC 以上。

耐磨性是材料抵抗磨损的能力。一般来说,刀具材料的硬度越高,耐磨性就越好。但刀具材料的耐磨性实际上不仅取决于它的硬度,而且还与它的化学成分、强度和纤维组织有关。

2)足够的强度和韧性

以承受切削力、冲击和振动。

3)高的耐热性和化学稳定性

耐热性是衡量刀具材料切削性能的主要标志。它是指刀具材料在高温下保持硬度、耐磨性、强度和韧性的性能。耐热性越好,刀具材料的高温硬度越高,则刀具的切削性能越好,允许的切削速度也越高。

化学稳定性是指刀具材料在高温条件下不宜与工件材料和周围介质发生化学反应的能力。它包括抗氧化和抗黏结能力。化学稳定性越高,刀具磨损越慢。

耐热性和化学稳定性是衡量刀具切削性能的主要指标。

4)良好的工艺性和经济性

主要是要求刀具材料具有良好的可加工性、较好的热处理工艺性和较好的焊接性。此外,在满足以上性能要求时,应尽可能采用资源丰富、价格低廉的品种。

(2)常用刀具材料

目前,在切削加工中常用的刀具材料有碳素工具钢、量具刃具钢、高速钢、硬质合金、陶瓷材料及超硬材料等。其中,在生产中使用最多的是高速钢和硬质合金。碳素工具钢和量具刃具钢因耐热性差,仅用于一些手工或切削速度较低的刀具。

1)高速钢

高速钢是含有较多的钨、铬、钼、钒等合金元素的高合金工具钢。它又称白钢(供应是四周磨得洁白光亮)、锋钢(刀刃可磨得锋利)、风钢(在空气中也能淬硬)。

高速钢的特点是:强度高、冲击韧性好、耐磨性和耐热性较高,当温度高达600~700 ℃时仍能进行切削;其热处理变形小、能锻易磨,是一种综合性能好、应用最广泛的刀具材料。高速钢特别适合制造各种复杂刀具,如铣刀、钻头、滚刀及拉刀等。

高速钢按用途不同,可分为通用型高速钢和高性能高速钢。

①通用型高速钢

通用型高速钢具有一定的硬度(62~65 HRC)和耐磨性、高的强度和韧性,切削速度(加工钢料)一般不高于50~60 m/min,不适合高速切削和硬的材料切削。常用牌号有W18Cr4V和W6Mo5Cr4V2。其中,W18Cr4V具有较好的综合性能,而W6Mo5Cr4V2的强度和韧性高于W18Cr4V,并具有热塑性好和磨削性能好的优点。但热稳定性低于W18Cr4V。

②高性能高速钢

高性能高速钢是在通用型高速钢的基础上,通过增加碳、钒的含量或添加钴、铝等合金元素而得到的耐热性、耐磨性更高的新钢种。它在630~650 ℃时仍可保持60 HRC的硬度,其刀具寿命是通用型高速钢的1.5~3倍,适于加工奥氏体不锈钢、高温合金、钛合金、超高强度钢等难加工材料。但这类钢种的综合性能不如通用型高速钢,不同的牌号只有在各自规定的切削条件下,才能达到良好的加工效果,因此,其使用范围受到限制。

2)硬质合金

硬质合金是由硬度和熔点都很高的碳化物(WC,TiC,TaC,NbC等)作基体,用Co,Mo,Ni作黏结剂所制成的粉末冶金制品。其特点是:硬度很高,可达88~93 HRA,相当于70~75 HRC;耐热性高(800~1 000 ℃),切削速度比高速钢高5~10倍;但抗弯强度和冲击韧性远比高速钢低。因此硬质合金一般不作整体刀具,而主要用作镶齿刀具(用焊接或机械夹固的方式固定在刀体上)。常用的硬质合金有以下 3 大类:

①钨钴类硬质合金(YG)

它由碳化钨和钴组成。这类硬质合金因含钴较多,故韧性较好,但硬度和耐磨性较差,适用于加工铸铁、青铜等脆性材料。常用的牌号有 YG8,YG6,YG3。其中,数字表示钴的百分含量。钨钴类硬质合金中含 Co 越多,则韧性越好。因此,由它们制造的刀具依次适用于粗加工、半精加工和精加工。

②钨钛钴类硬质合金(YT)

它由碳化钨、碳化钛和钴组成。这类硬质合金由于加入 TiC,因而其耐热性和耐磨性较好,能耐 900~1 000 ℃,但性脆不耐冲击,因此适用于加工钢件等塑性材料。常用的牌号有 YT5,YT15,YT30 等。其中,数字表示碳化钛的百分含量。碳化钛的含量越高,则耐磨性和耐热性越好、韧性越低。因此,由它们制造的刀具依次适用于粗加工、半精加工和精加工。

③钨钛钽(铌)类硬质合金(YW)

它由在钨钛钴类硬质合金中加入少量的碳化钽(TaC)或碳化铌(NbC)组成。这类硬质合金的硬度、耐磨性、耐热温度、抗弯强度和冲击韧性均优于 YT 类硬质合金,其后两项指标与 YG 类硬质合金相仿。因此,YW 类硬质合金既可加工钢,又可加工铸铁和有色金属,故又称通用硬质合金。常用牌号有 YW1 和 YW2。前者用于半精加工和精加工,后者用于粗加工和半精加工。

YG 类、YT 类及 YW 类硬质合金分别相当于 ISO 标准的 K 类、P 类及 M 类。

现在硬质合金刀具上,常用化学气相沉积法涂上 5~10 μm 和 TiC 薄膜(呈银灰色),也有涂上 TiC,TiN 双层薄膜或涂上 TiC,Al_2O_3和 TiN 3 层薄膜的。其中,复合涂层用得更多。涂层硬质合金刀具的寿命比不涂层的提高 2~10 倍。

3)陶瓷材料

陶瓷材料的其主要成分是 Al_2O_3,其硬度、耐磨性和化学稳定性均优于硬质合金,刀片硬度可达 78 HRC 以上,能耐 1 200~1 450 ℃高温,故能承受较高的切削速度。但比硬质合金更脆,抗弯强度低,怕冲击,易崩刃。它主要用于钢、铸铁、高硬度材料及高精度零件的精加工。

4)超硬材料

①人造金刚石

人造金刚石是自然界最硬的材料,有极高的耐磨性,刃口锋利,能切下极薄的切屑;但极脆,不能用于粗加工;且与铁亲和力大,故不能切黑色金属。

目前,它主要用于磨料,磨削硬质合金,也可用于有色金属及其合金的高速精细车和镗削。

②立方氮化硼(CBN)

其硬度、耐磨性仅次于金刚石,但它的耐热性和化学稳定性都大大高于金刚石,且与铁族的亲和力小,但在高温时与水易起化学反应,所以用于干切削。

它适于精加工淬硬钢、冷硬铸铁、高温合金、热喷涂材料、硬质合金及其他难加工材料。

(3)新型刀具材料的发展方向

研制发展新型刀具材料目的在于改善现有刀具材料性能,使其具有更广泛的应用范围;满足新的难加工要求。近年来,刀具材料发展与应用的主要方向是发展高性能的新型材料,提高刀具材料的使用性能,增加刃口的可靠性,延长刀具使用寿命;大幅度地提高切削效率,满足各种难加工材料的切削要求。具体方向如下：

①开发加入增强纤维的陶瓷材料，进一步提高陶瓷刀具材料的性能。与铁金属相容的增强纤维可使陶瓷刀片韧性提高，实现直接压制成带有正前角及断屑槽的陶瓷刀片。使陶瓷刀片能更好地控制切屑，大幅度地提高切削用量。

②开发应用新的涂层材料。目前，涂层硬质合金已普遍用于车铣刀具。新的涂层材料用更韧的基体与更硬的刃口组合，采用更细颗粒和改进涂层与基体的黏合性，以提高刀具的可靠性。此外，也需扩大 TiC，TiN，TiCN，TiAlN 等多层高速钢涂层刀具的应用。

③进一步改进粉末冶金高速钢的制造工艺，扩大其应用范围，开发挤压复合材料。如用挤压复合材料制成的整体立铣刀由两层组成：外层是分布于钢母体中的 50%氮化硅，内层是高速钢。它的生产率是传统高速钢立铣刀的 3 倍，特别适合加工硬度达 40 HRC 的淬硬钢和钛合金，铣键槽特别有效。

④推广应用金刚石涂层刀具，扩大超硬刀具材料在机械制造业中应用。人们期望在硬质合金基体上加一层金刚石薄膜，既能获得金刚石的抗磨性，同时又具有最佳刀具形状和高的抗振性能，这样就能在非铁金属加工中兼备高速切削能力和最佳的刀具形状。

15.2.2 刀具角度

刀具种类繁多，结构各异，但其切削部分的基本构成是一样的。如图 15.4 所示，各种多齿刀具或复杂刀具，就其一个刀齿而言，都相当于一把车刀的刀头。因此，只要弄清车刀，其他刀具即可举一反三、触类旁通了。

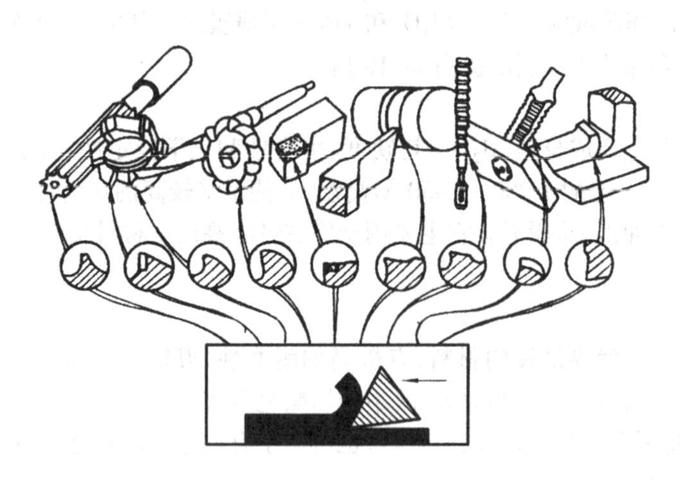

图 15.4 刀具的切削部分

(1) 车刀的组成

车刀由刀头和刀体两部分组成。刀体用于夹持和安装刀具，即为夹持部分，而刀头担任切削工作，故又称切削部分，如图 15.5 所示。

车刀的切削部分一般是由 3 个表面组成的，即前刀面、主后刀面和副后刀面，如图 15.5 所示。

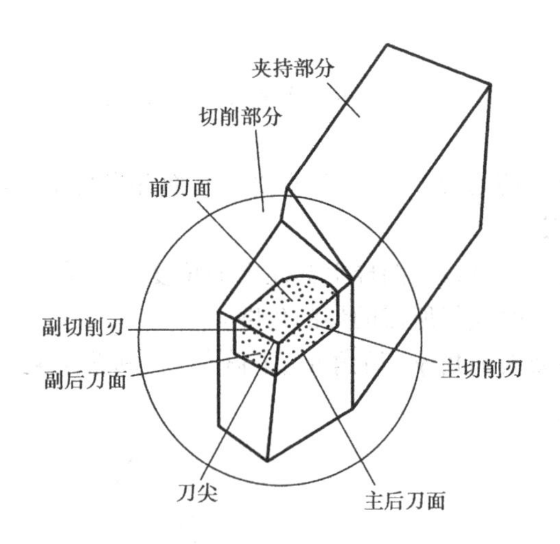

图 15.5　车刀的组成

- 三面
  - 前刀面:切削所流经的表面
  - 主后刀面:切削过程中,刀具上与工件的过渡表面相对的表面
  - 副后刀面:切削过程中,刀具上与工件的已加工表面相对的表面
- 二线
  - 主切削刃:前刀面与主后刀面的交线
  - 副切削刃:前刀面与副后刀面的交线
- 一点,即为刀尖:主切削刃与副切削刃的交点,实际并非一点,而是一小段曲线或直线

(2)刀具静止参考系

为了确定和测量刀具角度,需要规定几个假想的基准平面,主要包括基面、切削平面、正交平面及假定工作平面,如图 15.6 所示。

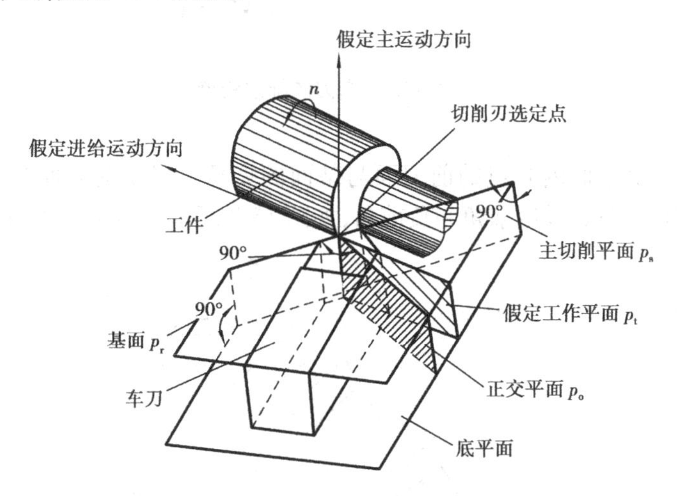

图 15.6　刀具静止参考系的平面

1)基面

基面是指过切削刃选定点,垂直于该点假定主运动方向的平面。

2)切削平面

切削平面是指过切削刃上选定点,与切削刃相切,并垂直于基面的平面。

3)正交平面

正交平面是指过切削刃选定点,并同时垂直于基面和切削平面的平面。

4)假定工作平面

假定工作平面是指过切削刃上选定点,垂直于基面并平行于假定进给运动方向的平面。

(3)车刀的标注角度

刀具的标注角度是指刀具设计图样上标注出的角度。它是刀具制造、刃磨和测量的依据,并能保证刀具在实际使用时获得所需的切削角度。

车刀的标注角度主要有前角 γ_o、后角 α_o、主偏角 κ_r、副偏角 κ_r' 和刃倾角 λ_s,如图 15.7 所示。下面分别作一介绍。

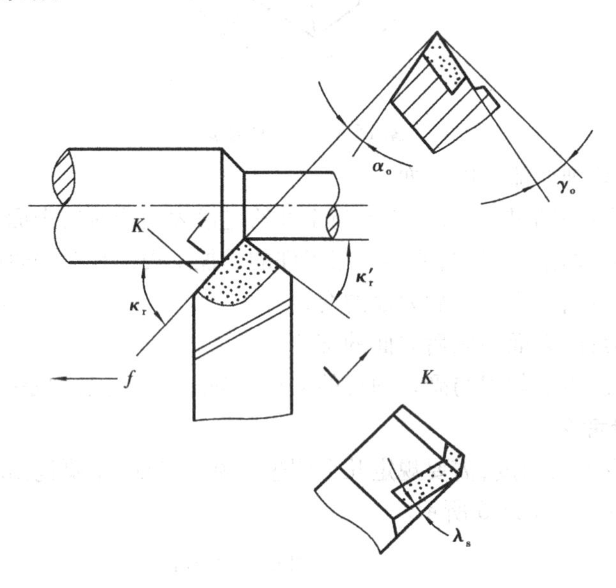

图 15.7 车刀的标注角度

1)前角

前角是指在正交平面内测量的前刀面与基面的夹角。根据前刀面和基面相对位置的不同,又分别规定为正前角、零度前角和负前角,如图 15.8 所示。前角的作用如下:

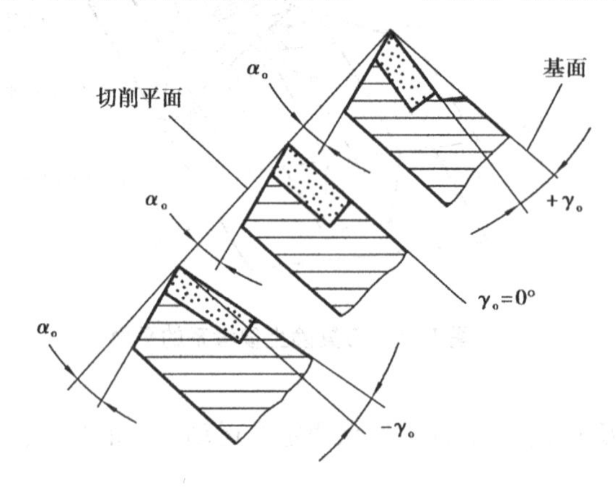

图 15.8 前角的正与负

①影响切屑的变形程度

较大的前角可减少切屑的变形，使切削轻快，降低切削温度，减少刀具磨损。

②影响刀刃强度

前角增大，刀具强度较弱，散热体积减小，切削温度升高，刀具寿命下降。

因此，要根据工件材料、刀具材料和加工性质来选择前角的大小。当工件材料塑性大、强度和硬度低或刀具材料的强度和韧性好或精加工时，取大的前角；反之，取较小的前角。例如，用硬质合金车刀切削结构钢件，前角可取10°~20°；切削灰铸铁件时，可取5°~15°。

2）后角

后角是指在正交平面内测量的主后刀面与切削平面的夹角。其作用如下：

①影响主后刀面与工件过渡表面的摩擦

增大后角可减少后刀面与工件之间的摩擦，可减少刀具的磨损，降低工件的表面粗糙度。

②配合前角改变切削刃的锋利与强度

后角过大，切削刃强度减弱，散热体积减小，降低刀具寿命。

因此，后角的大小常根据加工的种类和性质来选择。例如，粗加工或工件材料较硬时，要求切削刃强固，后角取小值，可取6°~8°；反之，对切削刃强度要求不高，主要希望减小摩擦和已加工表面的表面粗糙度值，可取稍大的值（8°~12°）。

3）主偏角

主偏角是指在基面内测量的主切削平面与假定工作平面间的夹角。其作用如下：

①影响切削条件和刀具寿命

在进给量和背吃刀量相同的情况下，减少主偏角可使刀刃参加切削的长度增加，切屑变薄，因而使刀刃单位长度上的切削负荷减轻，同时增大了散热面积，从而使切削条件得到改善，刀具寿命提高，如图15.9所示。

②影响切削分力的大小

在切削力同样大小的情况下，减小主偏角会使径向分力F_p增大，如图15.9所示。因此，当加工刚性较弱的工件（如细长轴）时，为避免工件变形和振动，应选用较大的主偏角（如采用偏刀）。车刀常用的主偏角有45°，60°，75°，90°。

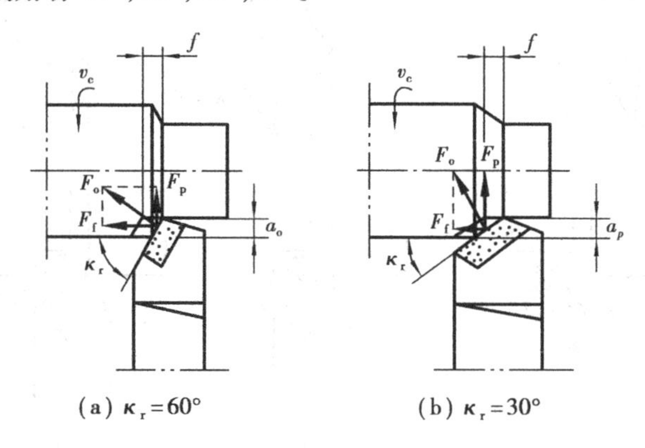

(a) $\kappa_r=60°$　　(b) $\kappa_r=30°$

图15.9　主偏角的作用

因此，主偏角应根据系统刚性、加工材料和加工表面形状来选择。系统刚性好时，主偏角

κ_r 取 45°或 60°;系统刚性差时,κ_r 取 75°或 90°。加工高强度、高硬度材料而系统刚性好时,κ_r 取 15°~30°。车阶梯轴时,κ_r 取 90°或 93°。车外圆带倒角时,κ_r 取 45°。

4)副偏角

副偏角是指在基面内测量的副切削平面与假定工作平面间的夹角。其作用如下:

①影响已加工表面的表面粗糙度

切削时,由于副偏角和进给量的存在,切削层的面积未能全部切去,总有一部分残留在已加工表面上,称为残留面积。在背吃刀量、进给量和主偏角相同的情况下,减少副偏角可使残留面积减小,表面粗糙度降低,如图 15.10 所示。

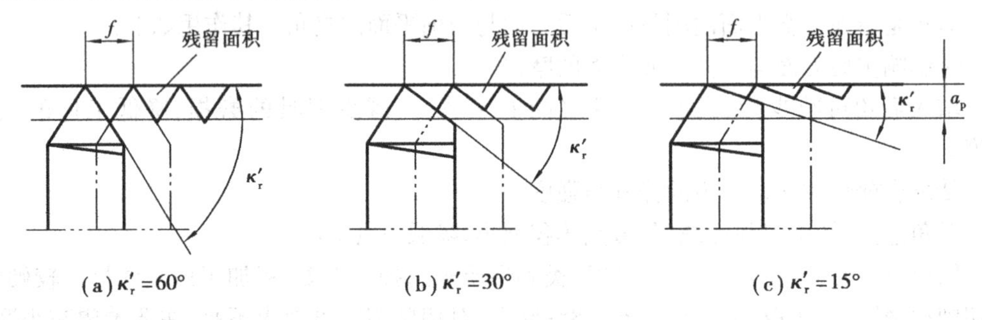

图 15.10 副偏角对残留面积的影响

②影响副刀刃和副后刀面与工件已加工表面的摩擦

副偏角减小,摩擦减小,可防止切削时产生振动。

因此,副偏角的大小主要根据表面粗糙度的要求来选取,一般为 5°~15°。粗加工时,κ_r' 取较大值,精加工时 κ_r' 取较小值。至于切断刀,因要保证刀头强度和重磨后主切削刃的宽度,κ_r' 取 1°~2°。

5)刃倾角

刃倾角是指在切削平面内测量的主切削刃与基面之间的夹角。与前角类似,刃倾角也有正、负和零值之分,如图 15.11 所示。其作用如下:

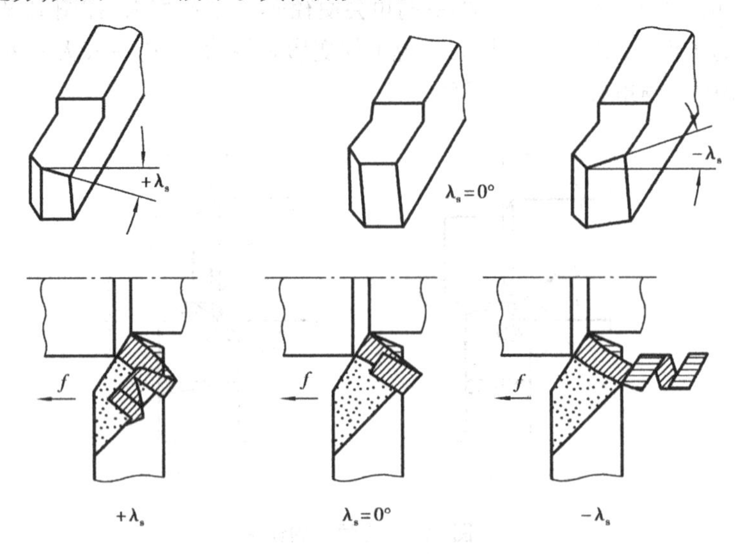

图 15.11 刃倾角及其对排屑方向的影响

①影响切屑流出方向

刃倾角为正时，刀尖处于主切削刃的最高点，切屑流向待加工表面；刃倾角为负时，刀尖处于主切削刃的最低点，切屑流向已加工表面；刃倾角为零时，主切削刃水平，切屑朝着与主切削刃垂直的方向流动。

②影响刀头强度

负的刃倾角使刀头强固，改善刀尖受力情况；正的刃倾角使刀尖先受到撞击，因此刀具容易损坏。

因此，刃倾角应根据加工性质来选择。粗加工时，为了增加刀头强度，取 $\lambda_s=-10°\sim-5°$；加工不连续表面时，为了增强切削刃抗冲击能力，取 $\lambda_s=-20°\sim-15°$。精加工时，为了控制切屑流向待加工表面，取 $\lambda_s=5°\sim10°$。薄切削时，为了使切削刃锋利，取 $\lambda_s=45°\sim75°$。

(4) 车刀的工作角度

车刀的标注角度是在假定的运动条件（进给量为零）和安装条件（切削刃上选定点与工件轴线等高，刀柄轴线与进给方向垂直）下确定的。在实际切削时，由于进给运动以及安装情况的影响，车刀的工作角度就不同于标注角度。

1) 刀具安装高低对工作角度的影响

如图 15.12 所示，车外圆时，若刀尖高于工件的回转轴线，则工作前角 $\gamma_{oe}>\gamma_o$，而工作后角 $\alpha_{oe}<\alpha_o$；反之，若刀尖低于工件的回转轴线，则 $\gamma_{oe}<\gamma_o$，$\alpha_{oe}>\alpha_o$。镗孔时的情况正好与此相反。

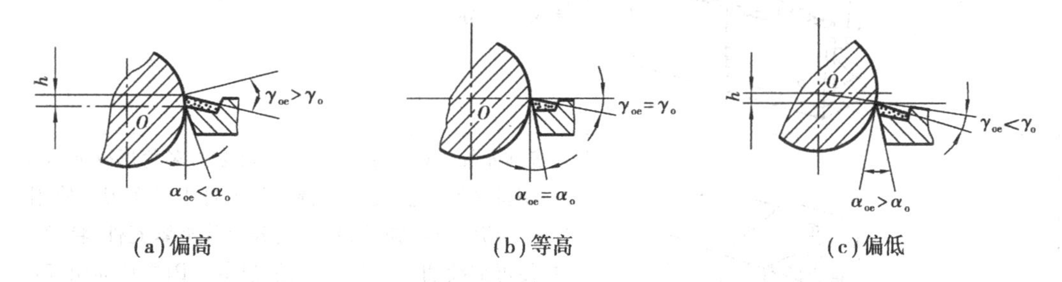

图 15.12　车刀安装高度对前角和后角的影响

2) 刀柄轴线与进给运动方向不垂直时对工作角度的影响

当车刀刀柄的纵向轴线与进给方向不垂直时，将会引起主偏角和副偏角的变化，如图 15.13所示。

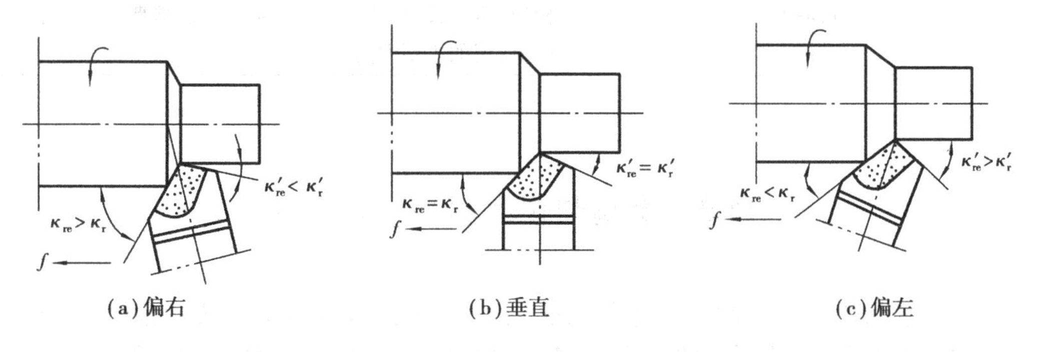

图 15.13　车刀安装偏斜对主偏角和副偏角的影响

(5) 刀具结构

刀具的结构形式,对刀具的切削性能、切削加工的生产效率和经济效益有着重要的意义。表15.1为车刀的几种结构形式。

表15.1 车刀的结构形式

结构形式	图 例	特点及应用
整体式	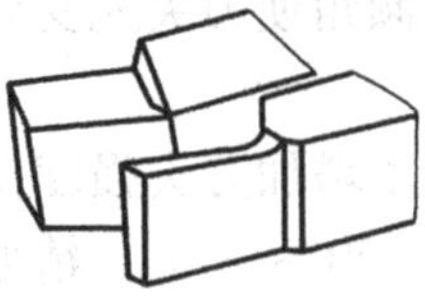	一般使用高速钢制造,刃口可磨得较锋利,但由于对于贵重的刀具材料消耗较大,所以主要适合于小型车床或加工非铁金属、低速切削
焊接式		结构简单、紧凑、刚性好,而且灵活性较大,可根据加工条件和加工要求,较方便地磨出所需的角度,应用十分普遍,然而焊接式车刀的硬质合金刀片经过高温焊接和刃磨后,产生内应力和裂纹,使切削性能下降,对提高生产效率很不利。它可用作各类刀具,特别是小刀具
机夹重磨式	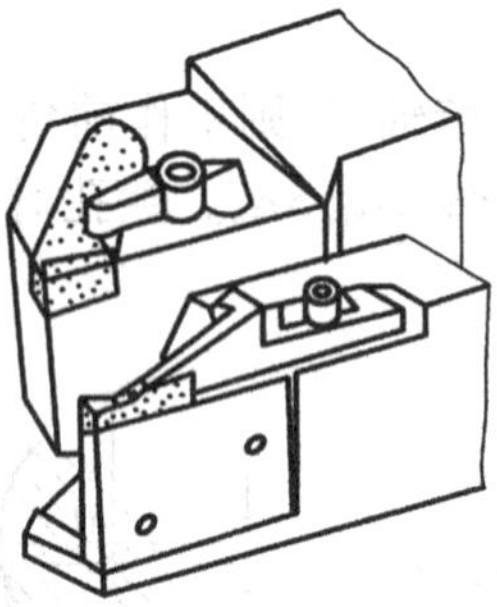	刀片与刀柄是两个可拆开的独立元件,工作时靠夹紧元件把它们紧固在一起。它可用作外圆、断面、镗孔、切断、螺纹车刀等
机夹可转位式	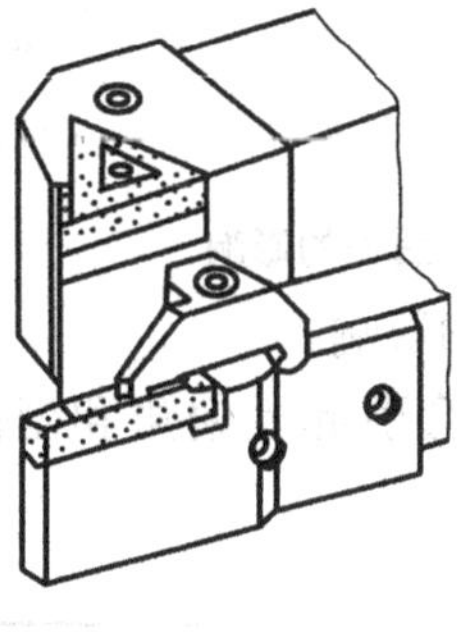	将预先加工好的有一定几何角度的多角形硬质合金刀片,用机械的方法装夹在特制的刀杆上的车刀。使用时,当一个切削刃磨钝后,只需松开刀片夹紧元件,将刀片转位,便可继续切削。其特点是:避免了因焊接而引起的缺陷,在相同的切削条件下刀具切削性能大为提高;在一定条件下,卷屑、断屑稳定可靠;刀片转位后,仍可保证切削刃与工件的相对位置,减少了调刀停机时间,提高了生产效率;刀片一般不需重磨,有利于涂层刀片的推广使用;刀体使用寿命长,可节约刀体材料及其制造费用。它是当前车刀发展的主要方向

15.3 金属切削过程的一般规律

研究金属切削变形过程对于切削加工技术的发展和进步、保证加工质量、降低生产成本、提高生产效率都有着十分重要的意义。因为金属切削加工中的各种物理现象,如切削力、切削热、刀具磨损以及已加工表面质量等,都以切屑形成过程为基础,而实际生产中出现的积屑瘤、振动、卷屑与断屑等，都与切削变形过程有关。因此，对金属切削变形过程的研究，正是抓住了问题的根本，深入了本质。下面就这些现象和规律作一简单介绍。

15.3.1　切屑形成过程及切屑种类

(1)切屑形成过程

金属的切削过程实际上就是切屑的形成过程，就本质而言，是被切金属层在刀具切削刃和前刀面的作用下，经受挤压而产生剪切滑移变形的过程。切削塑性金属时，材料受到刀具的作用以后，开始产生弹性变形。随着刀具继续切入，金属内部的应力、应变继续加大。当应力达到材料的屈服点时，产生塑性变形。刀具再继续前进，应力进而达到材料的断裂强度，金属材料被挤裂，并沿着刀具的前刀面流出而成为切屑。

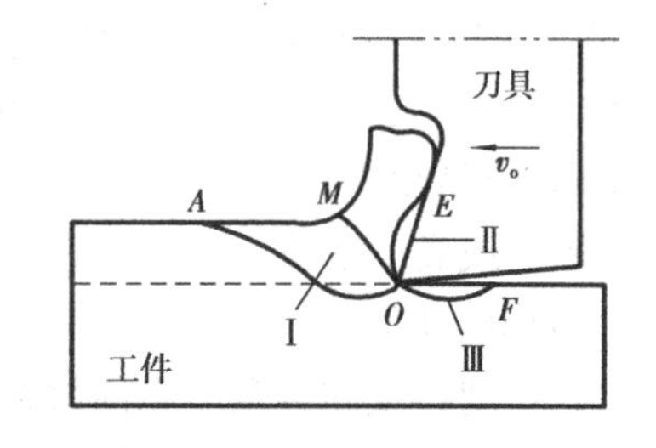

图 15.14　金属切削过程三个变形区

金属切削过程中切削层大致可划分为以下 3 个变形区(见图 15.14)：

1)第Ⅰ变形区

切削刃前方变形区主要是沿剪切面的滑移变形区，是切削变形的主要区域，也称基本变形区。此区涉及变形的种类与状态，也即被切削材料应力-应变特性和强度问题。因此，直接与切削过程中的切削力及所消耗的功率有关。

2)第Ⅱ变形区

与刀具前刀面接触的切屑底层变形区，使前刀面与切屑产生的区域。切屑底层受到前刀面的挤压与摩擦，其流动速度较上层略缓，甚至滞在前刀面上，形成积屑瘤。由第Ⅰ变形区的变形与第Ⅱ变形区的摩擦所产生的切削热直接影响了刀具的磨损与耐用度。

3)第Ⅲ变形区

近切削刃处已加工表面的变形区，是后刀面与已加工表面产生摩擦的区域。此区涉及刀具的磨损、工件的尺寸精度、加工表面粗糙度于表面质变层等问题，因而直接与加工表面质量有关。

(2)切屑种类

由于加工材料和切削条件不同，切屑变形的性质和程度不同，常见的切屑有 3 种基本类型，如图 15.15 所示。

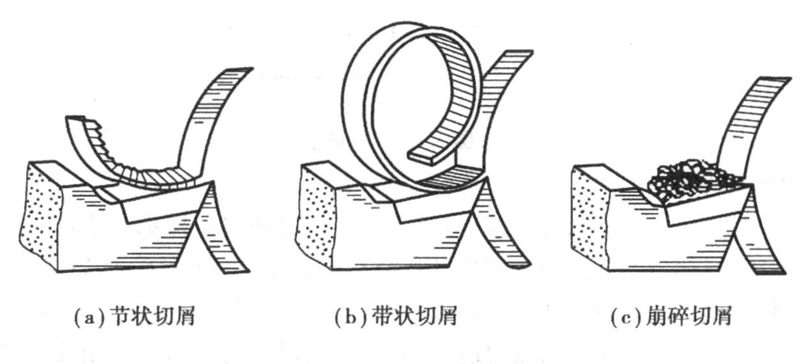

(a)节状切屑　(b)带状切屑　(c)崩碎切屑

图 15.15　切削的种类

1)节状切屑

切屑的顶面有明显挤裂裂痕,而底面仍旧相连,呈一节一节的形状(见图15.15(a))。切削速度较低、切削厚度较大以及用较小的刀具前角加工中等硬度的塑性材料时容易得到这类切屑。节状切屑的变形很大,切削力也较大,且有波动,因此加工表面不够光洁。

2)带状切屑

切削塑性较好的材料时,表层金属受到刀具挤压,产生很大的塑性变形,而后沿剪切面滑移,在尚无完全剪裂以前,刀具又开始挤压下一层金属,于是形成连续的带状切屑(见图15.15(b))。用较大的前角、较高的切削速度和较薄的切削厚度加工塑性好的金属材料时容易得到这类切屑。形成带状切屑时,切屑的变形小,切削力平稳,加工表面光洁。但带状切屑往往连绵不断,容易缠绕在工件或刀具上,会刮伤工件或损坏刀刃,还会使自动加工无法进行,故必须采取断屑或卷屑措施。

3)崩碎切屑

在切削铸铁和黄铜等脆性材料时,切削层金属发生弹性变形以后,一般不经过塑性变形就突然崩落,形成不规则的碎块状屑片,即为崩碎切屑(见图15.15(c))。工件越是硬脆,越容易产生这种切屑。产生崩碎切屑时,切削热和切削力都集中在主切削刃和刀尖附近,刀尖容易磨损,并容易产生振动,影响表面质量。

切屑的形状可随切削条件的不同而改变。在生产中,常根据具体情况采取不同的措施来得到需要的切屑,以保证切削加工的顺利进行。例如,加大前角、提高切削速度或减小进给量,可将节状切屑转变成带状切屑,使加工的表面较为光洁。

15.3.2 积屑瘤

在一定范围的切削速度下加工塑性材料时,在刀具的前刀面上靠近刀刃的部位,常发现黏附着一小块很硬的金属,这块金属称为积屑瘤,或称为刀瘤,如图15.16所示。

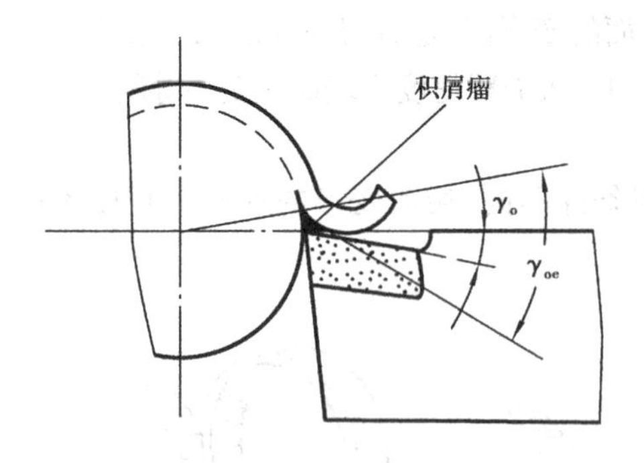

图15.16 积屑瘤

(1)积屑瘤的形成

在切削过程中,由于刀屑间的摩擦,使前刀面和切屑底层一样都是刚形成的新鲜表面,它们之间的黏附能力较强。因此,在一定的切削条件(压力和温度)下,切屑底层与前刀面接触处发生黏结,使与前刀面接触的切屑底层金属流动较慢,而上层金属流动较快。流动较慢的切屑底层,称为滞流层。如果温度与压力适当,滞流层金属就与前刀面黏结成一体。随后,新的滞流层在此基础上逐层积聚、黏合,最后长成积屑瘤。长大后的积屑瘤受外力作用或振动影响会发生局部断裂或脱落。积屑瘤的产生、成长、脱落过程是在短时间内进行的，并在切削过程中周期性地不断出现。

(2) 积屑瘤对切削加工的影响

1) 起到保护刀刃、减少刀具磨损的作用

积屑瘤在形成过程中，由于金属剧烈变形引起强化，使其硬度远高于被切金属，因而可代替刀刃进行切削。

2) 增大前角

积屑瘤黏附在前刀面上，它增大了刀具的实际工作前角，因而可减小切屑变形，减小切削力。

3) 影响工件的尺寸精度和表面粗糙度

积屑瘤的顶端伸出切削刃之外，而且不断地产生和脱落，使切削层公称厚度不断变化，影响工件尺寸精度。此外，还会导致切削力变化，引起振动，并会有一些积屑瘤碎片黏附在工件以加工表面上，使表面变得粗糙。

从以上分析可知，积屑瘤对切削过程有利有弊。在粗加工时，可利用积屑瘤保护切削刃；在精加工时，应尽量避免积屑瘤产生。

(3) 影响积屑瘤的因素

工件材料和切削速度是影响积屑瘤的主要因素。

1) 工件材料

工件材料的塑性越高，切削变形越大，摩擦越严重，切削温度越高，就越容易产生黏结而形成积屑瘤。因此，对塑性较高的工件材料进行正火或调质处理，提高强度和硬度，降低塑性，减小切屑变形，即可避免积屑瘤的生成。

2) 切削速度

切削速度是通过切削温度和摩擦来影响积屑瘤的，并且很明显，即切削速度是影响积屑瘤形成的主要因素。当切削速度很低(<5 m/min)时，切削温度较低，切屑内部结合力较大，前刀面与切屑间的摩擦小，积屑瘤不易形成；当切削速度增大(5~50 m/min)时，切削温度升高，摩擦加大，则易于形成积屑瘤；切削速度很高(>100 m/min)时，切削温度较高，摩擦较小，则无积屑瘤形成。可见，提高或降低切削速度是减少积屑瘤的措施之一。

此外，增大前角、减小进给量、减少刀具前刀面表面粗糙度和合力采用切削液，都有助于抑制积屑瘤的产生。

15.3.3　切削力和切削功率

切削加工时，工件材料抵抗刀具切削所产生的阻力称为切削力。切削力是切削加工过程中重要问题之一，它影响零件的加工精度、表面粗糙度和生产率，因此必须采取措施加以控制。

(1) 切削力的产生与分解

刀具在切削工件时，必须克服材料的变形抗力，克服刀具与工件及刀具与切屑之间的摩擦力，才能切下切屑。这些抗力就构成了实际的切削力。

实际加工中，总切削力的方向和大小都不易直接测定，也没有直接测定它的必要。为了适应设计和工艺分析的需要一般不是直接研究总切削力，而是研究它在一定方向上的分力。

以车削外圆为例，总切削力 F 可分解为以下 3 个互相垂直的分力(见图 15.16)：

1)主切削力(切向分力)F_c

方向垂直向下,大小占总切削力的80%~90%。F_c消耗的功率最多,占总功率的90%以上,是计算机床动力、主传动系统零件和刀具强度及刚度的主要依据。主切削力对刀具的作用是将刀头向下压,当主切削力过大时,可能是刀具崩刃或折断。主切削力对工件的作用是切下切屑,当切削用量过大时,切下切屑所产生的主切削力过大,就可能发生"闷车"现象。

2)进给力(轴向分力)F_f

总切削力在进给运动方向上的分力,是设计或校验进给系统零件强度和刚度的依据。一般只消耗总功率的1%~5%。

3)背向力(径向分力)F_p

总切削力在背吃刀量方向上的分力。因为切削时这个方向上运动速度为零,故F_p不做功。但其反作用力作用在工件上,容易使工件弯曲变形,特别是细长轴工件的刚性较差,变形尤为明显,这不仅影响加工精度,同时还会引起振动,从而影响表面粗糙度,应给予充分注意。如车细长轴时采用主偏角为90°的偏刀就是为了减小F_p。

显然,总切削力和3个切削分力的关系为:

$$F=\sqrt{F_c^2+F_f^2+F_p^2}$$

(2)影响切削力的因素

1)工件材料

工件材料是影响切削力的基本因素。强度、硬度较高的材料,由变形所产生的切削力就比较大;反之,切削力就较小。

2)刀具角度

刀具角度中影响切削力较大的是前角和主偏角。前角加大会使切削力减小,而主偏角则对F_f和F_p影响较大。

3)切削用量

切削用量中,进给量和背吃刀量是影响切削力的主要因素。进给量和背吃刀量增大都会使切削增大。

实际应用中,计算切削力的大小是用建立在实验基础上并综合了影响切削力的各个因素的经验公式。

(3)切削功率

切削过程中消耗的总功率为各分力所消耗功率的总和,称为切削功率,用P_m表示。在车削外圆时,由于背向力F_p所消耗的功率等于零,进给力F_f所消耗的功率很小,可忽略不计。因此,可计算切削功率P_m为

$$P_m=10^{-3}F_c v_c \qquad \text{kW}$$

式中　F_c——切削力,N;

　　v_c——切削速度,m/s。

机床电动机的功率P_E可计算为

$$P_E=P_m/\eta \qquad \text{kW}$$

式中　η——机床传动效率,一般取0.75~0.85。

15.3.4　切削热、切削温度及切削液

(1)切削热

切削热是由切削功转变而来的,一是切削层发生的弹、塑性变形功;二是切屑与前刀面、工件与后刀面间消耗的摩擦功,如图 15.17 所示。

切削热产生以后,由切屑、工件、刀具及周围的介质(如空气)传出。各部分传出的比例取决于工件材料、切削速度、刀具材料及刀具几何形状等。实验结果表明,车削时的切削热主要是由切屑传出的。

传入切屑及介质中的热量越多,对加工越有利。

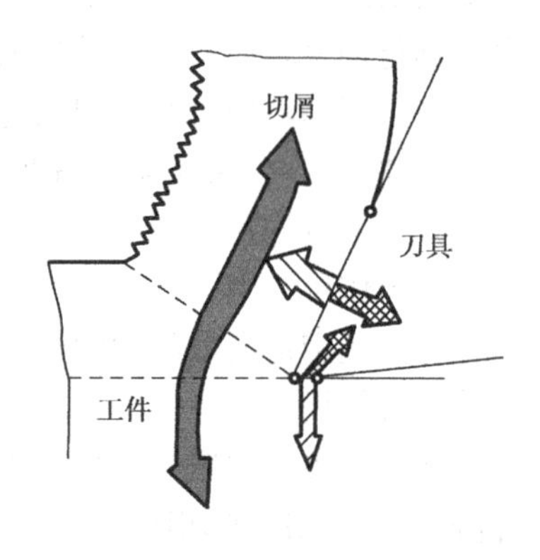

图 15.17　切削热的产生与传出

传入刀具的热量虽不是很多、但由于刀头体积很小,特别是高速切削时,切屑与前刀面发生连续而强烈的摩擦,因此刀头上的温度最高可达 1 000 ℃以上,使刀头材料软化,加速磨损,缩短寿命,影响加工质量。

传入工件的热,可能使工件变形,产生形状和尺寸误差,对于细长轴及薄壁零件,影响尤为显著。

在切削加工中,如何设法减少切削热的产生、改善散热条件以及减少高温对刀具和工件的不良影响,有着重大的意义。

(2)切削温度及其影响因素

切削温度一般是指切削区的平均温度。切削温度的高低,除了用仪器进行测定外,还可通过观察切屑的颜色大致估计出来。例如,切削碳钢时,随着切削温度的升高,切屑的颜色也发生相应的变化:淡黄色约 200 ℃,蓝色约 320 ℃。

切削温度的高低取决于切削热的产生和传出情况。它受切削用量、工件材料、刀具材料及几何形状等因素的影响。

1)切削用量

切削速度增加时,单位时间产生的切削热随之增加,对温度的影响最大。进给量和背吃刀量增加时,切削力增大,摩擦也大,所以切削热会增加。但是,在切削面积相同的条件下,增加进给量与增加背吃刀量相比,后者可使切削温度低些。原因是当增加背吃刀量时,切削刃参加切削的长度随之增加,这将有利于热的传出。

2)工件材料

工件材料的强度及硬度越高,切削中消耗的功越大,产生的切削热越多。切钢时发热多,切铸铁时发热少,因为钢在切削时产生塑性变形所需的功大。材料的导热性好,切削热很快通过工件和切屑传出,切削温度就低。

3)刀具材料

导热性好的刀具材料,可使切削热很快传出,降低切削温度。

4)刀具角度

主偏角减小时,切削刃参加切削的长度增加,传热条件好,可降低切削温度。前角的大小直接影响切削过程中的变形和摩擦。前角大时,产生的切削热少,切削温度低;但当前角过大

时，会使刀具的传热条件变差，反而不利于切削温度的降低。

(3)切削液

降低切削温度最有效的措施是合理使用切削液。在金属切削过程中，合理选用切削液，可改善刀具与切屑和刀具与工件界面的摩擦情况，改善散热条件，从而降低切削力、切削温度和刀具磨损。切削液还可减少刀具与切屑的黏结，抑制积屑瘤的生长，提高已加工表面的质量，可减少工件热变形，保证加工精度。

1)切削液的作用

①冷却作用

切削液能带走大量的切削热，大大降低切削温度。

②润滑作用

切削液能渗入切屑与刀具的接触表面、工件与刀具的接触表面，形成润滑膜，降低摩擦系数，降低切削力，减少切削热，减少切屑与刀具的黏结，减少刀具的磨损和降低工件的表面粗糙度。

③排屑作用

利用高压、大剂量切削液冲走切屑，这对孔加工和磨削尤其重要。

④清洗和防锈作用

切削液能冲洗工件已加工表面和机床表面，若在其中加入防锈添加剂，还能在金属表面生成保护膜，起到防锈、防蚀作用。

2)常用切削液的分类

①水类

水类如水溶液(肥皂水、苏打水等)、乳化液等，这类切削液比热大、流动性好，主要起冷却作用，也有一定的润滑作用。为了防止机床和工件生锈常加入一定量的防锈剂。水类多用于粗加工。

②油类

油类又称切削油，主要成分是矿物油，少数采用动植物油或复合油。这类切削液比热小、流动性差，主要起润滑作用，也有一定的冷却作用，为了改善切削液的性能，除防锈剂外，还常在切削液中加入油性添加剂、极压添加剂、防霉添加剂、抗泡沫添加剂及乳化剂等(详细内容可查阅有关资料)。油类多用于精加工。

3)切削液的选择

通常应根据加工性质、工件材料和刀具材料来选择。

①加工性质

粗加工时，主要要求冷却，也希望降低一些切削力及切削功率，一般应选用冷却作用较好的切削液，如低浓度的乳化液等。精加工时，主要希望提高表面质量和减少刀具磨损，应选用润滑作用较好的切削液，如高浓度的乳化液或切削油等。

②工件材料

加工一般钢材时，通常选用乳化液或硫化切削油。加工铜合金和有色金属时，不宜采用含硫化油的切削液，以免腐蚀工件。加工铸铁、青铜、黄铜等脆性材料时，为了避免崩碎的切屑进入机床运动运动部件，一般不用切削液。但在低速精加工中，为了提高表面质量，可用煤油作为切削液。

③刀具材料

高速钢刀具应根据加工的性质和工件材料选用合适的切削液。硬质合金刀具一般不用切削液。如果要用,必须连续、充分地供给,切不可断断续续,以免硬质合金刀片因骤冷骤热而开裂。

15.3.5　刀具磨损和刀具耐用度

在切削过程中,刀具一方面从工件上切下切屑,另一方面,刀具本身也逐渐被工件和切屑磨损。当刀具磨损达到一定值时,工件表面粗糙度值增大,切屑形状和颜色发生变化。切削过程发出沉重的声音并且有振动产生此时,必须重新刃磨刀具或者换刀。刀具磨损的特征和规律直接影响加工质量、生产率和加工成本。

(1)刀具磨损形式

刀具磨损是指在刀具与工件或切屑的接触面上,刀具材料的微粒被切屑或工件带走的现象,这种现象称为正常磨损。若由于冲击、振动、热效应等原因致使刀具崩刃、碎裂而损坏,称为非正常磨损。

实践表明,刀具正常磨损时,按其发生部位的不同,刀具磨损形式有以下 3 种形式(见图 15.18):

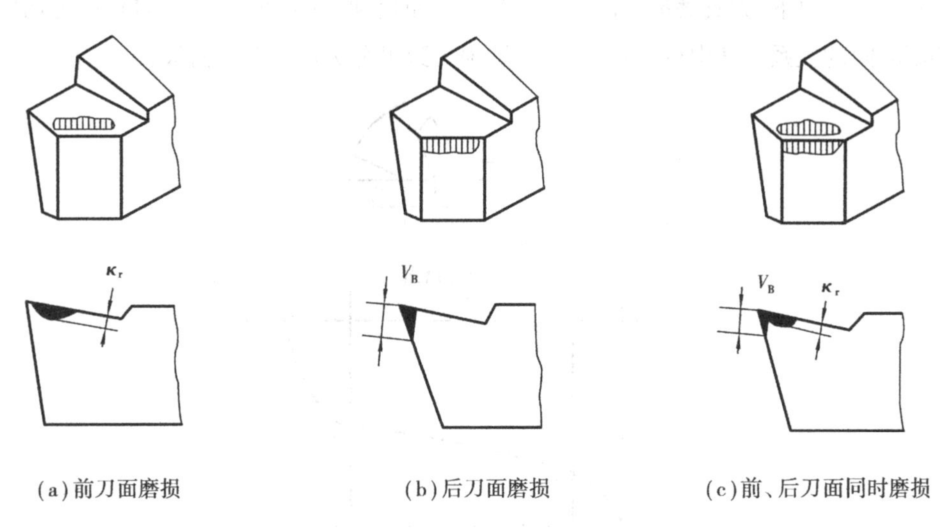

(a)前刀面磨损　(b)后刀面磨损　(c)前、后刀面同时磨损

图 15.18　刀具磨损形式

1)后刀面磨损

它是指磨损部位主要发生在后刀面的磨损。后刀面磨损后,形成后角为零的小棱面。这种磨损一般发生在切削脆性金属或以较小的切削厚度(h_D<0.1 mm)切削塑性金属的条件下。此时,前刀面上的压力和摩擦力不大,温度较低,所以磨损主要发生在后刀面上。

2)前刀面磨损

前刀面磨损后在切削刃口后方出现月牙洼。这种磨损一般发生在以较大的切削厚度(h_D>0.5 mm)切削塑性金属时,此时前刀面上的压力加大,所以磨损主要发生在前刀面上。

3)前后刀面同时磨损

这种磨损的发生条件介于以上两种磨损之间,一般发生在以切削厚度(h_D = 0.1 ~ 0.5 mm)

切削塑性金属材料的情况下。

由于多数情况下后刀面都有磨损,它的大小对加工精度和表面粗糙度影响较大,而且测量方便。因此,一般都用后刀面上的磨损值 $h_{后}$ 来表示刀具磨损的程度。

(2)刀具磨损原因

刀具磨损的原因有以下两个方面:

1)机械摩擦

切屑、工件与刀具摩擦时,把刀具表面上的微粒材料带走,从而使刀具磨损。在低速切削时,机械摩擦磨损时刀具磨损的主要原因。

2)热效应

由于切削温度升高而引起磨损加剧。对高速钢刀具而言,因相变而变软,使机械摩擦所造成的磨损加剧;刀具钝了,切削力和切削热增加,切削温度升高,磨损更快。对硬质合金刀具而言,切削温度升高,切屑、工件与硬质合金黏结加剧;硬质合金中 W,Ti,Co,C 等元素向工件、切屑中扩散而使硬质合金变软;硬质合金表层被氧化而变软;所有这些都造成硬质合金刀具磨损加剧。热效应是高速切削时刀具磨损的主要原因。

(3)刀具磨损过程

在正常情况下,刀具磨损量随切削时间增长而增加。图 15.19 表示刀具后刀面磨损量 V_B 与切削时间的关系。从中可以看出,刀具磨损大致可分为以下 3 个阶段:

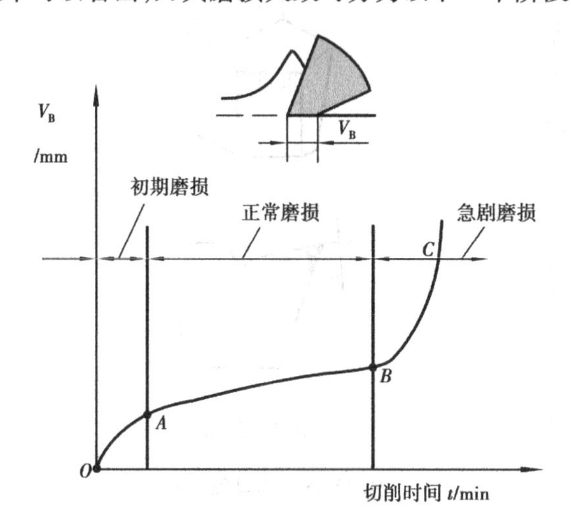

图 15.19 刀具磨损阶段

1)第一阶段(*OA* 段)

第一阶段(*OA* 段)称为初期磨损阶段。此阶段因为刃磨后的刀具表面仍有微观高低不平,故磨损较快。

2)第二阶段(*AB* 段)

第二阶段(*AB* 段)称为正常磨损阶段。此阶段内磨损量的增长基本上与切削时间成正比,而且比较缓慢,原因是因为高低不平的不耐磨的表层已被磨去,表面粗糙度值小,摩擦力小,磨损较慢。

3)第三阶段(*BC*段)

第三阶段(*BC*段)称为急剧磨损阶段。当刀具在正常磨损阶段后期而为及时更换新刀,此时刀具已磨损变钝,刀具与工件的接触情况显著恶化,摩擦与切削温度急剧上升,致使磨损量迅速增大,最后失去切削能力甚至烧毁。

经验表明,在刀具正常磨损阶段的后期、急剧磨损阶段之前,换刀重磨为宜。这样既可保证加工质量,又能充分利用刀具材料。

(4)刀具耐用度

刀具允许的磨损限度,通常用后刀面的磨损程度作标准。但是,在实际生产中,不便于经常停车检查$h_{后}$的高度,因此,用规定刀具使用的时间作为限定刀具磨损量的衡量标准,于是提出了刀具耐用度的概念。

刀具耐用度是指两次刃磨之间实际参加切削时间的总和,用T(min)表示。刀具耐用度的数值应规定合理。例如,目前硬质合金焊接车刀耐用度大致为60 min;高速钢钻头的耐用度为120~180 min。

刀具寿命是指刀具从开始切削到完全报废实际切削时间的总和,则

$$\text{刀具寿命} = T \times \text{刃磨次数(包括第一次刃磨)}$$

影响刀具耐用度的因素很多,主要有工件材料、刀具材料及几何角度、切削用量以及是否使用切削液等因素。切削用量中以切削速度影响最大。

15.4　切削加工技术经济简析

技术与经济是社会进行去职生产不可缺少的两个方面。它们虽然是两个不同的范畴,但在实际生产中它们是密切联系、互相制约和互相促进的。经济的需要是技术进步的动力和方向,而技术进步优势推动经济发展的重要条件和手段。因此,在研究某个技术方案时,不仅要从技术上评价它的效果,而且还要从经济上评价它的效果,也就是要求尽量做到既在技术上先进又在经济上合理。

评价不同方案的技术经济效果时,首先应确定评价依据和标准,也就是要利用一系列的技术经济指标。

15.4.1　切削加工主要技术经济指标

人们在技术发展和生产活动中,都要力争取得最好的技术经济效果,即要尽量做到:使用价值已定,劳动消耗最小,或劳动耗费一定,使用价值最大。

全面地分析指标体系是一个较为复杂的问题,需要时可查阅“技术经济分析”有关资料,下面仅简要介绍切削加工的几个主要技术经济指标,即产品质量、生产率和经济性。

(1)产品质量

零件经切削加工后的质量包括加工精度和表面质量两方面。

1)精度

精度包括尺寸精度、形状精度和位置精度等。

设计零件时,首先应根据零件尺寸的重要性来决定选用哪一级精度,其次还应考虑本厂的

设备条件和加工费用的高低。总之,选择精度的原则是在保证能达到技术要求的前提下,选用较低的精度等级。

应当指出,由于在加工过程中有各种因素影响加工精度,即使是同一种加工方法,在不同的条件下所能达到的精度也不同。甚至在相同的条件下采用同一种方法,如果多费一些工时,细心地完成每一操作,也能提高它的加工精度。但这样做又降低了生产率,增加了生产成本,因而是不经济的。因此,通常所说的某加工方法所达到的精度,是指在正常操作情况下所达到的精度,称为经济精度。

2)表面质量

零件的表面质量包括表面粗糙度、表面层加工硬化的程度及表面残余应力的性质和大小。零件的表面质量对零件的耐磨、耐腐蚀、耐疲劳等性能,以及零件的使用寿命都有很大的影响。因此,对于高速、重载荷下工作的零件其表面质量要求都较高。

在一般情况下,零件表面的尺寸精度要求越高,其形状和位置精度要求越高,表面粗糙度的值越小。但有些零件的表面,出于对外观或清洁的考虑,要求光亮,而其精度不一定要求高,如机床手柄、面板等。

对于重要的零件,除限制表面粗糙度外,还要控制其表层加工硬化的程度和深度,以及表层剩余应力的性质(拉应力还是压应力)和大小。而对于一般的零件,则主要规定其表面粗糙度的数值范围。

(2)生产率

切削加工的生产率是指单位时间内生产零件的数量,即

$$R_0 = \frac{1}{t_w} = \frac{1}{t_m + t_c + t_o}$$

式中 R_0——生产率;

t_w——生产一个零件所需的总时间;

t_m——基本工艺时间,即加工一个零件所需的总切削时间;

t_c——辅助时间,即除切削时间之外,与加工直接有关的时间,它是工人为了完成切削加工而消耗于各种操作上的时间,如调整机床、空移刀具、装卸或刃磨刀具、安装和找正工件、检验等时间;

t_o——其他时间,即除切削时间外,与加工没有直接关系的时间,包括擦拭机床、清扫切屑及自然需要的时间等。

由上式可知,提高切削加工生产率,实际就是设法减少零件加工的基本工艺时间、辅助时间及其他时间。

以车外圆为例(见图 15.20),基本工艺时间可计算为

$$t_m = \frac{lh}{nfa_p} = \frac{\pi d_w lh}{1\ 000 v_c f a_p} \quad \text{s}$$

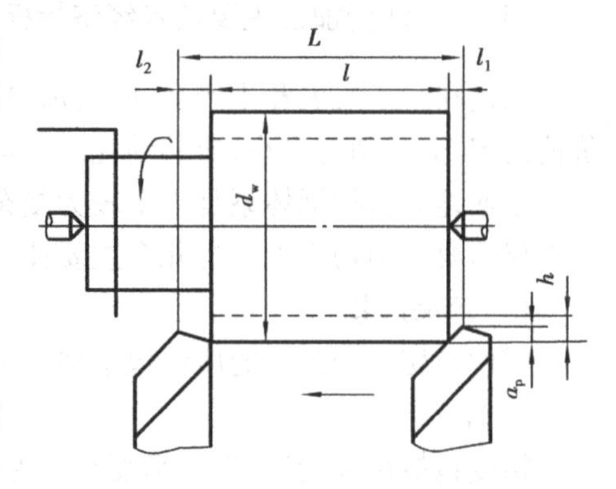

图 15.20 车外圆时基本工艺时间计算

式中 l——车刀行程长度,mm,$l=l_w$(被加工外圆面长度)$+l_1$(切入长度)$+l_2$(切出长度);

h——工件半径上的加工余量,mm;

d_w——工件待加工表面直径,mm;

v_c——切削速度,m/s;

f——进给量,mm/r;

a_p——背吃刀量,mm;

n——工件转速,r/s。

从上式可以看出,提高生产率的主要途径如下:

①在可能的条件下,采用先进的毛坯制造工艺和方法,减小加工余量。

②合理地选择切削用量,粗加工时可采用强力切削(f和a_p较大),精加工时可采用高速切削。

③在可能的条件下,采用先进的和自动化程度较高的工、夹、量具。

④在可能的条件下,采用先进的机床设备及自动化控制系统,如在大批量生产中采用自动化机床,多品种、小批量生产中采用数控机床、计算机辅助制造等。

(3)经济性

在制订切削加工方案,应使产品在保证期使用要求的前提下制造成本最低。产品的制造成本是指费用消耗的总和,它包括毛坯或原材料费用、生产工人工资、机床设备的折旧和调整费用、工夹量具的折旧和修理费用、车间经费和企业管理费用等。

切削加工最优的技术经济效果,是指在可能的条件下,以最低的成本高效率地加工出质量合格的零件。要达到这一目标,涉及的问题比较多,也很复杂,本节仅讨论几个与金属切削过程有密切关系的问题——切削用量和切削加工性等。

15.4.2　切削用量的合理选择

合理地选择切削用量,对于保证加工质量、提高生产效率和降低加工成本有着重要的影响。在机床、刀具和工件等条件一定的情况下,切削用量的选择具有较大的灵活性和潜力。为了取得最大的技术经济效益,就应当根据具体的加工条件,确定切削用量三要素的合理组合。

(1)粗车

粗车时,工件的尺寸精度要求不高,工件的表面粗糙度允许较大。因此,选择切削用量时,应着重考虑如何发挥刀具和机床的能力,减少基本工艺时间,提高生产率。

从前面分析可知,要提高生产率,应选择较大的v_c,f,a_p。但实际上v_c,f,a_p不能任意选大,因为它们受到刀具耐用度、机床动力、加工系统刚性、加工质量等因素制约,同时它们间又存在着内在联系,不能同时选取较大值。

在前面已经阐明,v_c,f,a_p对切削温度的影响是不同的,v_c对切削温度影响最大,f其次,a_p最小。切削温度升高,由于热效应作用,刀具磨损加快,刀具寿命降低,因此,对刀具寿命的影响是“不等价”的,即切削速度v_c对刀具寿命的影响最大,进给量f其次,背吃刀量a_p最小。

因此,粗车时应先选一个尽量大的背吃刀量a_p,然后选一个比较大的进给量f,最后再根据刀具寿命的允许,选一个合适的切削速度v_c。这样才能使生产率最高,同时也能充分发挥刀具的寿命。具体要求如下:

①背吃刀量的选取是和工件的加工余量有关。在加工余量确定的条件下,尽可能一次切完,以减少走刀次数。如粗加工余量过大,无法一次切完,可采用几次走刀,但前几次的背吃刀量要大些。机床和工件刚性好的背吃刀量可选得大些,否则相反。

②背吃刀量选定后,就可根据机床、工件、刀具的具体条件选择尽可能大的进给量。机床、

工件和刀具刚性好的可选大些,否则可选小些。进给量对进给力的影响较大,进给力应小于机床说明书上规定的最大允许值。

③再根据刀具耐用度的要求,针对不同的刀具材料和工件材料,选用合适的切削速度。

(2)精车

精车时,关键是要保证工件的尺寸精度、形状精度和表面粗糙度的要求,然后再考虑尽可能高的生产率。

为了抑制积屑瘤的产生,以保证工件的表面粗糙度,硬质合金一般多用较高的切削速度,而高速钢刀具则大多采用较低的切削速度 v_c。

为了减小切削力以及由此引起的工艺系统的弹性变形,减小已加工表面的残留面积和参与应力,减少径向切削力 F_p,避免振动,以提高工件的加工精度和表面质量。因此,精车时应选用较小的背吃刀量 a_p和较小的进给量f。

总之,在选取切削用量时要记住以下 3 条:

①影响刀具耐用度最大的是切削速度。

②粗加工时,背吃刀量越大越好。

③粗加工时,进给量受机床、刀具、工件所能承受切削力的限制;精加工时,受工件表面粗糙度的限制。

在实际生产中,切削用量三要素的具体数值多由工人凭经验选取或查阅有关切削用量手册。

15.4.3 材料的切削加工性

拟订零件机械加工工艺规程时,需要确定每一道工序的切削条件,即需要确定具体的刀具材料、刀具几何参数、切削用量、切削液等,以达到保证加工质量、提高生产率、降低成本的目的。而工件材料的切削加工性是合理选择切削条件的主要依据之一。

(1)切削加工性的概念和衡量指标

切削加工性是指工件材料被切削加工的难易程度。根据不同的要求,可用不同的指标来衡量材料的切削加工性。

常用评定切削加工性能的指标如下:

1)刀具寿命 T 或一定寿命下的切削速度 v_T

在相同切削条件下加工不同材料时,若在一定切削速度下刀具寿命 T 较长,或一定寿命下所允许的切削速度 v_T较高的材料,则其加工性较好;反之,其加工性较差。如将寿命 T 定为 60 min,则 v_T可写作 v_{60}。

2)相对加工性

为统一标准起见,取正火状态下的 45 钢作基准材料,刀具寿命为 60 min,这时的切削速度为基准(写作(v_{60})j),而将其他材料的(v_{60})与其相比,这个比值 κ_r 称为相对加工性。显然,κ_r 越大,工件材料的切削加工性越好;κ_r 越小则切削加工性越差。

3)已加工表面质量

切削加工时,凡容易获得好的加工表面质量(含表面粗糙度、加工硬化程度和表面残余应力等)的材料,其切削加工性较好,反之较差。精加工时,常以此作为衡量加工性的指标。

4)切屑控制或断屑的难易

切削加工时,凡切屑易于控制或断屑性能良好的材料加工性较好,反之则较差。在自动机床或自动线上,常以此作为衡量加工性指标。

5）切削力

在相同的切削条件下，凡切削力较小的材料，其切削加工性较好，反之较差。在粗加工中，当机床刚性或动力不足时，常以此为衡量指标。

v_T和 κ_r 是最常用的切削加工性指标，对于不同的加工条件都能适用。

（2）影响工件材料切削加工性的因素

工件材料的物理力学性能、化学成分和金相组织是影响加工性的主要因素。

1）物理、力学性能

①硬度

硬度高的材料，切削时刀屑接触长度小，切削力和切削热集中在切削刃附近，刀具易磨损，寿命低，故加工性不好。例如，高温合金、耐热钢，由于高温硬度高，高温下切削时，刀具材料与工件材料的硬度比降低，使刀具磨损加快，加工性差。另外，硬质点多和加工硬化严重的材料，加工性也差。

②强度

强度高的材料，切削力大，温度高，刀具易磨损，加工性不好。例如，06Cr19Ni10 常温硬度不太高，但高温下仍能保持较高强度，故加工性差。

③塑性

强度相近的同类材料，塑性越大，切削中塑性变形和摩擦越大，故切削力大，温度高，刀具易磨损。在低速度切削时，还易产生积屑瘤和鳞刺，使加工表面粗糙度值增大，且断屑也较困难，故加工性差。另外，塑性太小的材料，切削时切削力、热集中在切削刃附近，刀具易产生崩刃，加工性也较差。在碳素钢中，低碳钢的塑性过大，高碳钢的塑性太小、硬度又高，故它们的加工性都不如硬度和塑性都适中的中碳钢好。

④热导率

热导率通过对切削温度的影响而影响材料的加工性。热导率大的材料，由切屑带走和工件散出的热量多，有利于降低切削温度，使刀具磨损速率减慢，故加工性好。另外，韧性大，与刀具材料的化学亲和性强的材料，其加工性则不好。

2）材料的化学成分

材料的化学成分主要是通过其对材料物理力学性能的影响来影响切削加工性。钢中碳的质量分数在0.4%左右的中碳钢，加工性最好。而碳的质量分数低或较高的低、高碳钢均不如中碳钢。另外，钢中含的合金元素 Cr，Ni，V，Mo，W，Mn 等虽然能提高钢的强度和硬度，但却使钢的切削加工性降低。而钢中添加少量的 S，P，Pb，Ca 等能改善其加工性。

铸铁中化学元素对切削加工性的影响，主要取决于这些元素对碳的石墨化作用。铸铁中的碳元素有两种形态：Fe_3C 与游离石墨形式存在。石墨具有润滑作用，铸铁中的石墨越多，越容易切削。因此，铸铁中如含有 Si，Al，Ni，Cu，Ti 等促进石墨化的因素，能改善其加工性，而含有 Cr，Mn，V，Mo，Co，S，P 等阻碍石墨化的元素，则会使切削加工性变差。Fe_3C 的存在会加快刀具的磨损。

3）材料的金相组织

一般情况下，塑性、韧性高或硬度、强度高的组织构成的材料，其可切削加工性差；反之，则好。

低碳钢铁素体含量较高，所以强度硬度低，延伸率高，易产生塑性变形。奥氏体不锈钢因为高温硬度、强度比低碳钢高，而塑性也高，切削时容易产生冷硬现象，所以比较难加工。淬火钢的组织以马氏体为主，所以硬度、强度均高，不易加工。中碳钢的金相组织是珠光体加铁素体，具有中等的硬度、强度和塑性，因此容易加工。灰铸铁中游离石墨比冷硬铸铁多，故加工性好。

(3)改善材料切削加工性的途径

目前，改善工件材料加工性的途径主要有以下3个方面：

1)调整化学成分

材料的化学成分对其力学性能和金相组织有重要影响。在满足要求的条件下，通过调整工件材料的化学成分，可使其切削加工性得以改善。目前，生产上使用的易切钢就是在钢中加入适量的易切削元素 S,P,Pb,Ca 等制成的。这些元素在钢中可起到一定的润滑作用并增加材料的热脆性。

2)对工件材料进行适当的热处理

通过热处理工艺方法，改变钢铁材料中的金相组织是改善材料加工性的另一重要途径。高碳钢通过球化退火处理，使片状渗碳体组织转变为球状，降低了材料的硬度，从而可改善了其加工性。低碳钢通过正火处理，可减小其塑性，提高硬度，使加工性得到改善。

3)改变切削条件

当工件材料选定不能更改时，则只能改变切削条件，使之适应该种材料的加工性。例如，选择适当的刀具材料，合理选择刀具几何参数和切削用量，采用性能良好的切削液和有效的使用方法，提高工艺系统刚性，增大机床功率，提高刀具刃磨质量，减小前后刀面粗糙度值，等等。

复习思考题

1.什么是切削运动？试举几种加工方法说明它们的主运动和进给运动。

2.什么是切削用量三要素？各自的定义如何？

3.车外圆时，已知工件转速 $n=320$ r/min，车刀进给速度 $v_f=64$ mm/min，其他条件如图15.21所示，试求切削速度 v_c、进给量 f、背吃刀量 a_p、切削层公称横截面积 A_D、切削层公称宽度 b_D 及厚度 h_D。

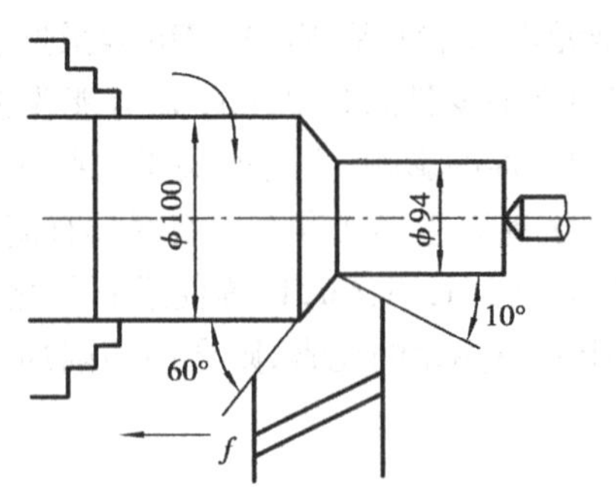

图15.21　车外圆的其他条件

4.对刀具材料的性能有哪些要求？常用刀具材料有哪几种？试举例说明其在实际加工生

产中如何运用。

5.试述车刀前角、后角、主偏角、副偏角及刃倾角的作用,并指出如何选择。

6.请标注如图 15.22 所示刀具的 5 个基本角度。

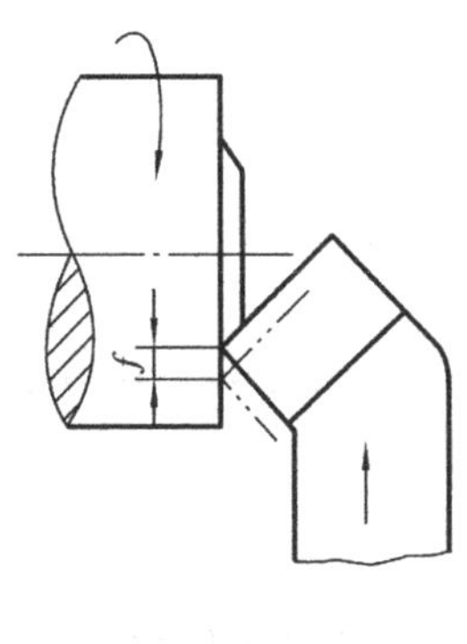

(a)弯头刀车端面

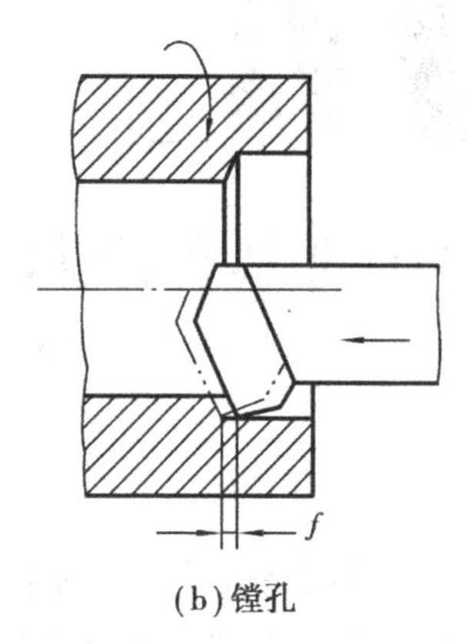

(b)镗孔

图 15.22　切削示意图

7.何谓车刀工作角度?刀具安装高低、歪斜对工作角度有何影响?

8.切屑有哪几种?各自的形成条件如何?

9.切削加工时为什么会产生积屑瘤?积屑瘤对切削加工有何影响?如何利用?

10.切削力是如何产生的?试述 3 个切削分力对切削加工的影响。

11.为什么要研究切削热的产生和传出?仅从切削热产生的多少能否说明切削区温度的高低?

12.切削热是怎样产生和传出的?它对切削加工过程有何影响?

13.在切削加工中为什么要加切削液?切削液分为哪几类?在实际生产中如何选择?

14.刀具磨损的原因是什么?刀具磨损的形式有哪几种?

15.刀具的磨损分为哪几个阶段?试述各阶段磨损的特征。

16.何谓刀具耐用度?简述切削用量和刀具耐用度之间的关系。

17.何谓技术经济效果?切削加工的技术经济指标主要有哪几个?

18.何谓材料的切削加工性?其衡量指标主要有哪几个?各适用于何种场合?

19.简述切削用量的选择原则。

20.粗车 45 钢轴件外圆,毛坯直径 $d_w = 86$ mm,粗车后直径 $d_m = 80$ mm,被加工外圆长度 $l_w = 500$ mm,切入、切出长度 $l_1 = l_2 = 3$ mm,切削用量 $v_c = 120$ m/min,$f = 0.2$ mm/r,$a_p = 3$ mm,试求基本工艺时间 t_m。

第 16 章 金属切削基础知识

金属切削机床是机械制造的主要设备。它是用切削方法将金属毛坯加工成所要求的机器零件的机器,所以金属切削机床是制造机器的机器,故也称“工具机”或“工作母机”,习惯上简称“机床”。

目前,机床的品种非常繁多,达千种以上。在机器制造部门所拥有的技术装备中,机床所占的比重一般在50%以上。在生产中所担负的工作量占制造机器总工作量的40%~60%。因此,机床是加工机械零件的主要设备。机床的技术水平直接影响着机械制造工业的产品质量和劳动生产率。一个国家机床工业的发展水平在很大程度上标志着这个国家的工业生产能力和科学技术水平。

16.1 金属切削机床概述

16.1.1 机床的分类

机床的品种和规格繁多,为了便于区分、使用和管理,需对机床进行分类。目前对机床的分类方法主要有:

(1)按加工性质和使用刀具分类

这是一种主要的分类方法。目前,按这种分类法我国将机床分成为 12 大类,即车床、钻床、镗床、磨床、齿轮加工机床、螺纹加工机床、铣床、刨(插)床、拉床、特种加工机床、锯床及其他机床。

在每一类机床中,又按工艺范围、布局形式和结构等分为若干组,每一组又细分为若干系列。

(2)按使用万能性分类

按照机床在使用上的万能性程度划分,可将机床分为:

1)通用机床

这类机床加工零件的品种变动大,可完成多种工件的多种工序加工。例如,卧式车床、万能升降台铣床、牛头刨床、万能外圆磨床等。这类机床结构复杂,生产率低,用于单件小批生产。

2)专门化机床

用于加工形状类似而尺寸不同的工件的某一工序的机床。例如,凸轮轴车床、精密丝杠车床和凸轮轴磨床等。这类机床加工范围较窄,适用于成批生产。

3)专用机床

用于加工特定零件的特定工序的机床。例如,用于加工某机床主轴箱的专用镗床、加工汽车发动机汽缸体平面的专用拉床和加工车床导轨的专用磨床等,各种组合机床也属于专用机床。这类机床的生产率高,加工范围最窄,适用于大批量生产。

(3)按加工精度分类

同类型机床按工作精度的不同,可分为3种精度等级,即普通精度机床、精密机床和高精度机床。精密机床是在普通精度机床的基础上,提高了主轴、导轨或丝杠等主要零件的制造精度。高精度机床不仅提高了主要零件的制造精度,而且采用了保证高精度的机床结构。以上3种精度等级的机床均有相应的精度标准,其允差若以普通精度级为1,则大致比例为1∶0.4∶0.25。

(4)按自动化程度分类

按自动化程度(即加工过程中操作者参与的程度)分,可将机床分为手动机床、机动机床、半自动化机床及自动化机床等。

(5)按机床质量和尺寸分类

按机床质量和尺寸分,可将机床分为:

①仪表机床。

②中型机床(机床质量在10 t以下)。

③大型机床(机床质量为10~30 t)。

④重型机床(机床质量为30~100 t)。

⑤超重型机床(机床质量在100 t以上)。

(6)按机床主要工作部件分类

机床主要工作部件数目,通常是指切削加工时同时工作的主运动部件或进给运动部件的数目。按此可将机床分为单轴机床、多轴机床、单刀机床及多刀机床等。

需要说明的是,随着现代化机床向着更高层次发展,如数控化和复合化,使得传统的分类方法难以恰当地进行表述。因此,分类方法也需要不断的发展和变化。

16.1.2 机床型号的编制

机床型号是赋予每种机床的一个代号,用以简明地表示机床的类型、主要规格及有关特征等。从1957年开始我国就对机床型号的编制方法作了规定。随着机床工业的不断发展,至今已经修订了数次,目前是按1994年颁布的国家标准"GB/T 15375—1994"金属切削机床型号编制方法执行,适用于各类通用、专门化及专用机床,不包括组合机床在内。此标准规定,机床型号采用汉语拼音字母和阿拉伯数字按一定规律组合而成。具体表示形式为

(1)类别代号

机床的类别分为12大类,分别用汉语拼音的第一个字母大写表示,位于型号的首位,表示

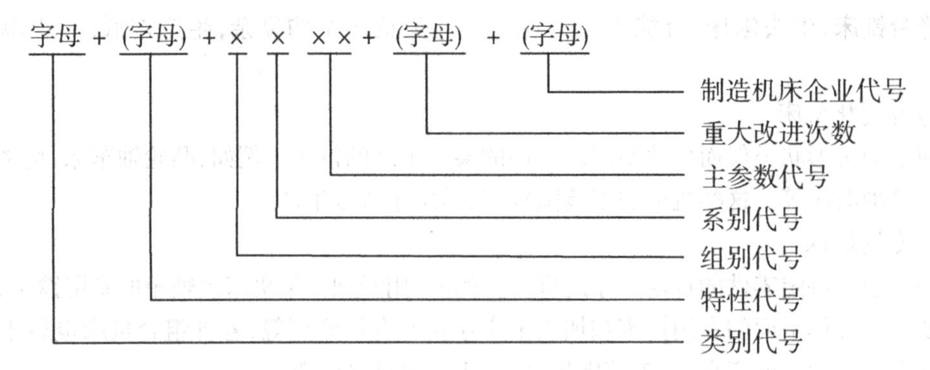

各类机床的名称。各类机床代号见表 16.1。

表 16.1 机床类别代号

类别	车床	钻床	镗床	磨床			齿轮加工机床	螺纹加工机床	铣床	刨插床	拉床	特种加工机床	锯床	其他机床
代号	C	Z	T	M	2M	3M	Y	S	X	B	L	D	G	Q
读音	车	钻	镗	磨	二磨	三磨	牙	丝	铣	刨	拉	电	割	其

(2)特性代号

特性代号是表示机床所具有的特殊性能,用大写汉语拼音字母表示,位于类别代号之后。特性代号分为通用特性代号、结构特性代号。

1)通用特性代号

当某类机床除有普通型外,还具有某些通用特性时,可用表 16.2 所列代号表示。

表 16.2 机床通用特性代号

通用特性	高精度	精密	自动	半自动	数控	加工中心(自动换刀)	仿形	轻型	加重型	简式	柔性加工单元	数显	高速
代号	G	M	Z	B	K	H	F	Q	C	J	R	X	S
读音	高	密	自	半	控	换	仿	轻	重	简	柔	显	速

2)结构特性代号

为区别主参数相同而结构不同的机床,在型号中用结构特性代号表示。结构特性代号也用拼音字母大写,但无统一规定。注意不要使用通用特性的代号来表示结构特性。例如,可用 A, D,E 等代号。如 CA6140 型卧式车床型号中的 A,即表示在结构上区别于 C6140 型卧式车床。

(3)组别、系别代号

每类机床按用途、性能、结构相近或有派生关系分为若干组,每组又分为若干系,同一系机床的基本结构和布局形式相同。组别、系别代号位于类别代号或特性代号之后,用两位阿拉伯数字表示,第一位数字表示组别,第二位数字表示系别。机床的类、组划分详见表 16.3。

表 16.3　机床类、组划分表

组别/系别		0	1	2	3	4	5	6	7	8	9
车床 C		仪表车床	单轴自动、半自动车床	多轴自动、半自动车床	回轮、转塔车床	曲轴及凸轮轴车床	立式车床	落地及卧式车床	仿形及多刀车床	轮、轴、辊、锭及铲齿车床	其他车床
钻床 Z			坐标镗钻床	深孔钻床	摇臂钻床	台式钻床	立式钻床	卧式钻床	铣钻床	中心孔钻床	
镗床 T				深孔镗床		坐标镗床	立式镗床	卧式铣镗床	精镗床	汽车、拖拉机修理用镗床	
磨床	M	仪表磨床	外圆磨床	内圆磨床	砂轮机	坐标磨床	导轨磨床	刀具刃磨床	平面及端面磨床	曲轴、凸轮轴、花键轴及轧辊磨床	工具磨床
	2M		超精机	内圆珩磨机	外圆及其他珩磨机	抛光机	砂带抛光及磨削机床	刀具刃磨及研磨机床	可转位刀片磨削机床	研磨机	其他磨床
	3M		球轴承套圈沟磨床	滚子轴承套圈滚道磨床	轴承套圈超精磨床		叶片磨削机床	滚子加工机床	钢球加工机床	气门、活塞及活塞环磨削机床	汽车、拖拉机修磨机床
齿轮加工机床 Y		仪表齿轮加工机		锥齿轮加工机	滚齿及铣齿机	剃齿及珩齿机	插齿机	花键轴铣床	齿轮磨齿机	其他齿轮加工机	齿轮倒角及检查机
螺纹加工机床 S				套丝机	攻丝机			螺纹铣床	螺纹磨床	螺纹磨床	
铣床 X		仪表铣床	悬臂及滑枕铣床	龙门铣床	平面铣床	仿形铣床	立式升降台铣床	卧式升降台铣床	床身铣床	工具铣床	其他铣床
刨插床 B			悬臂刨床	龙门刨床			插床	牛头刨床		边缘及模具刨床	其他刨床
拉床 L				侧拉床	卧式外拉床	连续拉床	立式内拉床	卧式内拉床	立式外拉床	键槽及螺纹拉床	其他拉床
特种加工机床 D			超声波加工机	电解磨床	电解加工机			电火花磨床	电火花加工机		
锯床 G				砂轮片锯床		卧式带锯床	立式带锯床	圆锯床	弓锯床	锉锯床	
其他机床 Q		其他仪表机床	管子加工机床	木螺钉加工机床		刻线机	切断机				

(4)主参数

机床主参数表示机床规格的大小,用主参数折算值或实际值表示。常见机床的主参数及折算系数见表16.4。一般用两位数字表示,位于组别、系别代号之后。

表16.4 常见机床主参数及折算系数

机　床	主参数名称	折算系数
卧式车床	床身上最大回转直径	1/10
立式车床	最大车削直径	1/100
摇臂钻床	最大钻孔直径	1/1
卧式镗床	镗轴直径	1/10
坐标镗床	工作台面宽度	1/10
外圆磨床	最大磨削直径	1/10
内圆磨床	最大磨削孔径	1/10
矩台平面磨床	工作台面宽度	1/10
齿轮加工机床	最大工件直径	1/10
龙门铣床	工作台面宽度	1/100
升降台铣床	工作台面宽度	1/10
龙门刨床	最大刨削宽度	1/100
插床及牛头刨床	最大插削及刨削长度	1/10
拉床	额定拉力(t)	1/1

(5)重大改进次数

当机床的结构和性能有重大改进和提高,并且按新产品中心设计、试制和鉴定时,可按字母A,B,C,…的顺序选用,加在型号的尾部,以区别于原机床型号。

例如:

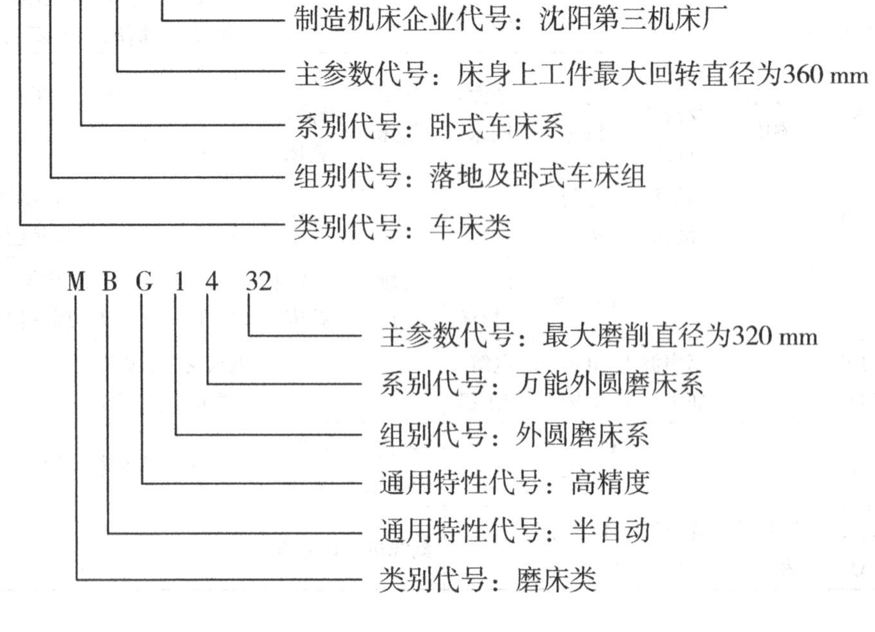

但是，对于已定型，并按过去机床型号编制方法确定型号的机床，其型号不改变，故有些机床仍用原型号。如 C616，X62W，B665 等。老型号与现行的机床型号编制方法的区别是：

①老型号中没有组与系的区别，故只用一位数字表示组别。

②主要参数表示法不同。如老型号中车床用中心高表示；铣床用工作台的编号表示，X62W 中的“2”表示 2 号工作台（1 250 mm×320 mm）。

③老型号的重大改进次数用数字表示，如 C620-1。

16.1.3　机床的基本组成

由于机床运动形式、刀具及工件类型的不同，机床的构造和外形有很大区别。但归纳起来，各种类型的机床都应有以下 6 个主要部分组成：

（1）主传动部件

它用来实现机床主运动的部件，形成切削速度并消耗大部分动力。例如，带动工件旋转的车床主轴箱；带动刀具旋转的钻床或铣床的主轴箱；带动砂轮旋转的磨床砂轮架；刨床的变速箱，等等。

（2）进给传动部件

它用来实现机床进给运动的部件，维持切削加工连续不断地进行。例如，车床的进给箱、溜板箱；钻床和铣床的进给箱；刨床的进给机构；磨床工作台的液压传动装置，等等。

（3）工件安装装置

它用来安装工件。例如，车床的卡盘和尾座；钻床、刨床、铣床、平面磨床的工作台；外圆磨床的头架和尾座，等等。

（4）刀具安装装置

它用来安装刀具。例如，车床、刨床的刀架；钻床、立式铣床的主轴，卧式铣床的刀杆轴，磨床的砂轮架主轴，等等。

（5）支承件

它是机床的基础部件，用于支承机床的其他零部件并保证它们的相互位置精度。例如，各类机床的床身、立柱、底座、横梁等。

（6）动力源

它提供运动和动力的装置，是机床的运动来源。普通机床通常采用三相异步电机作动力源（不需对电机调整，连续工作）；数控机床的动力源采用的是直流或交流调速电机、伺服电机和步进电机等（可直接对电机调速，频繁启动）。

16.2　机床的传动

在机床上进行切削加工时，经常需要改变工件和刀具的运动方式。为了实现加工过程中所需的各种运动，机床通过自身的各种机械、液压、气动、电气等多种传动机构，把动力和运动传递给工件和刀具。其中，最常见的是机械传动和液压传动。

16.2.1　机床传动的组成

机床的各种运动和动力都来自动力源，并由传动装置将运动和动力传递给执行件来完成

各种要求的运动。因此,为了实现加工过程中所需的各种运动,机床必须具备以下 3 个基本部分:

(1)执行件

执行机床运动的部件,通常是指机床上直接夹持刀具或工件并实现其运动的零、部件。它是传递运动的末端件,其任务是带动工件或刀具完成一定形式的运动(旋转或直线运动)和保持准确的运动轨迹。常见的执行件有主轴、刀架、工作台等。

(2)动力源

提供运动和动力的装置,是执行件的运动来源(也称动源)。普通机床通常都采用三相异步电机作动源(不需对电机调整,连续工作);数控机床的动源采用的是直流或交流调速电机、伺服电机和步进电机等(可直接对电机调速,频繁启动)。

(3)传动装置

传递运动和动力的装置。传动装置把动力源的运动和动力传给执行件,同时还完成变速、变向、改变运动形式等任务,使执行件获得所需要的运动速度、运动方向和运动形式。传动装置把执行件与动力源或者把有关执行件之间连接起来,构成传动系统。机床的传动按其所用介质不同,可分为机械传动、液压传动、电气传动和气压传动等。这些传动形式的综合运用体现了现代机床传动的特点。

16.2.2 机械传动

(1)机床常用的传动副及其传动关系

在机床的传动系统中,机械传动仍是主要的传动方式。用来传递运动和动力的装置称为传动副。机械传动常用的传动元件及传动副有带与带轮、齿轮与齿轮、蜗杆与蜗轮、齿轮与齿条、丝杠与螺母等。

传动副的传动比等于从动轮转速与主动轮转速之比,即

$$i=\frac{n_{从}}{n_{主}}=\frac{n_2}{n_1}$$

1)带传动

带传动是利用带与带轮之间的摩擦作用,将主动轮的转动传到另一个被动带轮上去。目前,在机床传动中,一般用 V 形带传动,如图 16.1 所示。

如不考虑带与带轮之间的相对滑动对传动的影响,主动轮和从动轮的圆周速度都与带的速度相等,即 $v_1=v_2=v_{带}$,又因为

$$v_1=\frac{\pi d_1 n_1}{1\ 000}, v_2=\frac{\pi d_2 n_2}{1\ 000}$$

故

$$i=\frac{n_2}{n_1}=\frac{d_1}{d_2}$$

式中 d_1, d_2——主动轮、从动轮的直径,mm;

n_1, n_2——主动轮、从动轮的转速,r/min。

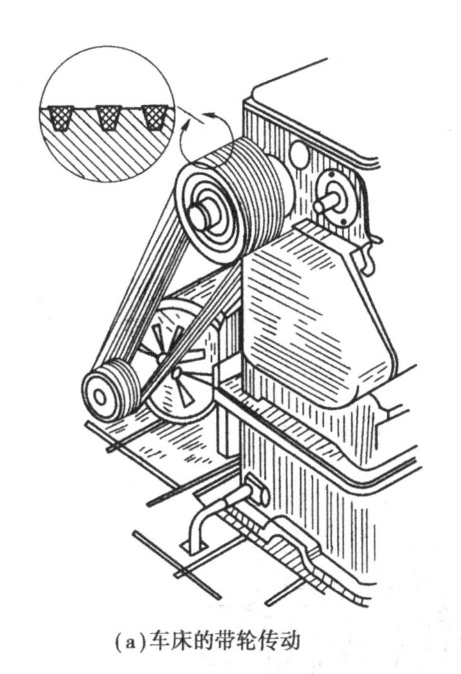

(a)车床的带轮传动

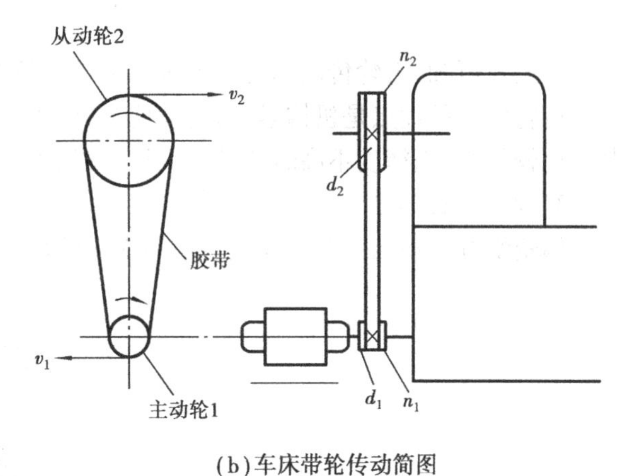

(b)车床带轮传动简图

图16.1　带传动

从上式可知,皮带轮的传动比等于主动轮的直径与从动轮直径之比。如果考虑皮带传动中的打滑,则其传动比为

$$i=\frac{n_2}{n_1}=\frac{d_1}{d_2}\varepsilon$$

式中　ε——打滑系数,约为0.98。

带传动的优点是:传动平稳;轴间距离较大;结构简单,制造和维护方便;过载时打滑,不致起机器损坏。但带传动不能保证准确的传动比,并且摩擦损失大,传动效率较低。

2)齿轮传动

齿轮传动是目前机床中应用最多的一种传动方式。它的种类很多,有直齿轮、斜齿轮、锥齿轮、人字齿轮等。其中,最常用的直齿圆柱齿轮,如图16.2所示。

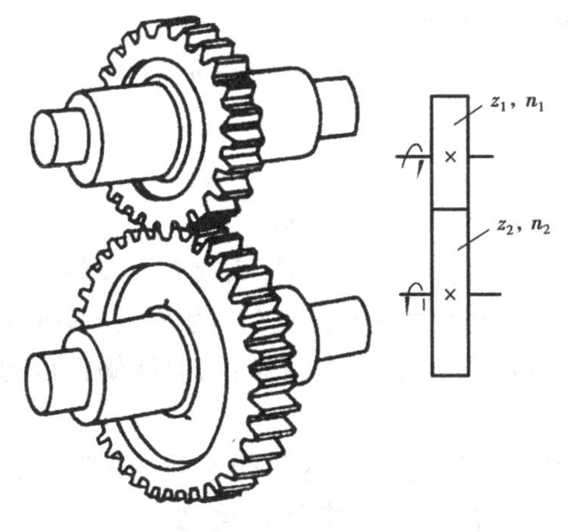

图16.2　齿轮传动

齿轮传动时，主动轮和从动轮每分钟转过的齿数应该相等，即

$$n_1z_1 = n_2z_2$$

故

$$i = \frac{n_2}{n_1} = \frac{z_1}{z_2}$$

从上式可知，齿轮传动的传动比等于主动齿轮与从动齿轮齿数之比。

齿轮传动的优点是机构紧凑，传动比准确，可传递较大的圆周力，传动效率高。其缺点是制造比较复杂，当精度不高时传动不平稳，有噪声。

3）蜗轮蜗杆传动

蜗轮蜗杆传动用于两传动轴在空间交叉的场合，如图 16.3 所示。

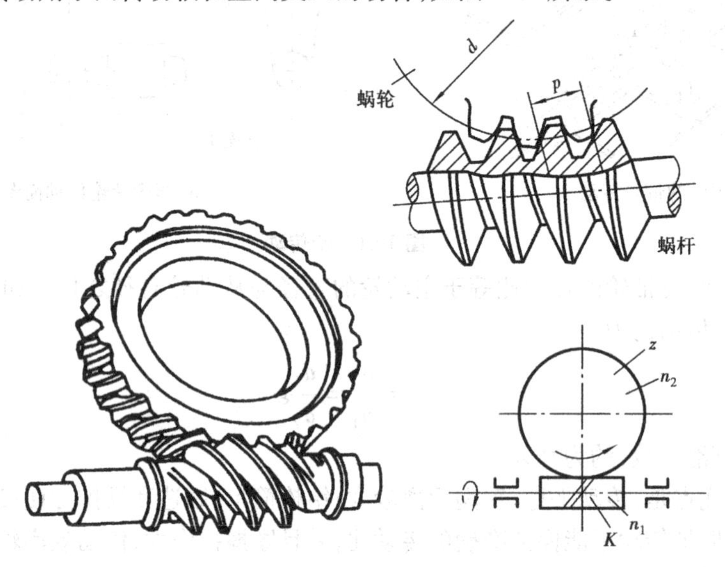

图 16.3　蜗轮蜗杆传动

蜗杆上螺旋线的头数 K 相当于齿轮的齿数，蜗轮则像个斜齿轮，其齿数用 z 表示。两者啮合传动时单头蜗杆（即 $K=1$）每转一周，蜗轮相应的被推进一个齿。

若蜗杆的头数为 K，蜗轮的齿数为 z，则

$$K \cdot n_1 = z \cdot n_2$$

故

$$i = \frac{n_2}{n_1} = \frac{K}{z}$$

上式说明，蜗轮蜗杆传动的传动比等于蜗杆头数 K 与蜗轮齿数 z 之比。

蜗杆传动的优点是可以获得较大的降速比（因为 K 比 z 小很多），而且传动平稳，无噪声，结构紧凑。但传动效率低，需要有良好的润滑条件，只能蜗杆传动蜗轮，不能逆传，即可实现自锁。

以上几种传动副的传动都没有改变运动的性质，即都还是旋转运动，只可达到增速或减速的目的。要改变运动的性质（即将旋转运动变为直线运动）就要采用以下两种传动副：

4）齿轮齿条传动

齿轮齿条传动可将旋转运动变成直线运动（齿轮为主动），也可将直线运动变为旋转运动（齿条为主动），如图16.4所示。如车床刀架的纵向进给运动就是由齿轮齿条传动来实现的。

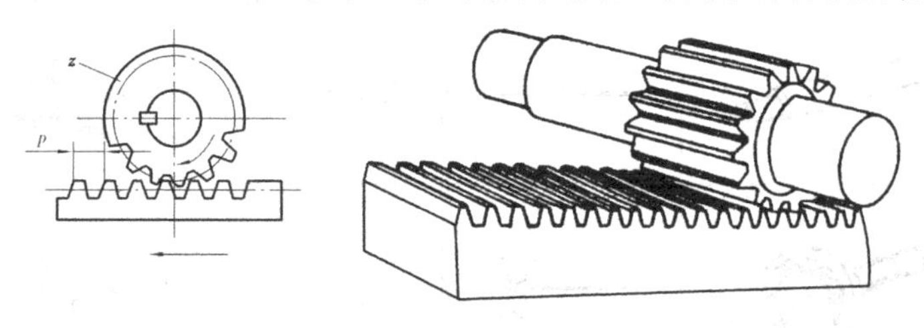

图16.4 齿轮齿条传动

若齿轮的齿数为 z，则齿条的移动速度为

$$v=\frac{p\pi n}{60}=\frac{\pi mzn}{60} \qquad \text{mm/s}$$

式中 p——齿条齿距，$p=\pi m$，mm；

n——齿轮转速，r/min；

m——齿轮、齿条模数，mm。

齿轮齿条传动的效率较高，但制造精度不高时易跳动，平稳性和准确度也较差。

5）丝杠螺母传动

丝杠螺母传动通常是将旋转运动变成直线运动，如图16.5所示。例如，车床刀架的横向进给运动就是由丝杠螺母传动来实现的。

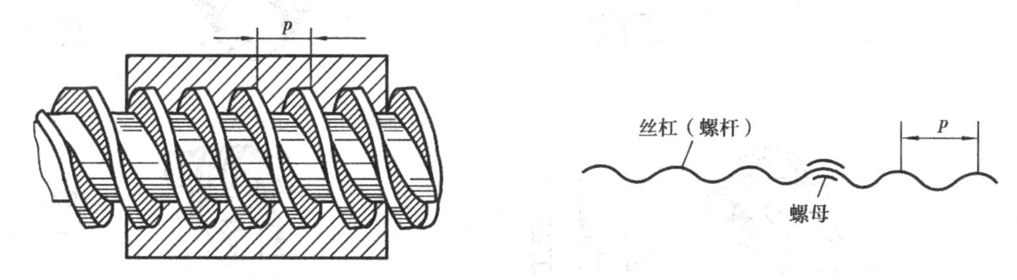

图16.5 丝杠螺母传动

若单头丝杠的螺距为 p（mm），转速为 n（r/min），则螺母沿轴线方向移动的速度为

$$v=np \qquad \text{mm/min}$$

若用多头螺纹传动时，则丝杠每转一转，螺母移动的距离等于导程 L（导程等于头数 K 与螺距 p 之乘积），即

$$v=nL=Kpn \qquad \text{mm/min}$$

丝杠螺母传动工作平稳，无噪声，传动精度高，但传动效率低。

（2）各种传动件符号

为了便于分析传动链中的传动关系，把各种传动件进行简化，并规定了一些简图符号来表示各种传动件，见表16.5。

表 16.5　常用传动件的简图符号

名　称	图　形	符　号	名　称	图　形	符　号
轴	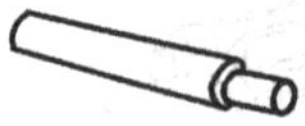		滑动轴承		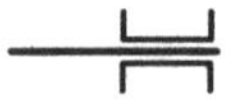
滚动轴承		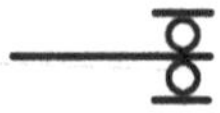	止推轴承		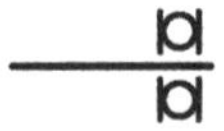
双向摩擦离合器		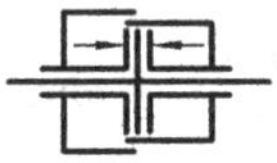	双向滑动齿轮		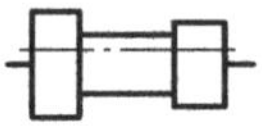
螺杆传动（整体螺母）	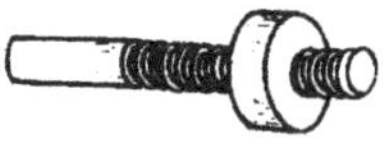		螺杆传动（开合螺母）	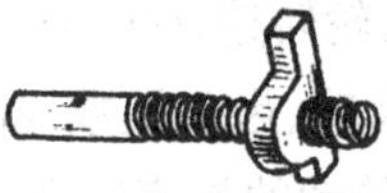	
平带传动		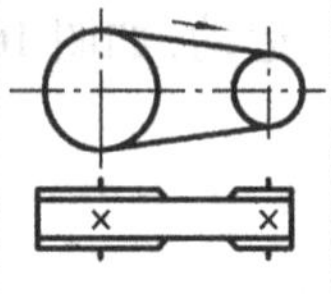	V 带传动		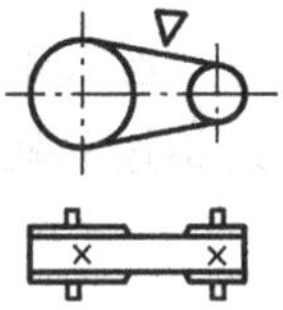
齿轮传动	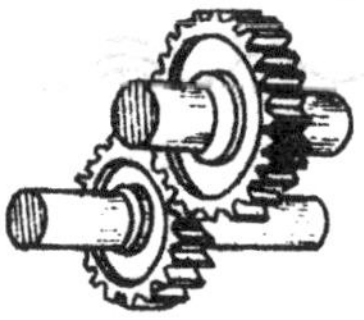	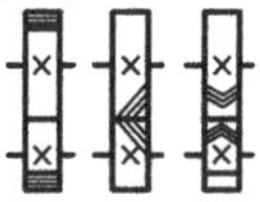	蜗杆传动	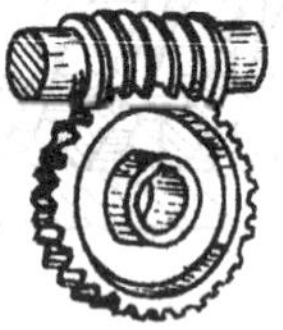	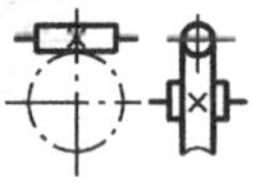
齿轮齿条传动		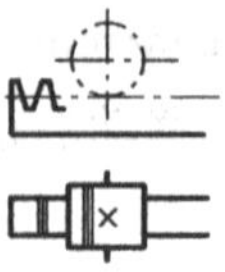	锥齿轮传动	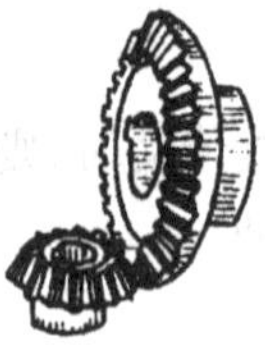	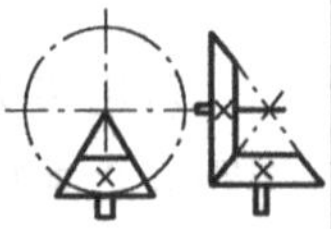

（3）传动链及其传动比

传动链是指传动副通过传动轴，把运动源（电机）与末端件（如主轴、刀架等），或把两个末端件联接起来，使其保持一定关系的传动系统。

传动链的传动比是指末端件转速与起始件转速之比。

如图16.6所示为一传动链。若已知主动轮轴的转速、带轮的直径、各齿轮的齿数、蜗轮的齿数及蜗杆的头数，则可确定传动链中任一轴的转速。

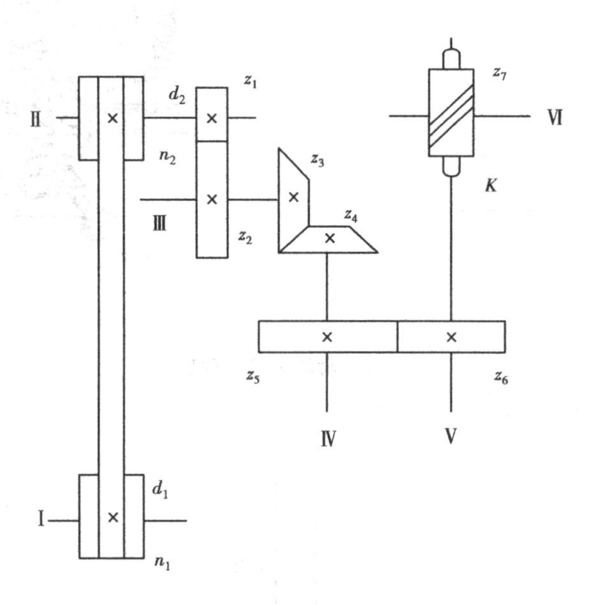

图16.6　传动链图例

根据前面学的知识可知

$$i_1=\frac{n_2}{n_1}=\frac{d_1}{d_2},i_2=\frac{n_3}{n_2}=\frac{z_1}{z_2},i_3=\frac{n_4}{n_3}=\frac{z_3}{z_4},i_4=\frac{n_5}{n_4}=\frac{z_5}{z_6},i_5=\frac{n_6}{n_5}=\frac{K}{z_7}\text{，则有}$$

$$i_{总}=\frac{n_6}{n_1}=i_1\cdot i_2\cdot i_3\cdot i_4\cdot i_5=\frac{d_1}{d_2}\cdot\frac{z_1}{z_2}\cdot\frac{z_3}{z_4}\cdot\frac{z_5}{z_6}\cdot\frac{K}{z_7}$$

从上式可知：传动链的总传动比等于各传动副的传动比之积，即

$$i_{总}=i_1\cdot i_2\cdot i_3\cdot\cdots\cdot i_n$$

(4)机床的变速机构

为适应不同的加工要求，机床的主运动和进给运动的速度需经常变换。因此，机床传动系统中要有变速结构。变速结构有无级变速和有级变速两类。目前，有级变速广泛用于中小型通用机床中。

实现机床运动有级变速的基本结构是各种两轴传动机构，它们通过不同方法变换两轴间的传动比，当主动轴转速固定不变时，从动轴得到不同的转速。常用的变速结构有以下3种：

1)滑动齿轮变速

滑动齿轮变速机构是通过改变滑动齿轮的位置进行变速，如图16.7所示。齿轮z_1,z_2,z_3固定在轴Ⅰ上，由齿轮z_4,z_5,z_6组成的三联滑动齿轮块，以键与Ⅱ连接，可沿轴向滑动，通过手柄可拨动三联滑动齿轮，即移换左、中、右3个位置，使其分别与主动轴Ⅰ上的齿轮z_1,z_2,z_3相啮合，于是轴Ⅱ可得到3种不同转速。

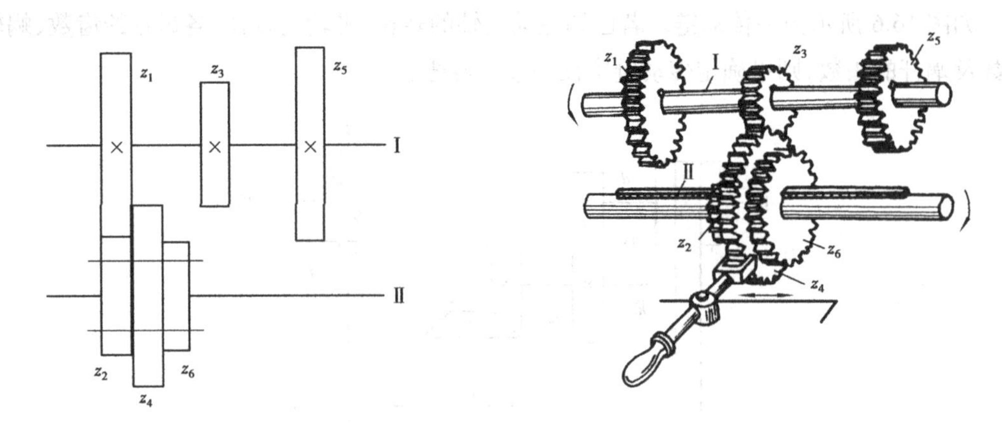

图 16.7 滑动齿轮变速机构

此时变速机构的传动路线可表述为

$$-\mathrm{I}-\begin{Bmatrix}\dfrac{z_1}{z_2}\\ \dfrac{z_3}{z_4}\\ \dfrac{z_5}{z_6}\end{Bmatrix}-\mathrm{II}-$$

这种变速机构变速方便(但不能在运转中变速),结构紧凑,传动效率高,机床中应用最广。

2)离合器式齿轮变速

离合器式齿轮变速是利用离合器进行变速。如图 16.8 所示为一牙嵌式离合器齿轮变速机构。固定在轴Ⅰ上的齿轮 z_1和 z_3分别与空套在轴Ⅱ上的齿轮 z_2和 z_4保持啮合。由于两对齿轮传动比不同,当轴Ⅰ转速一定时,齿轮 z_2和 z_4将以不同转速旋转,因而利用带有花键的牙嵌式离合器 M_1 向左或向右移动,使齿轮 z_2和 z_4分别与轴Ⅱ连接,即轴Ⅱ就可获得两级不同的转速。以传动链形式表示,可写为

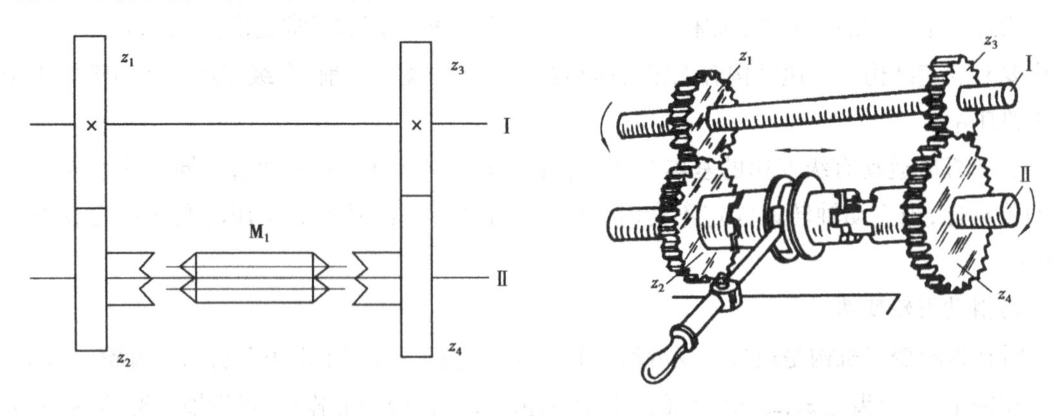

图 16.8 离合器式齿轮变速

$$-\mathrm{I}-\begin{Bmatrix}\frac{z_1}{z_2}\\ \frac{z_3}{z_4}\end{Bmatrix}-\mathrm{II}-$$

离合器变速机构变速方便,变速时齿轮不需移动,可采用斜齿轮传动,使传动平稳,齿轮尺寸大时操纵比较省力,可传递较大的转矩,传动比准确。但不能在运转中变速,各对齿轮经常处于啮合状态,故磨损较大,传动效率低。该机构多用于重型机床及采用斜齿轮传动的变速箱等。

3)交换齿轮变速

交换齿轮变速机构是通过交换齿轮进行变速,如图16.9所示。齿轮 a 和 d 分别装在固定轴Ⅰ,Ⅱ上,齿轮 b 和 c 装在中间轴上,借助挂轮架来调节齿轮 a 和 b 以及 c 和 d 之间的中心距。由于齿轮 b 和 c 的中心位置可在一定范围内变动。因此,选用交换齿轮齿数的灵活性较大,能够获得数值不规则而又非常准确的传动比。一般在机床附件中都配备有一套不同齿数的齿轮。

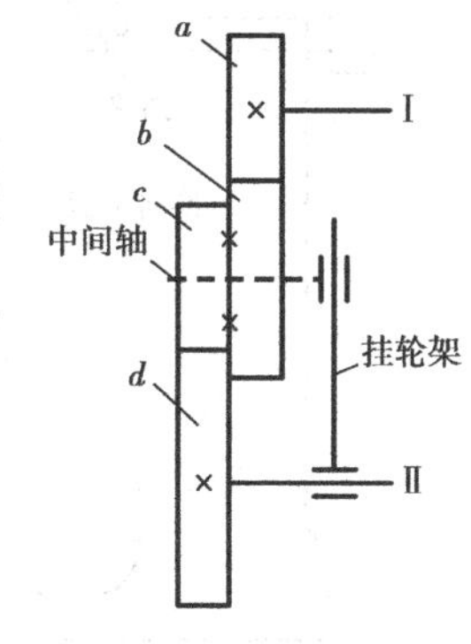

图16.9　交换齿轮变速机构

(5)机械传动的特点

机械传动与液压传动、电气传动相比较,其主要优点如下:

①传动比准确,适用于定比传动。

②实现回转运动的结构简单,并能传递较大的扭矩。

③故障容易发现,便于维修。

但是,机械传动一般情况下不够平稳;制造精度不高时,振动和噪声较大;实现无级变速的机构较复杂,成本高。因此,机械传动主要用于速度不太高的有级变速传动中。

16.2.3　机床的液压传动

(1)液压系统工作原理

下面通过外圆磨床工作台纵向王府运动液压系统的工作原理扼要说明液压传动在磨床上的应用。

如图16.10所示,整个系统由液压泵、液压缸、安全阀、节流阀、换向阀及换向手柄等元件组成。工作时,由液压泵供给的高压油,经节流阀进入换向阀再输入液压缸的右腔,推动活塞连同工作台向左移动。液压缸左腔的油,经换向阀流入油箱。当工作台向左行至终点时,固定在工作台前侧的行程挡块12,推动换向手柄,换向阀的活塞被拉至虚线位置,高压油则进入液压缸的左腔,使工作台向右运动。液压缸右腔的油也经换向阀流入油箱。工作台的运动速度是通过节流阀控制输入液压缸油的流量来调节。过量的油可经安全阀流回油箱。工作台的行程长度和位置可通过调整挡块之间的距离和位置来调节。

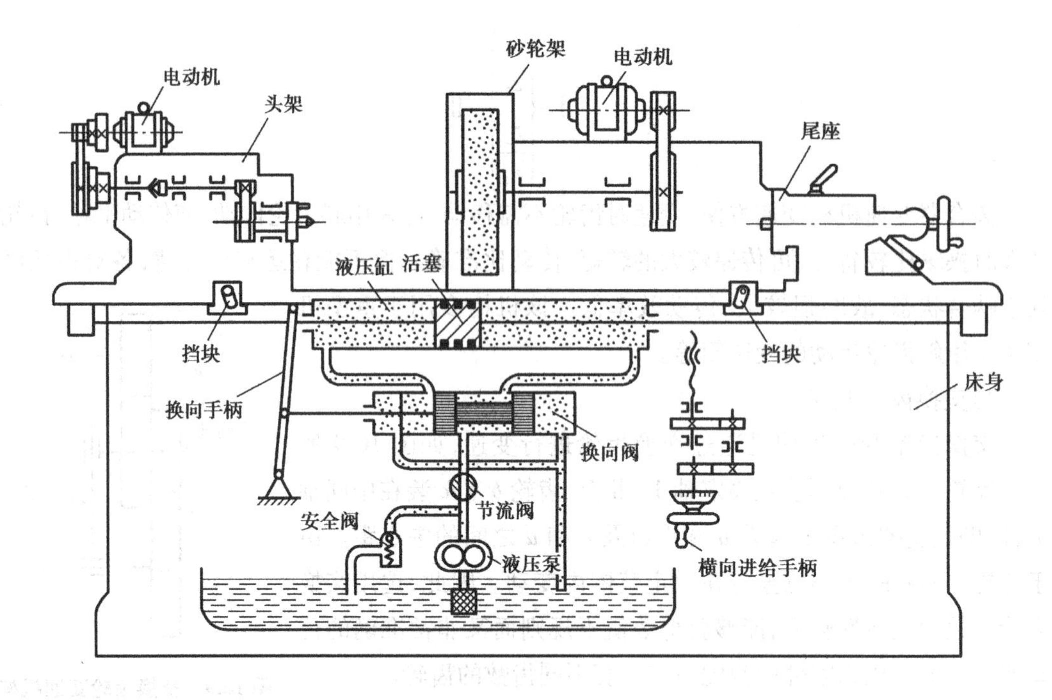

图 16.10 外圆磨床液压传动示意图

(2)机床液压传动系统的组成

机床液压传动系统主要由以下 4 个部分组成:

1)动力元件——液压泵

它是将电动机输出的机械能转变为液压能的一种能量转换装置,是液压传动系统中的一个重要组成部分。

2)执行机构——液压缸

它用于把液压泵输入的液体压力能转变为机械能的能量转换装置,是实现往复直线运动的一种执行件。

3)控制元件——各种阀类

其中,节流阀控制油液的流量;换向阀控制油液的流动方向,溢流阀控制油液压力,等等。

4)辅助装置

它包括油管、油箱、滤油器、压力表、冷却装置和密封装置等。其作用是创造必要的条件,以保证液压系统正常工作。

(3)液压传动的特点

液压传动与机械传动、电气传动相比较,有以下优点:

1)可无级变速

易于在较大范围内实现无级变速,可获得最佳速度,能在运转中变速。

2)传动平稳

由于以液体为工作介质,油液本身有吸振的能力,故传动平稳,便于频繁换向和自动防止过载。

3)操作简单

便于采用电液联合控制,操纵比较简单、省力,易于实现自动化。

4)寿命长

机件在油中工作,润滑好、寿命长。

5)体积小、质量轻

在相同输出功率的条件下,液压传动的体积和质量都比机械传动、气传动要小而轻,因而惯性小、动作灵敏。

液压传动的缺点是:当油液温度和黏度变化或负载变化时,往往不易保持运动速度的稳定,不宜在低温或高温条件下工作;液压传动由于采用液体为工作介质,在相对运动表面间不可避免地要有泄漏,同时液体具有可压缩性,管路等也会产生弹性变形,故液压传动一般不宜用在传动比要求严格处。

16.3　普通车床传动系统分析

机床的传动系统分析通常要利用传动系统图。机床传动系统图是将各种传动元件用简单的符号,并按运动传递顺序依次排列,以展开图形式画在机床外形轮廓内的一张传动示意图。如图16.11所示为C616卧式车床的传动系统图。传动系统图只能表示传动关系,并不代表各传动元件的实际尺寸和空间位置,通常在图中还需注明齿轮及蜗轮的齿数、带轮直径、丝杠的导程和线数、电动机的转速和功率、传动轴的编号等。传动轴的编号通常从动力源(如电动机)开始,按运动传递顺序,依次用罗马数字Ⅰ,Ⅱ,Ⅲ…表示。字母M代表离合器。

根据传动系统图分析机床的传动关系时,首先应弄清楚机床有几个执行件,工作时有哪些运动,它的动力源是什么,然后按照运动的传递顺序,从动力源至执行件依次分析各传动轴间的传动结构与传动关系。分析传动结构时,应特别注意齿轮、离合器等传动件与传动轴的连接关系(如固定、空套或滑移),从而找出运动的传递关系,列出传动路线与运动平衡方程式等。

机床的传动系统是建立在具体的部件和机构之上,为了便于了解传动系统内部机构的组成和各机构间的传动联系,还采用传动框图来简化分析。如图16.12所示为C616普通车床的传动框图,图16.12可与图16.11对照运用。

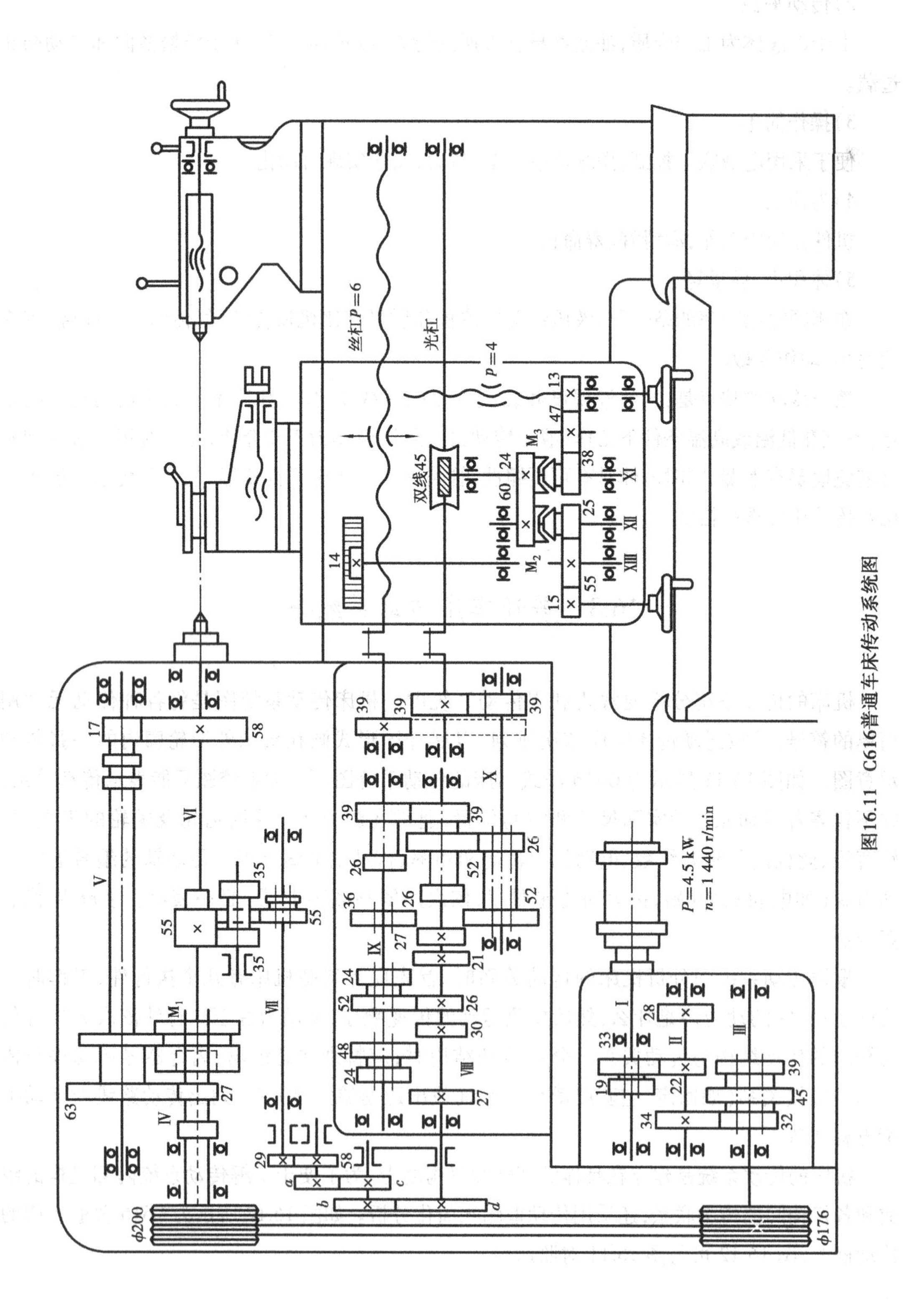

图16.11 C616普通车床传动系统图

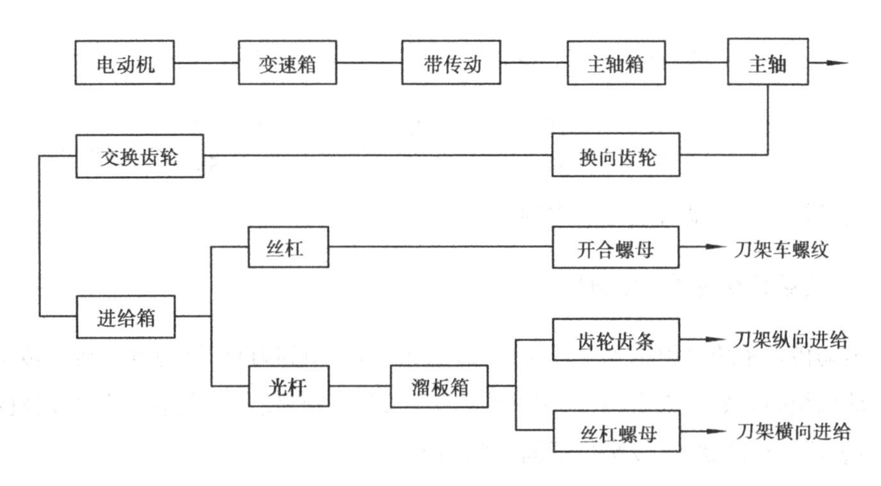

图 16.12 C616 普通车床传动框图

16.3.1 主运动传动系统分析

由电动机经变速箱、皮带轮、主轴箱到主轴，称为主运动传动链，即主运动传动系统的起始件为电动机，末端件为主轴。其任务是将电动机的运动传给主轴，使主轴带动工件旋转实现主运动，并使其获得各种不同的转速，以满足不同加工情况的需要。

主运动的传动路线是由电动机开始，带动变速箱内的轴 I 旋转。轴 I 上有一个双联滑动齿轮 19,33，可分别与轴 II 上的齿轮 34,22 相啮合，使轴 II 获得两种转速。轴 II 上的齿轮 34，22 和 28 又可分别与轴 III 上的三联滑动齿轮 32,45 和 39 相啮合，使轴 III 得到 6 种转速。然后再带轮 $\phi176/\phi200$ 传至主轴箱内。$\phi200$ 的带轮与齿轮 27 由轴套连成一体，空套在轴 IV 上。轴套 V 的两端有齿轮 63 和 17，主轴 VI 上有固定齿轮 58。轴套 IV 的运动分两条路线传至主轴 VI：一是经过齿轮 27/63 和 17/58 将运动传给主轴 VI，使主轴获得 6 种低速，此时内齿离合器 M_1 为打开状态；二是通过移动轴套 V，带动内齿轮离合器 M_1 向左移动，与齿轮 27 啮合，同时也使轴套 V 上的齿轮 63，17 向左与齿轮 27,58 脱开，将运动直接传至主轴，使主轴获得 6 种高速。

因此，主运动的传动链结构式可表述为

$$\begin{matrix}\text{电动机}\\(1\,440\ \text{r/min})\end{matrix}-\text{I}-\left\{\begin{matrix}\dfrac{33}{22}\\[2ex]\dfrac{19}{34}\end{matrix}\right\}-\text{II}-\left\{\begin{matrix}\dfrac{34}{32}\\[2ex]\dfrac{28}{39}\\[2ex]\dfrac{22}{45}\end{matrix}\right\}-\text{III}-\frac{\phi176}{\phi200}-\text{IV}-\left\{\begin{matrix}\text{开}\ M_1\ \dfrac{27}{63}-\text{V}-\dfrac{17}{58}\\[2ex]\text{合}\ M_1\end{matrix}\right\}-\text{主轴 VI}$$

从传动链结构式可知，主轴 VI 共有 $2\times3\times2=12$ 种转速。

根据传动链传动比的计算方法，可计算出主轴的每一种转速。例如，主轴的最大转速 n_{max} 和最小转速 n_{min} 可计算为

$$n_{\max} = 1\ 440\ \text{r/min} \times \frac{33}{22} \times \frac{34}{22} \times \frac{176}{200} \times 0.98 = 1\ 980\ \text{r/min}$$

$$n_{\min} = 1\ 440\ \text{r/min} \times \frac{19}{34} \times \frac{22}{45} \times \frac{176}{200} \times 0.98 \times \frac{27}{63} \times \frac{17}{58} = 43\ \text{r/min}$$

主轴的反转是靠电动机反转实现的。

16.3.2　进给运动传动系统分析

进给运动传动系统是由主轴经挂轮架、进给箱、溜板箱到刀具,称为进给运动传动链,即进给运动传动系统的起始件为主轴,末端件为刀架。其任务是使刀架带着刀具实现机动的纵向进给、横向进给或车削螺纹,以满足不同车削加工的需要。

进给运动传动系统是由主轴经过变向机构(见图 16.13)55/55 或 55/35×35/55 传给轴Ⅶ,再经挂轮箱的齿轮 29/58 和交换齿轮 *a/b*,*c/d* 将运动传至进给箱。传动系统中的变速机构一般只变向不变速。

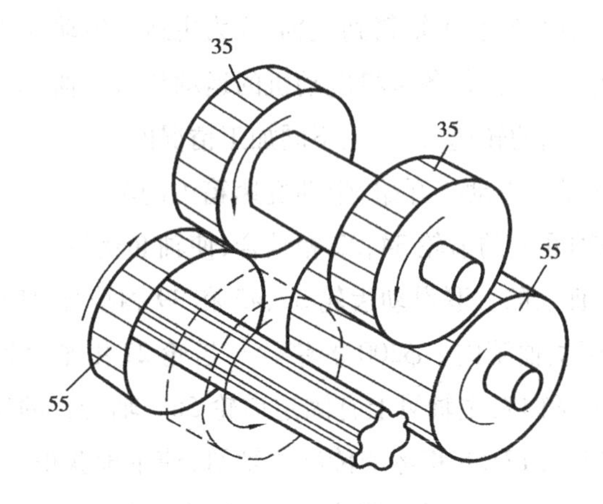

图 16.13　变向机构

进给箱内的传动,是由轴Ⅶ通过齿轮 27/24,30/48,26/52,21/24,27/36 中的任意一对齿轮将运动传至轴Ⅸ,再经倍增机构的齿轮 26/52 或 39/39,以及齿轮 26/52 或 52/26 将运动传至轴Ⅹ。移动轴Ⅹ上的齿轮 39 又可分别与丝杠或光杆上的齿轮 39 啮合,从而带动丝杠或光杆转动。

光杆转动时,运动经溜板箱内的蜗杆蜗轮 2/45 传至轴Ⅺ。当合上锥形离合器 M_2时,运动再经齿轮 24/60,25/55 传至轴ⅩⅢ。轴ⅩⅢ顶端有小齿轮 14,它与固定在床身上的齿条相啮合,小齿轮 14 转动时,带动溜板箱、床鞍及刀架作纵向进给运动。当合上锥形离器 M_3时,运动由齿轮 38/47,47/13 传至横向丝杠,使横向丝杠转动,通过螺母带动刀架作横向进给运动,脱开离合器,纵向或横向进给可以手动。进给运动的传动路线可用传动结构式表示为

$$
\text{主轴}\,\mathrm{VI}-\left\{\begin{matrix}\dfrac{55}{55}\\[2mm]\dfrac{55}{35}\times\dfrac{35}{55}\end{matrix}\right\}-\mathrm{VII}-\frac{29}{58}-\frac{a}{b}\times\frac{c}{d}-\mathrm{VIII}-\left\{\begin{matrix}\dfrac{27}{24}\\ \dfrac{30}{48}\\ \dfrac{26}{52}\\ \dfrac{21}{24}\\ \dfrac{27}{36}\end{matrix}\right\}-\mathrm{IX}-\left\{\begin{matrix}\dfrac{26}{52}\\ \dfrac{39}{39}\end{matrix}\right\}-\left\{\begin{matrix}\dfrac{26}{52}\\ \dfrac{52}{26}\end{matrix}\right\}-\mathrm{X}-\frac{39}{39}-
$$

$$
-\left\{\begin{matrix}\text{丝杠螺母（车螺纹）}\\[2mm] \text{光杆}-\dfrac{2}{45}-\mathrm{XI}-\left\{\begin{matrix}\dfrac{24}{60}-\mathrm{XII}-M_2-\dfrac{25}{55}-\text{齿轮齿条（纵向进给）}\\[2mm] M_3-\dfrac{38}{47}\times\dfrac{47}{13}-\text{丝杠螺母（横向进给）}\end{matrix}\right.\end{matrix}\right.
$$

在进给运动中,进给量或螺距也可根据各条传动路线上传动件的传动比来计算,即

$$f_{纵}=1\times\frac{55}{55}\times\frac{29}{58}\times\frac{a}{b}\times\frac{c}{d}\times\frac{39}{39}\times\frac{26}{52}\times\frac{39}{39}\times\frac{2}{45}\times\frac{24}{60}\times\frac{25}{55}\times 2\pi\times 14\ \mathrm{mm/r}$$

$$f_{横}=1\times\frac{55}{55}\times\frac{29}{58}\times\frac{a}{b}\times\frac{c}{d}\times\frac{39}{39}\times\frac{26}{52}\times\frac{39}{39}\times\frac{2}{45}\times\frac{38}{47}\times\frac{47}{13}\times 4\ \mathrm{mm/r}$$

实际上,在一般车削和加工各种标准螺距的螺纹时,并不需要计算,只要从进给量及螺距的指示牌中,选出挂轮箱应配换的齿轮和调整进给箱上各操纵手柄的位置即可。

车螺纹时,丝杠转动把运动传至溜板箱内,固定在溜板箱内的开合螺母与丝杠相配合,当合上开合螺母,丝杠的转动变成溜板箱的移动即可车削螺纹。通过进给箱中的滑动齿轮和倍增机构,以及 7 组不同传动比的交换齿轮,便可车出各种不同螺距的螺纹。通过床头箱中的反向机构,能够使丝杠获得不同的转向,从而车出右螺纹或左螺纹。

复习思考题

1.机床主要由哪几部分组成?各自的功用如何?

2.机床为何要分类?如何分类?

3.机床机械传动主要由哪几部分组成?有何优点?

4.机床液压传动主要由哪几部分组成?有何优点?

5.指出下列型号各为何种机床?

CM1107A　　CA6140　　Y3150E　　MM7132A　　T4140

L6120　　X5032　　B2021A　　DK7725　　Z5125A

6.机床的有级变速机构有哪几种?各有何特点?

7.机床液压传动系统是由哪几部分组成?它们在系统中各起何作用?

8.简述数控机床的工作原理及组成。

9.根据如图 16.14 所示的传动系统图,试列出其传动链结构式,并要求:

(1)主轴Ⅴ有哪几种转速?

(2)计算主轴Ⅴ的最高转速和最低转速。

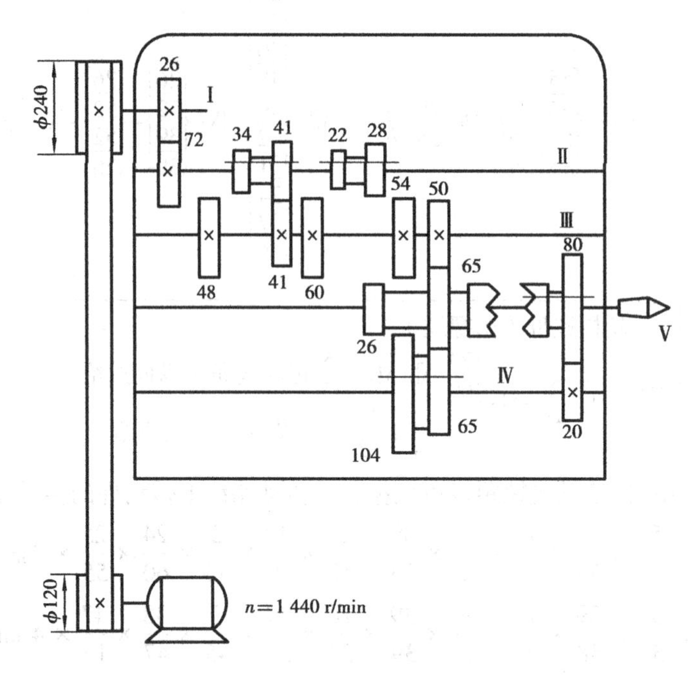

图 16.14　传动系统图

10.如图 16.15 所示为某一机床的传动系统图,要求:

(1)试列出主运动和进给运动传动链;

(2)试计算轴 A 的转速;

(3)试求轴 A 转 1 周时 B 转过的周数;

(4)试求轴 A 转 1 周时螺母 C 移动的距离。

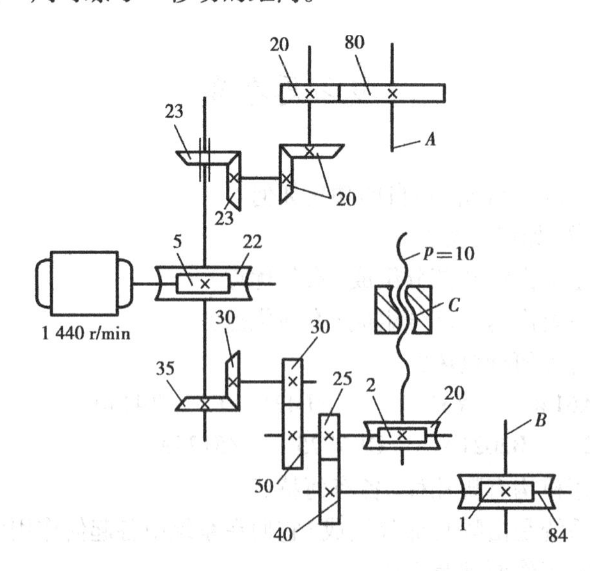

图 16.15　机床的传动系统图

第17章 常用加工方法综述

机械零件种类繁多,但其形状都是由一些基本表面组合而成。零件的最终成形,实际上是由一种表面形式向另一种表面形式的转化,包括不同表面的转化、不同尺寸的转化及不同精度的转化。转化过程的实现,主要依靠切削运动。不同切削运动(主运动和进给运动)的组合便形成了不同的切削加工方法。常用的切削加工方法有车削、钻削、镗削、刨削、铣削及磨削等。对某一表面的加工可采用多种方法,只有了解加工方法的特点和应用范围,才能合理选择加工方法,进而确定最佳加工方法。

17.1 车削加工

回转面是机械零件中应用最广泛的一种表面形式,而车削是加工回转面的主要方法。因此车削在各种加工方法中占的比重最大。一般在机加工车间内,车床约占机床总数的50%。

17.1.1 车床

为了满足加工的需要,车床的类型很多,主要有卧式车床、立式车床、转塔车床、自动车床及数控车床等。下面主要介绍生产中常用的卧式车床、立式车床及数控车床。

(1)卧式车床

卧式车床是目前生产中应用最广的一种车床,它具有性能良好、结构先进、操作轻便、通用性大和外形整齐美观等优点。但自动化程度较低,适用于单件小批生产中,加工各种轴、盘、套等类零件上的各种表面或机修车间。如图17.1所示为CA6140型卧式车床的外形图。它的主要部件如下:

1)主轴箱

主轴箱固定在床身的左端。主轴箱的功用是支承主轴,使它旋转、停止、变速,变向。主轴箱内装有变速机构和主轴。主轴是空心的,中间可穿过棒料。主轴的前端装有卡盘,用以夹持工件。车床的电动机经V带传动,通过主轴箱内的变速机构,把动力传给主轴,以实现车削的主运动。

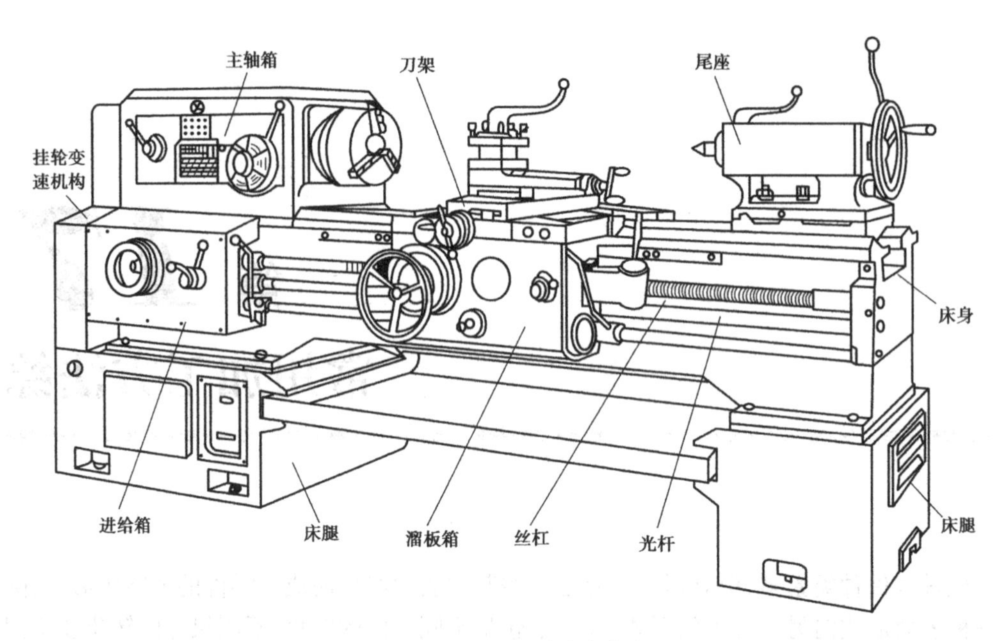

图 17.1 CA6140 型卧式车床

2）刀架

刀架装在床身的床鞍导轨上。刀架的功用是安装车刀，一般可同时装 4 把车刀。床鞍的功用是使刀架作纵向、横向和斜向运动。刀架位于 3 层滑板的顶端。最底层的滑板就称为床鞍，它可沿床身导轨纵向运动，可以机动也可以手动，以带动刀架实现纵向进给。第二层为中滑板，它可沿着床鞍顶部的导轨作垂直于主轴方向的横向运动，也可以机动或手动，以带动刀架实现横向进给。最上一层为小滑板，它与中滑板以转盘连接，因此小滑板可在中滑板上转动，调整好某个方向后，可带动刀架实现斜向手动进给。

3）尾座

尾座安装在床身的尾座导轨上，可沿床身导轨纵向运动以调整其位置。尾座的功用是用后顶尖支承长工件和安装钻头、铰刀等进行孔加工。尾座可在其底板上作少量的横向运动，以便用后顶尖住的工件车锥体。

4）床身

床身固定在左床腿和右床腿上。床身用来支承和安装车床的主轴箱、进给箱、溜板箱、刀架、尾座等，使它们在工作时保证准确的相对位置和运动轨迹。床身上面有两组导轨——床鞍导轨和尾座导轨。床身前方床鞍导轨下装有长齿条，与溜板箱中的小齿轮啮合，以带动溜板箱纵向移动。

5）溜板箱

溜板箱固定在床鞍底部。它的功用是将丝杠或光杆的旋转运动，通过箱内的开合螺母和齿轮齿条机构，使床鞍纵向移动，使中滑板横向移动。在溜板箱表面装有各种操纵手柄和按钮，用来实现手动或机动、进给或车螺纹、纵向进给或横向进给、快速进退或工作速度移动等等。

6）进给箱

进给箱固定在床身的左前侧。箱内装有进给运动变速机构。进给箱的功用是让丝杠旋转或光杆旋转、改变机动进给的进给量和改变被加工螺纹的导程。

7)丝杠

丝杠左端装在进给箱上,右端装在床身右前侧的挂脚上,中间穿过溜板箱。丝杠专门用来车螺纹。若溜板箱中的开合螺母合上,丝杠就带动床鞍移动车制螺纹。

8)光杆

光杆左端也装在进给箱上,右端也装在床身右前侧的挂脚上,中间也穿过溜板箱。光杆专门用于实现车床的自动纵、横向进给。

9)挂轮变速机构

它装在主轴箱和进给箱的左侧,其内部的挂轮连接主轴箱和进给箱。交换齿轮变速机构的用途是车削特殊的螺纹(英制螺纹、径节螺纹、精密螺纹和非标准螺纹等)时调换齿轮用。

(2)立式车床

立式车床的主要特征是主轴立式布置,工件装夹在水平的回转工作台上,刀架在横梁或立柱上移动。立式车床可分为单柱式(见图 17.2(a))和双柱式(见图 17.2(b))两大类。单柱式立式车床加工的直径小于 1 600 mm;双柱式立式车床加工的直径大于 2 000 mm,最大可达25 000 mm。

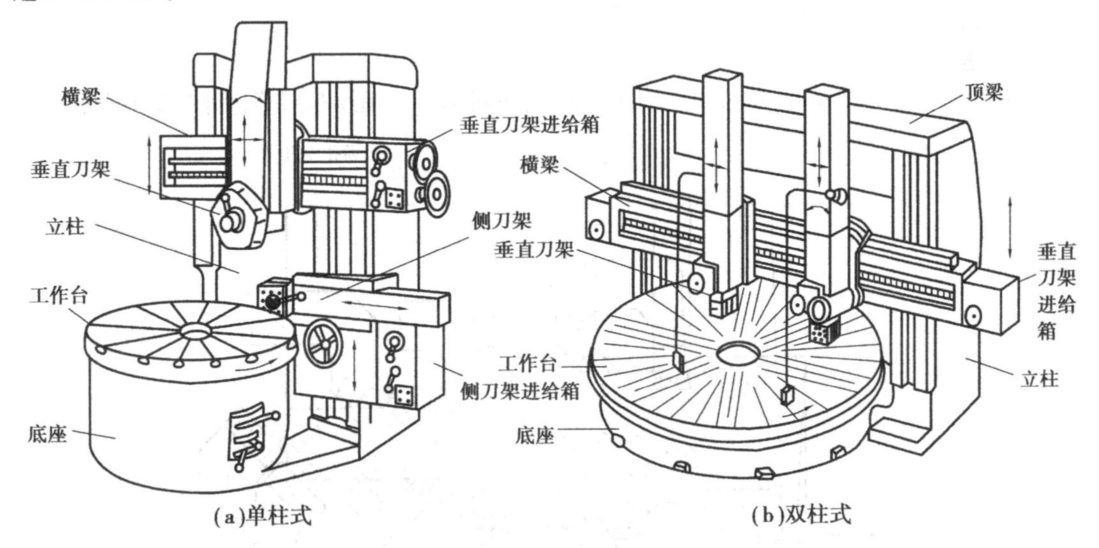

图 17.2　立式车床

立式车床的主参数用最大车削直径表示。由于主轴立式布置,工作台台面处于水平位置,安装沉重的工件和找正都比较方便。又由于工件和工作台的质量主要由床身导轨承受,大大减轻了主轴及其轴承的负荷,因此较易保证大件加工的精度。为了适应不同高低的工件,横梁连同垂直刀架一起,可沿立柱的导轨上下作调节运动,横梁移至所需高度后锁紧在立柱上。垂直刀架可沿横梁导轨移动作横向进给,以及沿刀架滑座的导轨移动作垂直进给。刀架滑座可左右扳转一定角度,以便刀架作斜向进给。垂直刀架上通常带一个五角形的转塔刀架,它除了可安装各种车刀完成车内外圆柱面,内外圆锥面,端面,以及倒角和沟槽等工序外,还可安装各种孔加工刀具完成钻、扩、铰等工序。侧刀架可完成车外圆、车槽、倒角、车端面等工序。立式车床适合加工直径大、长度短的大型和重型工件。

(3)数控车床

数控车床的主要特征具有实现自动控制的数控系统;适应性强,加工对象改变时只需改变输入的程序指令即可;可精确加工复杂的回转成形面而且质量高而稳定。用途与普通车床大体一样,主要用于中小批生产中加工各种轴、盘、套等类零件上的各种表面,特别适宜加工特殊螺纹和复杂的回转成形面。如图 17.3 所示为一数控车床外观图。

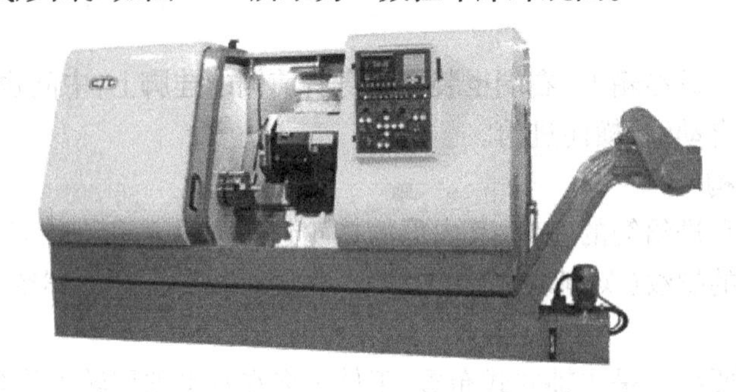

图 17.3 数控车床外观图

17.1.2 车刀

车刀种类很多,具体可按用途和结构分类。

(1)按用途分类

车刀可分为外圆车刀、内孔车刀、端面车刀、切断车刀及螺纹车刀等,如图 17.4 所示。

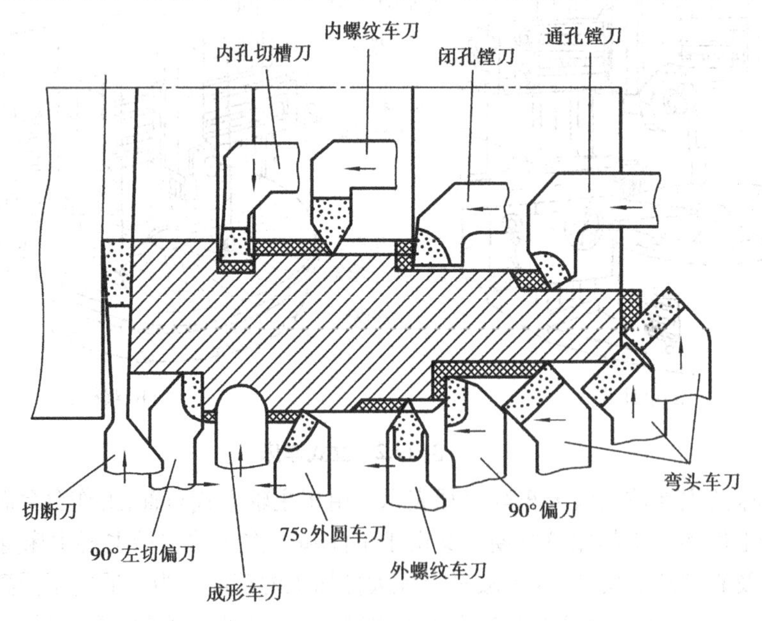

图 17.4 常见车刀种类

(2)按结构分类

车刀按其结构可分为整体车刀、焊接车刀、机夹车刀及可转位车刀。具体见第 15 章的有关内容。

17.1.3 工件的安装

在车床上安装工件时,应使被加工表面的回转中心与车床主轴的轴线重合,以保证工件位

置准确;要把工件夹紧,以承受切削力,保证工作时安全。在车床上加工工件时,主要有以下 5 种安装方法:

(1)三爪卡盘

三爪卡盘是车床最常用的附件。其结构如图 17.5 所示。当转动小锥齿轮时,与之啮合的大锥齿轮也随之转动,大锥齿轮背面的平面螺纹就使 3 个卡爪同时缩向中心或胀开,以夹紧不同直径的工件。由于 3 个卡爪能同时移动并对中(对中精度为 0.05~0.15 mm),故三爪卡盘适于快速夹持截面为圆形、正三边形、正六边形的工件。三爪卡盘本身还带有 3 个“反爪”,反方向装到卡盘体上,即可用于夹持直径较大的工件。

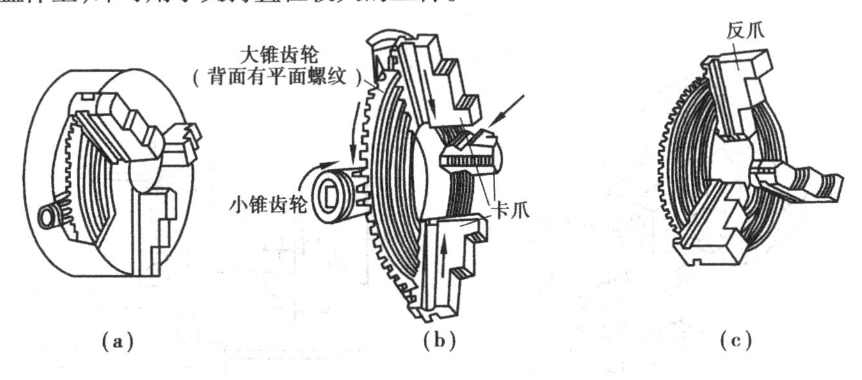

图 17.5 三爪卡盘结构

三爪卡盘由于三爪联动,能自动定心,但夹紧力小,故适用于装夹圆棒料、六角棒料及外表面为圆柱面的工件。

(2)四爪卡盘

四爪卡盘的构造如图 17.6(a)所示。它的 4 个卡爪与三爪卡盘不同,是互不相关的,可以单独调整。每个爪的后面有一半瓣内螺纹,跟丝杠啮合,丝杠的一端有一方孔,是用来安插卡盘扳手的。当转动丝杠时这卡爪就能上下移动。卡盘后面配有法兰盘,法兰盘有内螺纹与主轴螺纹相配合。由于四爪单动,夹紧力大,但装夹时工件需找正(见图 17.6(b)、(c)),故适合于装夹毛坯、方形、椭圆形和其他形状不规则的工件及较大的工件。

(3)用顶尖安装

卡盘装夹适合于安装长径比小于 4 的工件,而当某些工件在加工过程中需多次安装,要求有同一基准,或无须多次安装,但为了增加工件的刚性(加工长径比为 4~10 的轴类零件时),往往采用双顶尖安装工件,如图 17.7 所示。

用顶尖装夹,必须先在工件两端面上用中心钻钻出中心孔,再把轴安装在前后顶尖上。前顶尖装在车床主轴锥孔中与主轴一起旋转。后顶尖装在尾座套筒锥孔内。它有死顶尖和活顶尖两种。死顶尖与工件中心孔发生摩擦,在接触面上要加润滑脂润滑。死顶尖定心准确,刚性好,适合于低速切削和工件精度要求较高的场合。活顶尖随工件一起转动,与工件中心孔无摩擦,它适合于高速切削,但定心精度不高。用两顶尖装夹时,需有鸡心夹头和拨盘夹紧来带动工件旋转。

当加工长径比大于 10 的细长轴时,为了防止轴受切削力的作用而产生弯曲变形,往往需要加用中心架或跟刀架支承,以增加其刚性。

中心架的应用如图 17.8 所示。中心架固定于床身导轨上,不随刀架移动。中心架应用较

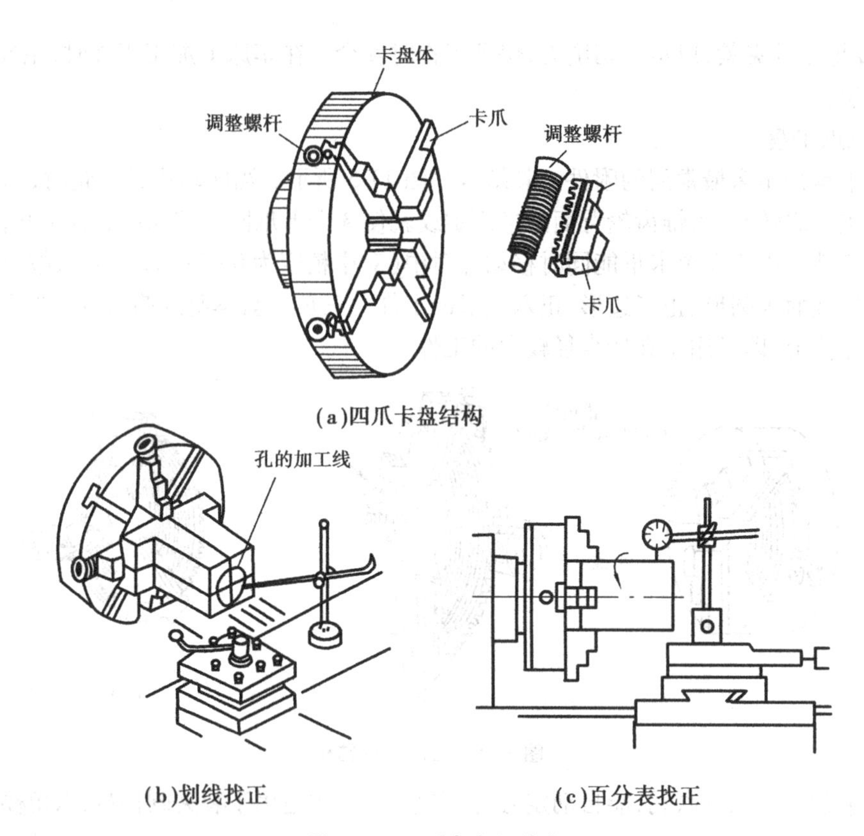

(a)四爪卡盘结构

(b)划线找正

(c)百分表找正

图 17.6　四爪卡盘及其找正

广泛,尤其是在中心距很长的车床上加工细长工件时,必须采用中心架,以保证工件在加工过程中有足够的刚性。

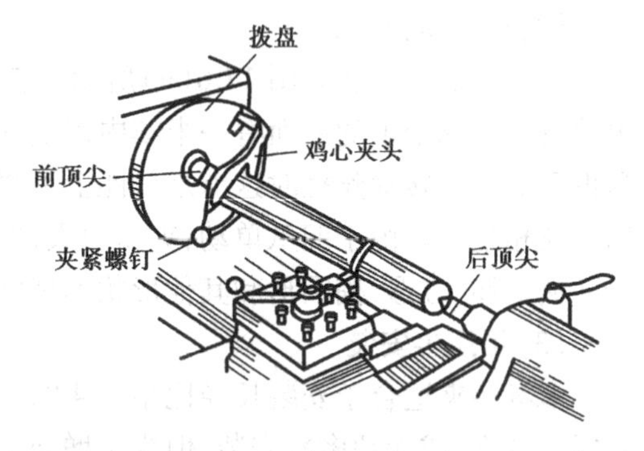

图 17.7　用双顶尖安装工件

如图 17.9 所示为跟刀架的使用情况。利用跟刀架的目的与利用中心架的目的基本相同,都是为了增加工件在加工中的刚性。其不同点在于跟刀架只有两个支承点,而另一个支承点被车刀所代替。跟刀架固定在大拖板上,可跟随拖板与刀具一起移动,从而有效地增强了工件在切削过程中的刚性。故跟刀架常被用于精车细长轴工件上的外圆,有时也适用于需一次装夹而不能调头加工的细长轴类工件。

(4)用心轴安装

这种安装方法适用于已加工内孔的工件。利用内孔定位,安装在心轴上,然后再把心轴安装在车床前后顶尖之间。用心轴装夹可保证工件孔与外圆、孔与端面的位置精度。

如图 17.10(a)所示为带锥度(一般为 1/2 000 ~ 1/1 000)的心轴,工件从小端压紧到心轴上,不需夹紧装置,定位精度较高。当工件内孔的长度与内径之比小于 1 ~ 1.5 时,由于孔短,套装在带锥度的心轴上容易歪斜,不能保证定位的可靠性,此时可采用圆柱面心轴(见图 17.10(b)),工件的左端靠紧在心轴的台阶上,用螺母压紧。这种心轴与工件内孔常用间隙配合,因此定位精度较差。

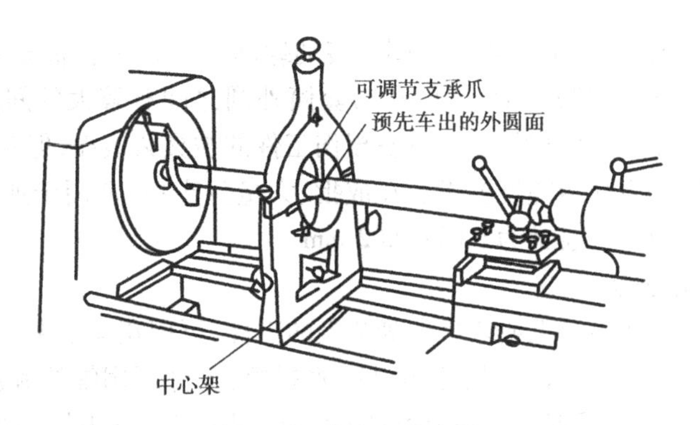

图 17.8　中心架的应用

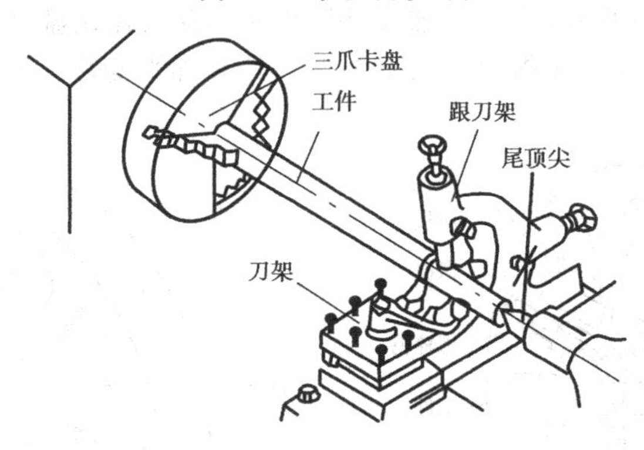

图 17.9　跟刀架的应用

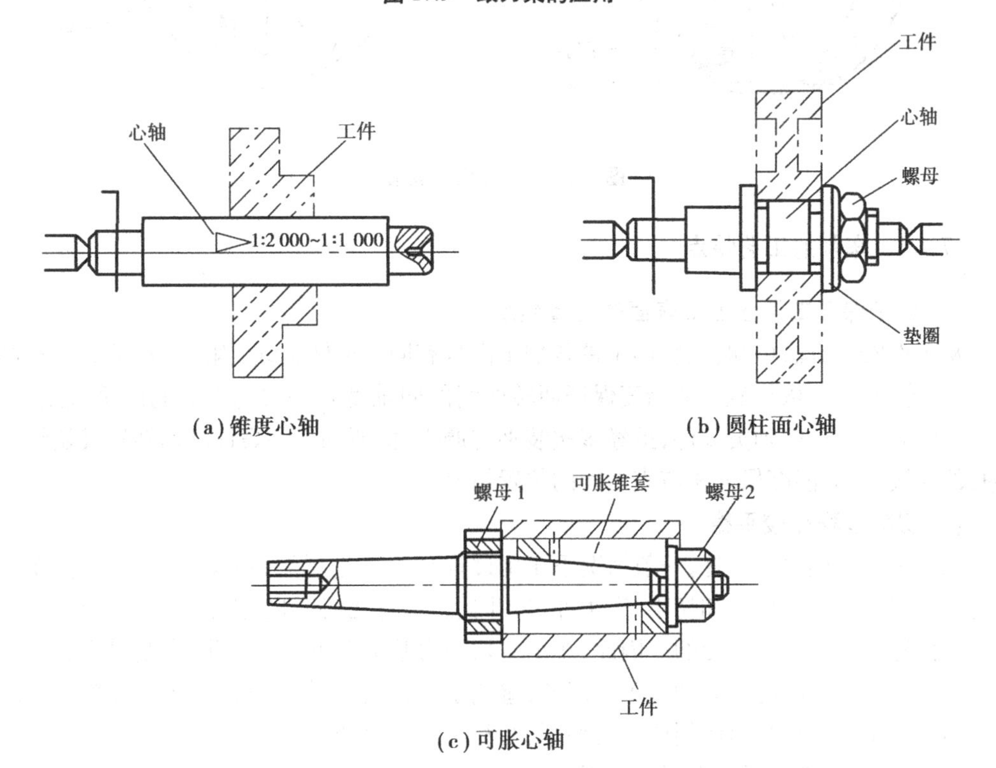

图 17.10　用心轴安装工件

如图 17.10(c)所示为可胀心轴示意图。转动螺母 2,可使可胀轴套沿轴向移动,心轴锥部使套筒胀开,撑紧工件。在胀紧前,工件孔与套筒外圆之间有较大的间隙。采用这种安装方式,装卸工件方便,可缩短夹紧时间,且不易损伤工件的被夹紧表面,但对工件的定位表面有一定的尺寸、形状精度和表面粗糙度要求。在成批、大量生产中,常用于加工小型零件。其定位精度与心轴制造质量有关,通常为 0.01~0.02 mm。

(5)用花盘-弯板安装

形状不规则、无法使用三爪或四爪卡盘装夹的工件,可用花盘装夹。花盘是安装在车床主轴上的一个大圆盘,盘面上的许多长槽用以穿放螺栓,工件可用螺栓和压板直接安装在花盘上,如图 17.11(a)所示;也可把辅助支承角铁(弯板)用螺钉牢固夹持在花盘上,工件则安装在弯板上。如图 17.11(b)所示为加工一轴承座断面和内孔时在花盘上装夹的情况。为了防止转动时因中心偏向一边而产生振动,在工件的另一边要加平衡铁。工件在花盘上的位置需经仔细找正。

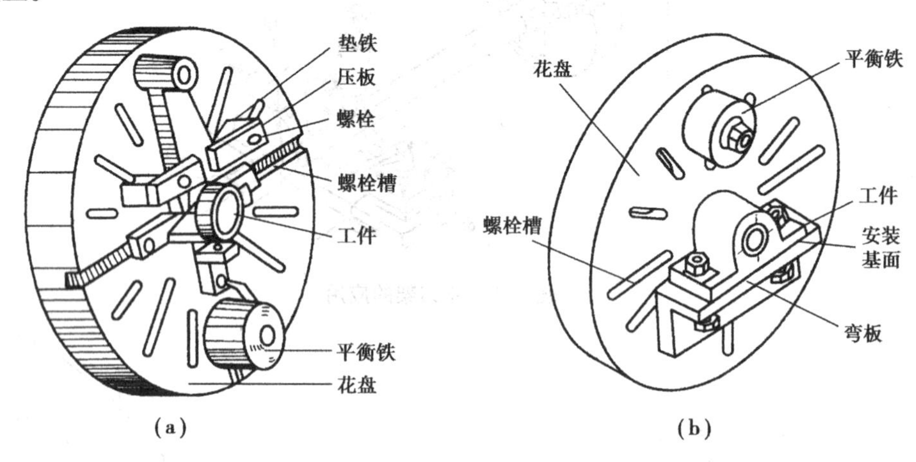

图 17.11　用花盘上安装工件

17.1.4　车削的工艺特点

(1)易于保证工件各加工表面的位置精度

从工件安装方法可知,回转体工件各加工面具有同一回转轴线,因此一次装夹可车削出外圆面、内孔及端面,依靠机床的精度保证回转面间的同轴度及轴线与端面间的垂直度。另外,对于以中心孔定位的轴类零件,虽经多次装夹与调头,但所加工的表面其回转轴线始终是两中心孔的连线,因而能够保证相应表面间的位置精度。

(2)切削过程比较平稳

除了车削断续表面之外,一般情况下车削过程是连续进行的,不像铣削和刨削,在一次走刀过程中刀齿有多次切入和切出,产生冲击,并且当车刀几何形状、背吃刀量和进给量一定时,切削层公称横截面积是不变的。因此,车削时切削力基本上不发生变化,车削过程比铣削和刨削平稳。又由于车削的主运动为工件回转,避免了惯性力和冲击的影响,因此,车削允许采用较大的切削用量进行高速切削或强力切削,有利于提高生产效率。

(3)适用于有色金属零件的精加工

某些有色金属零件,因材料本身的硬度较低,塑性较好,用砂轮磨削时,软的磨屑易堵塞砂轮，难以得到很光洁的表面。因此，当有色金属零件表面粗糙度 Ra 值要求较小时，不宜采用磨削加工，而要用车削或铣削等切削加工。用金刚石刀具在车床上以很小的背吃刀量（$a_p<0.15$ mm）和进给量（$f<0.1$ mm/r）以及很高的切削速度（$v_c\approx300$ m/min），进行精细车削，加工精度可达 IT6—IT5，表面粗糙度 Ra 值达 0.4~0.1 μm。

（4）刀具简单

车刀是刀具中最简单的一种，制造、刃磨和安装均较方便，这就便于根据具体加工要求，选用合理的角度。因此，车削的适应性较广，并且有利于加工质量和生产效率的提高。

17.1.5　车削的应用

在车床上使用不同的车刀或其他刀具，可加工各种回转表面，如内外圆柱面、内外圆锥面、螺纹、沟槽、端面及成形面等。加工精度可达 IT8—IT7，表面粗糙度 Ra 值为 1.6~0.8 μm。卧式车床上能完成的各种加工如图 17.12 所示。下面仅介绍车锥面、车成形面和车螺纹。

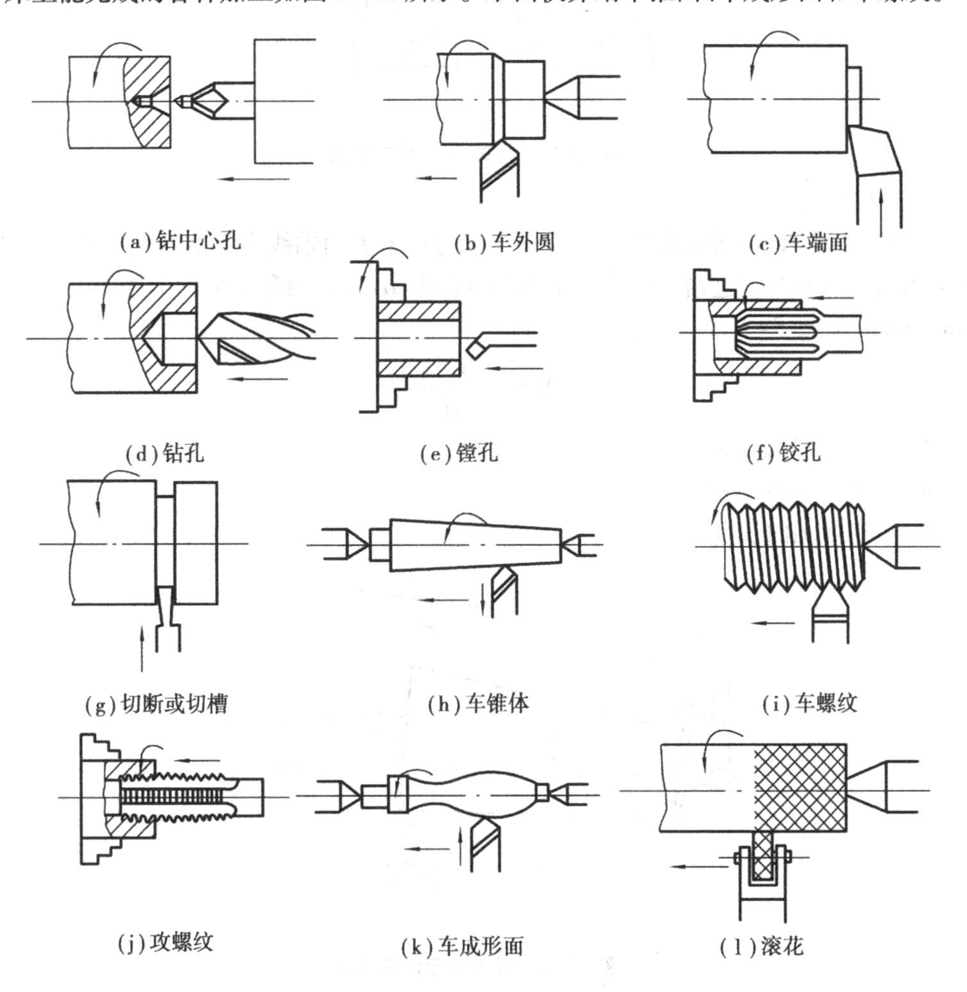

图 17.12　车削的运动和加工范围

（1）车锥面

在车床上车锥面的常用方法主要有以下 4 种：

1)转动小滑板

如图 17.13 所示,把小滑板扳转一个等于工件圆锥斜角 α 的角度,然后转动小滑板手柄手动进给,就能车出工件的圆锥表面。这种方法内外圆锥均可加工。但限于小滑板行程而不能车长锥体。由于小滑板不能自动进给,手摇手柄进给速度不易均匀而且费力,车出锥体的表面粗糙度较大。它适合于车削长度短、锥度大的内、外锥体和整体圆锥(如顶尖)。

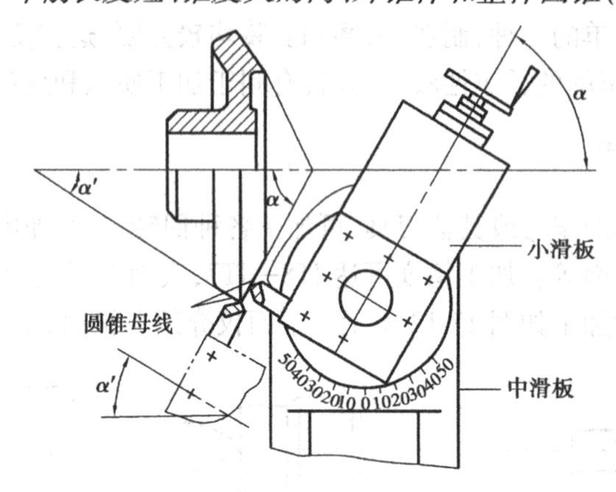

图 17.13 扳转小滑板车锥面

2)偏移尾座法

如图 17.14 所示,把尾座偏移 S,使工件轴线与车床主轴轴线之间的夹角等于工件锥体的斜角 α,就可用床鞍自动进给车削外圆锥,则 $S=L\sin\alpha$(L 为两顶尖之间的距离)。当 α 很小时,$\sin\alpha\approx\tan\alpha$,故 $S=L\tan\alpha$,则

$$S=\frac{L(D-d)}{2l}$$

式中 D——锥体大端直径;

d——锥体小端直径;

l——锥体轴向长度。

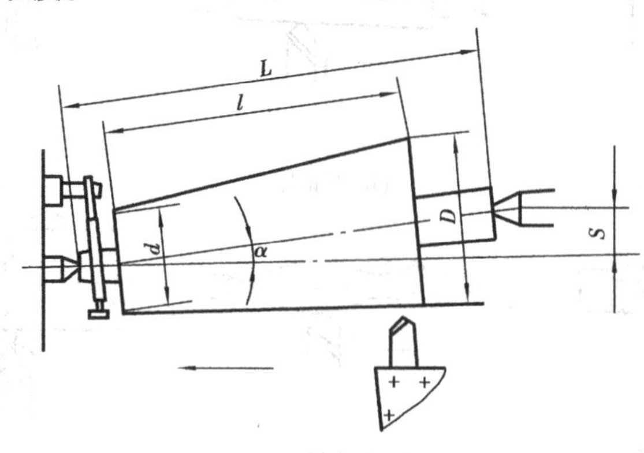

图 17.14 偏移尾座法车锥面

这种方法的优点是能利用床鞍自动进给,车出锥体表面质量好。它的缺点是顶尖与中心孔接触不良,磨损不均匀,中心孔的精度容易丧失,而且不能车内锥体和整体圆锥。它适合车削长度大、锥度小的外锥体。

3）靠模法

如图 17.15 所示为常见的靠模装置。它的底座固定在车床床身后面。底座上装有锥度靠模，它可绕轴销转动。当靠模转动工件锥体的斜角后，用螺钉紧固在底座上。滑块可自由地在锥度靠模的槽中移动。中滑板与它下面的丝杠已脱开，它通过接长板与滑块连接在一起。车削时，床鞍作纵向自动走刀。中滑板被床鞍带动，同时受靠模的约束，获得纵向和横向的合成运动，使车刀刀尖的轨迹平行于靠模的槽，从而车出所需的外圆锥。这时，小滑板需转动 90°，以便横向吃刀。

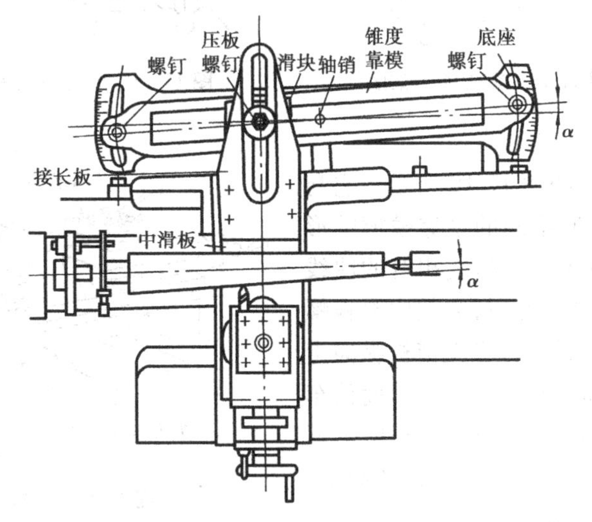

图 17.15　用靠模法车锥面

采用靠模加工锥体，生产率高，加工精度高，表面质量好。但需要在车床上安装一套靠模。它适于成批生产车削长度大、锥度小的外锥体。

4）宽刀法

宽刀法车锥面如图 17.16 所示。刀刃必须平直，与工件轴线夹角应等于圆锥半角 $\alpha/2$，工件和车刀的刚度要好，否则容易引起振动。表面粗糙度 Ra 值取决于车刀刀刃的刃磨质量和加工时的振动情况，一般可达 6.3~3.2 μm。宽刀法只适宜加工较短的锥面，生产率较高，在成批和大量生产中应用较多。

（2）车成形面

在车床上加工的成形面是由一条曲线（母线）绕以固定轴线回转而成的表面，如手柄、圆球等。车成形面的方法主要有以下 3 种：

1）双手控制法

用双手同时操纵横向和纵向进给手柄，使刀刃的运动轨迹与所需成形面的曲线相符，从而加工出所需的成形面。成形面的形状一般用样板检验。这种方法的优点是灵活、方便，必须要其他辅助工具，但生产率低，对工人技术水平要求较高。因此，这种方法主要适于单件小批生产和要求不高的成形面。

2）成形刀法

成形刀法车锥面如图 17.17 所示。它与宽刀法车锥面类似，所不同的是刀刃不是斜线而是曲线，与零件的表面轮廓形状相一致。由于成形刀的刀刃不能太宽，刃磨出的曲线形状也不十分准确，因此常用于加工形状比较简单、要求不太高的成形面。

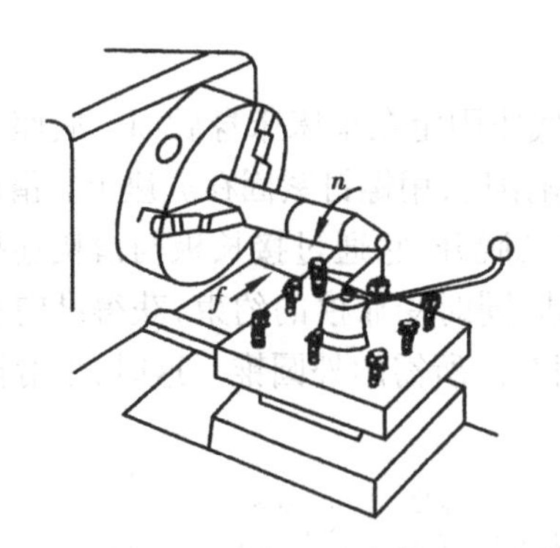

图 17.16　宽刀法车锥面

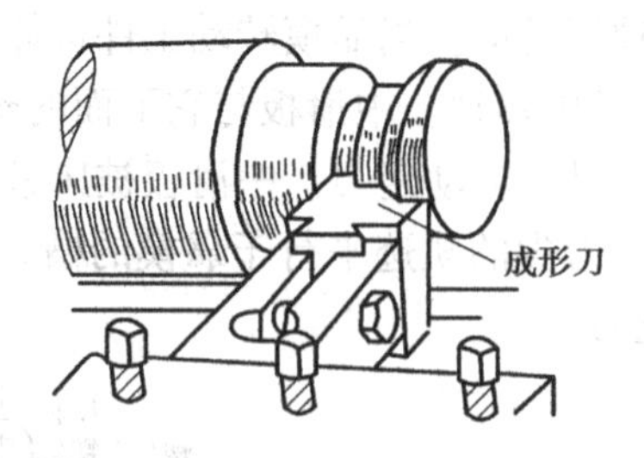

图 17.17　成形刀法车成形面

3)靠模法

靠模法车成形面如图 17.18 所示。它与靠模法车锥面类似,所不同的是靠模槽的形状不是斜槽,而是与成形面母线相符的曲线槽,并将滑块换成滚柱。此时,刀架中滑板螺母与横向丝杠也必须脱开。当大拖板纵向走刀时,滚柱在靠模的曲线槽内移动,从而使车刀刀尖也随之作曲线移动,即可车出所需要的成形面。这种方法加工成形面,操作简单,生产率较高,因此多用于成批生产。

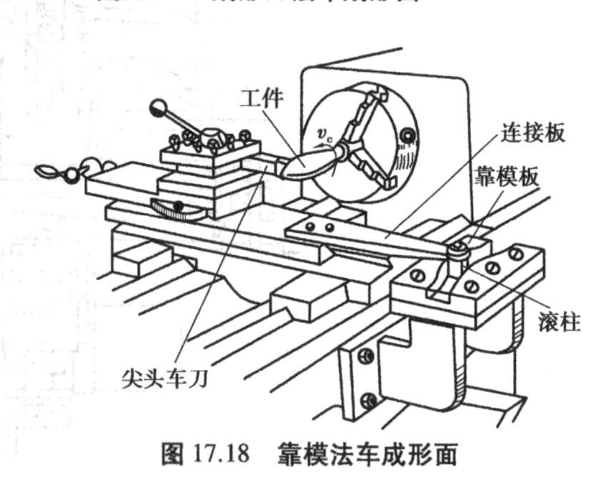

图 17.18　靠模法车成形面

(3)车螺纹

螺纹的应用很广泛,如车床的主轴与卡盘的连接、方刀架上螺钉对刀具的紧固、丝杠与螺母的传动等。

各种螺纹车削的基本规律大致相同。现以车削普通螺纹为例加以说明。

1)保证牙型

为了获得正确的牙型,需要正确刃磨车刀和安装车刀。

①正确刃磨车刀包括两方面的内容:一是使车刀切削部分的形状应与螺纹沟槽截面形状相吻合,即车刀的刀尖角等于牙型角 α;二是使车刀背前角 $\gamma_p=0°$。粗车螺纹时,为了改善切削条件,可用带正前角的车刀,但精车时一定要使用背前角 $\gamma_p=0°$的车刀。

②正确安装车刀也包括两方面的内容:一是车刀刀尖必须与工件回转中心等高;二是车刀刀尖角的平分线必须垂直于工件轴线。为了保证这一要求,安装车刀时常用对刀样板对刀。

2)保证螺距

为了获得所需要的工件螺距 $p_{工}$,必须正确调整车床和配换齿轮,并在车削过程中避免“乱扣”。

①调整车床和配换齿轮的目的是保证工件与车刀的正确运动关系。一般加工前根据工件的螺距 $p_{工}$,查机床上的标牌,然后调整进给箱上的手柄位置及配换齿轮的齿数即可。

②螺纹需经过多次走刀才能切成。在多次走刀中,必须保证车刀总是落在第一次切出的螺纹槽内,否则称为“乱扣”。如果乱扣,工件即成废品。若 $p_{丝}/p_{工}$ 为整数,在车削过程中可任

意打开对开螺母,当再合上对开螺母时,车刀仍会落入原来已切出的螺纹槽内,不会乱扣;若 $p_{丝}/p_{工}$ 不为整数,则会产生“乱扣”,此时一旦合上对开螺母,就不能再打开对开螺母,纵向退刀须开反车退回。

17.2　钻、镗加工

在机械加工中,孔广泛存在于各类零件上,而且对孔的要求差异很大,如孔径、孔深、公差等级和表面粗糙度等。因此,各种孔加工除了用车削加工方法(主要加工回转体工件上的孔)外,还可以用钻削和镗削加工。

17.2.1　钻床及其加工范围

常用的钻床有台式钻床、立式钻床和摇臂钻床 3 种。它们共同的特点是:工件固定在工作台上不动,刀具安装在机床主轴上,主轴一方面旋转作主运动,一方面沿着轴线方向移动作进给运动。

(1)台式钻床

台式钻床是一种放在钳工桌上使用的小型钻床(见图 17.19)。它适合于在小型工件上加工孔径在 12 mm 以下的小孔。主轴靠塔形带轮变速。主轴的进给为手动。为了适应不同高度工件的加工需要,主轴架可沿立柱上下调整其位置。调整前,先移动定位环并锁紧,以防调节主轴架时主轴架坠落。小工件放在工作台上加工。工作台也可在立柱上上下移动,并绕立柱旋转到任意位置。工件较大时,可把工作台转开,直接放在机座上加工。

(2)立式钻床

立式钻床的主轴在水平面上的位置是固定的(见图 17.20),这一点与台式钻床相同。在加工时,必须移动工件,使要加工的孔的中心对准主轴轴线。因此,立式钻床适合于中小型工件上孔的加工(孔径小于 50 mm)。立式钻床主轴箱中装有主轴、主运动变速机构、进给运动

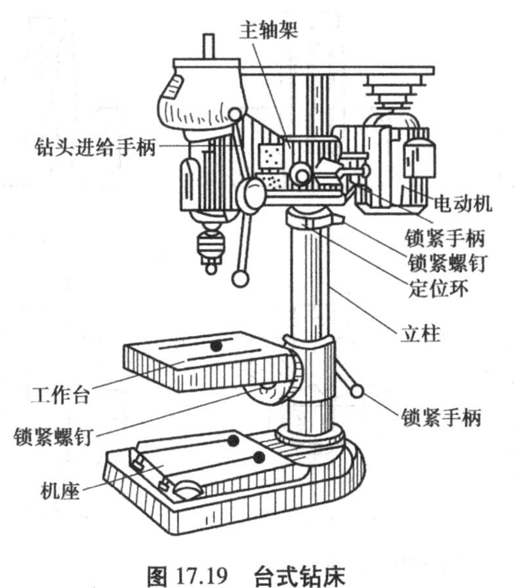

图 17.19　台式钻床

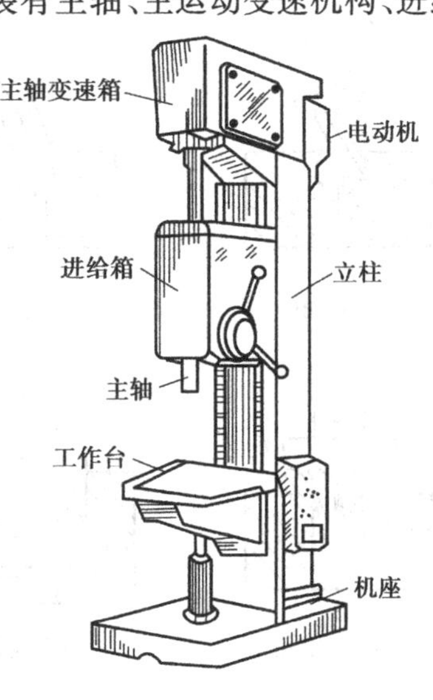

图 17.20　立式钻床

变速机构和操纵机构。加工时,主轴箱固定不动,主轴能够正、反旋转。利用操纵机构上的进给手柄使主轴沿着主轴套筒一起作手动进给,以及接通或者断开机动进给。工件直接或通过夹具安装在工作台上。工作台和主轴箱都装在方形截面的立柱垂直导轨上,可上下调节位置,以适应不同高度的工件。

(3)摇臂钻床

摇臂钻床有一个能绕立柱旋转的摇臂,摇臂带着主轴箱可沿立柱垂直移动,同时主轴箱还能在摇臂上作横向移动,主轴可沿自身轴线垂向移动或进给(见图 17.21)。由于摇臂钻床的这些特点,操作时能很方便地调整刀具的位置,以对准被加工孔的中心,而不需移动工件来进行加工,比起在立钻上加工要方便得多。因此,它适宜加工一些笨重的大型工件及多孔工件上的大、中、小孔,广泛应用于单件和成批生产中。

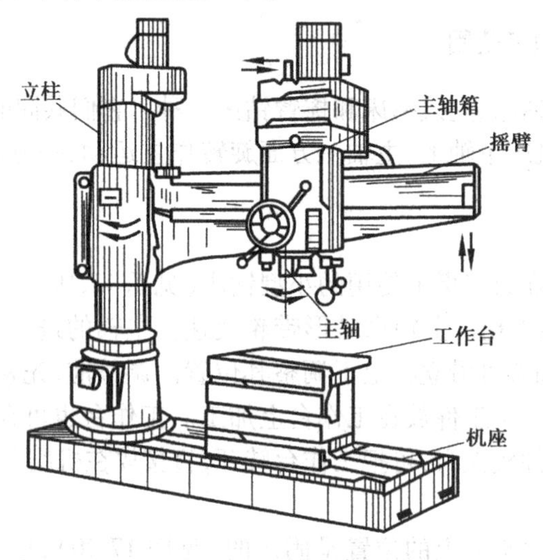

图 17.21　摇臂钻床

在钻床能完成的工作如图 17.22 所示。

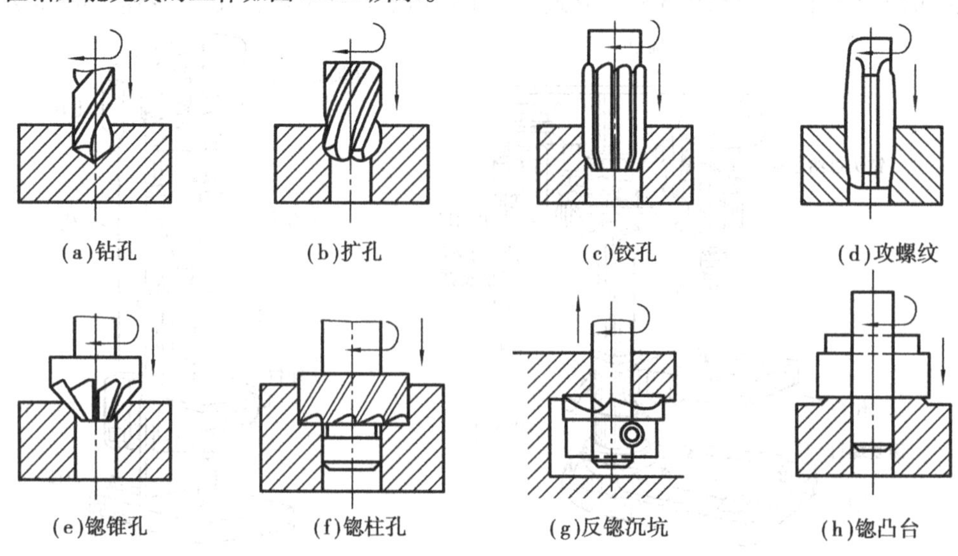

图 17.22　钻床加工范围

17.2.2　钻孔

用钻头在实体材料上加工孔称为钻孔。在钻床上钻孔时，工件固定不动，钻头旋转作主运动，又同时向下作轴向移动完成进给运动。

(1) 钻头

1) 麻花钻的构造

钻头是最常用的孔加工刀具，由高速钢制成。其结构如图 17.23 所示。它是由柄部、颈部和工作部分 3 部分组成。柄部是钻头的夹持部分，用来传递钻削运动和钻孔时所需的扭矩。直径小于 12 mm 的做成直柄；大于 12 mm 的为锥柄。颈部位于工作部分和柄部之间，它是为磨削钻柄而设的越程槽，也是打标记的地方。工作部分由导向部分和切削部分组成，导向部分包括两条对称的螺旋槽和较窄的刃带，螺旋槽的作用是形成切削刃和排屑；刃带与工件孔壁接触，起导向和减少钻头与孔壁摩擦的作用。切削部分有两个对称的切削刃和一个横刃，切削刃承担切削工作，其夹角为 118°；横刃起辅助切削和定心作用，但会大大增加钻削时的轴向力。

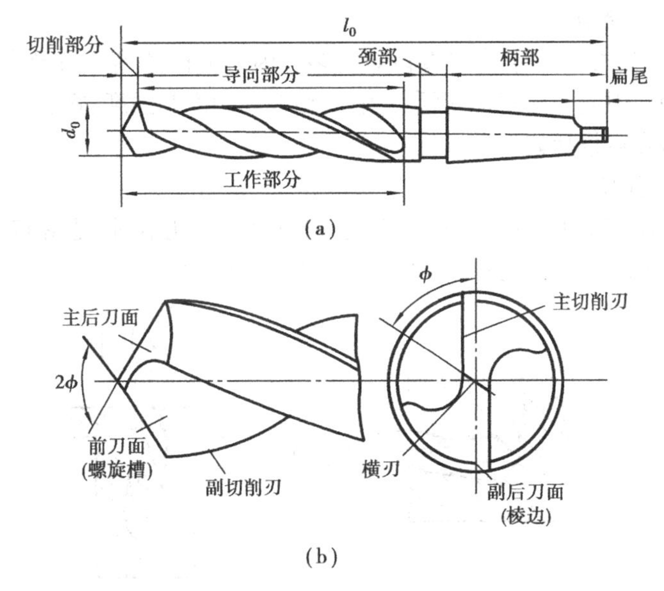

图 17.23　麻花钻

2) 麻花钻的改进与群钻

生产实践证明，麻花钻在结构上存在以下一些缺陷，严重影响着钻孔的效率：

①由于钻头外圆处是主副刀刃的汇交点，切削负荷集中，而且切削速度最高，因此，钻头的磨损特别严重，尤其是在钻铸铁工件时。

②横刃及其附近的前角特别小，使切削负荷大大增加。特别是沿钻头轴向的进给力，通过试验表明，约有一半的轴向力是由横刃产生的。

③由于钻头是在实心材料上钻出孔来，整个主切削刃都同时参加切削，切削宽度大，而容屑沟又受钻头本身结构尺寸的限制，因而排屑困难，冷却液也不易注到刀刃上，切削热不易带

出,影响了钻头的耐用度。

我国工人在长期的生产实践和科学试验中,提出了各种改进钻头结构的方法,创造了多种高效率的先进钻头,“群钻”就是较典型的代表。

如图 17.24 所示为加工钢材的群钻结构。它与标准麻花钻相比,有以下一些主要的改进:

①在钻头后面近横刃处磨出月牙槽,形成凹圆弧刃 R,增加了该处各点的前角,克服了横刃附近主切削刃上各点前角太小的缺点。

②修磨横刃,使横刃缩短为原来长度的 1/7~1/5,大大地减少了横刃的不利影响。

③磨出分屑槽,把整块切屑分散为几块,使切屑能顺利地排出,同时也便于冷却润滑液注入,不仅可把切削热较快地带出,还可减少切屑与钻头和孔壁的摩擦。此外,根据理论分析和实践证明,分屑后还可减少切削力。

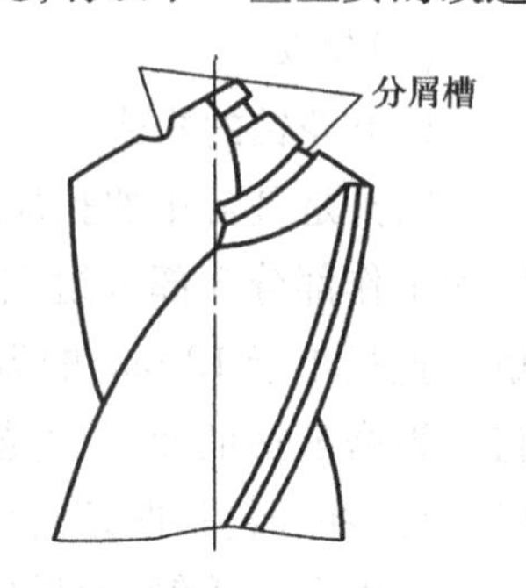

图 17.24 群钻

由于上述改进,可大大提高钻头的切削性能和效率。

(2)钻削的工艺特点

钻孔与车削外圆相比,工作条件要困难得多。因为钻孔时,钻头工作部分大都处在已加工表面的包围中,因而引起一些特殊问题。例如,钻头的刚度和强度、容屑和排屑、导向和冷却润滑等。因此,其特点可概括如下:

1)容易产生“引偏”

“引偏”是指加工时由于钻头弯曲而引起的孔径扩大、孔不圆(见图 17.25(a))或孔的轴线歪斜(见图 17.25(b))等。钻孔时产生“引偏”,主要是因为:

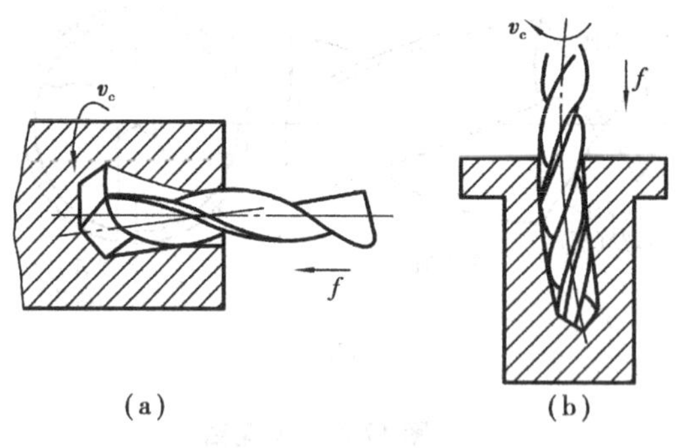

图 17.25 钻头引偏

①麻花钻直径和长度受所加工孔的限制,一般呈细长状,刚性较差。为形成切削刃和容纳切屑,必须作出两条较深的螺旋槽,致使钻心变细,进一步削弱了钻头的刚性。

②为减少导向部分与已加工孔壁的摩擦,钻头仅有两条很窄的棱边与孔壁接触,接触刚度和导向作用也很差。

③钻头横刃处的前角具有很大的负值,切削条件极差,实际上不是在切削,而是挤刮金属,加上由钻头横刃产生的轴向力很大,稍有偏斜,将产生较大的附加力矩,使钻头弯曲。

④钻头的两个主切削刃,很难磨得完全对称,加上工件材料的不均匀性,钻孔时的径向力不可能完全抵消。

因此,在钻削力的作用下,刚性很差且导向性不好的钻头,很容易弯曲,致使钻出的孔产生“引偏”,降低了孔的加工精度,甚至造成废品。在实际加工中,常采用以下措施来减少引偏:

①预钻锥形定心坑(见图 17.26(a))。首先用小顶角($2\phi=90\sim100°$)大直径短麻花钻,预先钻一个锥形坑,然后再用所需的钻头钻孔。由于预钻时钻头刚性好,锥形坑不易偏,以后再用所需的钻头钻孔时,这个坑就可起定心作用。

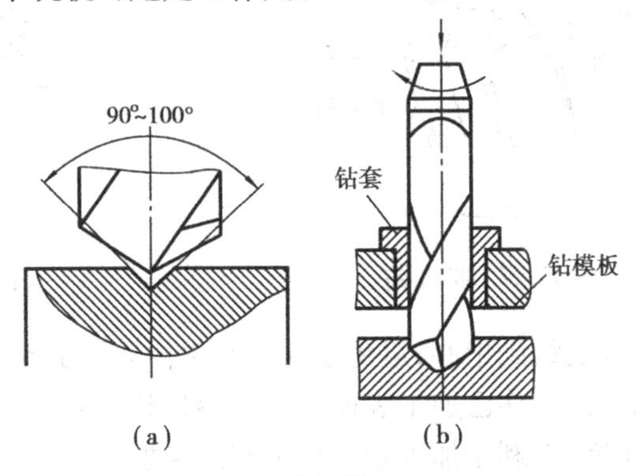

图 17.26　减少引偏的措施

②用钻套为钻头导向(见图 17.26(b)),这样可减少钻孔开始时的“引偏”,特别是在斜面或曲面上钻孔时,更为必要。

③刃磨时,应尽量把钻头的两个主切削刃磨得对称一致,使两主切削刃的径向切削力互相抵消,从而减少钻头的“引偏”。

2)排屑困难

钻孔时,由于切屑较宽,容屑槽尺寸又受到限制,因而在排屑过程中,往往与孔壁发生较大的摩擦,挤压、拉毛和刮伤已加工表面,降低表面质量。有时切屑可能阻塞在钻头的容屑槽里,卡死钻头,甚至将钻头扭断。为了改善排屑条件,钻钢料工件时,可在钻头上修磨出分屑槽(见图 17.24),将宽的切屑分成窄条,以利于排屑。当钻深孔($L/D>5\sim10$)时,应采用合适的深孔钻进行加工。

3)切削热不易传散

由于钻削是一种半封闭式的切削,钻削时所产生的热量,虽然也由切屑、工件、刀具和周围介质传出,但它们之间的比例却与车削大不相同。如用标准麻花钻,不加切削液钻钢料时,工件吸收的热量约占 52.5%,钻头约占 14.5%,切屑约占 28%,而介质仅占 5%左右。

钻削时,大量高温切屑不能及时排出,切削液难以注入切削区,切屑、刀具与工件之间的摩擦很大。因此,切削温度较高,致使刀具磨损加剧,这就限制了钻削用量和生产率的提高。

由于上述原因,因此,钻孔是一种粗加工方法,一般加工精度在 IT10 以下,表面粗糙度 Ra 值大于 12.5 μm。

17.2.3　扩孔

扩孔是用扩孔钻(见图 17.27)对工件上已有孔进行扩大加工(见图 17.28)。扩孔时的背吃刀量 $a_p=(d_m-d_w)/2$,比钻孔时($a_p=d_m/2$)小得多,因而刀具的结构和切削条件比钻孔好得多。主要特点如下:

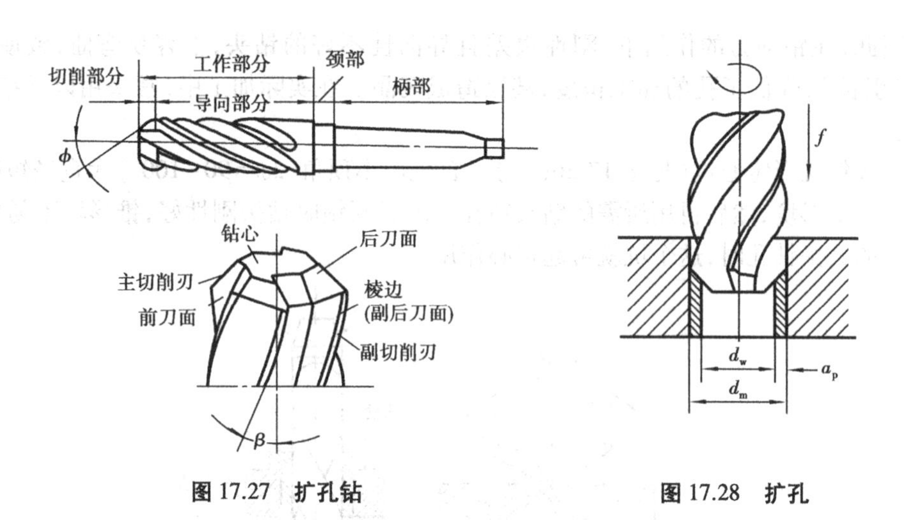

图 17.27 **扩孔钻**　　图 17.28 **扩孔**

①切削刃不必自外圆延续到中心,避免了横刃和由横刃所引起的一些不良影响。

②切屑窄,易排出,不易擦伤已加工表面。同时容屑槽也可做得较小较浅,从而可加粗钻心,大大提高扩孔钻的刚度,有利于加大切削用量和改善加工质量。

③刀齿多(3~4个),导向作用好,切削平稳,生产率高。

由于上述原因,扩孔加工质量比钻孔高,一般精度可达IT10—IT9,表面粗糙度 *Ra* 值为6.3~3.2 μm。

考虑到扩孔比钻孔有较多的优越性,在钻直径较大的孔(一般 $D \geqslant 30$ mm)时,可先用小钻头(直径为孔径的0.5~0.7)预钻孔,然后再用原尺寸的大钻头扩孔。实践表明,这样虽分两次钻孔,生产效率也比用大钻头一次钻出时高。若用扩孔钻扩孔,则效率将更高,精度也比较高。扩孔常作为孔的半精加工,当孔的精度和表面粗糙度要求再高时,则要采用铰孔。

17.2.4 铰孔

铰孔是应用较为普遍的孔的精加工方法之一。一般加工精度可达IT9—IT7,表面粗糙度 *Ra* 值为1.6~0.4 μm。

铰孔加工质量较高的原因,除了具有上述扩孔的优点以外,还由于铰刀结构和切削条件比扩孔更为优越,主要是:

①铰刀具有修光部分如图17.29所示。其作用是校准孔径、修光孔壁,从而进一步提高了孔的加工质量。

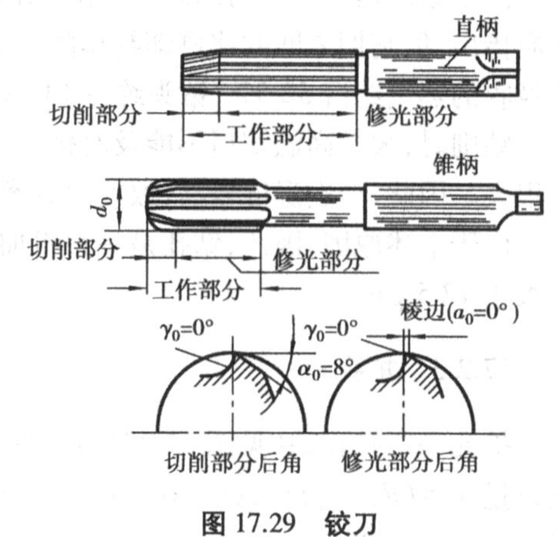

图 17.29 **铰刀**

②铰孔的余量小(粗铰为0.15~0.35 mm,精铰为0.05~0.15 mm),切削力较小;铰孔时的切削速度一般较低($v_c = 1.5 \sim 10$ m/min),产生的切削热较少。因此,工件的受力变形和受热变形较小,加之低速切削,可避免积屑瘤的不利影响,使得铰孔质量比较高。

麻花钻、扩孔钻和铰刀都是标准刀具,市场上比较容易买到。对于中等尺寸以下较精密的孔,在单件小批乃至大批大量生产中,钻-扩-铰都是经常采用的典型工艺。

钻、扩、铰只能保证孔本身的精度而不易保证孔与孔之间的尺寸精度及位置精度。为了解决这一问题,可利用夹具(如钻模)进行加工,或者采用镗孔。

17.2.5　镗削加工

用镗刀对已有孔进行再加工称为镗孔。对于直径较大的孔(一般 $D>80\sim100$ mm)、内成形面或孔内环形槽等。镗削是唯一合适的加工方法。

(1)镗床

1)卧式镗床

如图17.30所示为卧式铣镗床外形图。它是加工大、中型非回转体零件上孔系及其端面的通用机床,主要用于加工机座、箱体和支架等。卧式铣镗床的主要组成部件如下:

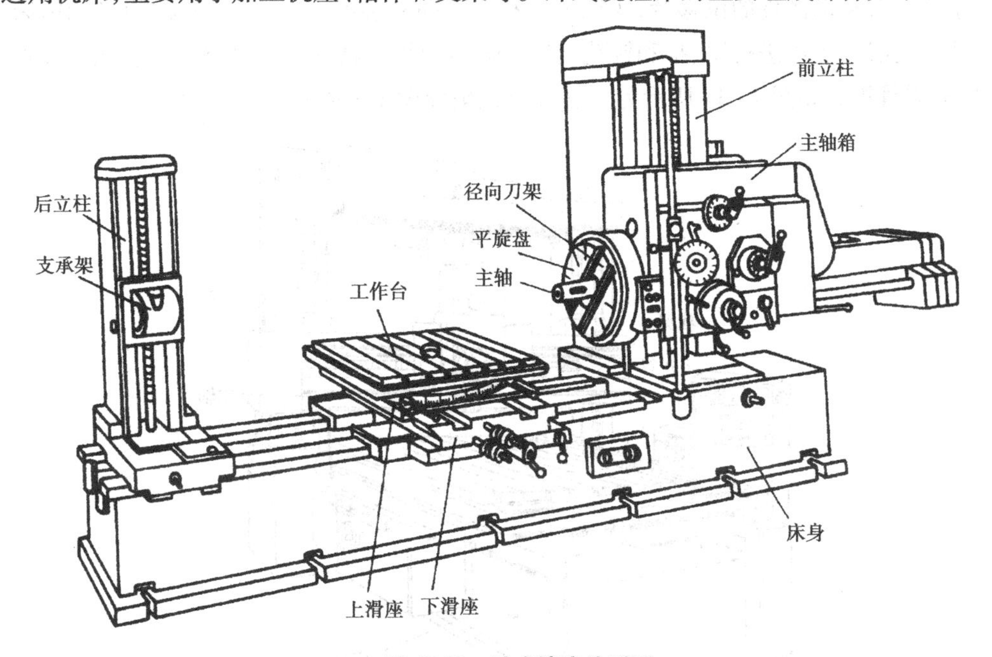

图17.30　卧式镗床外形图

①主轴和平旋盘

主轴和平旋盘可分别旋转作主运动。在主轴的前端有莫氏锥孔,用于安装镗杆或铣刀、钻头等刀具。主轴可沿着轴向移动,作纵向进给运动。装在平旋盘中间导轨上的径向刀架,除了随平旋盘一起旋转外,还能沿着导轨移动,作径向进给运动以铣平面。

②主轴箱

主轴箱装有主轴,主运动、进给运动的变速和变向机构,以及操纵机构。

③前立柱

前立柱固定在床身上,主轴箱可沿着它的垂直导轨移动,调节其高低位置可作垂直进给运动。

④后立柱

后立柱上有支承架,用来支承较长的镗杆的悬伸端,以增加镗杆的刚性。支承架可沿后立柱上的垂直导轨与主轴箱同步升降，以保证其上的支承孔与主轴在同一轴线上。后立柱又可沿着床身导轨移动位置，以适应不同长度镗杆的需要；如有需要，也可将其从床身上卸下。

⑤工作台部分

工作台部分由下滑座、上滑座和工作台组成。下滑座可沿床身导轨作平行于主轴轴线的移动，以实现纵向进给。上滑座可沿下滑座的导轨作垂直于主轴轴线的移动，以实现横向进给。工作台可沿上滑座的环形导轨在水平面内回转 360°，以调节工作台的角度位置。

2）坐标镗床

坐标镗床是一种高精密的机床，主要用于尺寸精度和位置精度都要求很高的孔系加工，如钻模、镗模和量具上的精密孔系。机床上具有坐标位置的精密测量装置，因此能精确地确定工作台、主轴箱等移动部件的位移量，实现工件和刀具间精确的坐标定位，故称为坐标镗床。坐标镗床除镗孔外，还可进行钻、扩和铰孔、精铣等，以及用于精密刻度、样板划线、孔距和直线尺寸的精密测量等。如图 17.31 所示为一立式双柱坐标镗床的外观图。

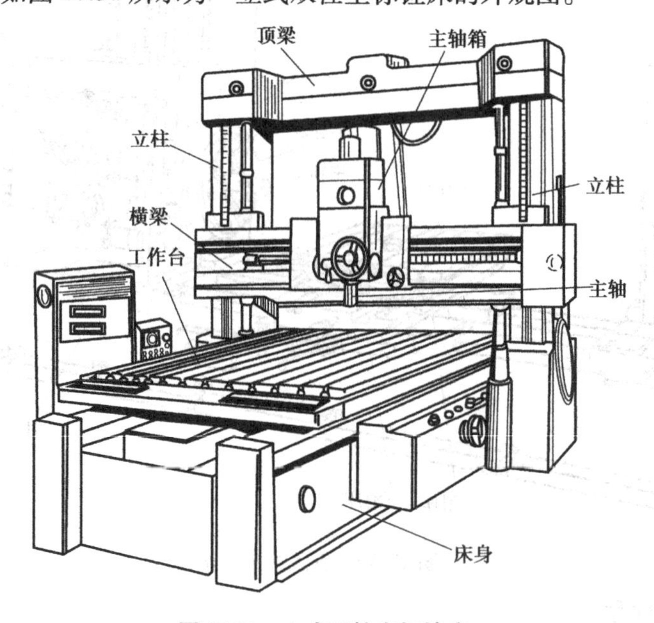

图 17.31　立式双柱坐标镗床

3）铣镗加工中心

铣镗加工中心就是计算机数控的、具有刀库的、自动换刀的铣镗床。这是一种高度自动化的多工序机床。一般它有储存几十把刀具的刀库。刀库中的刀具已根据工件的加工工艺要求事先精确调整好，用机械手按数控程序自动更换，完成各道工序的加工。如图 17.32 所示为铣镗加工中心的外形图。工件一次安装后，加工中心能自动连续地对工件的各加工面进行镗、铣、钻、锪铰及攻螺纹等多种工序加工。

（2）镗刀

镗刀有单刃镗刀和多刃镗刀之分，由于它们的结构和工作条件不同，它们的工艺特点和应用也有所不同。

图 17.32　铣镗加工中心的外形图

1）单刃镗刀

单刃镗刀刀头结构与车刀类似。它是用螺钉装夹在镗杆上，刀头与镗杆轴线倾斜安装（见图 17.33(a)）可镗盲孔，垂直安装（见图 17.33(b)）可镗通孔。所镗孔径的大小要靠调整刀头的伸出长度来保证，比较为麻烦，调整精度不高，且需较高的操作技术。

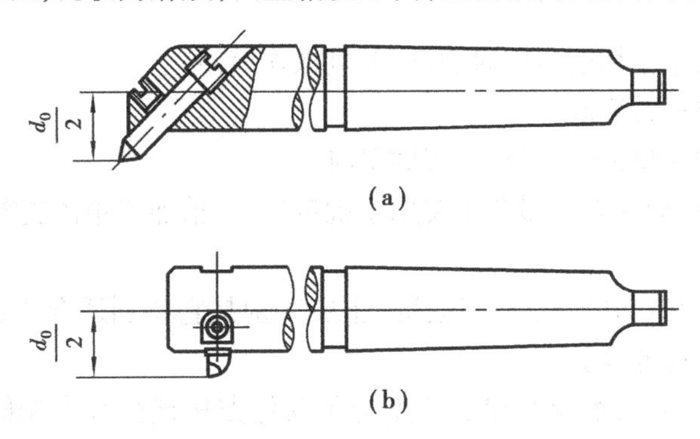

图 17.33　单刃镗刀

用单刃镗刀镗孔时具有以下特点：

①适应性较广，灵活性较大

单刃镗刀结构简单、使用方便，一把镗刀可加工不同孔径的孔（调整到头的伸出长度即可）；既可粗加工，也可半精加工或精加工。

②可以校正原有孔的轴线歪斜或位置偏差

镗床本身精度较高，镗杆直线度好，靠多次进给即可校正原有孔的轴线歪斜。

③生产率较低

单刃锉刀的刚度比较低，为了减少镗孔时镗刀的变形和振动，不得不采用较小的切削用量，加之仅有一个主切削刃参加工作，故生产率比扩孔或铰孔低。

由于以上特点，单刃镗刀镗孔比较适用于单件小批生产。

2）多刃镗刀

在多刃镗刀中，有一种可调浮动镗刀片（见图 17.34）。调节镗刀片的尺寸时，先松开螺钉

1，再旋螺钉2，将刀齿3的径向尺寸调好后，拧紧螺钉1把刀齿3固定。镗孔时，镗刀片不是固定在镗杆上，而是插在镗杆的长方孔中，并能在垂直于镗杆轴线的方向上自由滑动，由两个对称的切削刃产生的切削力，自动平衡其位置。这种镗孔方法具有以下特点：

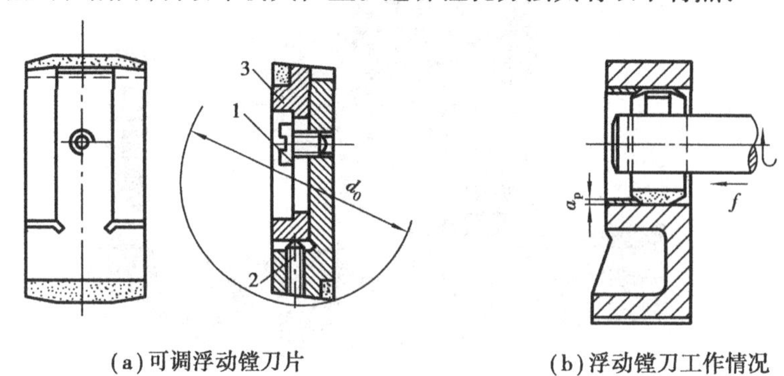

(a)可调浮动镗刀片　　(b)浮动镗刀工作情况

图17.34　浮动镗刀片及其工作情况

①加工质量较高

由于镗刀片在加工过程中的浮动，可抵偿刀具安装误差或镗杆偏摆所引起的不良影响，提高了孔的加工精度。较宽的修光刃可修光孔壁，减小表面粗糙度。但是，它与铰孔类似，不能校正原有孔的轴线歪斜或位置偏差。

②生产率较高

浮动镗刀片有两个主切削刃同时切削，并且操作简便。

③刀具成本较单刃镗刀高

浮动镗刀片结构比单刃镗刀复杂，刃磨费时。

由于以上特点，浮动镗刀片镗孔主要用于批量生产、精加工箱体类零件上直径较大的孔。

(3)镗削的特点

①在镗床上镗孔与在其他机床上镗孔的主要区别是它特别适合于加工带有孔系的箱体、机架等结构复杂的大型零件。

②在镗床上镗孔，其孔本身的加工特点与用其他方法镗孔基本相同，镗孔精度为IT10—IT7，表面粗糙度 Ra 值为6.3～0.8 μm。而由于镗床的功能多，它可方便地保证大型零件上孔与孔、孔与基准面的位置精度以及孔的同轴度和中心距尺寸精度等要求。

③镗床上可进行多种工序的加工，并能在一次安装中完成工件的粗加工、半精加工和精加工，因此，它适合于单件小批生产。

④镗孔的质量主要取决于机床的精度，因而对镗床的性能和精度要求较高。如果在低精度镗床上加工精度较高的孔系，则要使用镗模夹具。

(4)镗床上的主要工作

镗孔可在多种机床上进行。回转体零件上的孔多在车床上加工，箱体类零件上的孔或孔系(即一系列有位置精度要求的孔)，则常用镗床加工。在镗床上不仅可镗孔，装上不同的刀具附件还可镗平面、沟槽、钻、扩、铰孔和车端面、外圆、内外环形槽以及车螺纹等。如图17.35所示为镗床的运动和加工范围。

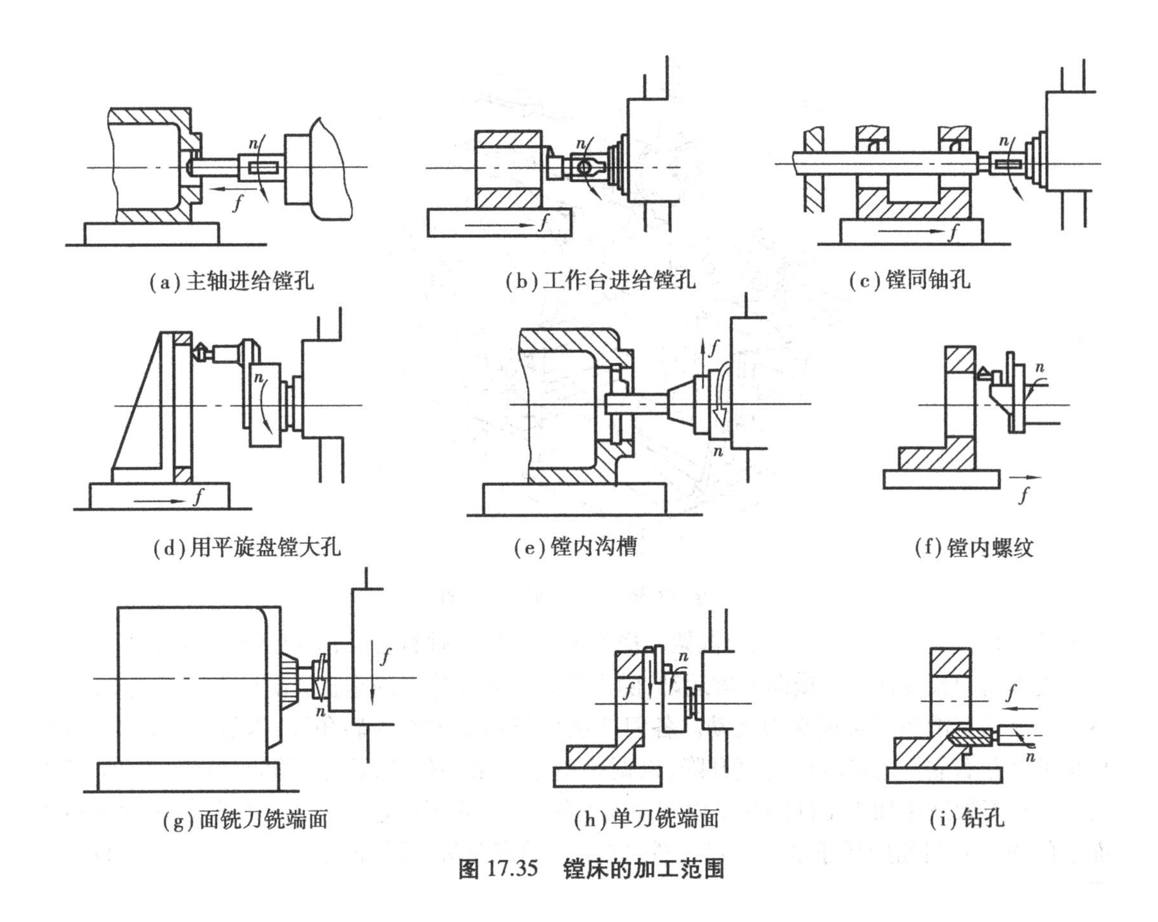

图 17.35　镗床的加工范围

17.3　刨、插、拉削加工

刨、插和拉削是平面加工的主要加工方法。它们共同的特点是主运动都是直线运动。

17.3.1　刨削加工

在刨床上用刨刀加工工件的工艺过程,称为刨削加工。

(1)刨床

刨床有牛头刨床和龙门刨床两类。

1)牛头刨床

如图 17.36 所示为牛头刨床的外形。工件装夹在工作台上的平口钳中或直接用螺栓压板安装在工作台上。刀具装在滑枕前端的刀架上。滑枕带动刀具的直线往复运动为主运动。工作台带动工件沿横梁作间歇横向移动为进给运动。刀架沿刀架座的导轨上下运动为吃刀运动。刀架座可绕水平轴扳转角度,以便加工斜面或斜槽。横梁能沿床身前端的垂直导轨上下移动,以适应不同高度工件的加工需要。牛头刨床用于加工中小零件。

2)龙门刨床

如图 17.37 所示为龙门刨床的外形。工件用螺栓压板直接固定在工作台上。工件和工作台沿床身导轨所作的直线运动是龙门刨削的主运动。床身两侧固定有左右立柱,两立柱用顶

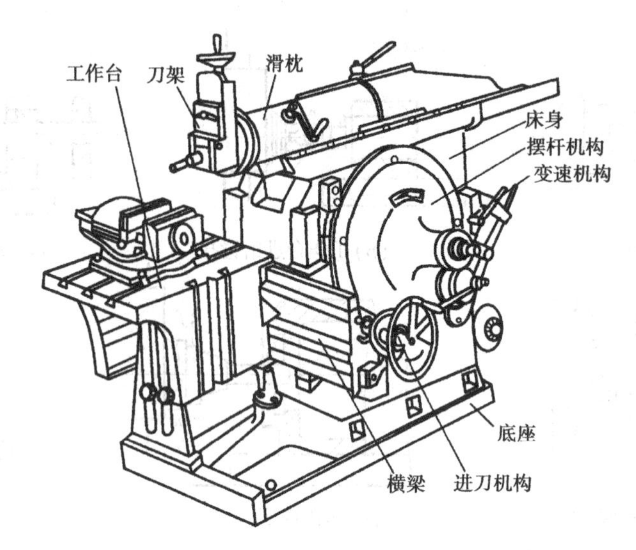

图 17.36　牛头刨床外形图

梁连接,形成结构刚性较好的龙门框架。横梁上装着两个垂直刀架,立柱上分别装着两个侧刀架。刨刀随刀架在横梁上横向间歇运动,随刀架在两侧立柱上的垂直间歇运动都是进给运动。各刀架上均有滑板可实现吃刀运动。各刀架也可绕水平轴线扳转角度,以刨削斜面和斜槽。横梁可沿左右立柱的导轨作垂直升降,以调整垂直刀架的位置,适应不同高度工件的加工需要。垂直刀架适于加工工件的顶平面和顶面上的槽,而侧刀架适于加工工件的侧平面和侧平面上的槽。龙门刨床用于加工大型零件,如机床的床身等,或同时加工几个中小型工件上的平面。

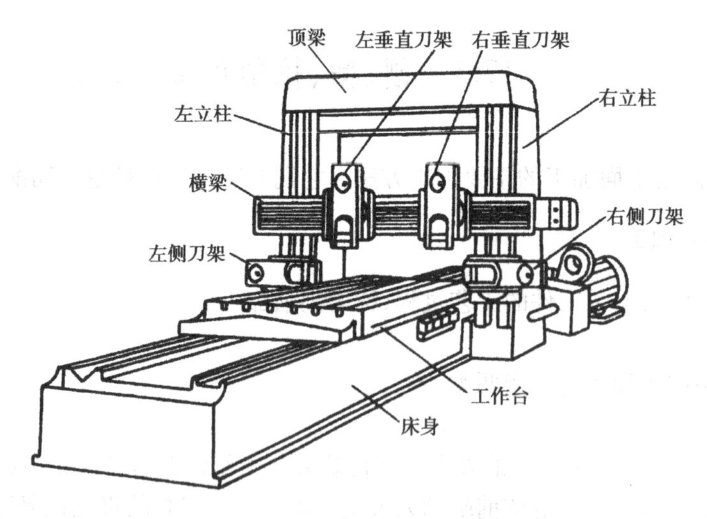

图 17.37　龙门刨床外形图

(2)刨削的工艺特点

刨削的主运动为往复直线运动,进给运动是间歇的,因此切削过程不连续。与其他加工方法相比,刨削有以下工艺特点:

1)生产率较低

刨削加工为单刃切削,切削时受惯性力的影响,且刀具切入切出时会产生冲击,故切削速度较低。另外,刨刀返程不切削,从而增加了辅助时间。因此,刨削加工生产率较低。对某些工件的狭长表面的加工,为提高生产率,可采用多件同时刨削的方法,使生产率不低于铣削,且能保证较高的平面度。

2)加工质量中等

刨削过程中由于惯性及冲击振动的影响使刨削加工质量不如车削。一般刨削的精度为IT9—IT7,表面粗糙度 Ra 值为 6.3~1.6 μm,可满足一般平面加工的要求。

3)通用性好,成本低

刨削能加工多种平面、斜面、沟槽等表面,适应性好。刨床结构简单且价廉,调整操作方便。刨刀结构简单,制造、刃磨及安装均较方便,故加工成本较低。

因此,刨削加工主要用于单件小批生产及修配工作中。

(3)刨削的应用

如图17.38所示,刨削主要用来加工平面(包括水平面、垂直面和斜面),也广泛地用于加工直槽,如直角槽、燕尾槽和T形槽等。如果进行适当的调整和增加某些附件,还可用来加工齿条、齿轮、花键和母线为直线的成形面等。

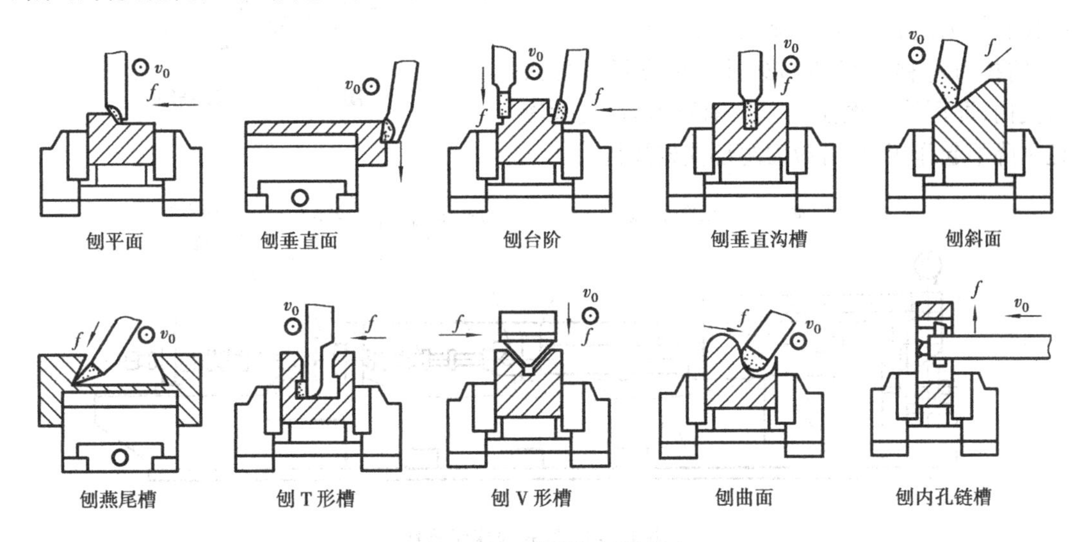

图17.38　刨削的主要应用

17.3.2　插削加工

用插刀对工件作垂直相对直线往复运动的切削加工方法,称为插削。

插床实质上是立式刨床(见图17.39)。滑枕带动插刀垂直方向的往复运动为主运动。向下为工作行程,向上为空行程。滑枕导轨座可绕销轴在小范围内调整角度,以便加工倾斜的内外表面。工件固定在圆工作台上,随床鞍和滑板分别作横向和纵向进给运动。圆工作台可绕垂直轴线旋转,以实现工件的圆周进给或分度。圆工作台的分度由分度装置实现。圆工作台的纵、横和圆周进给都是间歇运动,在滑枕空行程结束后的瞬间完成。

插床主要用于单件小批中,加工工件的内表面,如孔内键槽、方孔、长方孔、各种多边形孔和花键孔等,特别适于加工盲孔或有障碍台肩的内表面。

17.3.3 拉削加工

在拉床上用拉刀加工工件的加工方法称为拉削。拉削可认为刨削的进一步发展。它是利用多齿的拉刀,逐齿依次从工件上切下很薄的金属层,使表面达到较高的精度和较小的表面粗糙度值。

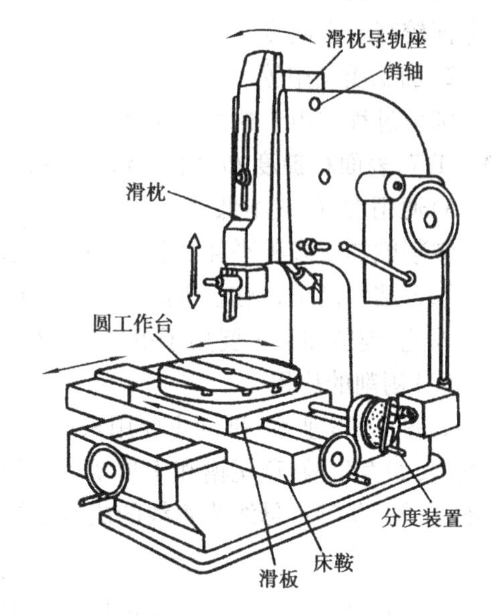

图 17.39 插床外形图

(1)拉床

如图 17.40 所示为卧式拉床结构示意。床身的左侧装有液压缸,由压力油驱动活塞,通过活塞杆右部的刀夹(由随动支架支承)夹持拉刀沿水平方向向左作主运动。拉削时,工件以其基准面紧靠在拉床支承座的端面上。拉刀尾部支架和支承滚柱用于承托拉刀。一件拉完后,拉床将拉刀送回到支承座右端,将工件穿入拉刀,将拉刀左移使其柄部穿过拉床支承座插入刀夹内,即可第二次拉削。拉削开始后,支承滚柱下降不起作用,只有拉刀尾部支架随行。

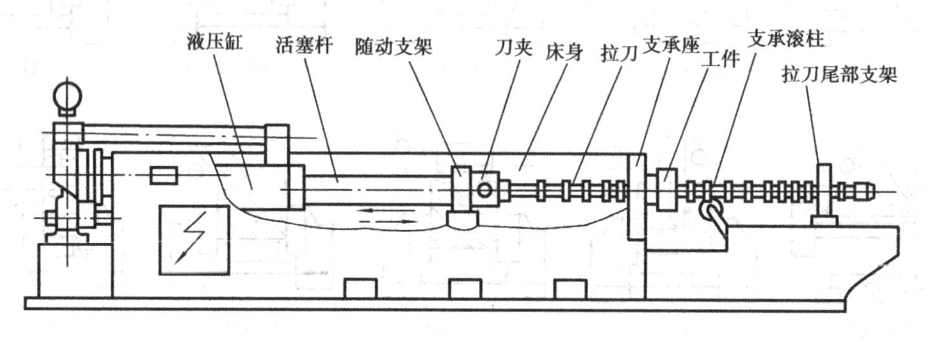

图 17.40 卧式拉床示意图

(2)拉刀

如图 17.41 所示为常用的几种拉刀类型。拉刀虽有多种类型,但其主要组成部分类同。现以圆孔拉刀为例,介绍其结构和各组成部分(见图 17.42)。

1)头部

用来将拉刀夹持在机床上,用以传递动力。

2)颈部

头部和过渡锥的连接部,也是打标记的地方。

3)过渡锥

引导拉刀前导部进入工件预制孔的锥体。

4)前导部

拉削开始时,使工件孔的轴线与拉刀的轴线重合,并可检查拉前孔径是否太小,以免拉刀第一个刀齿因余量太大而损坏。

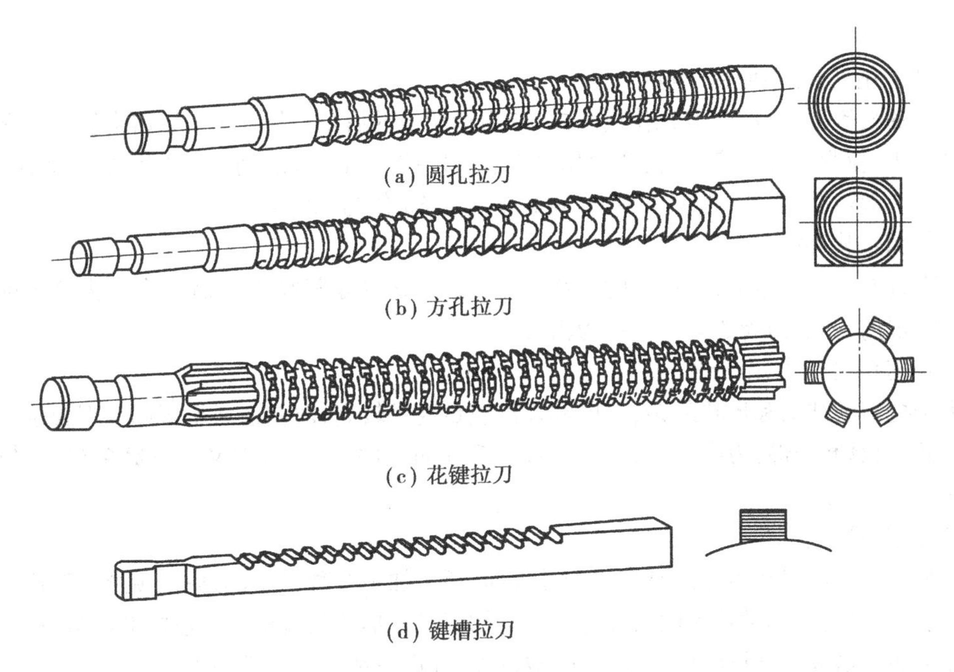

(a) 圆孔拉刀

(b) 方孔拉刀

(c) 花键拉刀

(d) 键槽拉刀

图17.41　常见的几种拉刀

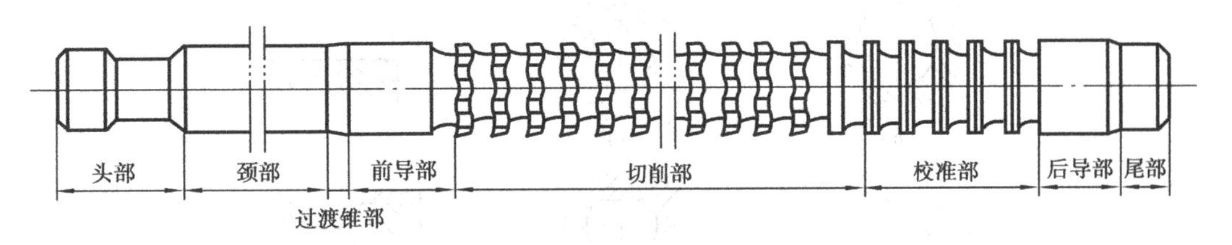

图17.42　圆孔拉刀的组成

5)切削部

用来切去全部加工余量,其长度根据工件的加工余量和刀具后一齿较前一齿的齿升量确定。

6)校准部

对加工表面起刮光、校准作用,刀齿无齿升量,最后确定加工表面的精度及粗糙度。

7)后导部

用来保证拉刀最后一齿与工件间的正确位置,防止拉刀在即将离开工件时,因工件下垂而损坏已加工表面及刀齿。

8)尾部

支持拉刀不使其下垂。

(3)拉削的工艺特点

与其他加工方法相比,拉削加工主要具有以下特点:

1)生产率高

拉刀是多齿刀具,同时参加工作的刀齿数较多,总的切削宽度大;并且拉刀的一次行程,能切除全部加工余量,完成表面的粗加工、半精加工和精加工,基本工艺时间和辅助时间大大缩短，故生产率高。

2）加工精度高、表面粗糙度小

拉刀的校锥部起校准、修光作用，并可作为精切齿的后备刀齿。另外，拉削速度低，每齿切削厚度很小，拉削过程平稳，不会产生积屑瘤。所以拉削加工可达到较高的精度和较小的表面粗糙度。一般拉孔的精度为IT8—IT7，表面粗糙度 Ra 值为0.8~0.4 μm。

3）拉床结构和操作比较简单

拉削只有一个主运动，即拉刀的直线运动。进给运动是靠拉刀的后一个刀齿高出前一个刀齿来实现的，相邻刀齿的高出量称为齿升量 f_z。

4）拉刀价格昂贵、寿命长

由于拉刀的结构和形状复杂，精度和表面质量要求较高，故制造成本很高。但拉削时切削速度较低，刀具磨损慢，刃磨一次，可加工数以千计的工件；一把拉刀又可重磨多次，故拉刀的寿命长。

5）加工范围较广

拉削不但可加工平面和没有障碍的外表面，还可加工各种形状的通孔（见图17.43），如圆孔、方孔、多边形孔、花键孔和内齿孔等。又可加工多种形状的沟槽，如键槽、T形槽、燕尾槽及涡轮盘上的榫槽等。外拉削可加工平面、成形面、外齿轮和叶片的榫槽等。

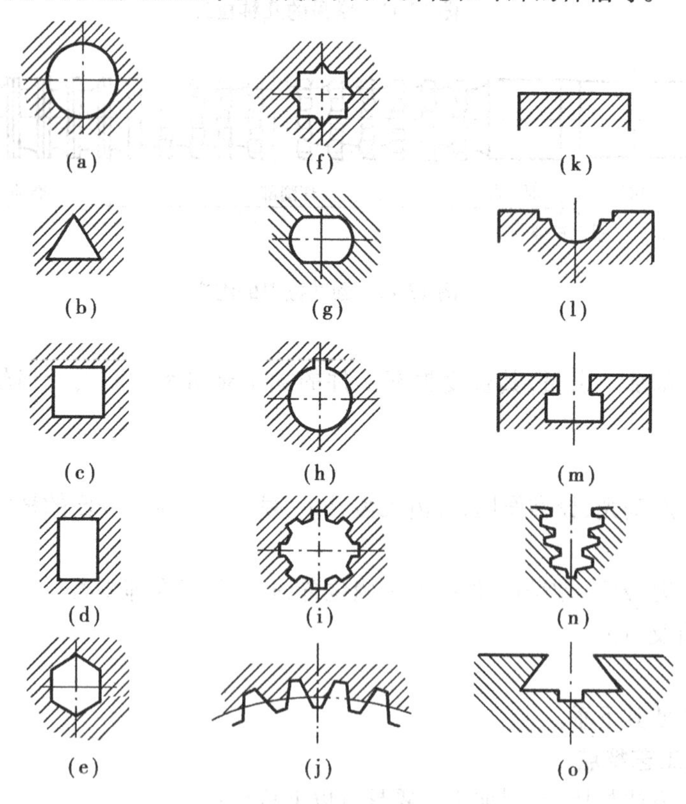

图17.43 拉削加工的各种表面举例

由于拉削加工具有以上特点，因此主要适用于成批和大量生产，尤其适于在大量生产中加工大的复合型面，如发动机的汽缸体等。在单件、小批生产中，对于某些精度要求较高、形状特殊的成形表面，用其他方法加工很困难时，也有采用拉削加工的。但对于盲孔、深孔、阶梯孔及有障碍的外表面,则不能用拉削加工。

17.4　铣削加工

用铣刀在铣床上加工工件的过程,称为铣削加工。铣削加工也是平面的主要加工方法之一。

17.4.1　铣床

铣床的种类很多,常见的有卧式万能升降台铣床、立式升降台铣床、龙门铣床及数控铣床等。

(1)卧式万能升降台铣床

卧式万能升降台铣床的主轴是水平布置的,故简称卧铣。如图 17.44 所示为一卧式万能升降台铣床的外形图。其主要组成部分和作用如下:

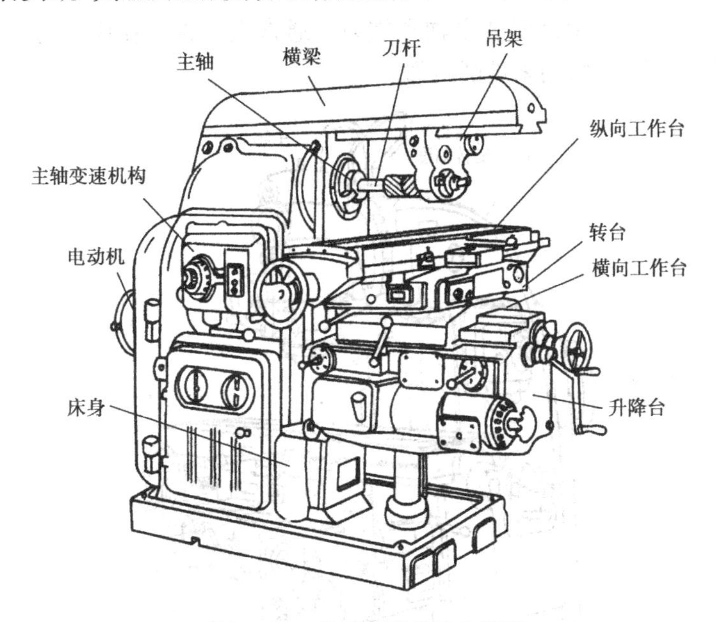

图 17.44　卧式万能升降台铣床

1)床身

床身支承并连接各部件,其顶面水平导轨支承横梁,前侧导轨供升降台移动之用。床身内装有主轴和主运动变速系统及润滑系统。

2)横梁

它可在床身顶部导轨前后移动,吊架安装其上,用来支承铣刀杆。

3)主轴

主轴是空心的,前端有锥孔,用以安装铣刀杆和刀具。

4)转台

转台位于纵向工作台和横向工作台之间,下面用螺钉与横向工作台相连,松开螺钉可使转台带动纵向工作台在水平面内回转一定角度(左右最大可转过 45°)。

5)纵向工作台

纵向工作台由纵向丝杠带动在转台的导轨上作纵向移动,以带动台面上的工件作纵向进给。台面上的T形槽用以安装夹具或工件。

6)横向工作台

横向工作台位于升降台上面的水平导轨上,可带动纵向工作台一起作横向进给。

7)升降台

升降台可沿床身导轨作垂直移动,调整工作台至铣刀的距离。

这种铣床可将横梁移至床身后面,在主轴端部装上立铣头,能进行立铣加工。

卧式万能升降台铣床可将横梁移至床身后面,在主轴端部装上立铣头,能进行立铣加工。它主要用于铣削中小型零件上的平面、沟槽,尤其是螺旋槽和需要分度的零件。

(2)立式升降台铣床

如图17.45所示为一立式升降台铣床外观图。由于它的主轴是垂直布置的,故简称立铣。立式铣床与卧式铣床在很多地方相似,不同的是:立式铣床的床身无顶导轨,也无横梁,而是前上部有一个立铣头。其作用是安装主轴和铣刀。通常立式铣床在床身与立铣头之间还有转盘,可使主轴倾斜一定角度,用来铣削斜面。

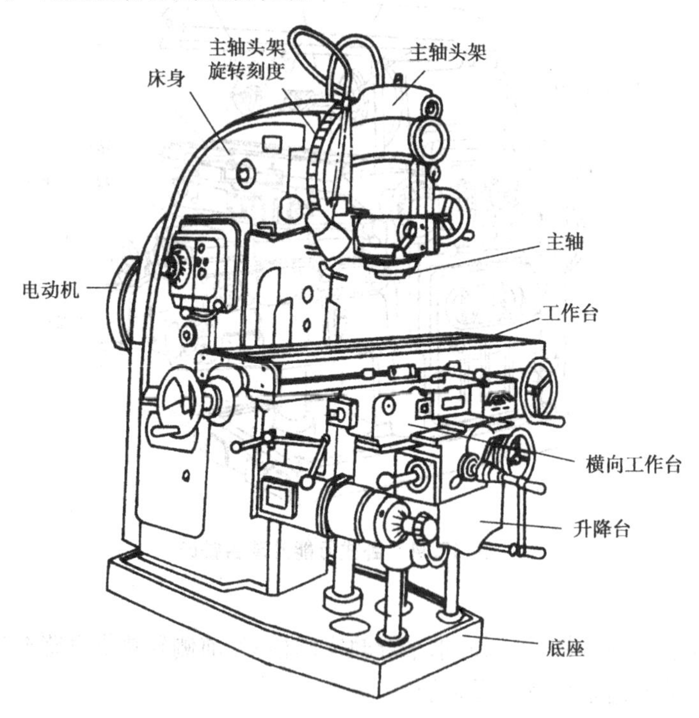

图17.45 立式升降台铣床

立式升降台铣床装上面铣刀或立铣刀可加工平面、台阶、沟槽、多齿零件及凸轮表面等。

(3)龙门铣床

龙门铣床是一种大型高效率的铣床。它的外形与龙门刨床相似(见图17.46),它也有一个龙门式框架。龙门铣床一般有四个铣头,每个铣头均有单独的驱动电动机、变速机构、传动机构、操纵机构及主轴等部分。两个垂直铣头,可沿横梁左右移动,两个水平铣削头能沿立柱导轨上下移动,每个铣头都能沿轴向进行调整,并可根据加工需要旋转一定的角度。横梁还可沿立柱导轨作上下移动(调整运动)。加工时,工作台带动工件沿床身的导轨作纵向进给运动。由于铣削力大而且变动频繁,因此,要求龙门铣床的刚性和抗振性比龙门刨床大很多。龙门铣床允许采用较大切削用量,并可用多把铣刀从不同方向同时加工几个表面,故生产率高。它适于在成批和大量生产中加工中型或大型零件上的平面和沟槽。

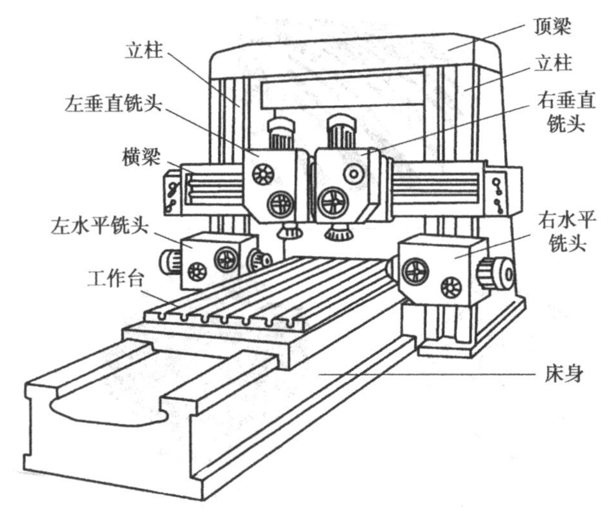

图 17.46　龙门铣床

(4)数控铣床

如图 17.47 所示为一数控立式铣床。立铣头上铣刀的轴向运动、工作台上工件的纵向及横向运动,都有伺服电机驱动,能实现三轴联动。工作台能手动上下调节其位置。这种铣床除了加工平面、台阶、沟槽外,还可加工复杂的立体成形表面。

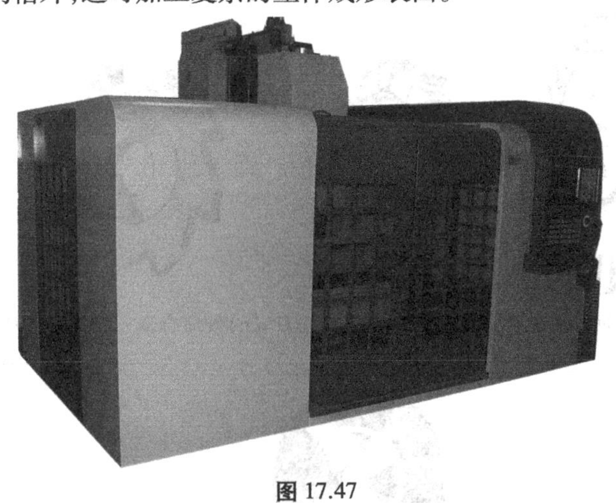

图 17.47

17.4.2　铣刀

铣刀是多刃的旋转刀具,它有许多类型。常见的铣刀类型见表 17.1。

表 17.1 常见的铣刀类型

铣刀种类	图 例	应 用
圆柱铣刀		用在卧铣上加工宽度不大的平面
面铣刀	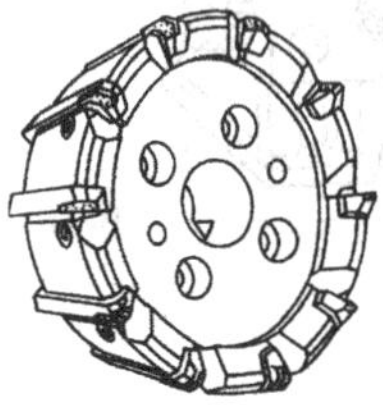 (a)机夹、焊接式  (b)可转位刀片式	主要用在立铣上加工大平面,也可在卧铣上使用
立铣刀		主要用在立铣上加工沟槽、台阶,也可用于铣削平面和二维曲面
三面刃盘铣刀	 (a)直齿三面刃盘铣刀  (b)错齿二面刃盘铣刀  (c)硬质合金三面刃盘铣刀	主要用于加工直槽,也可加工台阶面
锯片铣刀		用于铣削要求不高的窄槽和切断

续表

铣刀种类	图　例	应　用
键槽铣刀		它与立铣刀形似，但只有两个刃瓣，端面切削刃直达中心。键槽铣刀兼有钻头和立铣刀的功能
角度铣刀	(a)单角铣刀　(b)对称双角铣刀　(c)不对称双铣刀	用于铣角度槽(如V形槽、燕尾槽等)和斜面
铲齿成形铣刀		用于铣削各种成形表面

17.4.3　铣削的工艺特点

(1)生产率较高

铣刀是典型的多齿刀具，铣削时有几个刀齿同时参加工作，并且参与切削的切削刃较长；铣削的主运动是铣刀的旋转，有利于高速铣削。因此，铣削的生产率比刨削高。

(2)容易产生振动

铣刀的刀齿切入和切出时产生冲击，并将引起同时工作刀齿数的增减。在切削过程中，每个刀齿的切削层厚度随刀齿位置的不同而变化，引起切削层横截面积变化。因此，在铣削过程中铣削力是变化的，切削过程不平稳，容易产生振动，这就限制了铣削加工质量和生产率的进一步提高。

(3)刀齿散热条件较好

铣刀刀齿在切离工件的一段时间内，可得到一定的冷却，散热条件较好。但是，切入和切出时热和力的冲击将加速刀具的磨损，甚至可能引起硬质合金刀片的碎裂。

17.4.4　铣削方式

同是加工平面，既可用端铣，也可用周铣；同一种铣削方法，也有不同的铣削方式（如端铣的对称铣和不对称铣；周铣的顺铣和逆铣等）。在选用铣削方式时，要充分注意到它们各自的特点和适用场合，以便保证加工质量和提高生产效率。

（1）周铣

用圆柱铣刀铣削平面称为周铣，它可分为逆铣和顺铣。

1）逆铣

铣刀的旋转方向和工件的进给方向相反，称为逆铣，如图 17.48 所示。逆铣时，其特点如下：

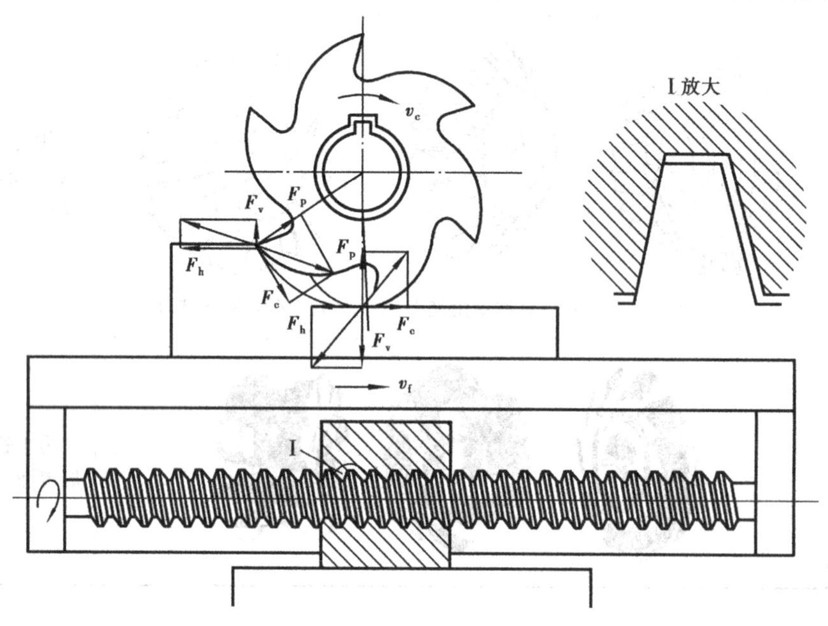

图 17.48　逆铣

①每个刀齿的切削层厚度是从零增大到最大值。由于铣刀刃口处总有圆弧存在，而不是绝对尖锐的，故在刀齿接触工件的初期，不能切入工件，而是在工件表面上挤压、滑行一段距离以后才真正切入工件。这样，工件已加工表面产生严重的冷作硬化，使刀齿与工件之间的摩擦加大，加速刀具磨损，同时也使表面质量下降。

②铣刀作用在工件上的垂直分力 F_v 向上，有将工件向上抬起的趋势，对工件的夹紧不利，还会引起振动。

③水平分力 F_h 与进给方向相反，消耗功率大。

2）顺铣

铣刀的旋转方向和工件的进给方向相反称为顺铣，如图 17.49 所示。顺铣时，其特点如下：

①每个刀齿的切削层厚度是由最大减小到零，因而避免了逆铣所带来的缺点。

②铣刀作用在工件上的垂直分力 F_v 向下，减少了工件振动的可能性，尤其铣削薄而长的工件时，更为有利。

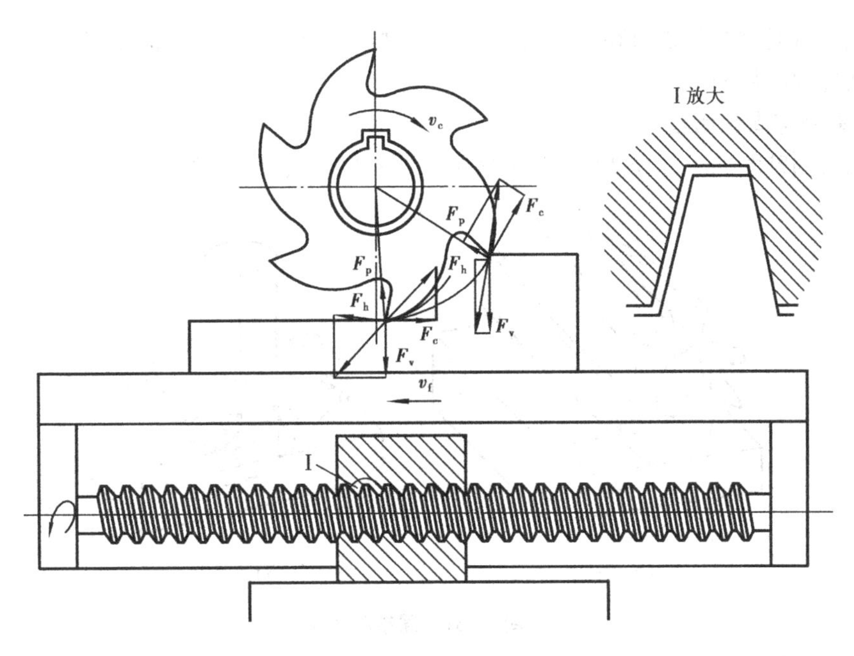

图 17.49 顺铣

③水平分力 F_h 与工件的进给方向相同,工作台进给丝杠与固定螺母之间一般都存在间隙。如果在丝杠与螺母之间没有消隙机构使轴向间隙消除的情况下采用顺铣,由于忽大忽小 F_h 的作用,就会使工件连同工作台一起向前窜动,造成进给量突然增大,甚至引起打刀。

由上述分析可知,从提高刀具耐用度和工件表面质量,以及增加工件夹持的稳定性等观点出发,一般以采用顺铣为宜。实践证明,顺铣可以提高切削速度 30%左右,减小表面粗糙度 1~2级,提高刀具耐用度 2~3 倍,节省机床动力 3%~5%,并使工件夹紧牢固。但目前一般铣床尚没有消除工作台丝杠与螺母之间间隙的机构,所以生产中仍多采用逆铣法。

此外,加工具有硬皮的铸件、锻件毛坯或工件硬度较高时,也应采用逆铣;精加工时,铣削力较小,为提高加工表面质量和刀具耐用度,多采用顺铣。

(2)端铣

用面铣刀的端面刀齿加工平面,称为端铣法,如图 17.50 所示。根据铣刀和工件相对位置的不同,端铣可分为对称铣(铣刀中心线与工件中心线一致)和不对称铣(工件铣削宽度偏于端铣刀回转中心的一侧)。

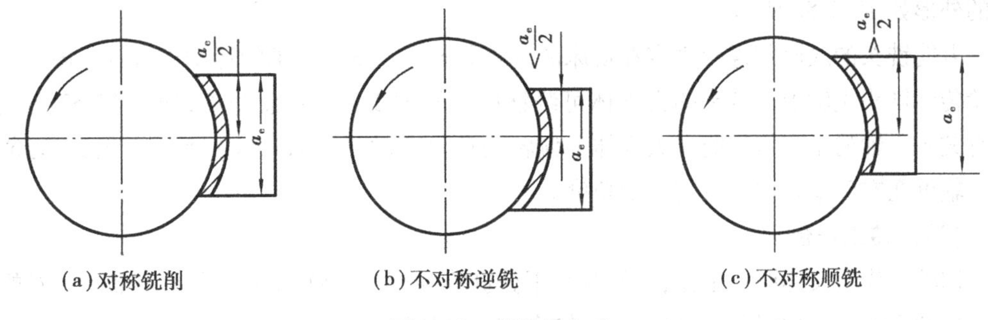

图 17.50 端铣的方式

端铣法可通过调整铣刀和工件的相对位置,调节刀齿切入和切出时的切削厚度,从而达到改善铣削过程的目的。

(3)端铣与周铣比较

端铣与周铣的加工过程如图 17.51 所示。两者比较具有以下特点:

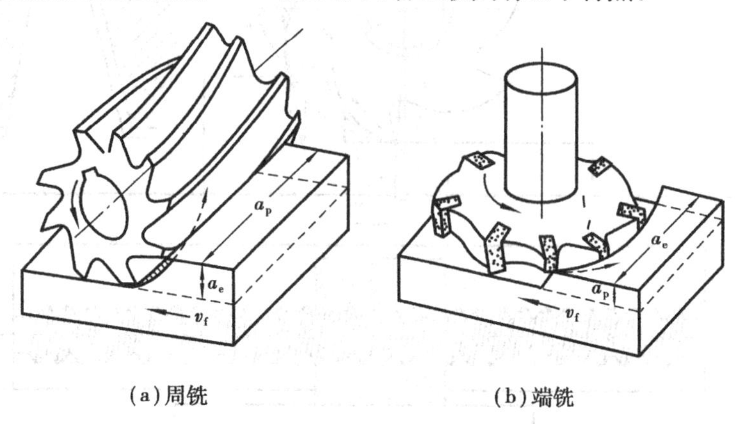

图 17.51 周铣和端铣

①端铣的加工质量比周铣高。端铣同周铣相比,同时工作的刀齿数多,铣削过程平稳;端铣的切削厚度虽小,但不像周铣时切削厚度最小时为零,改善了刀具后刀面与工件的摩擦状况,提高了刀具耐用度,减小表面粗糙度 *Ra* 值,端铣刀的修光刃可修光已加工表面,使表面粗糙度 *Ra* 值减小。

②端铣的生产率比周铣高。端铣时端铣刀一般直接安装在铣床的主轴端部,刀具系统刚性好,同时刀齿可镶硬质合金刀片,易于采用大的切削用量进行强力切削和高速切削,使生产率得到提高,而且工件已加工表面质量也得到提高。

③端铣的适应性比周铣差,端铣一般只用于铣平面,而周铣可采用多种形式的铣刀加工平面、沟槽和成形面等,因此周铣的适应性强,生产中仍采用。

17.4.5 铣床附件

铣床的主要附件有平口钳、万能铣头、回转工作台及分度头等。

(1)万能铣头

在卧式铣床上装上万能铣头,其主轴可扳转成任意角度,能完成各种立铣的工作。万能铣头的外形如图 17.52 所示。

万能铣头的底座用螺栓固定在铣床的垂直导轨上。铣床主轴的运动通过铣头内的两对锥齿轮传到铣头主轴上。铣头的大本体可绕铣床主轴轴线偏转任意角度,如图 17.52(b)所示。装有铣头主轴的小本体还能在大本体上偏转任意角度,如图 17.52(c) 所示。因此,万能铣头的主轴可在空间偏转成任意所需的角度。

(2)回转工作台

回转工作台又称圆形工作台、转盘和平分盘等,如图 17.53 所示。它的内部有一对蜗轮蜗杆。摇动手轮,通过蜗杆轴直接带动与转台相连接的蜗轮转动。转台周围有刻度,用于观察和确定转台位置,也可进行分度工作。拧紧固定螺钉,可固定转台。当底座上的槽和铣床工作台

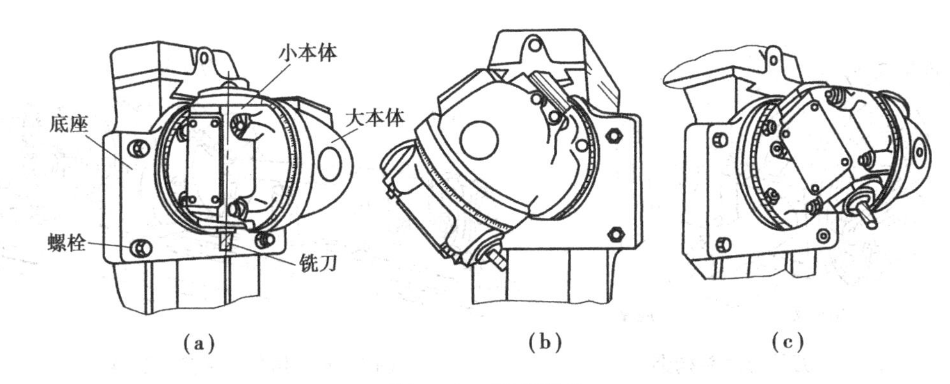

图 17.52　万能铣头

上的 T 形槽对齐后，即可用螺栓把回转工作台固定在铣床工作台上。铣圆弧槽时，工件用平口钳或三爪自定心卡盘安装在回转工作台上。安装工件时，必须通过找正使工件上圆弧槽的中心与回转工作台的中心重合。铣削时，铣刀旋转，用手(或机动)均匀缓慢地转动回转工作台，即可在工件上铣出圆弧槽，如图 17.54 所示。

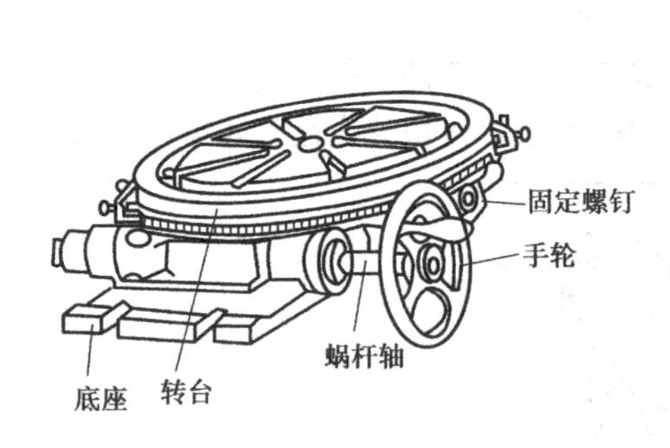

图 17.53　回转工作台

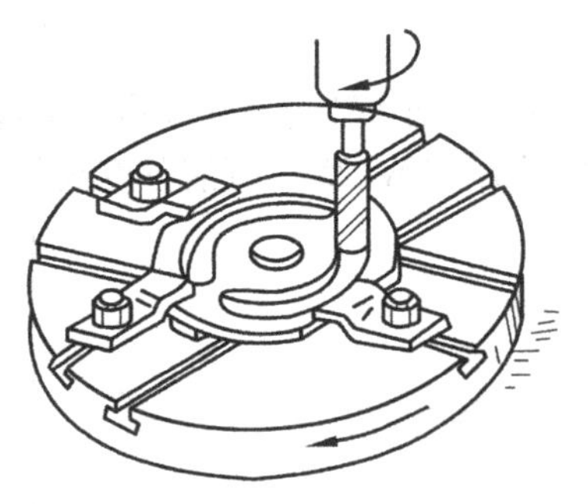

图 17.54　在回转工作台上铣圆弧槽

(3)分度头

在铣削加工中，常会遇到铣六方、齿轮、花键及刻线等工作。这时，工件每铣过一面或一个槽之后，需要转过一个角度，再铣削第二面或第二个槽，这种工作称为分度。分度头是分度用的附件。其中，万能分度头最为常见。

1)万能分度头的构造

万能分度头的结构如图 17.55 所示。分度头的底座用 T 形槽螺栓固定在铣床工作台上。在回转体内装有主轴和传动机构。回转体能绕底座的环形导轨扳转一定角度：向下≤60°，向上≤90°，以便将主轴扳转到所需的加工位置。主轴的前端有锥孔，可安装前顶尖。前端的外面还有短锥面，可安装三爪卡盘。主轴的后端也有锥孔，用来安装差动分度所需的挂轮轴。挂轮轴在差动分度和铣螺旋槽时用来安装配换齿轮。分度盘上有多圈同心圆的孔眼，以便分度时与定位销配合作定度用。工件装在分度头上可用双顶尖支承，也可用三爪卡盘和尾架顶尖支承。当工件较长时，可用千斤顶支承以提高其刚性，如图 17.56 所示。

2)简单分度

万能分度头的传动系统如图 17.57 所示。在作简单分度时，用锁紧螺钉将分度盘的位置固定，拔出定位销，然后转动手柄，通过分度头中的传动机构，使主轴和工件一起转动。手柄转一圈，分度头主轴转 1/40 周，相当于工件作 40 等分。若要将工件作 z 等分，则手柄(定位销)

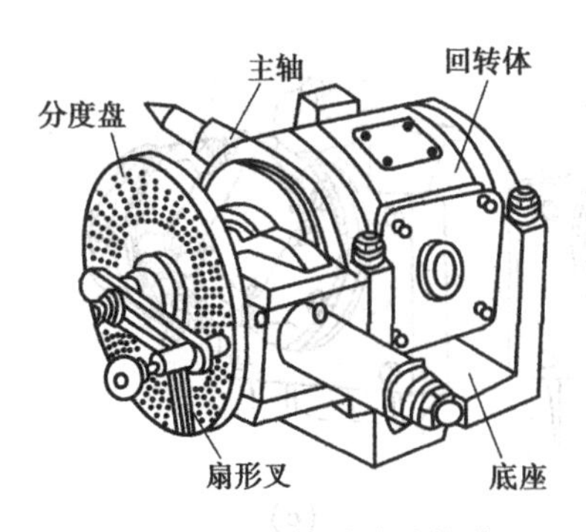

图 17.55 万能分度头构造

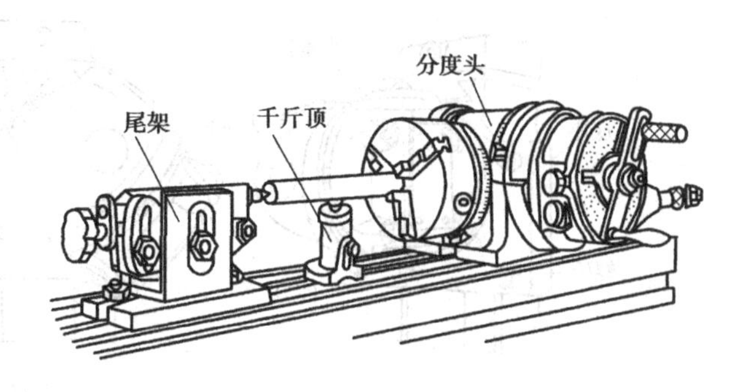

图 17.56 用分度头安装工件

的转数 n 为

$$n=\frac{40}{z}$$

例如，铣齿数 $z=35$ 的齿轮，每次分齿时手柄转数为

$$n=\frac{40}{z}=\frac{40}{35}=1\ \frac{1}{7}$$

即每分一齿，手柄需转过一整圈再多摇过 1/7 圈。这 1/7 圈一般通过分度盘来控制，分度盘如图 17.58 所示。FW125 型万能分度头备有 3 块分度盘，每块分度盘有 8 圈孔，孔数分别如下：

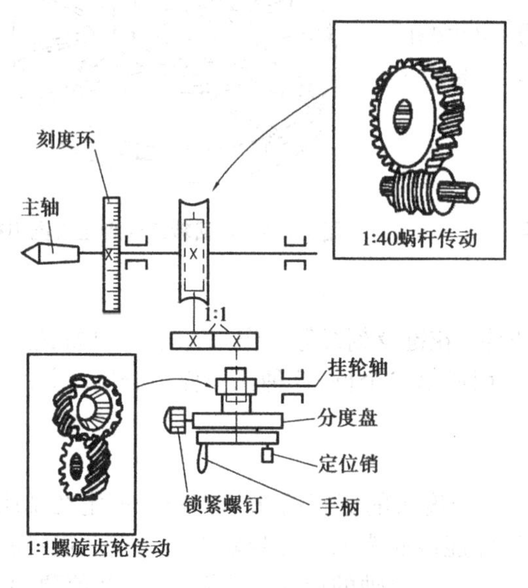

图 17.57 万能分度头传动系统

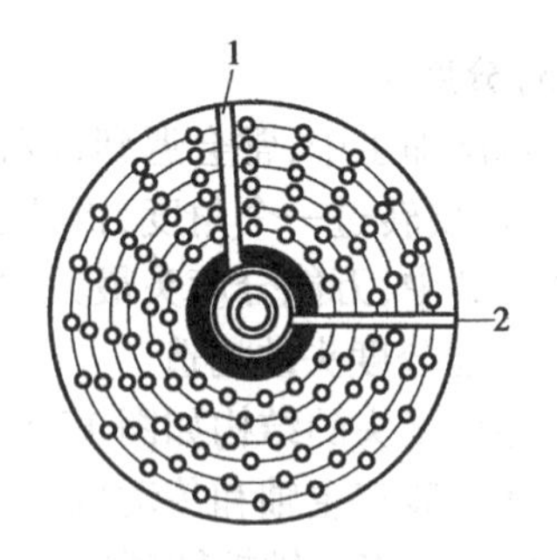

图 17.58 分度盘

第一块：16，24，30，36，41，47，57，59。

第二块：23，25，28，33，39，43，51，61。

第三块：22，27，29，31，37，49，53，63。

如上例，$1\ \frac{1}{7}$圈要选一个是 7 的倍数的孔圈。现选 28 孔的孔圈。$1\ \frac{1}{7}$转圈是在转 1 圈后，再在 28 孔的孔圈上转过 4 个孔距。转 4 个孔距可用分度叉来限定。调节两块分度叉 1，2 的夹角，使它们之间包含 28 孔孔圈的 4 个孔距。分度时，拔出定位销，用手转动手柄，使定位销转过 1 圈又 4 个孔距后插入分度盘即可。作过一次分度后,必须顺着手柄转动方向拨动分度叉,以备下次分度时使用。

3)差动分度

由于分度盘上的孔圈数目是有限的,当分度数大于 66,而个位数又是 1,3,7,9 时,由于找不到适合的孔圈,因此无法使用简单分度法。此时,就需要使用差动分度法。在差动分度时,应松开分度盘的锁紧螺钉,并在挂轮轴和分度头主轴之间安装交换齿轮。

17.4.6　铣削的应用

铣削的形式很多,铣刀的类型和形状更是多种多样,再加上附件分度头、圆形工作台等的应用,铣削加工范围较广,如图 17.59 所示。铣削主要用来加工平面(包括水平面、垂直面和斜面)、沟槽、成形面及切断等。加工精度一般可达 IT8—IT7,表面粗糙度 *Ra* 值为 6.3~1.6 μm。

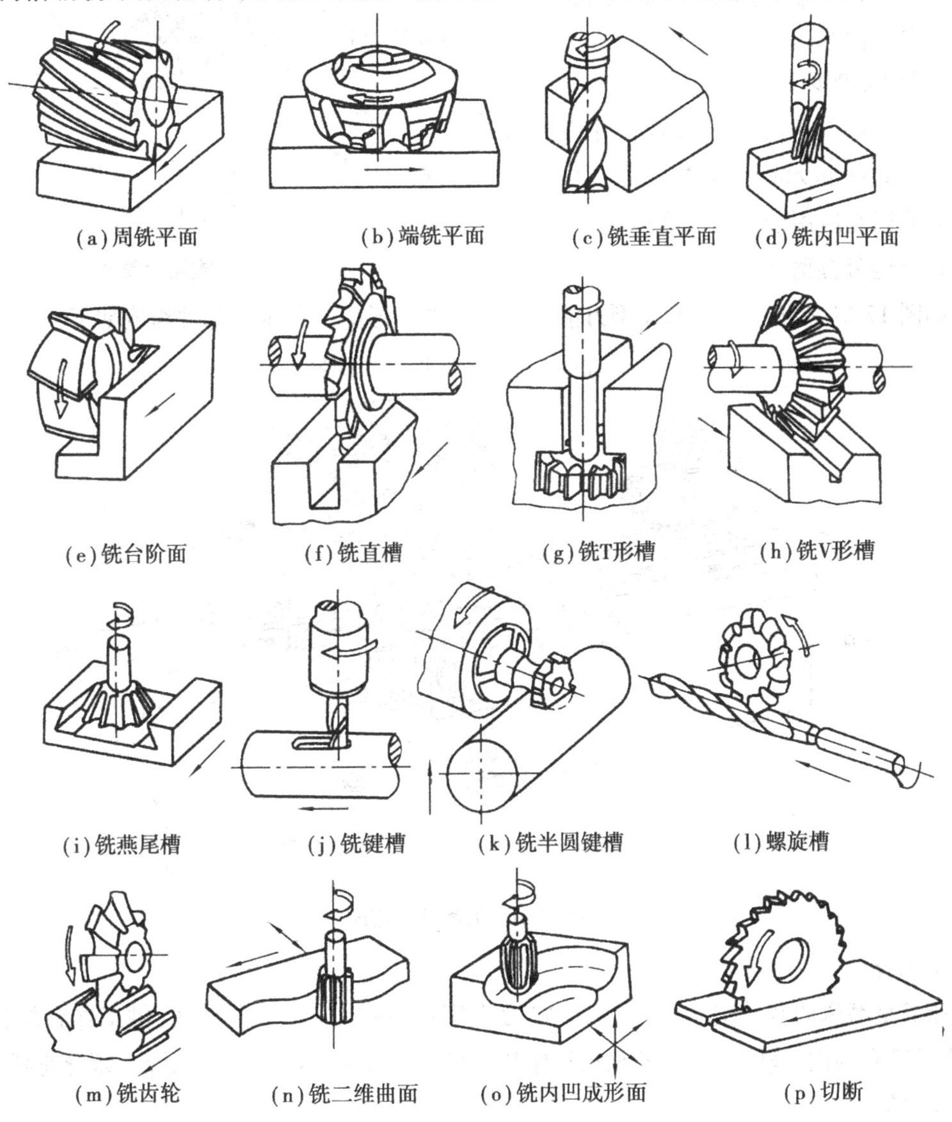

(a)周铣平面　(b)端铣平面　(c)铣垂直平面　(d)铣内凹平面

(e)铣台阶面　(f)铣直槽　(g)铣T形槽　(h)铣V形槽

(i)铣燕尾槽　(j)铣键槽　(k)铣半圆键槽　(l)螺旋槽

(m)铣齿轮　(n)铣二维曲面　(o)铣内凹成形面　(p)切断

图 17.59　铣削加工范围

17.5 磨削加工

在磨床上用砂轮对工件表面进行切削加工的方法,称为磨削加工。它是零件精密加工的主要方法之一。

磨削用的砂轮是由许多细小而又极硬的磨粒用结合剂黏结而成的。因此,磨削的实质可看成一种多刀多刃的超高速铣削过程,如图 17.60 所示。

17.5.1 磨床

磨床的种类很多,常用的有外圆磨床、内圆磨床和平面磨床等。

(1)外圆磨床

用于磨削外圆的磨床有普通外圆磨床、万能外圆磨床和无心外圆磨床等。其中,万能外圆磨床是应用最广泛的磨床。

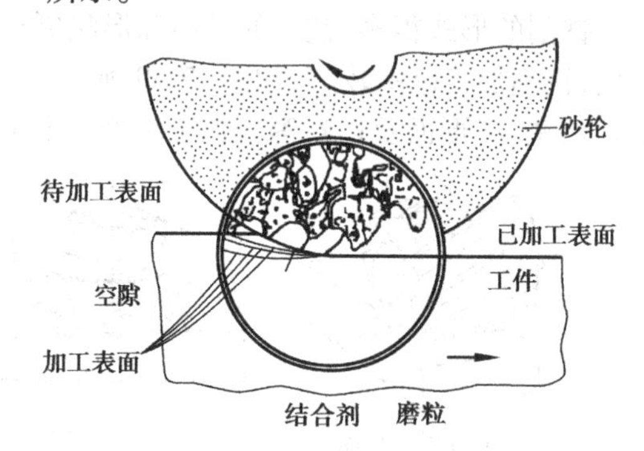

图 17.60 磨削示意图

1)万能外圆磨床

如图 17.61 所示为 M1432A 型万能外圆磨床的外形图。其主要部件组成如下:

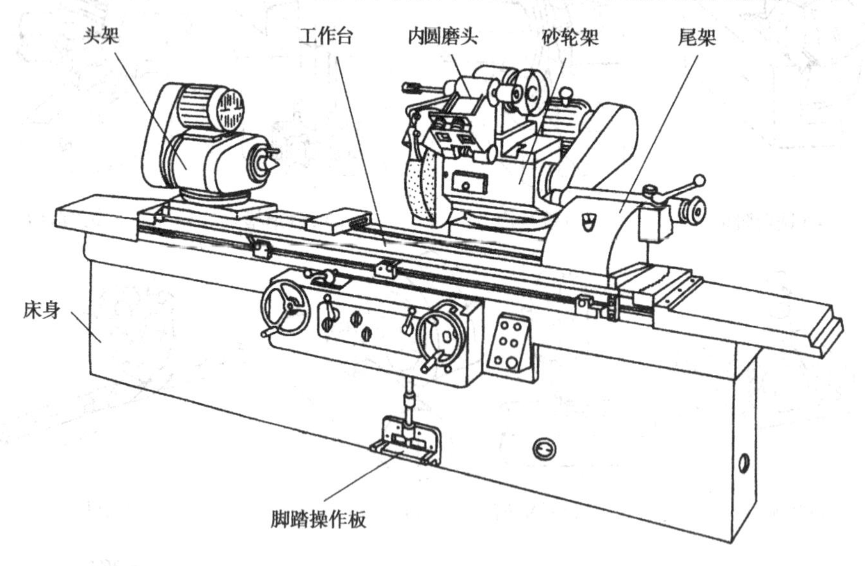

图 17.61 万能外圆磨床

①床身

床身是磨床的基础支承件,它的形状为 T 字形,在前部有纵向导轨,供工作台纵向进给用;在后部有横向导轨,供砂轮架横向进给用。床身内部装有液压传动系统。床身前侧安装着液压操纵箱。

②头架

头架安装在工作台顶面的左端，用于安装及夹持工件，并带动工件旋转。头架在水平面内可按逆时针方向转 90°，以适应卡盘夹持工件磨削锥体和端面的需要。

③尾架

尾架安装在工作台顶面的右端，用后顶尖和头架的前顶尖一起支承工件。为适应不同长度工件的需要，尾架在工作台上的位置可左右移动进行调节。尾架套筒在装卸工件时的退回，可手动，也可液动。用脚踏操纵板就能液动。

④工作台

工作台由上下两层组成，上工作台可相对下工作台在水平面内扳转一定的角度（≤±10°），以便磨削锥度不大的长外圆锥面。下工作台下面固定着液压传动的液压缸和齿条，通过液压传动，使下工作台带动上工作台一起作机动纵向进给；通过手轮、齿轮和齿条，可手动纵向进给或作调节用。

⑤砂轮架

砂轮架用于支承并传动高速旋转的砂轮主轴。砂轮架可作自动间歇的横向进给或手动横向进给，以及作快速趋近和离开工件的横向移动。当需磨削短圆锥面时，砂轮架可在水平面内调整至一定角度位置（±10°）。

⑥内圆磨头

内圆磨头以铰链方式安装在砂轮架的前上方，需要磨孔时翻下来（见图 17.62），不用时翻向上方（见图 17.61）。内圆磨头由单小型电动机驱动，转速为每分钟几千转到几万转。

万能外圆磨床可用于内外圆柱表面、内外圆锥表面的精加工，虽然生产率较低，但由于其通用性较好，被广泛用于单件小批生产车间、工具车间和机修车间。

2）无心外圆磨床

无心外圆磨床是一种高生产率、易于实现自动化的磨削方法，适于成批、大量生产。

如图 17.63 所示为无心外圆磨床的外形图。砂轮架装在床身的左上部，是固定不动的。砂轮修整器安装在砂轮架左上方，它可按刻度倾斜一个较小的角度（小于 3°），因此，可将砂轮修整成锥形以磨削锥体。修整器上还可装上靠模板，可按工件形状将砂轮修整成成形砂轮以作横向成形磨削。导轮架和导轮架座 位于床身的右上部。导轮架座装在滑板上，滑板装在回转底座的燕尾导轨上，能带动导轮作横向移动以吃刀。回转底座可在水平面内绕床身回转一定角度以适应磨锥体的需要。导轮架相对导轮架座能在垂直平面内倾斜一个角度，使导轮能带动工件纵向进给。导轮修整器能在水平面内转动较小角度（应等于导轮架倾斜的角度），把导轮修整成单叶旋转双曲面，使导轮与工件能直线接触。导轮修整器也能在垂直面内转动较小角度（小于 3°），以便把导轮修整成圆锥形，配合锥形砂轮横向磨削外锥体。导轮修整器上也可装上靠模板按工件形状修整成成形导轮，配合成形砂轮横向磨削成形体。工件安置在工件支架的托板上。

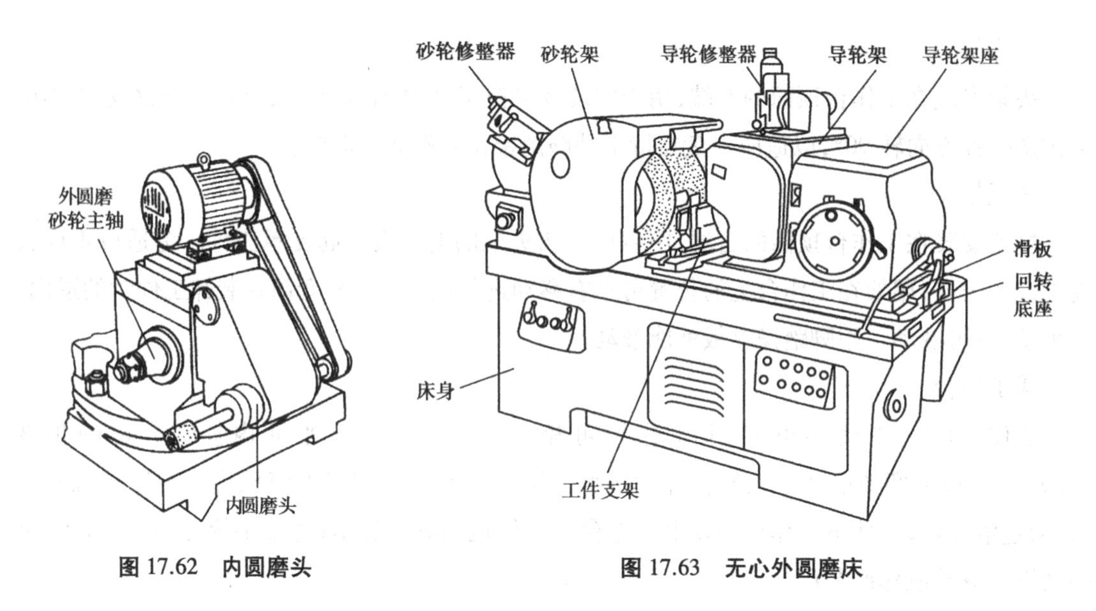

图 17.62　内圆磨头

图 17.63　无心外圆磨床

(2) 内圆磨床

内圆磨床用于磨削内圆柱面、内圆锥面及孔内端面等。

如图 17.64 所示为一内圆磨床外形图。内圆磨床由床身、工作台、工件头架、砂轮架及砂轮修整器等部分组成。内圆磨床的液压传动系统也与外圆磨床相似。

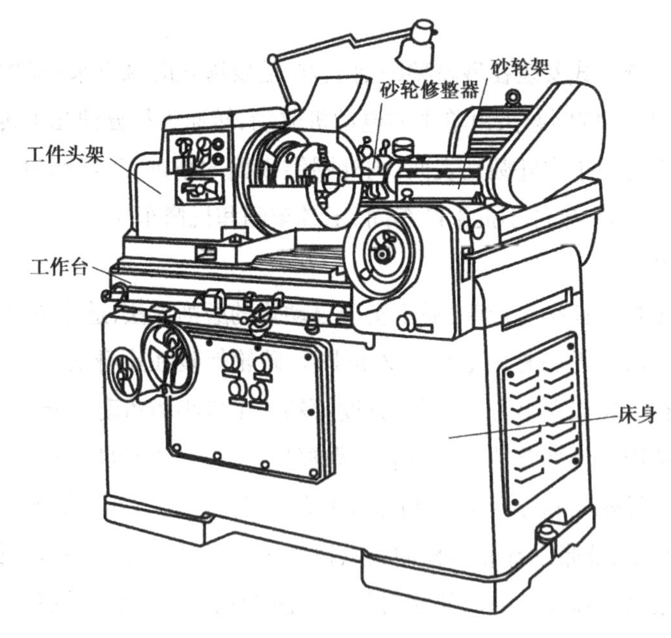

图 17.64　内圆磨床

砂轮架安装在床身上,由单独电机驱动砂轮高速旋转,提供主运动;砂轮架还可横向移动,使砂轮实现横向进给运动。工件头架安装在工作台上,带动工件旋转作圆周进给运动;头架可在水平面内扳转一定角度,以便磨削内锥面。工作台沿床身纵向导轨往复直线移动,带动工件作纵向进给运动。

(3)平面磨床

平面磨床主要用于磨削各种工件的平面。

如图 17.65 所示为卧轴矩台平面磨床的外形图。砂轮架内装有电动机,直接驱动砂轮轴旋转,作主运动。砂轮架可随着滑鞍 一起沿立柱上的垂直导轨上下移动,作调节位置或切入运动用。砂轮架又可由液压传动驱动,沿着滑鞍的导轨间歇运动,作横向进给运动。工作台上安装着磁性工作台以装夹工件。工作台由液压传动在床身 顶部的导轨上作直线往复运动,这是纵向进给运动。砂轮磨损后,可用砂轮修整装置在砂轮架横向往复运动中修整砂轮。

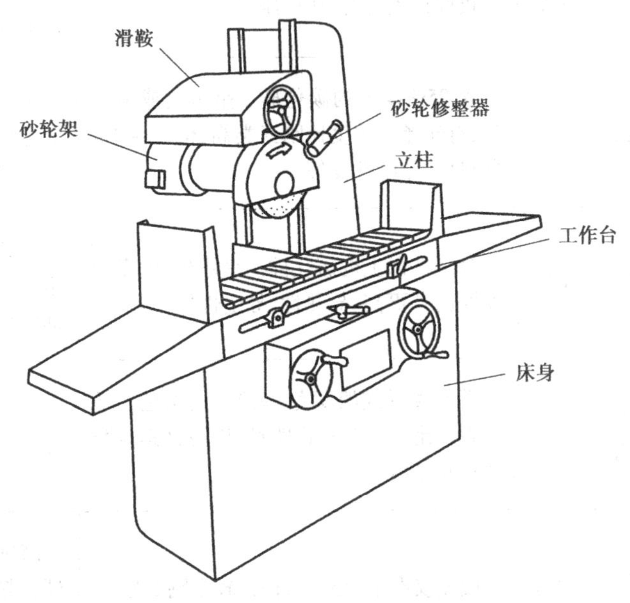

图 17.65　卧轴矩台平面磨床

17.5.2　砂轮的特性

砂轮是磨削的主要工具。它是由磨料和结合剂构成的多孔物体。其中,磨料、结合剂和孔隙是砂轮的 3 个基本组成要素。随着磨料、结合剂及砂轮制造工艺等的不同,砂轮特性可能差别很大,对磨削加工的精度、表面粗糙度和生产效率有着重要的影响。因此,必须根据具体条件选用合适的砂轮。

砂轮的特性由磨料、粒度、硬度、结合剂、组织、形状及尺寸等因素来决定。现分别介绍如下:

(1)磨料及其选择

磨料是制造砂轮的主要原料,它担负着切削工作。因此,磨料必须锋利,并具备高的硬度、良好的耐热性和一定的韧性。

常用磨料的名称、代号、特性和用途见表 17.2。

表 17.2　常用磨料的名称、代号、特性和用途

类　别	名　称	代号	特　性	适用范围
氧化物类	棕刚玉	A	含 91%～96%氧化铝。棕色，硬度高，韧性好，价格便宜	磨削碳钢、合金钢、可锻铸铁、硬青铜等
	白刚玉	WA	含 97%～99%氧化铝。白色，比棕刚玉硬度高，韧性低，自锐性好，磨削时发热少	精磨淬火钢、高碳钢、高速钢及薄壁零件
	铬刚玉	PA	玫瑰红色，韧性比白刚玉好	磨削高速钢、不锈钢、成形磨削、高表面质量磨削
碳化物类	黑碳化硅	C	含 95%以上的碳化硅。呈黑色或深蓝色，有光泽。硬度比刚玉类高，但韧性差。导热性、导电性良好	磨削脆性材料，如铸铁、有色金属、耐火材料、非金属材料
	绿碳化硅	GC	含 97%以上的碳化硅。呈绿色，硬度和脆性比 C 更高，导热性、导电性好	磨硬质合金、光学玻璃、宝石、玉石、陶瓷及珩磨发动机缸套等
高硬磨料类	人造金刚石	D	无色透明或淡黄色、黄绿色、黑色。硬度高。比天然金刚石性脆，价格比其他磨料贵好多倍	磨削硬质合金、宝石等高硬度材料
	立方碳化硼	CBN	硬度仅次于金刚石，韧性较金刚石好	磨削、研磨、珩磨各种既硬又韧的淬火钢和高钼、高钒、不锈钢

(2)粒度及其选择

粒度表示磨粒的粗细程度。粒度分磨粒与微粉两组。磨粒的粒度号是以筛网上 1 in (1 in=25.4 mm)长度内的孔眼数来表示。可见，粒度号越大，颗粒越细。微粉的粒度号以代号 W 及磨料的实际尺寸(单位:μm)来表示。

磨料粒度的选择主要与加工表面的粗糙度和生产率有关。

粗磨时，磨削余量大，要求表面粗糙度不是很高，应选用粒度较粗的磨粒。因为磨粒粗，气孔大，磨削深度可较大，砂轮不易堵塞和发热。

精磨时，余量较小，要求表面粗糙度较低，可选取细的磨粒。一般来说，磨粒越细，磨削表面越光洁。

不同粒度砂轮的应用见表 17.3。

表17.3　不同粒度砂轮的使用范围

砂轮粒度	一般使用范围	砂轮粒度	一般使用范围
14~24$^{\#}$	磨钢锭、切断钢坯,打磨铸件毛刺等	120$^{\#}$~W20	精磨、珩磨和螺纹磨
36~60$^{\#}$	一般磨平面、外圆、内圆以及无心磨等	W20以下	镜面磨、精细珩磨
60~100$^{\#}$	精磨和刀具刃磨等		

(3)结合剂及其选择

结合剂是砂轮中黏结分散的磨粒使之成形的材料。砂轮能否耐腐蚀、能否承受冲击和经受高速旋转而不致破裂,主要取决于结合剂。常用结合剂的种类、性能及用途见表17.4。

表17.4　常用结合剂

名　称	代　号	性　能	用　途
陶瓷结合剂	V	耐水、耐油、耐酸碱,能保持正确的几何形状,气孔率大,磨削率高,强度较大,韧性、弹性、抗振性差,不能承受侧向力	$v_{砂}<35$ m/s的磨削,这种结合剂应用最广,能制成各种磨具,适用于成形磨削和磨螺纹、齿轮、曲轴等
树脂结合剂	B	强度大,弹性好,耐冲击,能高速工作,有抛光作用,坚固性和耐热性比陶瓷结合剂差,不耐酸碱,气孔率小,易堵塞	$v_{砂}>50$ m/s高速磨削,能制成薄片砂轮磨槽,刃磨刀具前刀面。高精度磨削湿磨时,切削液中含碱量应<1.5%
橡胶结合剂	R	强度和弹性比树脂结合剂更大,气孔率小,磨粒容易脱落,耐热性差,不耐油、不耐酸、而且还有臭味	制造磨削轴承沟道的砂轮和无心磨削砂轮,导轮以及各种开槽和切割用薄片砂轮,制成柔软抛光砂轮等
金属结合剂(青铜、电镀镍)	M	韧性、成型性好,强度大,自锐性能差	制造各种金刚石磨具,使用寿命长

(4)硬度及其选择

砂轮的硬度是指砂轮表面上的磨粒在外力作用下脱落的难易程度。砂轮的硬度软,表示砂轮的磨粒容易脱落;砂轮的硬度硬,表示磨粒较难脱落。由此可见,砂轮的硬度与磨料的硬度是两个完全不同的概念。硬度相同的磨料,可以制成硬度不同的砂轮。

砂轮的硬度主要取决于结合剂的黏结能力及含量。结合剂的黏结力强或含量多时,砂轮的硬度高。

根据规定,常用砂轮的硬度等级见表17.5。

表 17.5 常用砂轮硬度等级

硬度等级	大级	超软	软			中　软		中		中　硬			硬		超硬
	小级	超软	软 1	软 2	软 3	中软 1	中软 2	中 1	中 2	中硬 1	中硬 2	中硬 3	硬 1	硬 2	超硬
代号		D、E、F	G	H	J	K	L	M	N	P	Q	R	S	T	Y

砂轮的硬度对磨削生产率和磨削表面质量都有很大的影响。如果砂轮太硬,磨粒磨钝后仍不能脱落,则磨削生产率很低,工件表面粗糙,并可能被烧伤。如果砂轮太软,磨粒未磨钝已从砂轮上脱落,则砂轮损耗大,形状不易保持,影响工件质量。砂轮的硬度合适,磨粒磨钝后因磨削力增大而自行脱落,使新的锋利的磨粒露出,砂轮具有自锐性,则磨削效率高,工件表面质量好,砂轮的损耗也小。

砂轮硬度选择的一般原则是:磨削软材料选较硬的砂轮,磨削硬材料选较软的砂轮。精磨时,为了保证磨削精度和表面粗糙度要求,应选用稍硬的砂轮。工件材料的导热性差,易产生烧伤和裂纹时(如磨硬质合金等),选用的砂轮应软些。

(5)组织及其选择

砂轮的组织表示砂轮结构的松紧程度。根据磨粒、结合剂和气孔三者体积的不同,将砂轮组织分为紧密、中等和疏松 3 大类,并进一步分为 15 级,见表 17.6。数字越大,磨料所占体积越小,表明砂轮结构也越疏松,气孔数量也越多。

表 17.6 砂轮组织

组织分类	紧　密					中　等				疏　松					
组织号	0	1	2	3	4	5	6	7	8	9	10	11	12	13	14
磨粒率/%	62	60	58	56	54	52	50	48	46	44	42	40	38	36	34
用途	成形磨削、精密磨削				磨削淬火钢、刀具刃磨				磨削韧性大而硬度不高的材料					磨削热敏性大材料	

组织疏松多孔,可容纳磨屑,还可将冷却液或空气带入磨削区域,以降低磨削温度,减少工件发热变形,避免产生烧伤和裂纹,但过分疏松的砂轮,其磨粒含量较少,容易磨钝,故常用中等组织。

(6)形状、尺寸及其选择

根据机床结构与磨削加工需要,砂轮可制成各种形状与尺寸。表 17.7 是常用的几种砂轮形状、尺寸、代号及用途。

表 17.7　常用砂轮的形状、代号及用途

序号	名　称	截面形状	形状符号标记	主要用途
1	平形砂轮	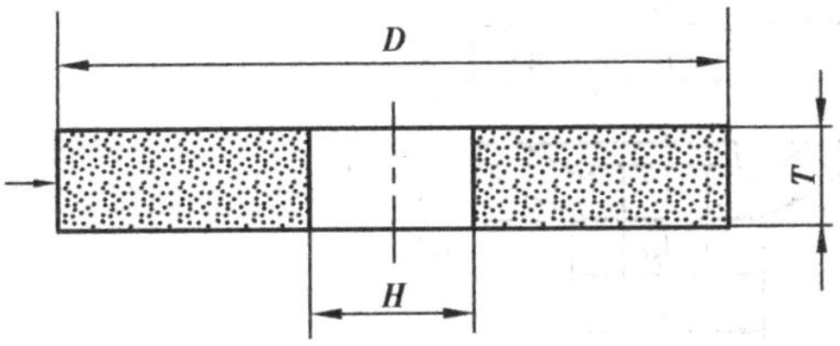 D　T　H	1-D×T×H	磨外圆、内孔、无心磨，周磨平面及刃磨刀具
2	筒形砂轮	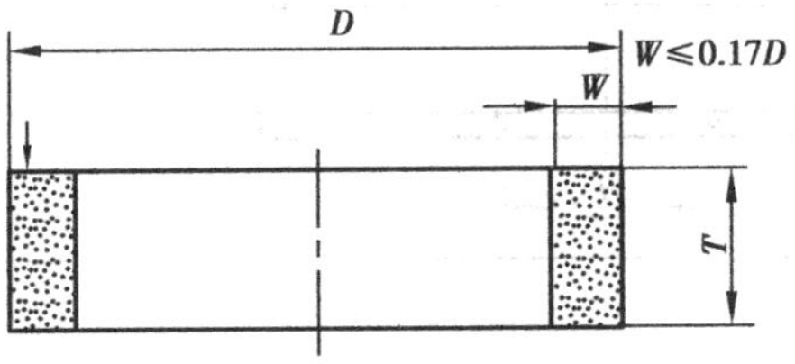 D　W≤0.17D　W　T	2-D×T-W	端磨平面
4	双斜边砂轮	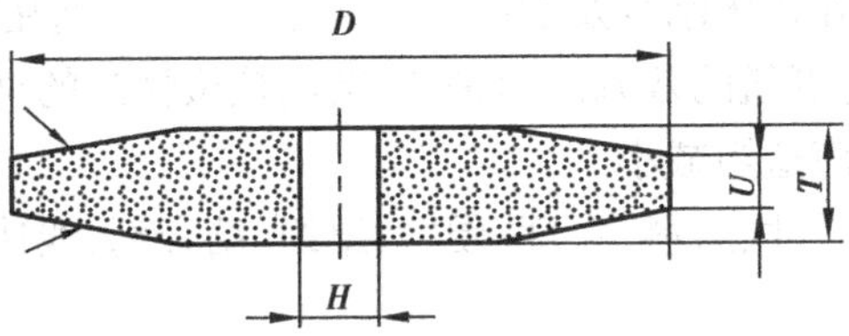 D　U　T　H	4-D×T/U×H	磨齿轮及螺纹
6	杯形砂轮	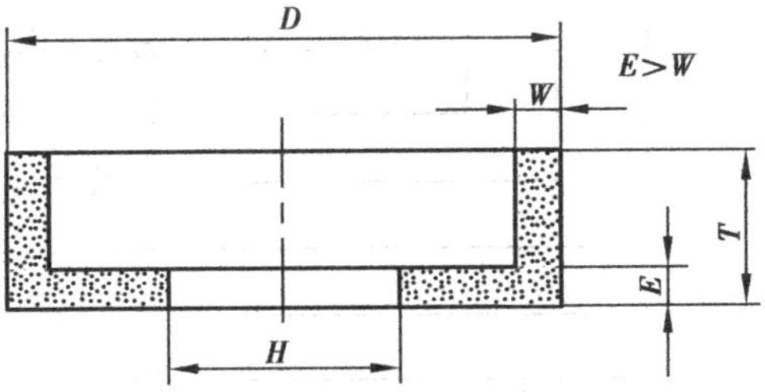 D　E>W　W　T　E　H	6-D×T×H-W，E	端磨平面刃磨刀具后刀面
11	碗形砂轮	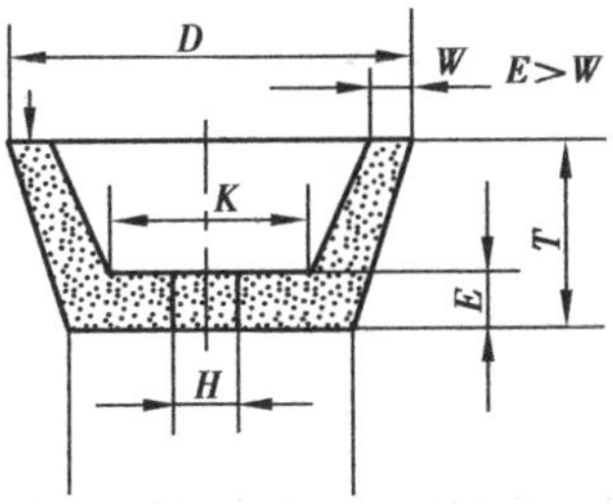 D　W　E>W　K　T　E　H	11-D/J×T×H-W，E，K	端磨平面刃磨刀具后刀面

续表

序号	名　称	截面形状	形状符号标记	主要用途
12a	蝶形一号砂轮		12a-D/J×T/U×H,E,K	刃磨刀具前刀面
41	薄片砂轮		41-D×T×H	切断及磨槽

砂轮的外径应尽可能选得大些，以提高砂轮的圆周速度，这样对提高磨削加工生产率与降低表面粗糙度值有利。此外，在机床刚度及功率许可的条件下，如选用宽度较大的砂轮，同样能收到提高生产率和降低粗糙度值的效果。但是，在磨削热敏性高的材料时，为避免工件表面的烧伤和产生裂纹，砂轮宽度应适当减小。

砂轮的各特性按其形状、尺寸、磨料、粒度、硬度、组织、结合剂、线速度顺序书写，即可得到砂轮的代号。例如：

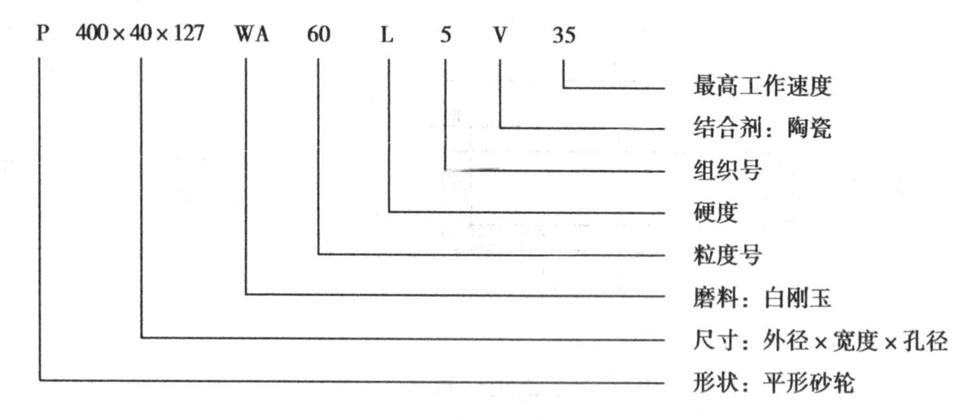

17.5.3　磨削的特点

(1)精度高、表面粗糙度小

磨削与其他加工方法相比，可获得较高的精度和较低的表面粗糙度。其主要原因如下：

①磨削时，砂轮表面有极多的切削刃，并且刃口圆弧半径 ρ 较小。例如粒度为 46# 的白刚玉磨粒，$\rho \approx 0.006 \sim 0.012$ mm，而一般车刀和铣刀的 $\rho \approx 0.012 \sim 0.032$ mm。磨粒上较锋利的切削刃，能够切下一层很薄的金属，切削厚度可以小到数微米，这是精密加工必须具备的条件之

一。一般切削刀具的刃口圆弧半径虽也可磨得小些，但不耐用，不能或难以进行经济的、稳定的精密加工。

②磨削所用的磨床，比一般切削加工机床精度高，刚性及稳定性较好，并且具有控制小切削深度的微量进给机构，可进行微量切削，从而保证了精密加工的实现。

③磨削时，切削速度很高，如普通外圆磨削 $v_c \approx 30\sim35$ m/s，高速磨削 $v_c > 50$ m/s。当磨粒以很高的切削速度从工件表面切过时，同时有很多切削刃进行切削，每个磨刃仅从工件上切下极少量的金属，残留面积高度很小，有利于形成光洁的表面。

因此，磨削可达到高的精度和小的粗糙度。一般磨削精度可达 IT7—IT6，表面粗糙度 Ra 为 0.8~0.2 μm，当采用小粗糙度磨削时，粗糙度 Ra 可达 0.1~0.008 μm。

(2)径向分力较大

磨削时的切削力同车削一样，也可分解为 3 个互相垂直的分力：F_c、F_f 和 F_p。如图 17.66 所示为纵磨外圆时的磨削力。在一般切削加工中，主切削力 F_c 较大，而磨削时，由于磨削深度和切削厚度均较小，故 F_c 较小，F_f 则更小。但是，因为砂轮与工件的接触宽度较大，并且磨粒多以负前角进行切削，致使 F_p 较大，一般情况下 $F_p = (1.5\sim3)F_c$。

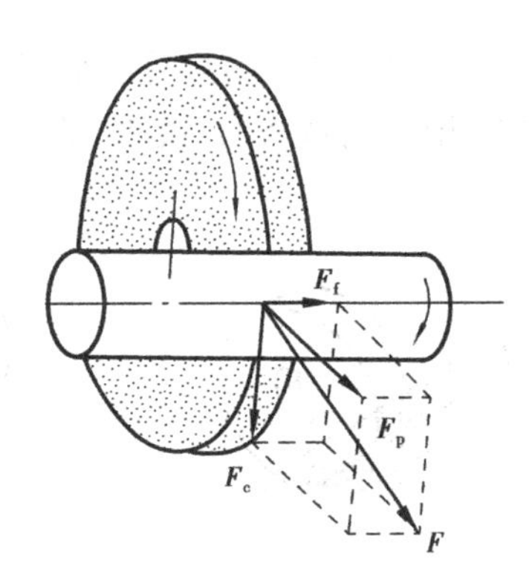

图 17.66　磨削刀

径向分力 F_p，作用在工艺系统（机床—夹具—工件—刀具所组成的系统）刚性较差的方向上，使工艺系统变形，影响工件的加工精度。例如，纵磨细长轴的外圆时，由于工件的弯曲而产生腰鼓形。另外，工艺系统的变形，会使实际磨削深度比名义值小，这将增加磨削时的走刀次数。在最后几次光磨走刀中，要少吃刀或不吃刀，即把磨削深度递减至零，以便逐步消除由于变形而产生的加工误差，但是，这样将降低磨削加工的效率。

(3)磨削温度高

磨削时的切削速度为一般切削加工的 10~20 倍。在这样高的切削速度下，加上磨粒多为负前角切削，挤压和摩擦较严重，消耗功率大，产生的切削热多。又因为砂轮本身的传热性很差，大量的磨削热在短时间内传散不出去，在磨削区形成瞬时高温，有时高达 800~1 000 ℃。

高的磨削温度容易烧伤工件表面，使淬火钢件表面退火，硬度降低。即使由于切削液的浇注，可能发生二次淬火，也会在工件表层产生拉应力及微裂纹，降低零件的表面质量和使用寿命。

高温下，工件材料将变软而容易堵塞砂轮，这不仅影响砂轮的耐用度，也影响工件的表面质量。

因此，在磨削过程中，应采用大量的切削液。磨削时加注切削液，除了冷却和润滑作用之外，还可起到冲洗砂轮的作用。切削液将细碎的切屑以及碎裂或脱落的磨粒冲走，避免砂轮堵塞，可有效地提高工件的表面质量和砂轮的耐用度。磨削钢件时，广泛应用的切削液是苏打水或乳化液。磨削铸铁、青铜等脆性材料时，一般不加切削液，而用吸尘器清除尘屑。

(4)可加工用其他刀具无法加工的硬材料

砂轮上的磨粒硬度很高（如刚玉类磨料的显微硬度在 2 000 HV 以上，绿色碳化硅的显微硬度为 3 286~3 400 HV),所以磨削可以加工一些用一般切削刀具很难加工甚至是无法加工的高硬度材料,如淬火钢、高强度合金、陶瓷等。但对较软的有色金属,不宜采用磨削加工,因为砂轮易被软材料所堵塞。

(5)砂轮有自锐作用

磨削过程中,砂轮的自锐作用是其他切削刀具所没有的。一般刀具的切削刃,如果磨钝或损坏,则切削不能继续进行,必须换刀或重磨。而砂轮由于本身的自锐性,使磨粒能够以较锋利的刃口对工件进行切削。实际生产中,有时就利用这一原理,进行强力连续磨削,以提高磨削加工的生产效率。

17.5.4 磨削的应用

磨削加工的应用范围很广,如图 17.67 所示。它可加工各种外圆面、内孔、平面及成形面(如齿轮、螺纹等)。此外,还用于各种切削刀具的刃磨。

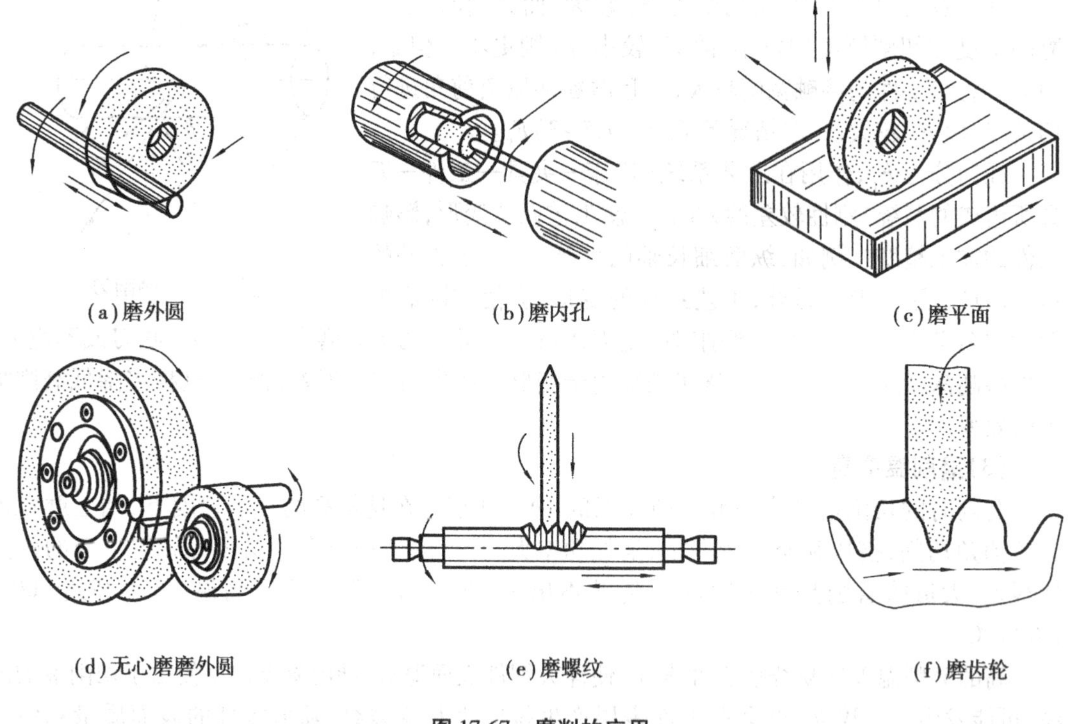

(a)磨外圆　(b)磨内孔　(c)磨平面

(d)无心磨磨外圆　(e)磨螺纹　(f)磨齿轮

图 17.67　磨削的应用

(1)外圆磨削

外圆磨削是对工件圆柱、圆锥、台阶轴外表面和旋转体外曲面进行的磨削。磨削一般作为外圆车削后的精加工工序,尤其是能消除淬火等热处理后的氧化层和微小变形。

外圆磨削可在外圆磨床和无心外圆磨床上进行。

1)在外圆磨床上磨外圆

外圆磨床包括普通外圆磨床和万能外圆磨床两种。磨削时,轴类工件常用顶尖装夹,其方法与车削时基本相同,但磨床所用顶尖都不随工件一起转动。盘套类工件则利用心轴和顶尖安装。磨削方法有以下 4 种(见图 17.68):

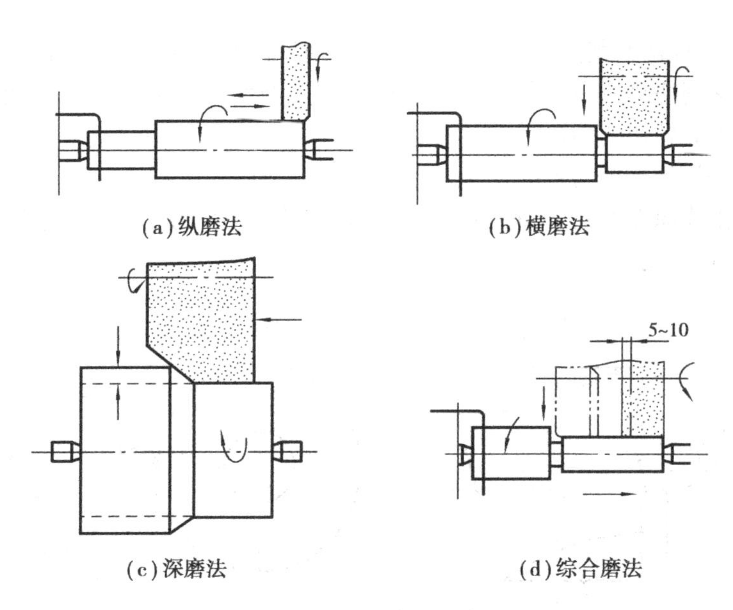

(a)纵磨法　(b)横磨法

(c)深磨法　(d)综合磨法

图 17.68　在外圆磨床上磨外圆

①纵磨法(见图 17.68(a))

磨削时,砂轮作高速旋转的主运动,工件旋转并和工作台一起作往复直线运动,完成圆周进给和纵向进给运动。每当工件一次往复行程终了时,砂轮作周期性的横向进给运动。每次磨削量很小,磨削余量是在多次往复行程中切除的。

由于每次磨削量小,故磨削力小,磨削热少,散热条件较好,还可利用最后几次无横向进给的光磨行程进行精密,因此加工精度和表面质量较高。此外,纵磨法具有较大的适应性,可用一个砂轮加工不同长度的工件。但是,它的磨削效率较低,因为砂轮的宽度处于纵向进给方向,其前部分的磨粒担负主要切削作用,而后部分的磨粒担负修光作用,故广泛用于单件、小批生产及精磨,特别适用于细长轴的磨削。

②横磨法(见图 17.68(b))

它又称切入磨法,磨削时,工件没有纵向进给运动,而砂轮以很慢的速度作连续的横向进给运动,直至磨去全部磨削余量。由于砂轮全宽上各处的磨粒的切削能力都能充分发挥,因此磨削效率高。但因为没有纵向进给运动,砂轮由于修整不好或磨损不均匀所产生的形状误差会复映到工件上,并且因砂轮与工件的接触长度大,磨削力大,发热量多,磨削温度高。因此,磨削精度比纵磨法的低,而且工件表面容易退火和烧伤。横磨法一般适于成批及大量生产中,磨削刚性较好,长度较短的工件外圆表面。或者两侧都有台阶的轴颈,如曲轴的曲拐颈等,尤其是工件上的成形表面,只要将砂轮修整成形,就可直接磨出,较为简便,生产率高。

③综合磨法(见图 17.68(c))

首先用横磨法分段粗磨,相邻两段间有 5~10 mm 的重叠量,留下 0.01~0.03 mm 的余量,然后用纵磨法进行精磨。此法综合了横磨法和纵磨法的优点。

④深磨法(见图 17.68(d))

磨削时用较小的纵向进给量(一般取 1~2 mm/r),较大的背吃刀量(一般为 0.3 mm 左右),在一次行程中切除全部余量,生产率较高。为避免切削负荷集中和砂轮外圆棱角迅速磨钝,应将砂轮修整成锥形或阶梯形,外径小的阶梯面起粗磨作用,可修粗一些,外径最大的起精磨作用,修细些。此法磨削方法可获得较高的加工精度和生产率,粗糙度值较小。但砂轮的修整比较费时。深磨法只适用于大批大量生产中,加工刚度较大的工件,且被加工表面两端要有较大的距离允许砂轮切入和切出。

2)在无心外圆磨床上磨外圆

无心磨削工作原理如图17.69所示。磨削时,工件不用顶尖支承,而是放在砂轮与导轮之间的托板上,故称为无心磨。

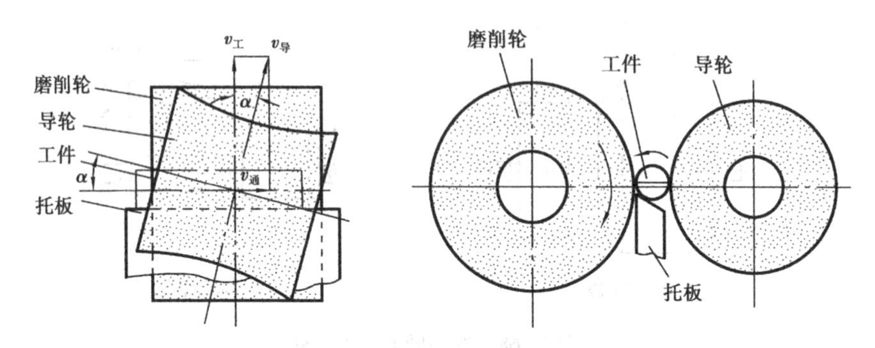

图17.69　无心外圆磨削示意图

磨削时,导轮轴线相对于砂轮轴线倾斜一定的角度 $\alpha(1\sim5°)$,以比磨削轮低得多的速度转动,靠摩擦力带动工件旋转。导轮和工件接触处的线速度 $v_砂$ 可分解为两个分速度:一是沿工件圆周切线方向的 $v_工$,二是沿工件轴线方向的 $v_通$。因此,工件一方面旋转作圆周进给,另一方面作轴向进给运动。为了使工件与导轮能保持线接触,应当将导轮修整成双曲面形。

无心外圆磨削时,工件两端不需预先打中心孔,安装也比较方便;并且机床调整好之后,可连续进行加工,易于实现自动化,生产效率较高。工件被夹持在两个砂轮之间,不会因背向磨削力而被顶弯,有利于保证工件的直线度,尤其是对于细长轴类零件的磨削,优点更为突出。但是,无心外圆磨削要求工件的外圆面在圆周上必须是连续的,如果圆柱表面上有较长的键槽或平面等,导轮将无法带动工件连续旋转,故不能磨削。又因为工件被放在托板上,工件的待加工表面就是定位基准,若磨削带孔的工件,则不能保证外圆面与孔的同轴度。另外,无心外圆磨床的调整比较复杂。因此,无心外圆磨削主要适用于大批大量生产销轴类零件,特别适合于磨削细长的光轴。如果采用切入磨法(即横磨法),也可加工阶梯轴、锥面和成形面等。

(2)内圆磨削

内圆磨削可在内圆磨床上进行,也可在万能外圆磨床上进行。

与外圆磨削类似,内圆磨削也有纵磨法和横磨法之分。纵磨圆柱孔时,工件安装在卡盘上(见图17.70),在其旋转的同时沿轴向作往复直线运动(即纵向进给运动)。装在砂轮架上的砂轮高速旋转作主运动,并在工件或砂轮往复行程终了时作周期性的横向进给运动。若磨圆锥孔,只需将磨床的头架在水平方向偏转一个斜角即可。而由于砂轮轴的钢性较差,横磨法仅适用于磨平削短孔及内成形面。因此,内圆磨削多数情况下是采用纵磨法。

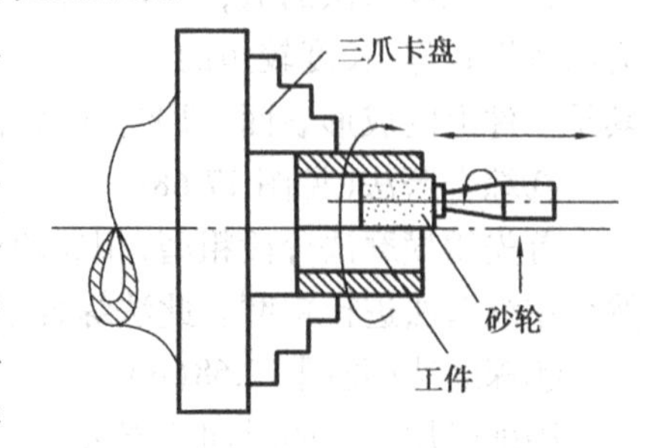

图17.70　磨圆柱孔

磨孔与铰孔或拉孔比较，有以下特点：

①可加工淬硬的工件孔。

②不仅能保证孔本身的尺寸精度和表面质量，还可提高孔的位置精度和轴线的直线度。

③用同一个砂轮可磨削不同直径的孔，灵活性较大。

④生产率比铰孔低，比拉孔更低。

磨内圆与磨外圆比较，存在以下主要问题：

①外圆磨削的砂轮直径不受工件直径限制，可以很大，故砂轮磨损较少，而内圆磨削的砂轮直径则受工件孔径的限制，一般较小，故砂轮磨损较快，需经常修整和更换，辅助工时多。

②由于砂轮直径较小，要达到外圆磨削的正常速度（一般为 30 m/s），砂轮所需转速很高。例如，当砂轮直径为 10 mm 时，转速应为 56 000 r/min，这就给磨头轴承的设计制造带来一系列困难。目前，生产的内圆磨床砂轮转速一般为 10 000～20 000 r/min。因此，一般砂轮圆周速度较低，使磨削工件表面粗糙度值增大。

③由于砂轮轴直径受孔径限制，比较细小，而悬伸长度较大，刚性很差，转速很高，磨削时易发生弯曲变形和振动，故磨削用量不能高，加以辅助工时多，故内圆磨削生产率较低。

④磨孔时砂轮与工件孔的接触面积较磨削外圆时大，磨削力及磨削热都较大，而冷却液不易注入孔中，很难直接浇注到磨削区域，冷却及排屑条件都较差，故磨削温度较高，砂轮容易堵塞。特别是磨削铸铁及黄铜等脆性材料时，粉状磨屑和少量冷却液混合后，变成糊状，更易堵塞砂轮，这时一般不加冷却液，而采用干磨方式，只有磨削钢件时才用冷却液湿磨。

由以上两方面比较可知，内圆磨削的生产率及经济性比外圆磨削差，更远不如铰孔和拉孔，所以磨孔在生产中的应用不是很普遍。磨孔一般仅用于淬硬工件孔的精加工，如滑移齿论、轴承环以及刀具上的孔等。但是，磨孔的适应较好，不仅可磨通孔，还可磨削阶梯孔和盲孔等，因此在单件小批生产中应用较多，特别是对于非标准尺寸的孔，其精加工用磨削更为合适。

(3) 平面磨削

高精度平面及淬火零件的平面加工，大多数采用平面磨削方法。平面磨削主要在平面磨床上进行。按主轴布局及工作台形状的组合，普通平面磨床可分为以下 4 类（见图 17.71）：

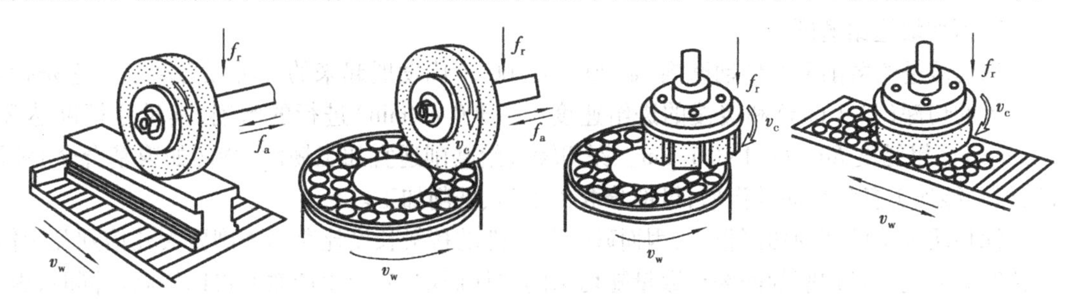

(a) 卧轴矩台平面磨床　(b) 卧轴圆台平面磨床　(c) 立轴矩台平面磨床　(d) 立轴圆台平面磨床

图 17.71　平面磨床的形式

1) 周磨（见图 17.71(a)、(b)）

周磨是利用砂轮的圆周面进行的磨削。周磨时，砂轮与工件的接触面积小，磨削热少，排屑和冷却条件好，工件不易变形，砂轮磨损均匀，因此可获得较高的精度和较小的表面粗糙度 *Ra* 值，适用于批量生产中磨削精度较高的中小型零件，但生产率低。相同的小型零件可多件同时磨削，以提高生产率。

周磨达到的尺寸公差等级为IT7—IT6，表面粗糙度 Ra 值为0.8~0.2 μm。

2）端磨（见图17.70（c）、（d））

端磨是指利用砂轮的端面进行的磨削。端磨时，砂轮轴悬伸长度短，刚性好，可采用较大的磨削用量，生产率较高。但砂轮与工件接触面积较大，发热量多，冷却与散热条件差，工件热变形大，易烧伤，砂轮端面各点圆周速度不同，砂轮磨损不匀，故磨削质量较低。一般用于磨削精度要求不高的平面，或代替铣削、刨削作为精加工前的预加工。

平面磨削一般利用电磁吸盘装夹工件，因为电磁吸盘装卸工件简单、方便、迅速，且能同时装夹多个工件，生产率高。还有利于保证工件的平行度。此外，使用具有磁导性夹具，可磨削垂直面和倾斜面。磨削铜、铝等非磁性材料，可用精密虎钳装夹，然后用电磁吸盘吸牢，或采用真空吸盘进行装夹。键、垫圈、薄壁套等小尺寸工件与吸盘接触面小，吸力弱，易被磨削力弹飞或挤碎砂轮，因此装夹时需在工件周围用面积较大的铁板围住。

17.5.5 磨削技术新发展

磨削加工是机械制造中重要的加工工艺，随着机械产品精度、可靠性和寿命要求的不断提高，高硬度、高强度、高耐磨性的新型材料不断增多，对磨削加工提出了许多新的要求，当前磨削加工技术的发展方向是扩大使用超硬磨料磨具，开发精密和超精密磨削及高速、高效磨削工艺，研制高精度、高刚度的自动化磨床。

（1）高效磨削工艺

1）高速磨削

高速磨削是指磨削速度 v_c>50 m/s 的磨削。即使维持与普通磨削相同的进给量，也会因相应地提高工件速度而增加金属切除率，使生产率提高。由于磨削速度高，单位时间内通过磨削区的磨粒数增多，每个磨粒的切削层厚度将变薄，切削负荷减小，砂轮的耐用度可显著提高。由于每个磨粒的切削层厚度小，工件表面残留面积的高度小，并且高速磨削时磨粒刻划作用所形成的隆起高度也小，因此磨削表面的粗糙度较小。高速磨削的背向力 F_p 将相应减小，有利于保证工件（特别是刚度差的工件）的加工精度。

2）深切缓进给磨削

深切缓进给磨削又称蠕动磨削，是20世纪60年代发展起来的一种强力磨削。它是指采用很大的切深（1~3 mm）和缓慢的进给速度（5~300 m/min）进行的磨削，其尺寸精度达2~5 μm，表面粗糙度 Ra 为0.4~0.1 μm。深切缓进给磨削适宜加工韧性材料（如镍基合金）和淬硬材料，能加工各种型面及沟槽，可部分取代车削、铣削加工。

深切缓进给磨削的切深很大，因而砂轮与工件的接触长度比普通磨削要大几倍到几十倍，单位时间内同时参加磨削的磨粒数量随切深的增加而增多，使生产效率得以提高。同时，由于进给速度缓慢，减少了砂轮与工件的冲击，使振动和加工波纹减小，因而能获得较高的加工精度，且精度稳定性好。缓进给磨削的磨削区温度很低，残余应力小，故它也称无应力磨削。

当把磨削速度提高到80~200 m/s、工件进给速度为0.5~10 m/min时，就成了高效深切磨削（HEDC），它被认为是“现代磨削技术的高峰”，其磨除率比普通磨削高100~1 000倍。

3）砂带磨削

砂带磨削是20世纪60年代以来发展极为迅速的一种高效磨削方法。

砂带磨削是以砂带作为磨具并辅之以接触轮、张紧轮、驱动轮等组成的磨头组件对工件进行加工的一种磨削方法，如图 17.72 所示。砂带是用黏结剂将磨粒黏结在纸、布等挠性材料上制成的带状工具。其基本组成有基材、磨料和黏结剂。

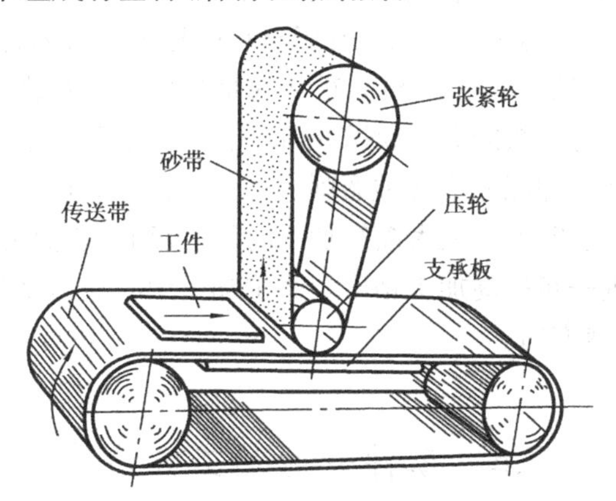

图 17.72 砂带磨削

与砂轮磨削相比，砂带磨削具有下列主要特点：

①磨削效率高

主要表现在材料切除率高和机床利用率高。如钢材切除率已能达到 700 mm^3/s，达到甚至超过了常规车削、铣削的生产效率，是砂轮磨削的 4 倍以上。

②加工质量好

一般情况下，砂带磨削的加工精度比砂轮磨削略低，尺寸精度可达 3 μm，表面粗糙度 *Ra* 达 1 μm。但近年来，由于砂带制造技术的进步（如采用静电植砂等）和砂带机床制造水平的提高，砂带磨削已跨入了精密、超精密磨削的行列，尺寸精度最高可达 0.1 μm，工件表面粗糙度 *Ra* 最高可达 0.01 μm，即达镜面效果。

③磨削热小

工件表面冷硬程度与残余应力仅为砂轮磨削的 1/10，即使干磨也不易烧伤工件，而且无微裂纹或金相组织的改变，具有“冷态磨削”之美称。

④工艺灵活性大，适应性强

砂带磨削可很方便地用于平面、外圆、内圆及异型曲面等的加工。

⑤综合成本低

砂带磨床结构简单、投资少、操作简便，生产辅助时间少（如换新砂带不到 1 min 即可），对工人技术要求不高，工作时安全可靠。

砂带磨削的诸多优点决定了其广泛的应用范围，并有万能磨削工艺之称。砂带磨削当前已几乎遍及了所有的加工领域，它不但能加工金属材料，还可加工皮革、木材、橡胶、尼龙及塑料等非金属材料，特别对不锈钢、钛合金、镍合金等难加工材料更显示出其独特的优势。在加工尺寸方面，砂带磨削也远远超出砂轮磨削，据介绍，当前砂轮磨削的最大宽度仅为 1 m，而宽达 4.9 m 的砂带磨床已经投入使用。在加工复杂曲面（如发动机汽轮机叶片、聚光镜灯碗、反射镜等）方面，砂带磨削的优势也是其他加工方法无法比拟的。

(2)超精密磨床和磨削加工中心的发展

精密加工必须由高精度、高刚度的机床作保证。超精密磨床广泛采用油轴承、空气轴承和磁轴承实现磨床主轴的高速化和高精密化；利用静动压导轨、直线导轨、静动压丝杠实现导轨及进给机构的高速化和高精密化。同时,在结构材料上,采用热稳定性、抗振动性强、耐磨性高的花岗岩、人造花岗岩、陶瓷、微晶玻璃等替代传统的铁系材料,极大地增加了机床的刚度。由日本丰田工机和中部大学共同研制的加工硬脆材料的超精密磨床,其定位精度为 0.01 μm,加工工件直径达到 500 mm,机床总重达 34 t,被认为是当今世界上最大级别的超精密磨床之一。

磨削加工中心(GC)与一般的 NC,CNC 磨床不同,它具备自动交换、自动选择及自动修整磨削工具的机能,一次装夹即能完成各种磨削加工,实现了磨削加工的复合化与集约化,甚至可实现无人化连续自动生产,不但大大缩短加工时间、节约工装费用,而且机床有更高的刚度,能更好地防止热变形,进一步提高加工精度。磨削加工中心是当今磨削技术进步的主要标志,也是今后磨床技术的发展方向。

17.6 零件表面加工方法选择

零件表面的类型和要求不同,采用的加工方法也不一样。但无论何种表面,在设计其加工工艺时,都需遵循以下两个基本原则:

(1)粗、精加工分开

为保证零件表面的加工质量和生产效率,需将粗、精加工分开,以达到各自的目的与要求。粗加工的目的是要求生产率高,在尽量短的时间内切除大部分余量,并为进一步加工提供定位基准及合适的余量。粗加工时,由于背吃刀量和进给量较大,产生的切削力和所需夹紧力也较大,故工艺系统的受力变形较大。又因粗加工切削温度高,也将引进工艺系统较大的热变形。此外,毛坯有内应力存在,还会因切除较厚一层金属,使内应力重新分布而发生变形。这都将破坏已加工表面的精度。精加工的目的是对零件的主要表面进行最终加工,使其获得符合精度和表面粗糙度要求的表面。因此,只有粗、精加工分开,在粗加工后再进行精加工,才能保证工件表面的质量要求。另外,先安排粗加工,可及时发现毛坯的缺陷(如铸铁的砂眼、气孔、裂纹、局部余量不足等),以便及时报废或修补充,避免继续加工造成浪费。

(2)几种不同加工方法相配合

实际生产中,对于某一种零件的加工,往往不是在一台机床用一种加工方法完成的,而要根据零件的尺寸、形状、技术要求和生产批量,结合各种加工方法的工艺方法特点和适用范围及现有设备条件,综合考虑生产效率和经济效益,拟订合理的加工方案,将几种加工方法相配合,逐步完成零件各种表面的加工。

在制订零件加工工艺时,要合理选择零件表面加工方法,一般要考虑以下问题:

17.6.1 加工经济精度和经济表面粗糙度

从理论上讲,任何一种加工方法所能达到的加工精度和表面粗糙度都有一个很大的范围。但要获得比一般条件下更高的精度和更小表面粗糙度值,就需要以增大成本和降低生产率为代价。如精细地操作,选择较小的进给量等。经济精度是指在正常的加工条件下(使用符合质量标准的设备、工艺装备和标准等级的工人,不延长加工时间)所能保证的加工精度。经济表面粗糙度的概念与此类同。表 17.8—表 17.10 分别为外圆柱面、孔和平面的加工方法及其经济精度和经济表面粗糙度。

表 17.8　外圆柱面加工方法

序号	加工方法	经济精度（公差等级）	经济表面粗糙度 $Ra/\mu m$	适用范围
1	粗车	IT13—IT11	50～12.5	除淬硬钢以外的各种金属
2	粗车—半精车	IT10—IT8	6.3～3.2	
3	粗车—半精车—精车	IT8—IT7	1.6～0.8	
4	粗车—半精车—磨削	IT8—IT7	0.8～0.4	不易加工有色金属或硬度太低的金属
5	粗车—半精车—粗磨—精磨	IT7—IT6	0.4～0.1	
6	粗车—半精车—粗磨—精磨—超精加工	IT5	0.1～0.012	
7	粗车—半精车—精车—精细车	IT7—IT6	0.4～0.025	精度和粗糙度要求很高的有色金属
8	粗车—半精车—粗磨—精磨—超精磨（或镜面磨）	IT5 以上	0.025～0.006	精度和粗糙度要求极高的外圆
9	粗车—半精车—粗磨—精磨—研磨	IT5 以上	0.1～0.006	

表 17.9　孔的加工方法

序号	加工方法	经济精度（公差等级）	经济表面粗糙度 $Ra/\mu m$	适用范围
1	钻	IT13—IT11	12.5	除淬硬钢外的实心毛坯，孔径小于 15～20 mm
2	钻—铰	IT10—IT8	6.3～1.6	
3	钻—粗铰—精铰	IT8—IT7	1.6～0.8	
4	钻—扩	IT11—IT10	12.5～6.3	除淬硬钢外的实心毛坯，孔径大于 15～20 mm
5	钻—扩—铰	IT9—IT8	3.2～1.6	
6	钻—扩—粗铰—精铰	IT7	1.6～0.8	
7	钻—扩—机铰—手铰	IT7—IT6	0.4～0.2	
8	钻—拉	IT9—IT7	1.6～0.8	大批量生产

续表

序号	加工方法	经济精度（公差等级）	经济表面粗糙度 $Ra/\mu m$	适用范围
9	粗镗(或扩孔)	IT13—IT11	12.5~6.3	除淬硬钢外各种材料，毛坯上已有孔
10	粗镗(或粗扩)—半精镗(精扩)	IT10—IT9	3.2~1.6	
11	粗镗(或粗扩)—半精镗(精扩)—精镗(铰)	IT8—IT7	1.6~0.8	
12	粗镗(或粗扩)—半精镗(精扩)—精镗—浮动镗	IT7—IT6	0.8~0.4	
13	粗镗(或粗扩)—半精镗—磨孔	IT8—IT7	0.8~0.2	硬度很低的材料和有色金属除外
14	粗镗(或粗扩)—半精镗—粗磨—精磨	IT7—IT6	0.2~0.1	
15	粗镗(或粗扩)—半精镗—精镗—精细镗	IT7—IT6	0.4~0.05	精度和粗糙度要求很高的有色金属
16	钻—(扩)—粗铰—精铰—珩磨钻—(扩)—拉—珩磨粗镗—半精镗—精镗—珩磨	IT7—IT6	0.2~0.025	精度和粗糙度要求很高的孔，有色金属孔
17	以研磨代替上格中的珩磨	IT6—IT5	0.1~0.006	

表 17.10　平面加工方法

序号	加工方法	经济精度（公差等级）	经济表面粗糙度 $Ra/\mu m$	适用范围
1	粗车	IT13—IT11	50~12.5	端面
2	粗车—半精车	IT10—IT8	6.3~3.2	
3	粗车—半精车—精车	IT8—IT7	1.6~0.8	
4	粗车—半精车—磨削	IT8—IT6	0.8~0.2	
5	粗铣(刨)	IT13—IT11	25~6.3	不淬硬平面
6	粗铣(刨)—精铣(刨)	IT10—IT8	6.3~1.6	
7	粗铣(刨)—精铣(刨)—刮研	IT7—IT6	0.8~0.1	精度要求较高的不淬硬平面
8	粗铣(刨)—精铣(刨)—宽刃精刨	IT7	0.8~0.2	

续表

序号	加工方法	经济精度（公差等级）	经济表面粗糙度 $Ra/\mu m$	适用范围
9	粗铣(刨)—精铣(刨)—磨削	IT7	0.8~0.2	精度要求较高，硬度不很低的平面
10	粗铣(刨)—精铣(刨)—粗磨—精磨	IT7—IT6	0.4~0.025	
11	粗铣—拉	IT9—IT7	1.6~0.4	大批量生产小平面
12	粗铣—精铣—磨削—研磨	IT5 以上	0.1~0.006	高精度平面

17.6.2 工件材料的性质

各种加工方法对工件材料及其热处理状态有不同的适用性，如淬硬钢的精加工一般都要用磨削；而硬度太低的材料磨削时容易堵塞砂轮，因此有色金属的精加工要采用精细车、精细镗等。

17.6.3 工件的结构形状与尺寸

工件的结构形状与尺寸涉及工件的装夹与切削运动方式，对加工方法的限制较多。例如，孔的加工方法有多种，但箱体等较大的零件不宜采用磨和拉，普通内圆磨床只能磨套类零件的孔，铰适于较小且有一定深度的孔，车适于回转体轴线上的孔。

17.6.4 生产率和经济性要求

各种加工方法的生产率有很大差异，选择加工方法要与生产类型相适应。例如，非圆内表面的加工方法有拉和插。但小批量生产主要适宜用插。拉刀的制造成本高、生产率高，适于大批量生产。但也有例外，花键孔为保证其精度，小批生产时也采用拉。

17.6.5 特殊要求

不同的加工方法对工件的表面性能有不同的效果。例如，刮削和挤压加工能使工件表面产生加工硬化而提高耐磨性，刮削表面有良好的接触性能；珩磨孔的直线性和表面网状纹路对于发动机汽缸内壁有良好的运动特性和储存润滑油的作用，等等。

在选择加工方法时，应考虑在现有生产条件下，积极采用新技术和新工艺，以提高经济效益。

复习思考题

1.在车床上工件的安装方法有哪些？各自的应用场合如何？

2.车床的种类有哪些？各自适合于何种场合？

3.车床上车锥面的方法有哪几种？各自适合于何种场合？

4.为什么用扩孔钻扩孔比用钻头扩孔的质量好？

5.在车床上钻孔或在钻床上钻孔，由于钻头弯曲都会产生“引偏”，它们对所加工的孔有何不同的影响？如何防止？在随后的精加工中，哪一种比较容易纠正？

6.镗床镗孔与车床镗孔有何不同？各自适合于何种场合？

7.一般情况下，刨削的生产率为什么比铣削低？

8.何谓定尺寸刀具？本章所述哪些是定尺寸刀具？有些定尺寸刀具为何不能纠正孔位置误差？

9.试分析下列机床在结构上的区别。

(1)牛头刨床与龙门刨床；

(2)龙门刨床与龙门铣床；

(3)牛头刨床与插床。

10.常用铣刀有哪些？各自的应用场合如何？

11.试分析顺铣和逆铣的特点及应用场合。

12.成批和大量生产中，铣削平面常采用端铣法还是周铣法？为什么？

13.拉削加工的质量好、生产率高，为什么在单件小批生产时不宜采用？

14.试简述各种磨床的切削运动及工件的安装方法。

15.磨削加工有何特点？为何磨床需要液压传动？

16.平面磨削有哪几种方式？各自适合于什么场合？

17.在零件加工过程中为什么要把粗、精加工分开？

18.试决定下列零件外圆的加工方案：

(1)紫铜小轴，ϕ20h7，Ra 为 0.8 μm；

(2)45 钢轴，ϕ50h6，Ra 为 0.2 μm，表面淬火 40~50 HRC。

19.下列零件上的孔，用何种方案加工比较合理？

(1)单件小批生产中，铸铁齿轮上的孔，ϕ20H7，Ra 为 1.6 μm；

(2)大批大量生产中，铸铁齿轮上的孔，ϕ50H7，Ra 为 0.8 μm；

(3)高速钢三面刃铣刀上的孔，ϕ27H6，Ra 为 0.2 μm；

(4)变速箱箱体(材料为铸铁)上传动轴的轴承孔，ϕ62J7，Ra 为 0.8 μm。

20.试决定下列零件上平面的加工方案：

(1)单件小批生产中，机座(铸铁)的底面，$L\times B$ = 500 mm×300 mm，Ra 为 3.2 μm；

(2)成批生产中，铣床工作台(铸铁)台面，$L\times B$ = 1 250 mm×300 mm，Ra 为 1.6 μm；

(3)大批大量生产户，发动机连杆(45 钢调质，217~255 HB)侧面 $L\times B$ = 25 mm×10 mm，Ra 为 3.2 μm。

第 18 章 金属切削加工基础知识

零件本身的结构对加工质量、生产效率和经济效益有着重要影响。为了获得较好的技术经济效果,在设计零件结构时,不仅要考虑满足使用要求,还应当考虑是否能够制造和便于制造,也就是零件结构工艺性。

18.1 概　述

零件结构工艺性是指所设计的零件在能满足使用要求的前提下,加工(包括毛皮成形、切削加工、热处理、装配和拆卸等)该零件的难易程度。零件的结构工艺性是评价零件设计好坏的一项重要经济指标。零件结构工艺性良好,是指设计的零件,能用生产率高、劳动量小、材料消耗少和生产成本低的加工方法制造出来,从而获得良好的经济效益。

零件的结构工艺性是一个相对的概念。在空间上,不同生产规模或具有不同生产条件的工厂,对产品结构工艺性的要求不同。例如,某些单件生产的产品,其结构在单件生产时也是合理的,但要大批量生产该产品,其零件结构就不合理了,必须加以改进。如图 18.1 所示的内齿结构,图 18.1(a)适合在插齿机上加工,如果要大批大量生产,则应改为图 18.1(b)的结构,以便采用拉削方式生产。

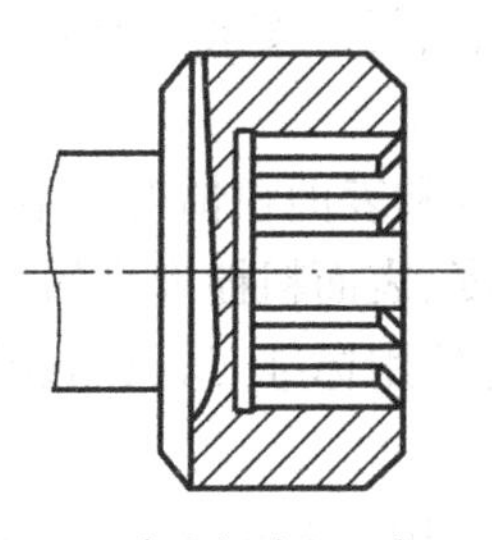

(a)适合在插齿机上加工

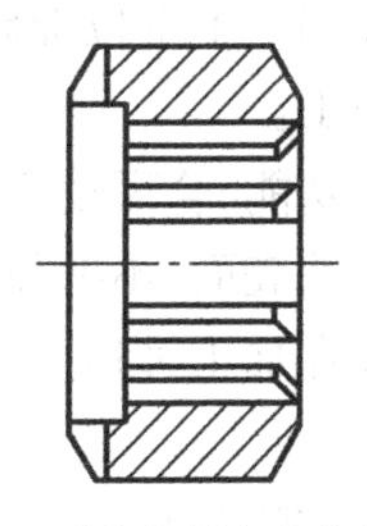

(b)适合拉削方式生产

图 18.1　内齿离合器

随着科学技术的发展,新技术、新工艺的不断涌现,使零件的结构工艺不断变化,一些过去被认为是难加工,甚至是无法加工的结构,现在已变得可行,甚至很容易。如图 18.2(a)所示电液伺服阀套上精密方孔的加工,为了保证方孔之间的尺寸公差要求,过去将阀套分成 5 个圆环分别加工,然后再联接起来,认为这样的结构工艺性好。但是,随着电火花加工精度提高,把原来由 5 个圆环组装改为整体结构(见图 18.2(b)),用 4 个电极,同时把 4 个方孔加工出来,也能保证方孔之间的尺寸精度。这样,既减少了劳动量,又降低了成本,因此,这种整体结构的工艺性也是好的。

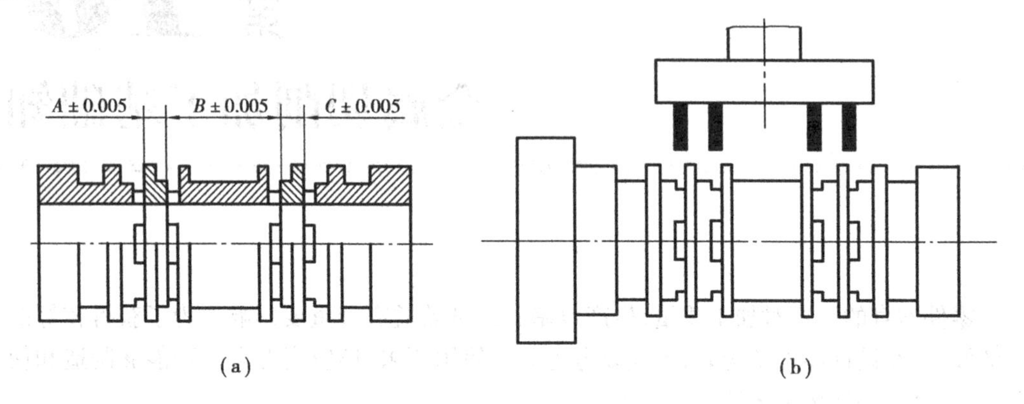

图 18.2　电液伺服阀阀套结构

产品及零件的制造包括毛坯生产、切削加工、热处理及装配等许多阶段,各个生产阶段都是有机地联系在一起的。在进行零件结构设计时,必须全面考虑,是各个阶段都具有良好的工艺性。当生产各阶段对结构的工艺性要求有矛盾时,应综合考虑,统筹安排。

18.2　一般原则及实例分析

由于一般情况下切削加工的劳动耗费最多,因此,零件结构工艺性的切削加工工艺性更为重要。本章将就单件小批生产中对它的原则要求及实例进行简要分析。

为了使零件在切削加工过程中具有良好的工艺性,对零件的结构设计提出以下原则要求:

①零件加工表面的几何形状应尽量简单,尽可能布局在同一平面或同一轴线上,便于加工和测量。

②零件结构应保证加工中定位准确、夹紧可靠、便于安装。有相互位置精度要求的表面,最好能在一次安装中加工。

③根据零件的使用功能,合理规定零件的精度和表面粗糙度。不需要加工的表面,不要设计成加工面。要求不高的表面,不要设计成高精度、表面粗糙度小的表面。

④零件结构应保证在加工过程中最大限度地使用标准刀具和通用量具,以减少专用刀具、量具的设计和制造。

由于各种切削加工方法各有特点,且对零件结构工艺性的要求不尽相同。现就设计中应考虑的结构工艺性原则进行介绍,见表 18.1。

表 18.1　零件结构工艺性一般原则及实例分析

设计原则	结构工艺性对比		说　明
	结构工艺性不好	结构工艺性好	
便于安装	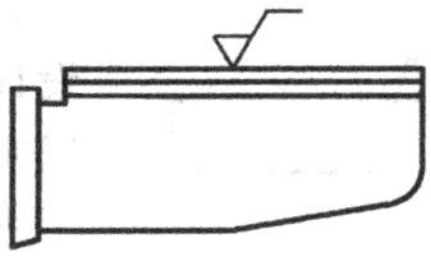	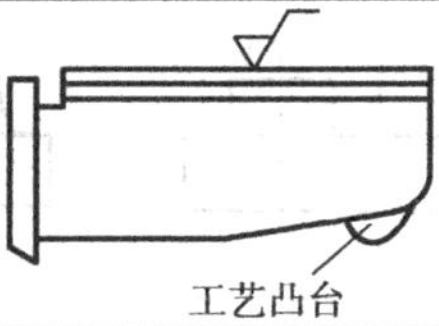 工艺凸台	增加工艺凸台，以便安装找正。精加工后，把凸台去除
	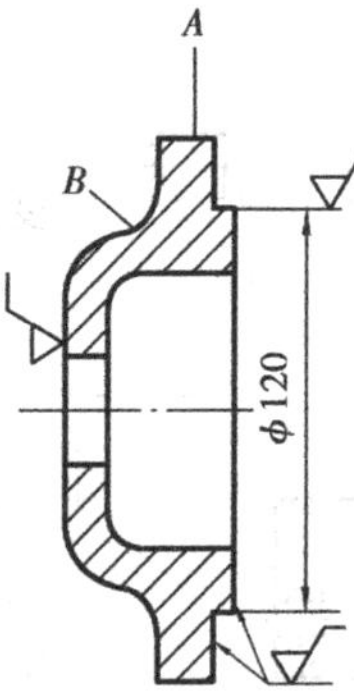 A　B　$\phi 120$	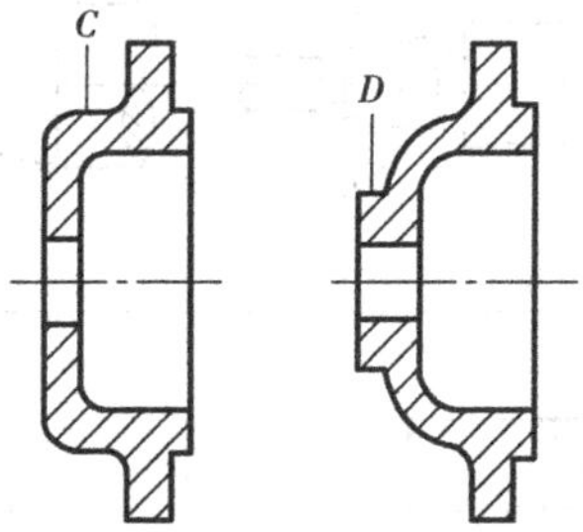 C　D	该轴承座在车削时装夹 A 和 B 处均不妥当，应该标毛坯外形，装夹 C 或 D 处
	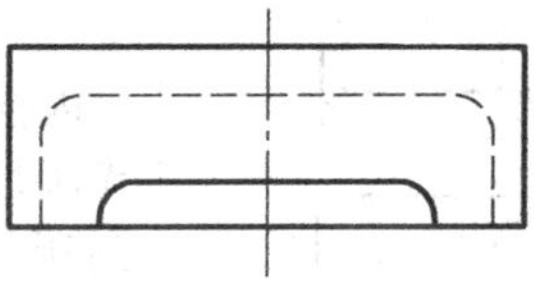	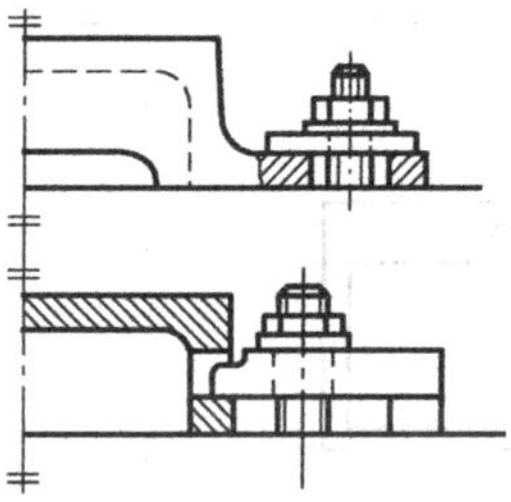	增加夹紧边缘或夹紧孔，以便在龙门刨床或龙门铣床上加工上平面
			加工锥度心轴时，左端应增加安装鸡心夹头的圆柱面
减少装夹次数	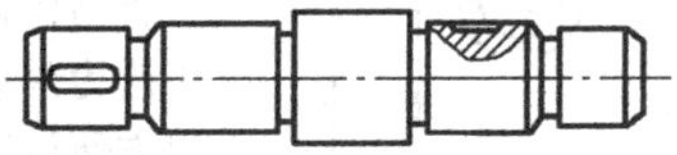	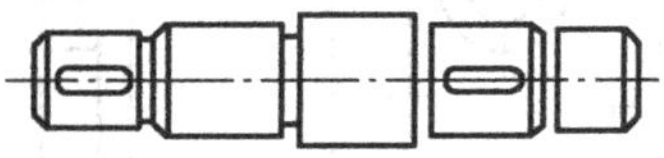	轴上键槽应在同一侧，以便在一次安装中加工
	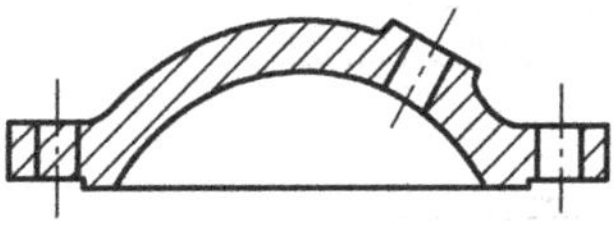	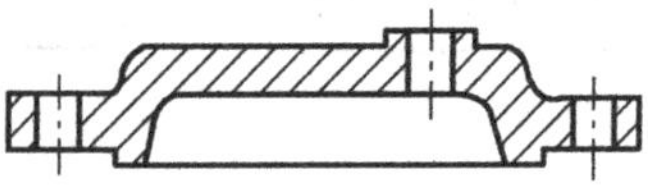	孔设计在倾斜方向，既增加了安装次数，加工又不方便
	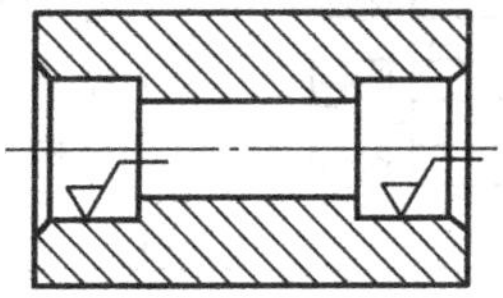	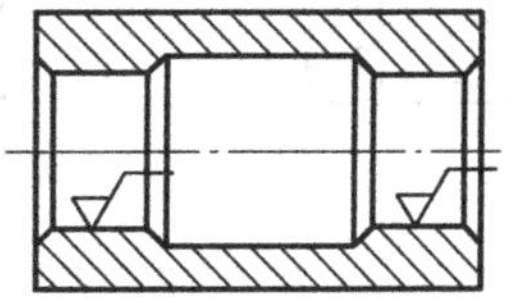	轴套两端孔在一次安装中即可全部加工出来，也有利于保证两孔间的同轴度

续表

设计原则	结构工艺性对比		说　明
	结构工艺性不好	结构工艺性好	
减少机床调整次数	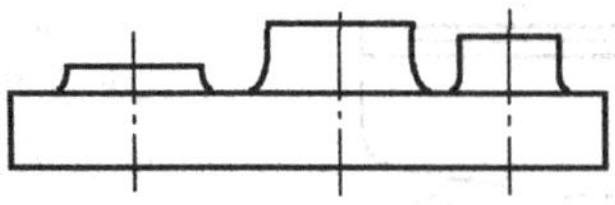	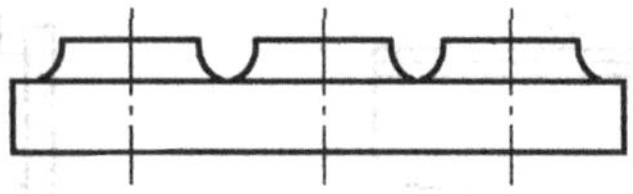	需加工的凸台应设计在同一平面，以便在一次走刀加工所有凸台
	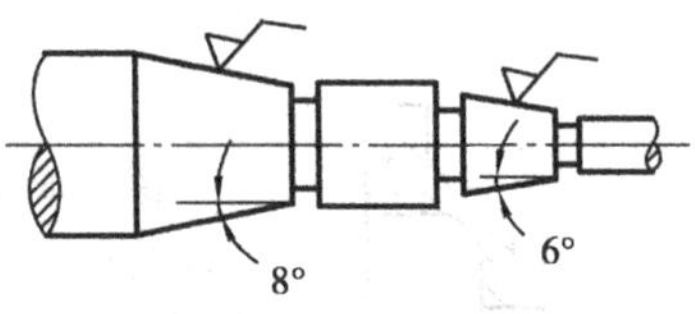 8° 6°	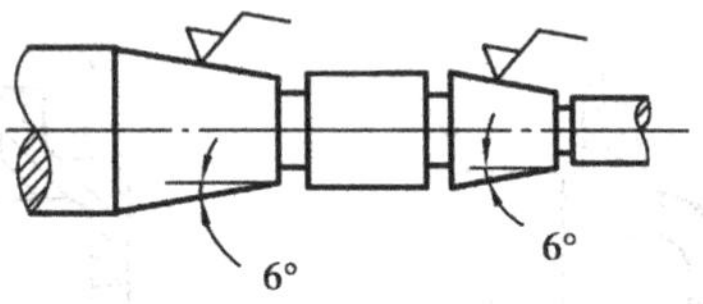 6° 6°	在允许的情况下，采用相同的锥度，磨床只需调整一次
减少加工困难	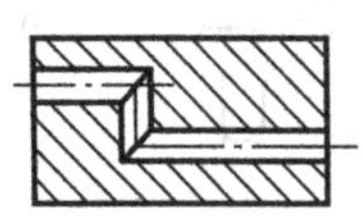	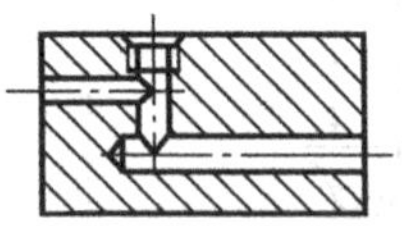	图的结构方能加工，不过需增加一个堵头螺钉
	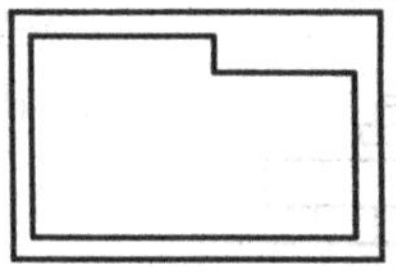	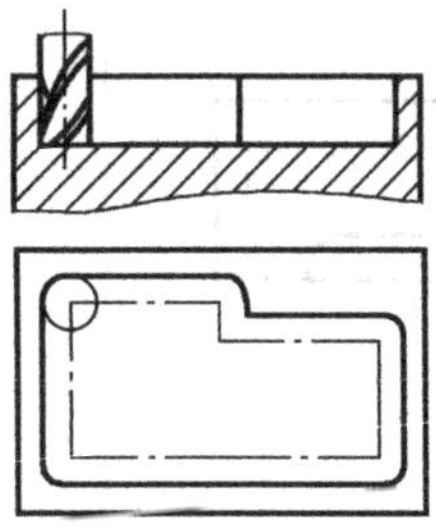	内腔的直角凹槽无法加工，应考虑到所用立铣刀的直径
	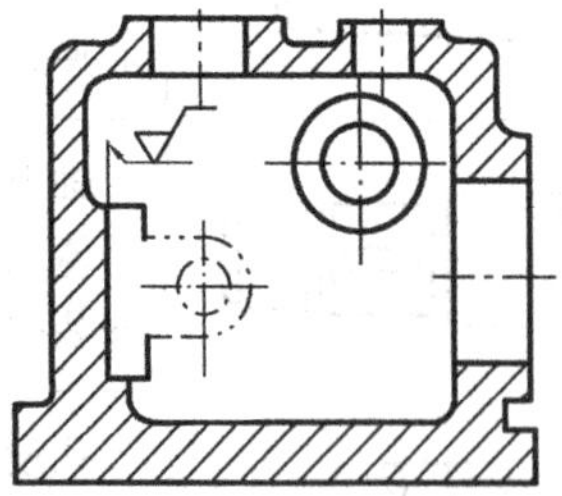	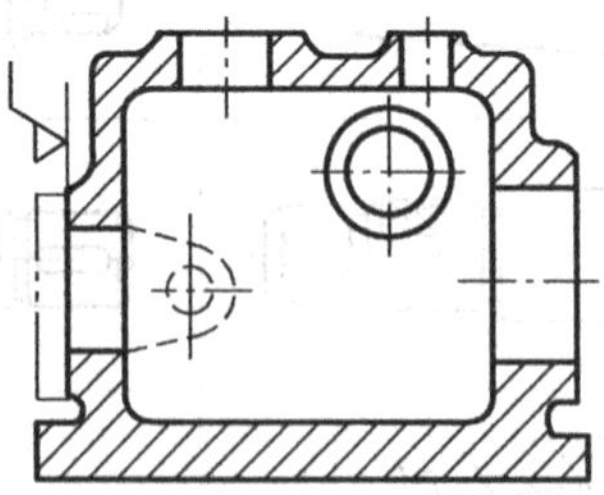	将箱体内表面加工改为外表面加工以方便加工
	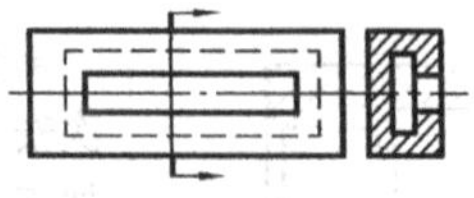	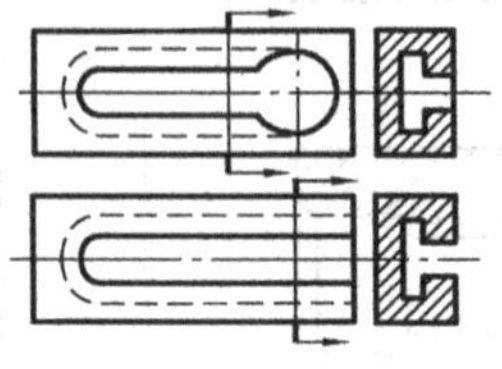	将封闭的T形槽改为开口形，或者设计出落刀孔的结构

续表

设计原则	结构工艺性对比		说　明
	结构工艺性不好	结构工艺性好	
减少加工困难	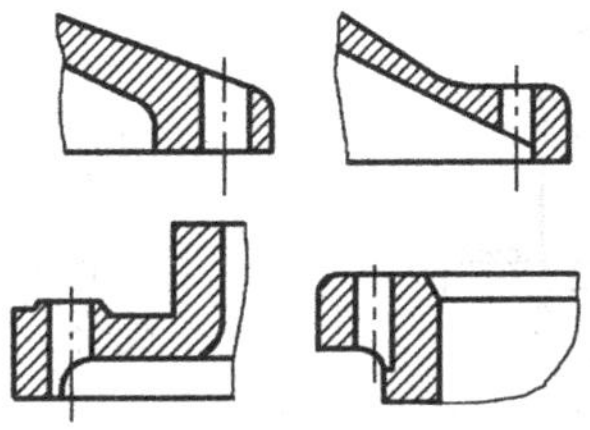	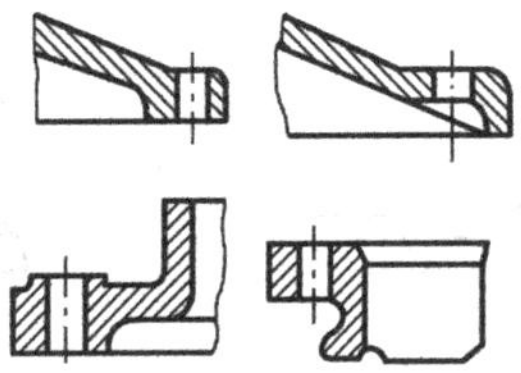	孔口表面应与孔的轴线垂直，以免钻头折断或者产生“引偏”
	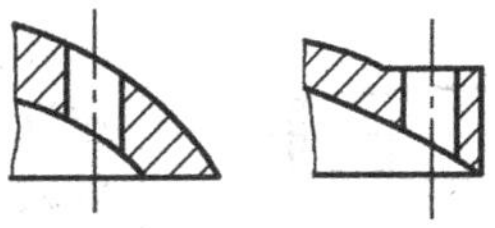	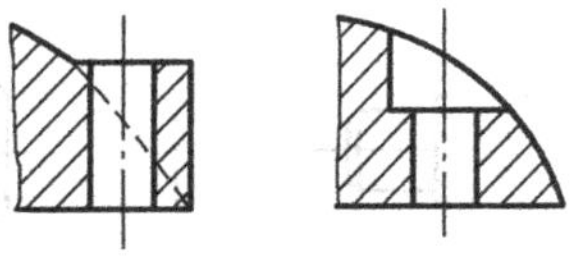	
	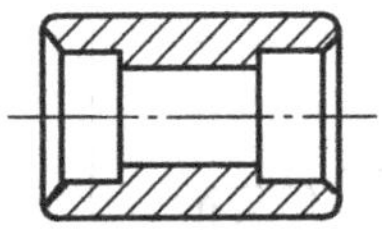	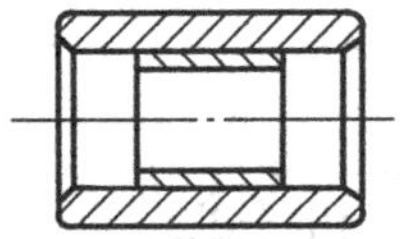	采用组合结构，以避免加工两端同轴线孔的困难
	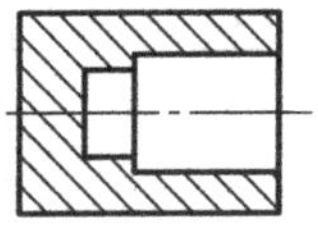	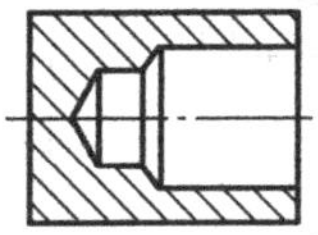	盲孔的底部，以及大孔到小孔的过渡，应尽量采用钻头形成的锥面
便于进刀和退刀	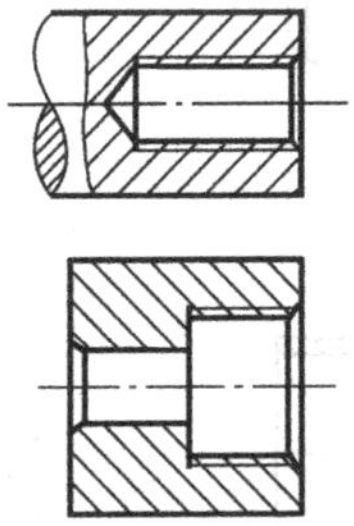	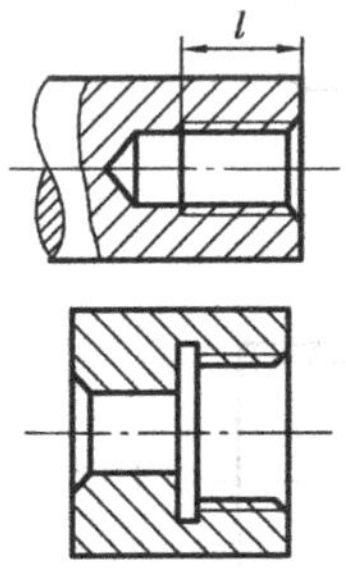 l	螺纹的根部应有退刀槽，或者留有足够的退刀长度
	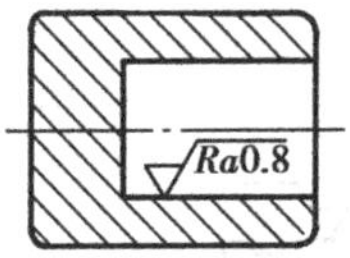 Ra0.8	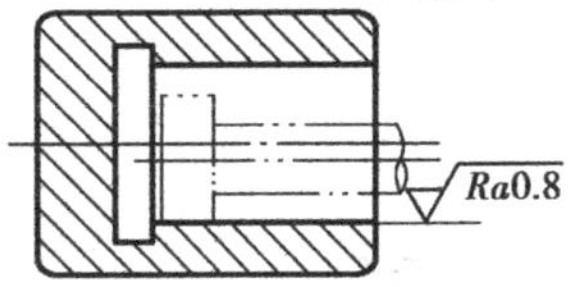 Ra0.8	需要磨削的内外表面，其根部应有砂轮越程槽
	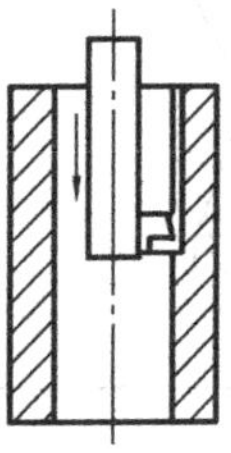	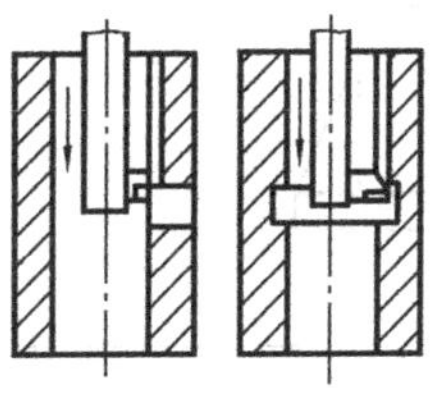	孔内不通的键槽前端必须有孔或环槽，以便插削时退刀

续表

<table>
<tr><th rowspan="2">设计原则</th><th colspan="2">结构工艺性对比</th><th rowspan="2">说 明</th></tr>
<tr><th>结构工艺性不好</th><th>结构工艺性好</th></tr>
<tr><td rowspan="2">减少加工面积</td><td>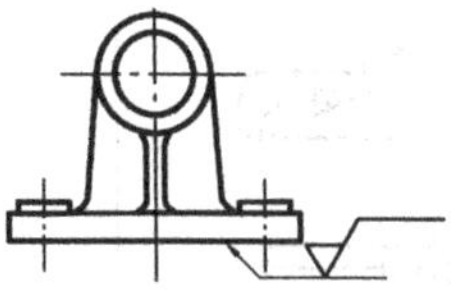</td><td>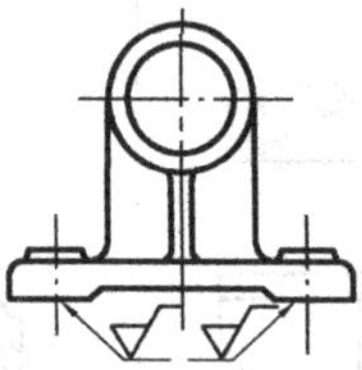</td><td>支架底面挖空后,既可减少加工表面面积,又有利于占机座平面的配合</td></tr>
<tr><td>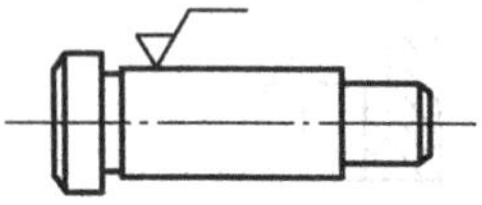</td><td>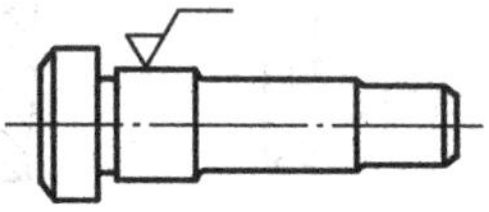</td><td>轴上如只有一小段有公差要求,则应设计成阶梯轴,以减少磨削面积,且容易装配</td></tr>
<tr><td>减少刀具种类</td><td>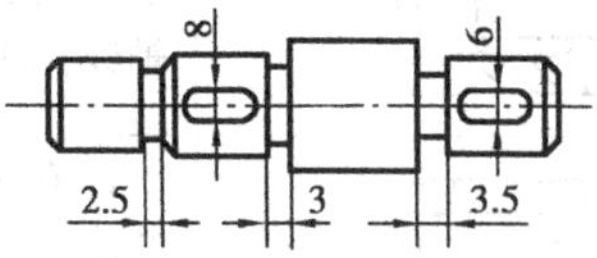

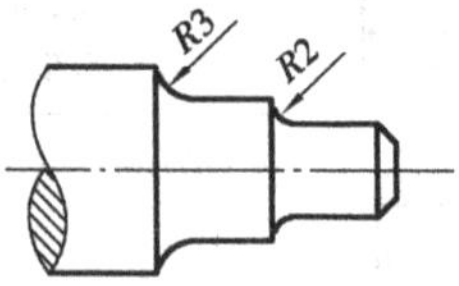
</td><td>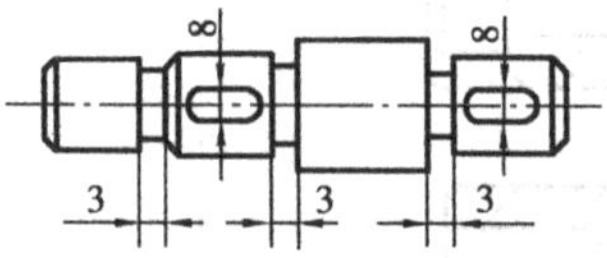

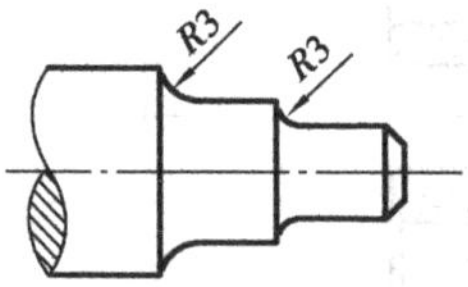
</td><td>轴上退刀槽、轴肩圆角半径及键槽宽度,在结构允许的情况下,应尽可能一致或减少种类</td></tr>
<tr><td rowspan="2">增加工件刚度</td><td>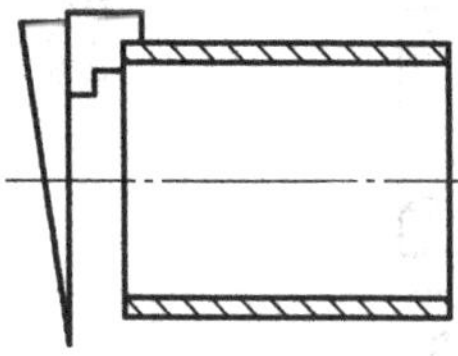</td><td>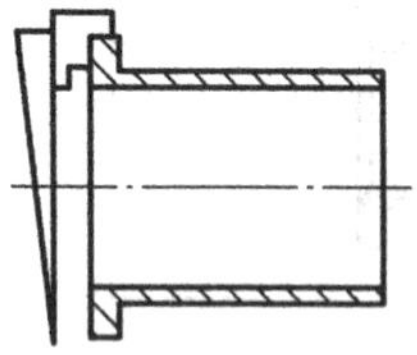</td><td>车削薄壁筒时,增加一凸起结构,以防止装夹时变形</td></tr>
<tr><td>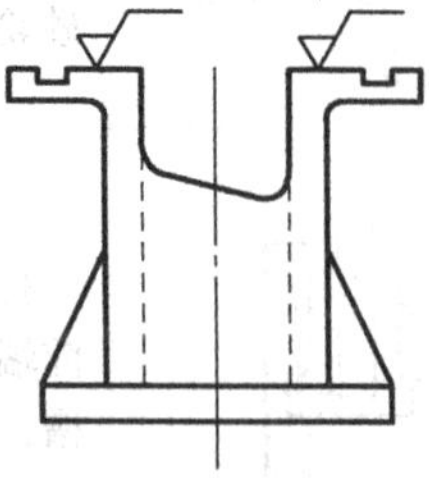</td><td>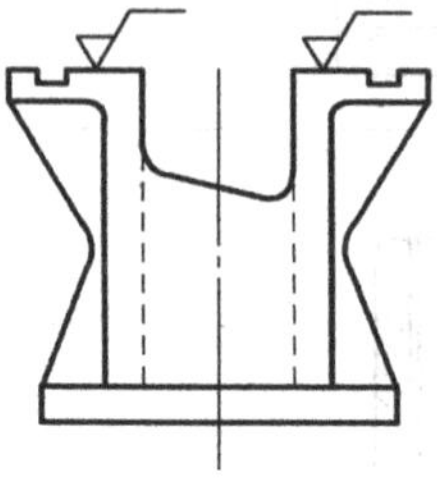</td><td>采用加强筋增加工件刚度,以防止加工时工件变形</td></tr>
</table>

需要说明的是,零件的结构工艺性是一个非常实际和重要的问题,上述原则和实例分析,只不过是一般原则和个别事例。设计零件时,应根据具体要求和条件,综合所掌握的工艺知识和实际经验,灵活地加以运用,以求设计出结构工艺性良好的零件。

复习思考题

1.何谓零件结构工艺性?零件结构工艺性设计的原则是什么?零件结构设计在实际生产有何意义?

2.增加工艺凸台或辅助安装面,可能会增加加工的工作量,为什么还要它们?

3.从切削加工的结构工艺性考虑,请指出图 18.3 中结构的不合理处,并加以改正。

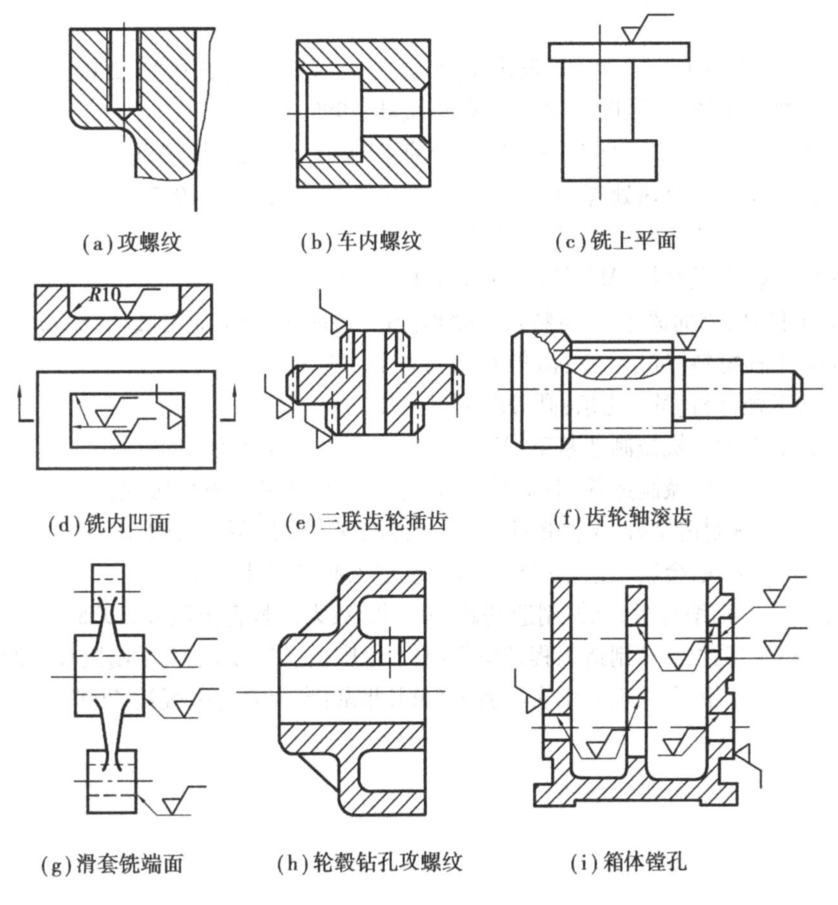

(a)攻螺纹　(b)车内螺纹　(c)铣上平面

(d)铣内凹面　(e)三联齿轮插齿　(f)齿轮轴滚齿

(g)滑套铣端面　(h)轮毂钻孔攻螺纹　(i)箱体镗孔

图 18.3　结构图

参考文献

[1] 邓文英,等.金属工艺学:上、下册.[M].5版.北京:高等教育出版社,2008.
[2] 盛善权.机械制造[M].北京:机械工业出版社,1999.
[3] 王运炎,朱莉.机械工程材料[M].3版.北京:机械工业出版社,2011.
[4] 史美堂.金属材料及热处理[M].上海:上海科学技术出版社,1997.
[5] 王允禧.金属工艺学[M].北京:高等教育出版社,1985.
[6] 胡昭如.机械工程材料[M].长沙:中南工业大学出版社,1991.
[7] 赵忠,丁仁亮,周而康.金属材料及热处理[M].北京:机械工业出版社,2002.
[8] 郑明新.工程材料[M].北京:清华大学出版社,1991.
[9] 戴枝荣.工程材料[M].北京:高等教育出版社,1991.
[10] 京玉海,罗丽萍.机械制造基础[M].北京:清华大学出版社,2004.
[11] 肖华,王国顺.机械制造基础:下册[M].北京:中国水利水电出版社,2005.
[12] 颜景平.机械制造基础[M].北京:中央广播电视大学出版社,1991.
[13] 沈锦鳌,袁名炎.金属工艺学[M].北京:航空工业出版社,1991.
[14] 机械制造基础编写组,机械制造基础[M].北京:人民教育出版社,1978.
[15] 张木清,于兆勤.机械制造工程训练教材[M].广州:华南理工大学出版社,2004.
[16] 张学政,李家枢.金属工艺学实习教材[M].北京:高等教育出版社,2002.